U0269564

钢结构设计
误区与释义

百问百答（Ⅱ）

丁芸孙　　刘罗静⊙编著　　视野·方法·经验·数据

人民交通出版社
China Communications Press

内 容 提 要

本书为《钢结构设计误区与释义百问百答》的续集，与其互为补充，收录的 1000 多个问题囊括钢结构设计中读者最为关心的多数问题。本书为我国著名钢结构专家丁芸孙的心血之作，以提出问题、阐明意义的方法，结合国内外规范，详细总结了多年来从事钢结构设计的经验和思考。

本书可对一线的钢结构设计、制作、安装及其他钢结构从业者提供有力的帮助，同时也可供参加注册结构工程师执业资格考试的工程技术人员参考。

图书在版编目（CIP）数据

钢结构设计误区与释义百问百答 / 丁芸孙，刘罗静编著. —北京：人民交通出版社，2011.5

ISBN 978-7-114-09052-3

Ⅰ.①钢… Ⅱ.①丁…②刘… Ⅲ.①钢结构–结构设计–问题解答 Ⅳ.①TU391.04-44

中国版本图书馆 CIP 数据核字（2011）第 071879 号

书　　名：钢结构设计误区与释义百问百答（Ⅱ）
著 作 者：丁芸孙　刘罗静
责任编辑：刘　君
出版发行：人民交通出版社
地　　址：(100011) 北京市朝阳区安定门外外馆斜街 3 号
网　　址：http://www.ccpress.com.cn
销售电话：(010) 59757969，59757973
总 经 销：人民交通出版社发行部
经　　销：各地新华书店
印　　刷：北京市密东印刷有限公司
开　　本：720×960　1/16
印　　张：30.5
字　　数：521 千
版　　次：2011 年 5 月　第 1 版
印　　次：2011 年 5 月　第 1 次印刷
书　　号：ISBN 978-7-114-09052-3
定　　价：68.00 元

Preface >> 前 言

  2008 年我们编写了《钢结构设计误区与释义百问百答》,由人民交通出版社出版,因精简扼要,针对性强,受到钢结构设计工程师们的欢迎,但内容多数是关于网(壳)架的,不够广泛,最近我们拜读了"中华钢结构论坛"的相关资料,所提的问题虽然深浅不等,却很有智慧,是集思广益的丰硕成果,代表性强,更为实用。但论坛资料系网友原创,未经系统归纳,且大多数没有结论性意见,内容包括钢筋混凝土、施工技术、科学研究、计算程序,篇幅庞大,读者在繁忙工作中难以抽出长时间阅读。所以我们本着"百家争鸣"的原则,挑选其中实用的钢结构设计问题,根据工作经验,将我们及我们同意的看法提出来,抛砖引玉,仅供参考。

  另外,工程中我们也收集到大量实用的设计问题,对提高设计人员的设计水平非常有帮助,也值得一并探讨。目前,青年工程师的优势是对程序非常熟练,但也有的过分依赖程序,不求了解程序内容概念。为补此不足,我们再编写了这个小册子,此书也本着不追求公式推导,只求概念清晰的目的,与第一本书相同的尽量不重复,但为了归纳风雪荷载的系统化,部分内容仍有重复,本书风雪荷载部分列入英、美、欧洲规范参考,并收集了国内风洞试验资料。抗震部分有多维多点、混合结构抗震、鲁棒性灾害分析等热点问题,不仅对钢结构设计人员有启发,对其他结构亦很实用。

  我们希望这两本篇幅不大的读书札记小册子互为补充,其中收录的 1000 多个问题能囊括钢结构设计中读者最关心的大多数问题。为此,作者为求广摘精华,汇集一起,观点明确,篇幅精简,避免读者在汪洋大海中搜求精华,使读者能了解来龙去脉,吃透规范,分析道理,判断是非,提高解决问题的能力,提供进一步深入研究的线索,至少短时间能达到入门的效果。但由于我们水平有限,如有错误,引用资料个别遗漏或理解原意不确切的,请予指正。对于引用专家教授提出的精辟观点,深为感谢,并对刘培祥硕士、康留琛工程师、丁静硕士在本书写作中提供的帮助表示感谢。《钢结构设计误区与释义百问百答》一书已发现的错误也在本书中改正，两书有矛盾之处以本书为准。对于参考资料中个别存在的交代不清和不明白的问题也尽量请专家作者加以解决。

请发现错误或有问题需要交流探讨的请来电或传真（电话及传真：010－62267389；手机：13801285979）。

丁芸孙
2010 年 11 月

Contents >>目 录

设计方法及安全度

安全度在《钢结构设计误区与释义百问百答》(以下称文献[1])P1～6 已作了介绍,本书再作补充。

1. 设计方法分哪几种层次?[2]

1)什么是第一层次设计方法?

安全度即第一层次设计方法,我国规范采用的是国际上比较通用的荷载与抗力分项系数设计法(LRFD),也就是一次二阶矩法,一阶为平均值,二阶为方差,荷载抗力均服从正态分布的可靠度度量措施,也即以 50 年不大修为失效概率,从可靠指标转变为可以实际操作的荷载分项系数。该方法偏离原可靠度理论甚远,所以可靠度理论在有些国家尚不被认可,认为安全所需考虑的不确定性非常复杂,不是统计数学的概率可以描述处理的,虚拟的失效概率反而造成不可揣摩和模糊不清,导致概念混乱,因此不采用这种方法。

2)什么是第二层次设计方法?

第二层次设计方法是内力分析,目前采用的是结构力学方法,基础是材料力学,最基本的假定是平截面假定。内力分析方法根据牛顿作用反作用力的 6 个平衡方程,但牛顿平衡方程假定的结构是刚体,不考虑变形的影响,更未考虑所产生的扭转影响,只有符拉索夫薄壁理论才反映了扭转,用扇形力矩。

(1)为什么要发展二阶分析?

二阶分析,即考虑了变形对平衡条件的影响。由于牛顿未建立力与变形关系,是不全面的,作为不完整的力学原理补充,二阶分析即为建立在变形后状态的力的平衡,这是规范向二阶分析方法发展的原因。二阶分析分为只考虑弹性分析下变形的几何非线性分析和由于材料弹塑性变形而产生的材料非线性。

(2)二阶与非线性分析有何区别?

二阶与非线性分析本质一样,区别仅是二阶多指几何非线性,基本不进行材料非线性分析,而非线性则有几何非线性及材料非线性两种。

3)什么是第三层次设计方法?

第三层次设计方法,即截面及构件设计。

(1)截面的种类

IV 类——允许局部屈曲,一般为薄壁结构,如薄壁型钢规范、门刚规程的腹板采用 IV 类。

III 类——边缘应力不超过屈服强度。

III_a 类——允许部分截面开展少量塑性变形,如钢结构规范中允许受弯截面部分边缘开展塑性变形,此方法仅为我国规范采用,归于 III 类。

II 类——截面形成塑性铰,但不要求有大的转动能力,即在塑性弯矩下转动大于弹性约束初始刚度的 2～3 倍。

I 类——截面形成塑性铰,要求大的转动能力(8～15 倍的弹性约束初始刚度)。

(2)目前工程中内力分析与截面设计组合的种类

E-E 法——内力分析,截面计算均为弹性。

E-P 法——①内力分析弹性,构件截面计算利用塑性开展;②内力分析弹性并利用二阶分析方法,截面利用塑性开展。我国钢结构规范介于 E-E 法、E-P 法之间。

p-P 法——内力作塑性分析,截面也作塑性分析,p-P 法出现在钢结构规范第 9 章。据了解,国外也基本将其放于规范内,但实际应用很少,我国也是如此。

💡 2.目前广泛采用的 E-P 法安全不安全?

E-P 法是国际上普遍存在的矛盾,即内力分析与截面计算互不一致。但由于 E-P 法是一种下限法,下限法定理满足平衡条件,所有截面不违背屈服条件,这样下限法的计算结果是,真正的承载能力要比计算显示的大,因此 E-P 法是安全的。

💡 3.非线性有哪几种?[3]P20

除了几何非线性、材料非线性,还有状态非线性、边界非线性,如接触非线性、摩擦非线性。可动边界如滑动非线性,均属状态非线性。

💡 4.非线性与塑性有何区别?[3]P26

非线性是数学概念,塑性是表述材料的变形特性,是材料的本构关系,是非线性的一个子集,也就是延性。由于塑性性质而引起的非线性即为材料非线性,非线性包括塑性,塑性一定是非线性,非线性不一定是塑性。塑性与弹性是相对的,是指物质的一种状态,塑性指在应力不增加下变形会增加,卸载后变形不可恢复。

💡 5.线性与非线性如何区别?[3]P28

线性特点:
①材料应力应变是线性;
②应变与位移是线性;
③一般应变很小;
④外载大小与方向不随变形变化而变化;
⑤如果不符合上述中一条,即为非线性。

💡 6.为什么长细比的验算也算刚度验算?

梁的挠度、框架的侧移和屋面位移,都是刚度验算,往往与变形相联系,但压杆的长细比也是刚度验算,这要从失稳的本质说起。由欧拉公式知,压杆的临界荷载与长细比有关,反过来,验算长细比就是验算临界荷载,也就是验算柱的刚度。

但框架的层间位移计算不能代替框架柱的长细比验算,因为侧移大小涉及水平力大小,而弹性计算时,侧移失稳与水平力无关。

💡 7.规范与规程遵守时如何区别?[4]P394

原建设部通知"强制性条文"必须严格执行。言外之意,非强制性条文不一

定严格执行。规程属于协会标准，是推荐性标准，权威性低于国家标准，但问题是国家标准应该涵盖所有工业与民用建筑，而我国钢结构规范是脱胎于重工业厂房为对象的前苏联规范，几次修订，拓宽范围，还满足不了需要，所以网架网壳、高层、门架等规程出现，但这些只能用于各自的特殊领域，但有时重型厂房屋面梁应符合规范，而规范又无变截面，这时就可以参照规程，规范和规程都利用腹板屈服后强度，但规范针对简支梁，受弯也是简支梁，规程则可以受弯又有轴力，并且剪力大时，弯矩也可能很大，两者是有差别的，因此这些情况用规程更合理。规范5.1条有支撑力计算规定，而规程没有，门架支撑计算就可按规范。

规范、规程都不可能十全十美，几年才修订一次，技术滞后，非强制性条文是可以变通的，但由于规范、规程都是反映成熟技术的，不应轻易偏离，很多问题都要设计者根据知识和经验来判断，运用规范，重在理解，了解来龙去脉，才能运用自如，了解其背景材料，才能根底扎实，在设计中游刃有余。

根据权威人士介绍，规范、规程虽都有强制性条文，如果是黑体字，不遵守时，则一定要追究其责任，而非黑体字的强制性条文，只要不出现严重后果，就不追究其责任。国外规范都申明规范已尽了最大努力，但如仍有问题则由设计者负责，而我国遵守规范，出了问题根据现有事例则由规范负责。

8. 工程中如何采用强度理论？

1) 什么是强度理论？

因材料的强度不足而引起的失效现象与材料的性质有关。塑性材料有的以发生屈服现象，出现塑性变形为失效标准。脆性材料有的突然断裂，在单向应力下失效状态和强度往往以试验为基础。但材料的危险应力状态往往不是单向的，实现复杂尺寸状态下的试验困难得多，因此只好依据部分试验结果，经过推理，提出一些假说强度理论。既然是推断失效原因的一些假说，必须由生产实践中来检验，但目前应该说尚无圆满解决所有强度问题的理论体系。

2) 四种常用强度理论是什么？

第一强度理论——最大拉应力理论，以最大拉应力引起断裂，如铸铁等脆性材料在单向拉伸下断裂，这个理论没有注意其他两个方向应力影响，仅考虑 σ_1，也不能用于单向压缩三向压缩等情况。

第二强度理论——最大伸长线应变理论，以最大伸长或应变为引起断裂的主要因素，达到材料性质有关的某一极限值即断裂，混凝土试块垂直受压时,沿垂直于压力方向裂开,试验结果与这一理论相近。

第三强度理论——最大剪力理论,最大剪应力是引起屈服的主要因素,最大剪力达某一极限值,材料即屈服,较为满意的解决了塑性材料屈服现象,低碳钢拉伸时发生滑移线,结果很吻合。

第四强度理论——形状改变比能理论,形状改变是引起屈服的主要因素,只要形状改变比能达某极限值,即引起材料屈服,钢的薄管试验与该理论吻合。

第一、二理论通常以断裂失效,第三、四理论以屈服失效。

3)工程中如何采用强度理论?

首先,采用强度理论不单纯是力学问题,与有关工程经验也是有关的,另外,强度理论也不仅是以材料是塑性还是脆性来分的。混凝土是脆性材料,受压后膨胀形成受拉变形破坏为第二强度理论,不同材料有不同的失效形式,即使同一材料在不同应力状态下也有不同的失效形式,如钢在螺栓受拉时,根部因应力集中引起三向拉伸就会引起断裂,一般来说,脆性材料用第一、二强度理论,塑性材料用第三、四理论,但不管脆性或塑性,在三向拉应力下,应用第一强度理论,在三向压应力下,应用第三、四理论,第三强度理论概念直观,计算简捷,但偏于保守,第四强度理论本质是切应力理论,如铸钢的节点以前用 Van Mises 屈服准则,则为第四强度理论,现在用弹性理论,三个交叉的焊缝有的建议用第二强度理论。

💡9.工程中为何应特别注意扭转问题?

徐国彬教授介绍,牛顿力学理论有两个不足:一是立足刚体,未考虑结构必然产生的变形;二是只考虑了轴力和两个方向弯矩,而没有考虑扭转。由于基本理论缺陷,后来就发展了二阶分析来弥补变形,而符拉索夫则以薄壁构件理论,考虑了扭转与双力矩,但确定两个扭矩是自相平衡,也是不足之处,对于薄壁构件如非双对称的槽形截面剪心(或形心),力如作用于形心则不会引起扭转,剪心(或弯心)与形心不重合则会引起扭转。目前业内也逐步认识到不仅是薄壁构件要考虑扭转与双力矩,如文献[8]P163,即提出双轴对称的工字形截面,剪心与形心重合,在压力作用下不会弯扭屈曲,是弯曲屈曲控制,如不支在形心上,而支在受压翼缘,就出现扭转变形呈弯扭屈曲,承载力将低于临界欧拉力,所以有的工程是剪心(或形心)接近槽形截面,斜拉力作用在形心,而不是剪心,结果引起设计中来考虑的扭转,应力方向相反而引起结构倒塌。而相反,一个 T 形柱剪

心(或形心)接近上翼缘,因此要防止扭转失稳,支撑应支在接近上翼缘处。徐国彬教授与符拉索夫观点不同之处在于扭转不仅只限薄壁构件,而且也不仅限于非双对称截面,即使双对称轴截面也会产生偶矩,只是程度不同。这是当前力学理论尚未能解决的问题,以上只是说明工程中要特别注意扭转问题,尽量减少和减小偶矩。

10. 哪些应力可自我平衡?

残余应力可以自我平衡,因为残余应力是在没有外力情况下产生的,如果有外力的附加应力则不能自我平衡。

文献[1]P6～23已作了荷载的介绍,本书再作补充。

1.门刚规程3.2.2条,活载取0.5kN/㎡,与网架取活载0.5kN/㎡为何不同?[7]

门刚规程3.2.2条虽提出活载取0.5kN/㎡,但当面积大于60㎡时,活载可折减为0.3kN/㎡,而几乎所有的门架面积都超过60㎡,如果柱距6m,只有10m跨门架才会有0.5kN/㎡。所以实质上门架活载就是0.3kN/㎡。

门架活载比网架活载小,我们认为是不合理的。首先,网架是多次超静定结构,具有内力重分布能力,地震作用下是赘余结构多,有大量保险丝,是整体性破坏;而门架是柱承受地震作用,没有保险丝,是局部型破坏,应该对安全性差别很多。而目前对安全性仅是强调构件的承载力安全度,是不全面的,应强调结构整体的安全性,明显网架比门架安全,门架断面往往薄而小,而大网架往往比较粗大,缺陷对构件影响,也应该说网架比门架保险,所以现在门架活载0.3kN/㎡,网架活载0.5kN/㎡是不合理的。

美国房屋钢结构制造商协会MBMA,当门架活载为20lb/ft²(0.96kN/㎡),面积大于56㎡时,可折减为0.58kN/㎡,比0.3kN/㎡大一倍,英国规范取活载为0.75kN/㎡,就是非洲、中东也都取活载为0.5kN/㎡。

2.我国风载比美国风载小多少?

门刚规程之所以乘1.05(附录A.0.1)是我国以10min平均风速与美国规范的风速相比使用,乘以1.4的平均换算系数(见表2-1)。

不同时距与 10mm 风速推算系数 β　　　　表 2-1

时距	10min	5min	2min	1min	0.5min	20s	10s	5s	3s	瞬时
β	1	1.17	1.16	1.20	1.26	1.28	1.35	1.39	1.45	1.5

如果以美国规定原来的风速 30～40s 为基础,则我国与美国风速推算系数取 1.2,风压换算系数取 $1.2^2 = 1.44$, $1.44 \div 1.3 = 1.1$,因此用 1.05[因为国际统一风压风速换算公式 w_0(风压) $= v_0^2/1600$(kN/m²),该公式是用渐近的风"平均"动能建立的关系式]。可是美国 1995 年 ASCE 已将风速定义为 3s 的最大阵风速,因此考虑应力加大 30%,我国与美国风压比值为 $1.45^2 \div 1.33 = 1.58$ 倍,而不是 1.1 倍,1.05 倍并不能解决与美国规范之差。我们理解美国风载要求沿海岸线应加大 1.1 倍,而我国不分是否海岸线,门架笼统的加大 1.05 也是合适的。

3. 风载要不要考虑疲劳?

我国规范没有提及疲劳,只有英国钢结构设计规范 B55950 提出在脉动风占主要情况下,才考虑疲劳。哈工大武岳教授介绍,风力一般均为平均风,脉动风占很小部分,只有柔性结构发生共振,这时才以脉动风为主,如广告牌等柔性结构。

4. 有些工程活载规范中没有怎么办?

下列几种活载可以仅作参考,服装加工厂 2～2.5kN/m²,缝纫机重量不大,如有其他特殊设备要另外考虑。

商场　　　　　　　3.5kN/m²

乒乓球、台球馆　　4.0kN/m²

体育训练馆　　　　4.0kN/m²(也可参考规范健身馆)

5. 如何识别上人屋面与不上人屋面?

原则上人在上面活动为上人层面,只有拆修维护时才上人的屋面为不上人屋面,上人孔爬梯都不是上人屋面的标志,而装有栏杆才是上人屋面的标志。

💡 **6. 关于风荷载,门刚规程分端榀和中间榀,荷载规范不分;门刚规程中间榀风的体型系数为 0.25、0.55,而荷载规范为 0.8、0.5,出入很大,门刚规程是梁风载大,而荷载规范是柱风载大。是否应验算两本规范取其不利?**

关于门刚规程与荷载规范的风,有所不同,因此主张高宽比大于 1/4 时两本规范并用,哪个不利用哪个,这类文章很多,也有不少权威的规定,若标准按此考虑,我们认为这是当前风荷载计算的误区,而且到处可见。

首先明确理解门刚规程附录 A 的说明,"分析确定表明:当柱脚铰接,且 l/h <2.5,刚接 e/h <3.0,采用 GB 50009 规定风荷载体型系数进行门架设计偏于安全"。这只是说明两本规范计算的比较结果,但并未说明要两本规范一起算,而只说门刚规程采用 MBMA 规定值。

门刚规程所采用的风荷载是按《美国低层房屋建筑系统手册》(美国房屋钢结构制造商协会 MBMA,1986 年版),从手册名称就能看出,不是只有门架用MBMA,所有低层房屋均应用 MBMA,只是我国门刚规程采用了 MBMA。MBMA 手册介绍是 1975～1985 年由加拿大西安大略大学与美国 A1S1 靠界面风洞试验室进行了广泛研究,利用了先进和现代化的传感器、包络线方法、"气压平均"的试验性方法,研究的最终结果是低层房屋建筑的当前先进水平的风载数据,而且明确在 18m 下檐口高小于房屋宽度的低层房屋。而对于 18m 以上的建筑,美国另外有一本规范,在美国是非常明确的。而在我国,由于一个是门刚规程,一个是荷载规范,未明确以 18m 为界,所以产生了很多误区,既然我们已经承认低层房屋已经做了现代化的先进水平的试验,得到公认科学的数据,为什么还要怀疑其可靠性,而用风荷载规范来弥补呢?

💡 **7. 横向振动效应什么时候考虑?**

房屋建筑大部分只考虑风的顺风力,阵风、风振系数也都是考虑顺风力,横向风是由于风的涡流引起弯与扭的耦合振动,如涡激振动、弛振、颤振、抖振等,与雷诺数有关,只有在动力失稳时才考虑横向力,桥梁一般要考虑。

💡 8. 离海边多远范围属于海岸线?

我国规范没有提及海岸线的范围,MBMA 则是指离海边 100 英里范围内为海岸线,1 英里＝1609m,风压一般在海岸线提高 1.1,我国无此规定,仅供参考。

💡 9. 内风压力如何确定?

国外将风分内部风力与外部风力,计算时在必要的情况下相加,我国一般只给总风力,不分内、外,但荷载规范笼统的在 7.3.3 条给内部风压为±0.2,与国外规范比偏小。现将 MBMA 介绍如下:

影响内部风压分布的因素很多,如开口的尺寸与位置、内墙布置和透气性、房屋外围结构刚度、封闭空间的总体积等。

内压系数 C_p 根据 $\dfrac{A_0}{kA_\tau}$ 决定。A_0 为大开口面积,kA_τ 为房屋建筑的外围结构背面渗漏。C_p 为最大值接近于 $\dfrac{A_0}{kA_\tau}=5$。

假定主体毛面积 A_g 等于外围结构的毛面积 A_τ 的 $\dfrac{1}{5}$,$k=0.002$,当 $\dfrac{A_0}{kA_\tau}=5$ 临界条件时,$\dfrac{A_0}{A_g}=0.05$。如图 2-1 所示。

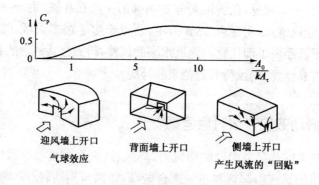

图 2-1

在坡度 $0°\sim10°$ 的墙上有开口的部分封闭式房屋内部压力与外部压力分布参数见图 2-2。

关于内外风压的分布,编者提出以下意见:

(1)各国规范针对封闭式结构,认为其体型系数都属于外压,而内压各国规范差别很大,我国为±0.2,计算主体结构时,一般不考虑内压,仅在验算室内建筑时才应用内压。

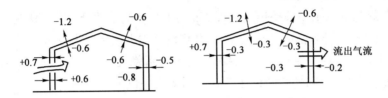

图 2-2　在坡度 0°～10°墙上有开口的部分封闭式房屋内外压力分布参数

对于十分空旷的大跨结构,如飞机库,由于气流影响,偏于安全考虑,主体结构应考虑内外压。而对于封闭式结构的内压,不是都能在规范中找到,主要依靠风洞试验提供。但要注意,风洞试验求内压应有适当措施,应落实内压的可靠性。

(2)开敞式建筑,规范提到的都是考虑内外压,主体结构应根据此计算。

10. 开敞式、半开敞式如何定义?

门刚规程未对开敞式、半开敞式加以定义,文献[49]介绍,半封闭即部分封闭,指墙面开口主要集中在一面墙上,该墙面开口的面积超过其余墙面及屋面开口面积之和,并大于该墙面面积5%以上,如果大开口面积不均匀,内部风压力会加大为−0.3～+0.6。

开敞式为开口至少超过墙面面积的80%。

11. 门窗在大风下破坏对结构有什么影响?

对于门窗在大风下破坏对结构的影响,过去都不够重视。有些结构在大风下屋盖被掀起,这主要是由于门窗较大,破坏后结构形成半开敞,使内部风压增加的缘故据文献[50]介绍,门窗破坏使内部风压增加5倍,而位移会增5～10倍,形成"拍振"现象,因此门窗在大风下的安全应引起注意。

💡 12. 风振系数如何计算?

风成分中脉动风完全属于随机动力性质,对于柔性结构将引起很大风振。严格来讲所有建筑都不是绝对刚性,都有其柔的一面,也都应有共振现象,但由于风振很小,一般可以忽略。

荷载规范第 7.4.1 条提出 $T \geqslant 0.25s$ 的工程和高度大于 30m、高宽比大于 1.5 的高度较大结构,都应计算风振,荷载规范 7.4.1 条文说明更明确 $T \geqslant 0.25s$ 的结构,并提到了屋盖结构,而一般跨度稍大的屋盖,普遍都是 $T \geqslant 0.25s$,这种要求是比较严格的,国外有的仅在 $T \geqslant 1s$ 时才考虑风振。

规范规定了风振计算要求,对高的建筑给出了计算方法,而对 $T \geqslant 0.25s$ 的屋盖结构却未提出办法,这是当前设计中存在的一个难题。现在的问题是脉动风的模型即反应响应在规范中只有风对垂直平面的反应,而目前缺乏风对水平平面的反应。

所以,现在有的单位无奈的按风对垂直平面的反应,即荷载规范 7.4.2～7.4.6条文说明中提出的由加拿大 Davenport 建议的风谱密度公式,按动力分析屋盖结构的风振系数,这也是没有办法的办法,也有浙大罗尧治教授提出的风振计算程序。

目前要得到较合理的风振系数,一般采用风洞试验,而最精确的用气弹模型做风洞试验,能够全面考虑结构和气流的相互影响,真实地反映结构在大气边界层中的受力特性和响应形式。但气弹模拟因素很多,几何尺寸满足雷诺数、弗洛德数、密度比、柯西比及阻尼比等无量纲系数的一致条件。分析中考虑高紊流度风场中可忽略雷诺数,风振运动中弹性模量不作单独变量,柯西数转化为刚度相似。即使这样,要做精确模拟仍非常复杂。

所以现在业内能接受的即是由于结构刚性变化并不太大,而采用刚性模型做风洞试验。工程中对风振的变化误差是可以接受的,而体型系数主要用刚性模型。因此,在风洞试验中,将脉动风分离开来,求得风振模型,即用动力分析方法求得风振系数。规律一致。

文献[121]基于风谱然后进行风的动力响应,理论有两种方法,频率域法和时间域法。频率域法按随机振动理论,建立了输入的风荷载谱的特性与输出结构响应之间的直接关系。时间域法是基于将随机的风荷载模拟成时间函数,然后直接求解运动微分方程。

频率域法比较方便,但只能对结构线性化分析,抗风分析中要做大量模型简化工作。时间域法可进行非线性分析,直接了解结构特性。而随着分析方法由静力向动力过渡,随机振动理论进一步完善,时程分析法分析风振反应已成为可能,时程域可能更具代表性和统计性,而被应用。

文献[133]对大跨风振有更系统的介绍。

(1)风振的危害,由于风灾影响,20 世纪 80 年代我国平均年损失 30 亿～40 亿元,仅 1994 年浙江风灾,损坏房屋 80 多万间,损失 177 亿元,20 世纪 90 年代我国年损失超过 100 亿元。

(2)CFD 数值风洞试验的优点是 CFD 能够形象细致的再现许多流动现象,它的测量系统对流动不会产生任何扰动,它的构造采用与实际结构尺寸相同的计算模型,避免了风洞试验中由于缩尺模型的相似问题,对流动参数的选择具有较大灵活性。但对于风振,由于紊流未解决,尚不是很可靠。

(3)大跨屋盖的风振系数,也即等效静力风荷载。大跨结构与高层结构是不同的,大跨结构不像高层结构是线性体系,气动特性和结构本身的力学特性密切相关,所以大跨结构几何非线性不可忽略,而且高层结构第一振型占主要成分,而大跨结构气弹效应十分明显,频谱分布十分密集,振型间相互耦合作用不可忽略。现在各国研究主要采用 Davenport 阵风荷载因子法,但目前对等效静力风荷载分布研究很少,没有大跨本质特性形成的理论框架。

(4)风振的风洞试验种类:

①刚性模型测压试验。利用静止的模型测气动力,不考虑风作用下的变形和位移,再采用力学模型计算动态响应和等效荷载,这是目前应用最广泛的风洞试验模式。

②高频动态天平测力试验,假设结构的一阶振型为理想线性模型,使结构广义力与倾覆力矩之间存在线性关系,从测得倾覆力矩,获得广义力,得风荷载。

③气弹模型风洞试验。全面考虑结构和气流的相互作用,真实反映结构在大气边界屈曲的受力特性和响应形式,是风振研究的重要手段,目前主要在桥梁和高层结构中有一定应用。因为都属于线性结构,气弹模型设计制作容易,大跨结构是复杂的三维空气,气弹模型制作难度大,国内外仅有少量尝试,但气弹模型不仅模拟了结构气动外形,而且还对质量、刚度、阻尼、频率和振型等全面再现了结构在风作用下一系列动力特性和实际行为,可以直接测得风致响应,并考虑

了结构和来流之间的耦合作用,满足相似准则。由于大跨结构风致振动是垂直的,因此不能忽略弗劳德数(重力效应)的模拟。

④目前很多套用高层结构的风振设计方法,可能造成不必要的浪费,也不排除某些未预见到的隐患。

文献[152]提到用"线性自回归过滤器的模拟技术"求风险系数。据了解,这种技术没有流体力学的理论基础,不可靠,现已很少用。

综上所述,编者归纳以下意见:

(1)CFD完全可以用于静力体型系数中,因为仅是与风洞试验精度相差10%,工程中可以接受。

(2)由于CFD对湍流的数值模拟技术还不成熟,而即使顺风向的湍流是脉动风,脉动风(即风振)是其结果,因此CFD用于求风振系数尚不可靠,误差较大,因此重要结构还希望做风洞试验以求风振系数。

(3)风洞试验目前都采用刚性模型,虽然模型是刚性,不能反映结构和气流的互相作用,但一般结构接近刚性,风力作用下变形不大,所以可以近似采用,但对于膜索等柔性结构误差很大。气动模型试验,由于模拟困难,花费很大,目前属于尝试阶段。

(4)目前有的大跨结构仍套用高层结构或高耸结构的设计方法,求风振可能造成不必要的浪费,而且不能排除某些未预见隐患。

(5)高层采用规范风振计算方法,只适用于顺风向响应,国外如美国和澳大利亚规定频率低于1Hz,日本规定高宽比大于3的结构,可能承受折减风速,高宽比大于2.5的结构均应进行风洞试验。

(6)MBMA很明确地提出体型系数包括内外风压,而我国规范只考虑外部风压,其他如美国、英国、欧洲、澳大利亚规范均是包括内外风压的。

💡 13. 阵风系数如何考虑,为何规范只提围护结构考虑阵风系数?

阵风就是瞬时风速,各国规范所取的风速值是不同的,这是各国根据经济条件制定的,是一种标准,不是科学的数据。如我国为10min平均风速,这几年我国经济条件好些,就由30年一遇改为50年一遇,加大了风速,美国开始用30s风速,后来经济好些就改3s风速,基本上接近瞬时风速。瞬时风速约为我国10min风速的1.5倍,阵风系数则为$1.5^2=2.25$。当然阵风系数2.25不是那么简单,而是根据离地面高度和地面粗糙度而变化的。

荷载规范规定围护结构要考虑阵风,笼统讲围护结构是不合适的,因为钢檩条也是围护结构,却不需要考虑阵风,因为阵风瞬时作用下,塑性材料的钢结构应力可以提高 30%。另外,檩条刚性也不是很大,因此就不考虑阵风了。而围护结构的屏墙、玻璃是脆性材料,不能提高应力,而且刚性和刚度也比较大,不考虑风振,但由于风压脉动影响,需考虑风速增值的阵风系数。

14. 风要不要考虑主导风向,竖向风要不要考虑?

文献[51]介绍不同季节有不同风向,每年强度最大的风对结构影响最大,此时的风向称主导风向,目前一般结构均假定最大风向各个方向的概率相同。

风有一定方向角,大约 $-10°\sim+10°$,因此就有竖向风力,但这只是对大跨度结构有一些影响,但竖向风力与水平风力不属同一数量级,因此工程中可不考虑。

15. 平均风与脉动风有何区别,为何风当静力计算?

文献[51]介绍风分为长周期部分 10min 以上为平均风,即稳定风;短周期部分几秒左右,为脉动风(称阵风脉动)。平均风是在给定的时间间隔内,把风对建筑物作用力的速度方向以及其他物理量都看成不随时间改变的量,考虑到风的长周期大于一般结构的自振周期,因而本质是动力的,但其作用与静力作用相近。脉动风是由风的不规则引起的,周期较短,应按动力分析。

流体运动(如风)存在一种平顺,为层流,如香烟头烟流;另一种杂乱,是湍流,也叫紊流,如烟囱中的滚滚浓烟。

16. 龙卷风如何考虑?

文献[51]介绍龙卷风为 6 级,但尚未记录到 6 级的情况,5 级龙卷风风速为 $142\sim169\text{m/s}$,相当于 14 级台风,但龙卷风一般是范围小、时间短的强烈旋风,因此风灾损失不如热带气旋那么大,我国出现龙卷风的次数比较少,因此设计中

均考虑台风,未将龙卷风作为注意集中点。

一般风分为大尺度风和小尺度风。大尺度风如台风和飓风,远东称之为台风,澳洲、印度洋则称之为旋风,风速超过 120km/h(8～11 级称台风,12 级以上称强台风)。小尺度风则包括龙卷风,风速可达 30～100km/h,但水平直径只有几米到几百米,我国内陆则有雷暴风,布拉风仅为由陡峭斜坡隔开的高地和平地之风,梵风也仅出现在山脉的背风面,均是特殊的小尺度风。

17. 风力矩如何考虑?

文献[51]介绍由于水平风力在水平面上形成不对称旋涡,形成风力矩,即使对称结构也会有不对称旋涡,但作用影响较小,一般不考虑风力矩,除非特别不对称结构,应考虑风力矩。

18. 为何风荷载都考虑垂直于结构表面的风力作用?

文献[51]介绍,这是由于空气黏性极小,抗剪能力极差,一般只考虑垂直于结构表面风力作用。

19. 相邻建筑一般影响多大?

文献[51]介绍,已有的资料相互间的出入往往很大,具体影响应通过风洞试验测得,但一般认为影响最大时为 $d/B \leqslant 2.5, d/H \leqslant 0.7, d$ 为两建筑之间距离,B、H 为所讨论建筑物迎风面的宽度与高度。当远离上述关系式时,可以认为影响极少。

20. 如何正确确定风荷载?

1)风荷载用荷载规范的值是否偏小?

地震后,有些 6 度设防地区的震后结果为 9 度,所以工程师不由得担心荷载规范的风雪荷载是否偏小。首先,地震是比风雪荷载要复杂得多的问题,我们现在对天上的情况了解比较容易,而对地下却很不了解,我们可以上太空,但地下只能进入 12 公里,所以不能等同。

另外,我国 1999 年修订了荷载规范,从 30 年一遇改为 50 年一遇,绘出了全国 652 个主要气象站的基本风雪值,因此是有一定依据的。目前有的资料反映,很多大面积雪灾都得出风雪值超过了规范,有些是由于统计方法的原因,仔细分析,如果包括超载系数在内,破坏的风雪值均未超过规范或接近规范,主要结构破坏还是由设计与施工缺陷造成的,完全按规范设计施工的结构基本未倒塌,有些资料说明风雪荷载超过规范也有推卸责任的情况。目前荷载规范存在的问题,不是风雪荷载的值,而在风载体型系数及雪堆考虑雪的不均匀分布上存在缺陷,因此目前设计还应以荷载规范的风雪基本值为依据,但要注意南方地区,由于雨水大,雪的重度加大,使雪重增加。

2)风的体型系数、雪的不均匀系数,是否要参考国外规范?

目前各国规范关于风雪荷载的体型系数、雪的不均匀系数差别很大,也有的很不合理。如印度规范关于筒壳风的体型系数与矢高无关,显然不合理。我国规范也存在有些体型系数不能满足的要求,关于雪载不均匀分布反映也不够,尤其由于雪滑移系数和堆积系数造成的雪堆,我国规范考虑的不是很安全。因此,选择各国规范作比较,取其安全合理的数据,这样比较可靠。

3)参考风洞试验或 CFD 的数据,如果结构形式基本相同就可以采纳,节省风洞试验的费用,但目前这类数据还不够多,如果经济允许,可再重复做些风洞试验或 CFD,以积累更多数据。

4)风洞试验或 CFD(计算流体力学)如何做?

目前国内建筑力求美观,建筑式样五花八门,越来越求新颖,往往无规范参考,也无先例可循,为了结构安全,做风洞试验或 CFD 是必要的。关于 CFD 能否代替风洞试验,争论很大,但经过逐步积累经验,现在的不同意见仅是精度问题,一般风洞试验比 CFD 精度高 10%,而这是一般工程均可接受的,只是局部差别可能较大,如果经济条件许可,风洞试验与 CFD 均做,这也不是浪费。对于求体型系数,如果仅做 CFD,工程也认可,价低便宜,但对于求风振系数,由于湍流分离复杂则未解决。文献[1]P9 介绍由于建筑在地面以上 600m 的边界范围内,风速是变化的,风速引起气流流动及风压值改变,因为风的剪切严重,湍流度达 10%,用均匀性模拟自然风有误差,对于有尖角的建筑物,如平顶房屋其气流层的分离点在尖角处风速变化影响小,而对于曲面结构,其风速在变,引起气流分离,其分离点 s 是变化的,如图 2-3 所示。曲面房屋应采

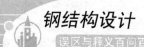
用风速变化的风洞试验,平顶房屋则不一定要求,而航空航天的风洞试验都针对高空,不存在风速变化的问题,所以,曲面房屋的风洞试验不能用航空航天的风洞试验,但由于建筑风洞试验日益增多,因此有些航空航天的风洞试验为了竞争也增加了风速变化的设备,这样也可以进行曲面及形状怪异的建筑风洞试验。

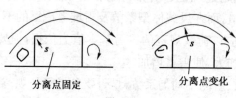

分离点固定　　　　　　　　　　分离点变化

图　2-3

要注意风洞试验所测到的是相应于 2～3s 内的峰值平均值。

目前我们需要的是风体型系数、风振和雪的分布,这些试验可在同一试验及设备齐全的风洞试验中进行。但现在还有些试验只能做单项试验,如仅试验风。如果所有试验在一个风洞试验是经济的,风在吹时加一个飘雪的设备即可做风雪试验。一般将测体型系数结构的模型做成刚体的,因为体型系数即是作用在刚体结构上的风压反映。而要求风振系数,则有两种方法:一种是用可变形的材料制成模型模拟,使阻尼和刚度互相协调,主要是刚度模拟,这些试验都未考虑结构振动对风的影响,这种风洞试验模拟弹塑性模型相当困难;第二种是风洞试验,模型是刚性模拟分析,办法是分析脉动风部分,然后做弹塑性有限元模型,进行动力分析,得到风振系数,但这种方法不能用于变形大的结构,如膜结构。

💡 21. 矩形单坡、双坡房屋风载体型系数如何取用?

1)规范的采用

这样规则的房屋风载体型系数各国规范区别不太大,所以目前国内 18m 高以下,高度小于宽度、长度的用门刚规程(实为美国 MBMA),18m 高以上用美国规范 UBC-97、IBC-2000、ASCE 7—98。

为了参考国外情况,现摘录英国风荷载规范 CP3 第 5 章第 2 节(1972 年版)相关内容如表 2-2～表 2-6 所示。

表 2-2

矩形建筑墙面风载体型系数 C_{pe}

高宽比	高长比	阴影风载加大	平面	风角(°)	墙面体型系数 C_{pe} A	B	C	D	局部体型系数 C_p
$\dfrac{h}{w} \leq \dfrac{1}{2}$	$1 < \dfrac{l}{w} \leq \dfrac{3}{2}$	$0.25w$		0	+0.7	−0.2	−0.5	−0.5	0.8
				90	−0.5	−0.5	+0.7	−0.2	
	$\dfrac{3}{2} < \dfrac{l}{w} \leq 4$			0	+0.7	−0.25	−0.6	−0.6	1.0
				90	−0.5	−0.5	+0.7	−0.1	
$\dfrac{1}{2} < \dfrac{h}{w} \leq \dfrac{3}{2}$	$1 < \dfrac{l}{w} \leq \dfrac{3}{2}$			0	+0.7	−0.25	−0.6	−0.6	1.1
				90	−0.6	−0.6	+0.7	−0.25	
	$\dfrac{3}{2} < \dfrac{l}{w} \leq 4$			0	+0.7	−0.3	−0.7	−0.7	1.1
				90	−0.5	−0.5	+0.7	−0.1	
$\dfrac{3}{2} < \dfrac{h}{w} < 6$	$1 < \dfrac{l}{w} \leq \dfrac{3}{2}$			0	+0.8	−0.25	−0.8	−0.8	1.2
				90	−0.8	−0.8	+0.8	−0.25	
	$\dfrac{3}{2} < \dfrac{l}{w} \leq 4$			0	+0.7	−0.4	−0.7	−0.7	1.2
				90	−0.5	−0.5	+0.8	−0.1	

注：h 是屋檐高，l 是大的建筑水平尺寸，w 是较小的建筑水平尺寸。

钢结构设计误区与释义百问百答

矩形建筑坡屋面的风载体型系数　　　　　　　　表2-3

屋　面	屋面角度(°)	风角度 0° EF	GH	90° EG	FH	局部系数 ▨	▬	▤	⬚
（图：h, w）	0	−0.8	−0.4	−0.8	−0.4	−2.0	−2.0	−2.0	—
	5	−0.9	−0.4	−0.8	−0.4	−1.4	−1.2	−1.2	−1.0
	10	−1.2	−0.4	−0.8	−0.6	−1.4	−1.4		−1.2
	20	−0.4	−0.4	−0.7	−0.6	−1.0			−1.2
	30	0	−0.4	−0.7	−0.6	−0.8			−1.1
	45	+0.3	−0.5	−0.7	−0.6				−1.1
	60	+0.7	−0.6	−0.7	−0.6				−1.1
3/2 （图：h, w）	0	−0.3	−0.6	−1.0	−0.6	−2.0	−2.0	−2.0	—
	5	−0.9	−0.6	−0.9	−0.6	−2.0	−2.0	−1.5	−1.0
	10	−1.1	−0.6	−0.8	−0.6	−2.0	−2.0	−1.5	−1.0
	20	−0.7	−0.5	−0.8	−0.6	−1.5	−1.5	−1.5	−1.0
	30	−0.2	−0.5	−0.8	−0.8	−1.0			−1.0
	45	+0.2	−0.5	−0.8	−0.8				
	60	+0.6	−0.5	−0.8	−0.8				
6 （图：h, w）	0	−0.7	−0.6	−0.9	−0.7	−2.0	−2.0	−2.0	—
	5	−0.7	−0.6	−0.8	−0.8	−2.0	−2.0	−1.5	−1.0
	10	−0.7	−0.6	−0.8	−0.8	−2.0	−2.0	−1.5	−1.2
	20	−0.8	−0.6	−0.8	−0.8	−1.5	−1.5	−1.5	−1.2
	30	−1.0	−0.5	−0.8	−0.7	−1.5			
	45	−0.2	−0.5	−0.8	−0.7	−1.0			
	50	+0.2	−0.5	−0.8	−0.7				
	60	+0.5	−0.5	−0.8	−0.7				

注：h 是屋檐高度，l 是建筑较大尺寸，w 是较小建筑尺寸。如图2-4a)所示。

矩形建筑单坡屋面，$h/w \leqslant 2$ 的风载体型系数

表 2-4

屋面坡度 (°)	风角度											局部系数					
	0°		45°		90°		135°		180°			H_1	H_2	L_1	L_2	H_0	L_0
	H	L	H	L	H和L 适用于长 $w/2$ 的迎风面	H和L 适用于 余下的	H	L	H	L							
5	-1.0	-0.5	-1.0	-0.9	-1.0	-0.5	-0.9	-1.0	-0.5	-1.0		-2.0	-1.5	-2.0	-1.5	-2.0	-2.0
10	-1.0	-0.5	-1.0	-0.8	-1.0	-0.5	-0.8	-1.0	-0.4	-1.0		-2.0	-1.5	-2.0	-1.5	-2.0	-2.0
15	-0.9	-0.5	-1.0	-0.7	-1.0	-0.5	-0.6	-1.0	-0.3	-1.0		-1.8	-0.9	-1.8	-1.4	-2.0	-2.0
20	-0.8	-0.5	-1.0	-0.6	-0.9	-0.5	-0.5	-1.0	-0.2	-1.0		-1.8	-0.8	-1.8	-1.4	-2.0	-2.0
25	-0.7	-0.5	-1.0	-0.6	-0.8	-0.5	-0.3	-0.9	-0.1	-0.9		-1.8	-0.7	-0.9	-0.9	-2.0	-2.0
30	-0.5	-0.5	-1.0	-0.6	-0.8	-0.5	-0.1	-0.6	0	-0.6		-1.8	-0.5	-0.5	-0.5	-2.0	-2.0

注：如图 2-4b)所示。

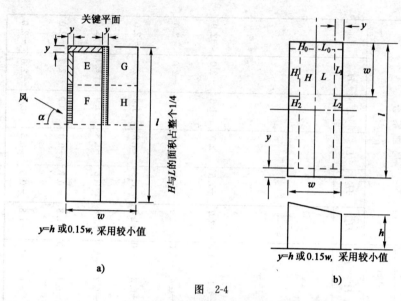

图 2-4

矩形建筑平屋面对应风载体型系数 表 2-5

平 面 形 式	$\dfrac{l}{w}$	$\dfrac{b}{d}$	高 宽 比				
			$\dfrac{1}{2}$	1	2	4	6
	$\geqslant 4$	$\geqslant 4$	1.2	1.3	1.4	1.5	1.6
		$\leqslant \dfrac{1}{4}$	0.7	0.7	0.75	0.75	0.75
	3	3	1.1	1.2	1.25	1.35	1.4
		$\dfrac{1}{3}$	0.7	0.75	0.75	0.75	0.8

续上表

平面形式	$\dfrac{l}{w}$	$\dfrac{b}{d}$	高　宽　比				
			$\dfrac{1}{2}$	1	2	4	6
	2	2	1.0	1.05	1.1	1.15	1.2
		$\dfrac{1}{2}$	0.75	0.75	0.8	0.85	0.9
	$1\dfrac{1}{2}$	$1\dfrac{1}{2}$	0.95	1.0	1.05	1.1	1.15
		$\dfrac{2}{3}$	0.8	0.85	0.9	0.95	1.0

表 2-6

平面形式	$\dfrac{l}{w}$	$\dfrac{b}{d}$	高　宽　比						
			$\dfrac{1}{2}$	1	2	4	6	10	20
	1	1	0.9	0.95	1.0	1.05	1.1	1.2	1.4

注:b 是正对面的建筑尺寸,d 是顺着风的建筑尺寸,l 是建筑的较大尺寸,w 是建筑的较小尺寸。

以上表中英国规范的特点是反映了高宽比、长宽比的区别及边缘风载的加大,可参考。

美国规范 ANSI/ASCE 7—1995 的第 6.4 条分 18m 高以上及 18m 以下风

钢结构设计误区与释义百问百答

载,现将 18m 高以下的风载列于图 2-5,用于主要承受风作用结构,其数值普遍比 MBMA 偏小,墙面端部与中间风力加以区别,这是比较合理的。

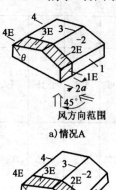

a) 情况A

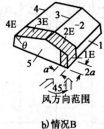

b) 情况B

情 况 A

屋面坡角 θ	建 筑 表 面							
	1	2	3	4	1E	2E	3E	4E
0°~5°	0.40	-0.69	-0.37	-0.29	0.61	-1.07	-0.53	-0.43
20°	0.53	-0.69	-0.48	-0.43	0.80	-1.07	-0.69	-0.64
30°~45°	0.56	0.21	-0.43	-0.37	0.69	0.27	-0.53	-0.48
90°	0.56	0.56	-0.37	-0.37	0.69	0.69	-0.58	-0.48

注:见图 a)。

情 况 B

屋面坡角 θ	建 筑 表 面											
	1	2	3	4	5	6	1E	2E	3E	4E	5E	6E
0°~90°	-0.45	-0.69	-0.37	-0.45	-0.40	-0.29	-0.48	-1.07	-0.57	-0.48	-0.61	-0.43

注:见图 b)。

图 2-5 (原美国规范图 6.4)

图 2-5 中,a 为最小水平尺寸的 10% 或 $0.4h$,h 为房屋平均高度,$\theta=0°$ 为檐口高度,θ 为屋面坡角。

$h>18m$ 的房屋分四种情况计算风力,见图 2-6。

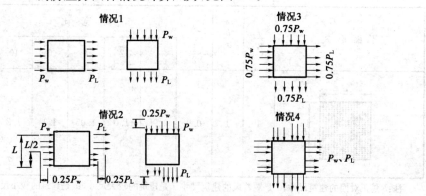

P_w、P_L 可见美国规范 ANSI/ASCE 7—1995 表 6-1

图 2-6 $h>18m$ 的房屋风力计算

P_w-上风风力;P_L-下风风力

国外进行风力计算时，分外表面风力与内表面风力，因此风的体型系数是内外叠加的，即 $P=GC_{pf}-GC_{pi}$（其中，G 表示阵风反应系数，C_{pi} 表示内部压力系数，C_{pf} 表示外部压力系数）。$h>18m$ 屋面的外表面风体型系数如图 2-7 所示。

房屋内表面体型系数 GC_{pi} 见表 2-7。

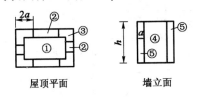

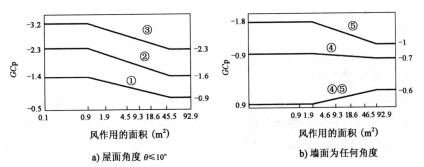

图 2-7　$h>18m$ 屋面的外表面风体型系数

（a 取较小水平尺寸的 10%，但不小于 3ft；h 为房屋平均高度。）

房屋内表面体型系数 GC_{pi}　　　　　　　　　表 2-7

开敞建筑	0
部分封闭建筑	$+0.80$ -0.30
(1)在飓风地区，风速大于或等于 110m/h 或在夏威夷 (2)18m 以下为玻璃开敞，不能起抵抗飓风、防止碎片冲撞的特殊保护	$+0.80$ -0.30
其他建筑	$+0.18$ -0.18

注：$h\leqslant18m$，GC_{pi} 乘以 0.85，建筑介于开敞与部分封闭之间，则应按开敞考虑。本表选自美国规范 ANSI/ASCE 7—1995 表 6-4。

拱形屋面的组合压力系数 C_p，见表 2-8。

拱形屋面的组合压力系数 C_p 表2-8

情　况	矢　高 r	C_p		
		上风 $\frac{1}{4}$ 部分	中间半部	下风 $\frac{1}{4}$ 部分
拱形屋面抬高	$0 < r < 0.2$	-0.9	$-0.7-r$	-0.5
	$0.2 \leqslant r < 0.3$	$1.5r-0.3$	$-0.7-r$	-0.5
	$0.3 \leqslant r \leqslant 0.6$	$2.75r-0.7$	$-0.7-r$	-0.5
拱形屋面砌在地面	$0 < r \leqslant 0.6$	$1.4r$	$-0.7-r$	-0.5

$h \leqslant 18m$ 部件及围护结构的外表面风体型系数 GC_{pf}，如图 2-8a) 所示。

三角形屋脊屋面，见图 2-8b) 及图注3。

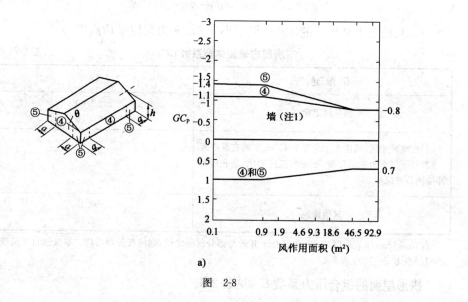

a)

图　2-8

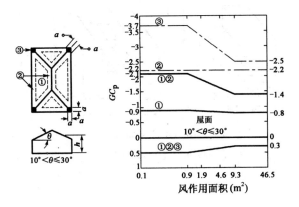

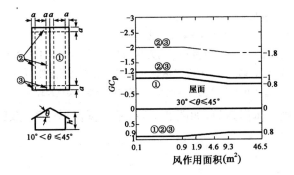

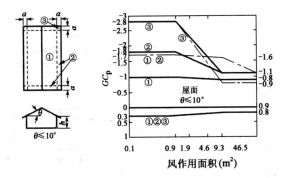

b)

图　2-8

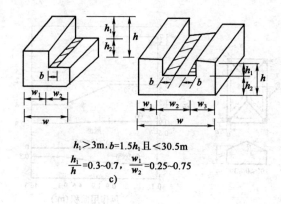

$h_1 > 3m, b = 1.5h_1$ 且 $< 30.5m$

$\dfrac{h_1}{h} = 0.3 \sim 0.7, \dfrac{w_1}{w_2} = 0.25 \sim 0.75$

c)

图 2-8

注：1. 当 $\theta \leqslant 10°$ 时，上述墙 GC_p 降低 10%。

2. 假如栏杆高于 $1m$，$\theta \leqslant 10°$，则③区将降为②区。

3. 图 2-8c)的阶梯形屋面，其分区及 GC_p 均见图 2-8b)($\theta \leqslant 10°$)，在与上面高墙交叉处，③区降为②区、②区降为①区墙的 GC_p 的值见图 2-8a)，在交叉出口处则见图 2-8c)。

4. 房屋设置在暴露区 B，计算压力可降低 0.85，暴露区分类为美国地理条件。

单坡斜屋面风载体型系数，如图 2-9a)所示。锯齿形屋面（双跨或多跨），如图 2-9b)所示。

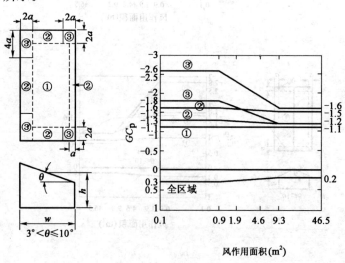

风作用面积(m^2)

图 2-9

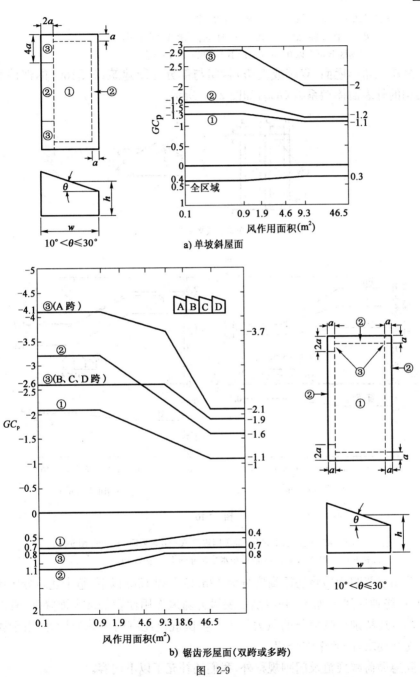

a) 单坡斜屋面

b) 锯齿形屋面（双跨或多跨）

图 2-9

钢结构设计误区与释义百问百答

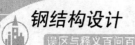

注:1.每根构件应按最大压力与最大拉力计算。

2.$\theta \leqslant 5°$(图2-9a)、$\theta \leqslant 10°$(图2-9b)的GC_p均按2-8b)采用。

3.暴露区B可乘以0.85,a取最小水平尺寸的10%或0.4h。

多跨三角形屋面(双跨或多跨)封闭与部分封闭建筑,$h \leqslant 18m$的部件及围护结构的外表面体型系数GC_{pf},如图2-10所示。

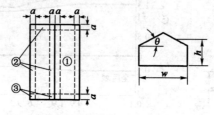

单跨模式平面与立面

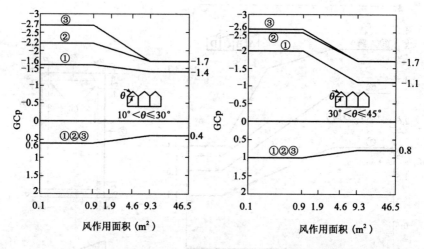

图 2-10

注:1.$\theta \leqslant 10°$,GC_{pf}采用见图2-8b)(原美国规范 ANSI/ASCE 7—1995 图6-5b)。

2.暴露区B可乘以0.85,a取最小水平尺寸的10%或0.4h。

美国规范明确地将房屋高度分为18m以上和18m以下,整个建筑分区比较合理,边缘地区风力加大,并特别反映风力随风作用面积的加大而降低,有的在边缘部分还特别反映角部的风力加大。美国规范还有雨荷载的计算,由于我国规范无此要求,因此未作介绍。

除遵循荷载规范及门刚规程外,我们还补充了以下内容。

①荷载规范未强调端部风载超过中间部分的影响，应该保证边缘部分风载体型系数，应参考门刚规程或增加 1.5 倍。

②门刚规程只采用了 MBMA 的 0°＜α＜10°，其他角度工程中也会碰到。

同时门刚规程未列入敞开式房屋，现加以补充见表 2-9。

低层房屋（参照 MBMA 的补充体型系数）　　　　　表 2-9

建筑类型		分区											
		端部区						中间区					
		1E	2E	3E	4E	5E	6E	1	2	3	4	5	6
封闭式	10°＜α≤30°	+0.7	-1.40	-1.00	0.95	+0.90	-0.30	+0.40	-1.00	-0.75	-0.15	+0.65	-0.15
	30°＜α≤45°	-0.75	-1.40	-0.80	-0.75			-0.70	-1.00	-0.65	-0.70		
部分封闭	10°＜α≤30°	+0.30	-1.80	-1.40	-1.35	+1.0	-0.20	0.00	-1.40	-1.15	-1.10	+0.75	-0.05
	30°＜α≤45°	-1.15	-1.80	-1.20	-1.15			-1.10	-1.40	-1.05	-1.10		
开敞式	0°＜α≤10°	-0.70		-0.70				-0.70		-0.70			
	10°＜α≤25°	见"注"	-0.70	-0.70	见"注"	+6.0	0.00	见"注"	-0.70	-0.70	见"注"	+6.0	0.00
	25°＜α≤45°	-0.70		-0.70				-0.70		-0.70			

注：敞开式＋1.05 和－1.05 相应的用于 1、5、4、6 区域覆盖面。

以上资料均根据宝钢工程指挥部 1995 年 MBMA（1986 年版）翻译本，但对照 MBMA 原文，发现有以下问题需要注意。

原文纵向主框架体型系数 GC_p 系数（用于所有角度）见表 2-10（美国规范 ANSI/ASCE 7—1995 表）。

表 2-10

建筑形式分类	荷载情况	端 部 区					中 部 区				
		1E 和 4E	2E	3E	5E	6E	1 和 4	2	3	5	6
全封闭	I	−0.70	−1.40	−0.80	+0.50	−0.70	−0.70	−1.00	−0.65	+0.25	−0.55
	II	−0.30	−1.00	−0.40	+0.90	−0.30	−0.30	−0.60	−0.25	+0.65	−0.15
部分封闭	I	−1.10	−1.80	−1.20	+0.10	−1.10	−1.10	−1.40	−1.05	−0.15	−0.97
	II	−0.20	−0.90	−0.30	+1.0	−0.20	−0.20	−0.50	−0.15	+0.75	−0.05
开敞式	I(3)		−0.70	−0.70	(4)			−0.70	−0.70	(4)	

宝钢工程指挥部翻译的开敞式 5E 为 +6.0，与原文出入太大，应按原文。

根据原文附注(4)，体型系数为 1.8N，适用于 $0.1 \leqslant \varphi \leqslant 0.3$，$1/6 \leqslant H/B \leqslant 6$，$S/B \leqslant 0.5$ 的情况。其中，φ 为门架穿过的固体面积与山墙面积之比，S 是空的跨距，N 是穿过门架的榀数。

原文表 5.7 即本文表 2-11、表 2-12 把两种屋形 ⌂ 和 ⌂ 及主框架、檩条、墙梁的所有体型系数均包括在内，比较全面，可供参考。

荷载情况，美国 MBMA 分为 I、II，本来应该 I、II 都要计算，取其不利的，因为 I 是面对大门的风力，II 是背向大门的风力，如图 2-11 所示。

我国门刚规程考虑大部分风载是按 I 控制，仅用 I，与 I、II 并用出入不大，简化起见就用了 I。

由于美国 MBMA 的试验已包括风振，所以采用门刚规程，高度小于等于 1.8m、跨度小于等于 36m，就可以不考虑风振。

图 2-11

全部建筑物的常用体型系数 GC_p ($\theta \leqslant 10°$)　　　表 2-11

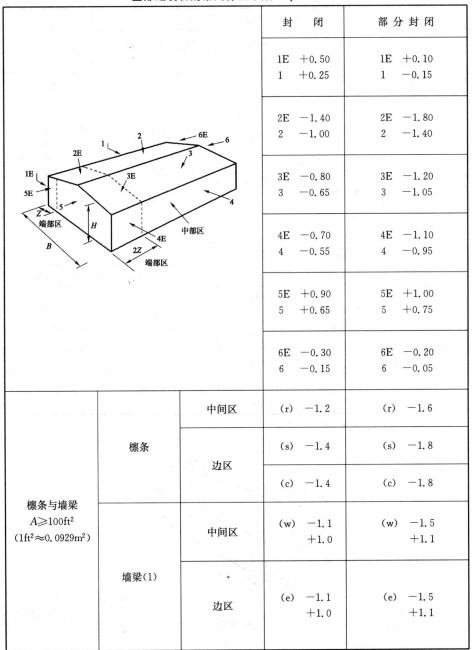

			封　　　闭	部 分 封 闭
			1E　+0.50 1　　+0.25	1E　+0.10 1　　−0.15
			2E　−1.40 2　　−1.00	2E　−1.80 2　　−1.40
			3E　−0.80 3　　−0.65	3E　−1.20 3　　−1.05
			4E　−0.70 4　　−0.55	4E　−1.10 4　　−0.95
			5E　+0.90 5　　+0.65	5E　+1.00 5　　+0.75
			6E　−0.30 6　　−0.15	6E　−0.20 6　　−0.05
檩条与墙梁 $A \geqslant 100ft^2$ ($1ft^2 \approx 0.0929m^2$)	檩条	中间区	(r)　−1.2	(r)　−1.6
		边区	(s)　−1.4	(s)　−1.8
			(c)　−1.4	(c)　−1.8
	墙梁(1)	中间区	(w)　−1.1 　　　+1.0	(w)　−1.5 　　　+1.1
		边区	(e)　−1.1 　　　+1.0	(e)　−1.5 　　　+1.1

钢结构设计误区与释义百问百答

续上表

		中间区	(r)	−1.3	(r)	−1.7
屋面板、墙板、紧固件 $A \leqslant 10ft^2$	层面	边区	(s)	−1.7	(s)	−2.1
		角区	(c)	−2.9	(c)	−3.3
	墙(1)	中间区	(w)	±1.2	(w)	−1.6 +1.3
		边区	(e)	−1.4 +1.2	(e)	−1.8 +1.3
端部门架	柱条(1) $A \geqslant 200ft^2$	中间区	(w)	−1.0 +1.0	(w)	−1.4 +1.1
		边区	(e)	−1.1 +1.0	(e)	−1.5 +1.1
	椽子 $A \geqslant 100ft^2$	中间区	(r)	−1.2	(r)	−1.6
		边区,角区	(s),(c)	−1.3	(s),(c)	−1.3
外伸层顶	板紧固件 $A \leqslant 10ft^2$	中间区	(r)	−1.9		
		边区	(s)	−1.9		
		角区	(c)	−2.7		
	檩条梁 $A \geqslant 100ft^2$	中间区	(r)	−1.8		
		边区	(s)	−1.8		
		角区	(c)	−0.9		

注:表中字母 r、s、c、w、e 与图 2-12 对应。

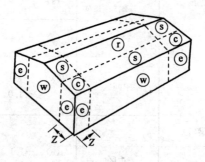

图 2-12

系数可降低10％采用。

全部建筑物常用体型系数 GC_p（10°＜θ≤45°）　　　表2-12

项目			全封闭		部分封闭	
			10°＜θ≤30°	30°＜θ≤45°	10°＜θ≤30°	30°＜θ≤45°
檩条和墙梁 $A\geqslant100ft^2$	檩条	中间区	(r) −1.1	(r_e) −1.2 +1.1	(r) −1.5	(r_e) −1.6 +1.2
		边区	(s_e) −1.8	(s_e) −1.3 +1.1	(s_e) −2.2	(s_e) −1.7 +1.2
			(c) −1.8	(c) −1.3 +1.1	(c) −2.2	(c) −1.7 +1.2
	墙梁	中间区	(w) −1.2 +1.1	(w) −1.2 +1.1	(w) −1.6 +1.2	(w) −1.6 +1.2
		边区	(e) −1.3 +1.1	(e) −1.3 +1.1	(e) −1.7 +1.2	(e) −1.7 +1.2
屋面板、墙板、紧固件 $A\leqslant10ft^2$	屋面	中间区	(r) −1.2	(r_e) −1.3 +1.2	(r) −1.6	(r_e) −1.7 +1.3
		边区	(s_e) −2.1	(s_e) −1.6 +1.2	(s_e) −2.5	(s_e) −2.0 +1.3
		角区	(c) −2.7	(c) −1.6 +1.2	(c) −3.1	(c) −2.0 +1.3
	墙	中间区	(w) ±1.3	(w) ±1.3	(w) −1.7 +1.4	(w) −1.4 +1.4
		边区	(e) −1.5 +1.3	(e) −1.5 +1.3	(e) −1.9 +1.4	(e) −1.9 +1.4
端部门架	柱 $A\geqslant200ft^2$	中间区	(w) −1.2 +1.1	(w) −1.2 +1.1	(w) −1.6 +1.2	(w) −1.6 +1.2
		边区	(e) −1.2 +1.1	(e) −1.2 +1.1	(e) −1.6 +1.2	(e) −1.6 +1.2
	椽子 $A\geqslant100ft^2$	中间区	(r) −1.1	(r_e) −1.2 +1.1	(r) −1.5	(r_e) −1.6 +1.2
		边区，角区	(s_e)(c) −1.8	(s_e)(c) −1.3 +1.1	(s_e)(c) −2.2	(s_e)(c) −1.7 +1.2

续上表

项　目		全　封　闭				部　分　封　闭	
		10°<θ≤30°		30°<θ≤45°		10°<θ≤30°	30°<θ≤45°
外伸屋顶板及紧固件 A≥10ft²	中间区	(r)	−1.55	(rᵢ)	−1.55 +1.0		
	边区	(sᵢ)	−1.8	(sₑ)	−1.7 +1.0		
	角区	(sₑ)(c)	−2.5	(c)	−1.7 +1.0		
外伸屋顶板及紧固件 A≥100ft²	中间区	(r)	−1.5	(rᵢ)	−1.2 +0.90		
	边区	(sᵢ)	−1.55	(sₑ)	−1.5 +0.90		
	边区， 角区	(sₑ)(c)	−1.6	(c)	−1.5 +0.90		

注:1. $10°<\theta≤45°$中对外的(r_e)、(s_e)体型系数已给出,(r_i)、(s_i)值也给出了,其余的将在图 2-13 中给出。

2. 开敞式大的外伸系数采用美国规范 ANSI/ASCE 7—1995 表5.4a)的系数乘以1.25。

3. 所有体型系数由其特定的区域及有效受风荷载面积 A 确定,其他面积的体型系数则由图表估计式按表 2-13～表 2-18 计算。

4. 外伸屋顶的体型系数包括上面和下面的体型系数。

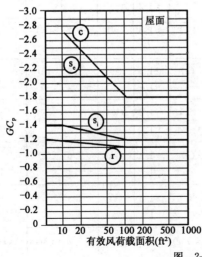

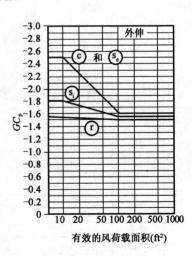

图　2-13

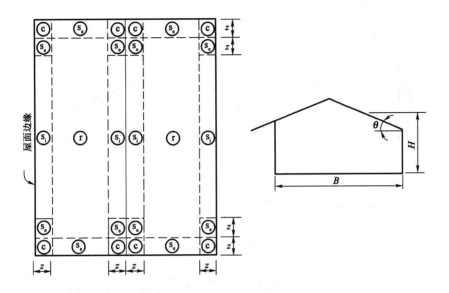

a)杆件屋面板的屋面体型系数 GC_p（$10°<\theta\leqslant30°$）

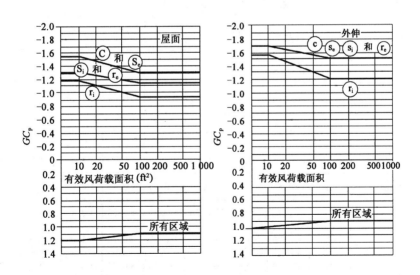

图 2-13

钢结构设计误区与释义百问百答

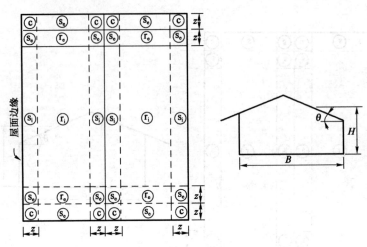

b)(30°<θ≤45°)

图 2-13

主框架横向体型系数 GC_p　　　　　表 2-13

屋面(2)角 θ	荷载(1)	端 部 区				中 部 区			
		1E	2E	3E	4E	1	2	3	4
0°≤θ≤10°	I	+0.50	−1.40	−0.80	−0.70	+0.25	−1.00	−0.65	−0.55
	II	+0.90	−1.00	−0.40	−0.30	+0.65	−0.60	−0.25	−0.15
10°<θ≤30°	I	+0.70	−1.40	−1.00	−0.95	+0.40	−1.00	−0.75	−0.70
	II	+1.10	−1.00	−0.60	−0.55	+0.80	−0.60	−0.35	−0.30
30°<θ≤45°	I	−0.75	−1.40	−0.80	−0.75	−0.70	−1.00	−0.65	−0.70
	II	+0.60	+0.10	−0.80	−0.75	+0.45	+0.05	−0.70	−0.65
	III	+1.10	+0.5	−0.40	−0.35	+0.85	+0.45	−0.30	−0.25
θ=90°(2)	I	−0.75	−1.40	−0.80	−0.75	−0.70	−1.00	−0.65	−0.70
	II	+0.60	+0.60	−0.75	−0.75	+0.45	+0.45	−0.65	−0.65
	III	+1.10	+1.00	−0.35	−0.35	+0.85	+0.85	−0.25	−0.25

全封闭建筑

屋面(2)角 θ		荷载(1)	端部区				中部区			
			1E	2E	3E	4E	1	2	3	4
部分封闭	0°≤θ≤10°	I	+0.10	−1.80	−1.20	−1.10	−0.15	−1.40	−1.05	−0.95
		II	+1.00	−0.90	−0.30	−0.20	+0.75	−0.50	−0.15	−0.05
	10°<θ≤30°	I	+0.30	−1.80	−1.40	−1.35	0.00	−1.40	−1.15	−1.10
		II	+1.20	−0.90	−0.50	−0.45	+0.90	−0.50	−0.25	−0.20
	30°<θ≤45°	I	−1.15	−1.80	−1.20	−1.15	−1.10	−1.40	−1.05	−1.10
		II	+0.20	−0.30	−1.20	−1.15	+0.05	−0.35	−1.10	−1.05
		III	+1.10	+0.60	−0.30	−0.25	+0.95	+0.55	−0.20	−0.15
	θ=90°(2)	I	−1.15	−1.80	−1.20	−1.15	−1.10	−1.40	−1.05	−1.10
		II	+0.20	+0.20	−1.15	−1.15	+0.05	+0.05	−1.05	−1.05
		III	+1.10	+1.10	−0.25	−0.25	+0.95	+0.95	−0.15	−0.15
开敞式	0°≤θ≤10°	I	(3)	−0.70	−0.70	(3)	(3)	−0.70	−0.70	(3)
		II		−0.30	−0.80			−0.30	−0.80	
	10°<θ≤25°	I		−0.70	−0.70			−0.70	−0.70	
		II		+0.70	−0.70			+0.70	−0.70	
		III		+0.20	−0.90			+0.20	−0.90	
	25°<θ≤45°	I		−0.70	−0.70			−0.70	−0.70	
		II		+2.00	+0.30			+2.00	+0.30	

原图 5.5a)方程　　　　　　　　　　　　　　　　表 2-14

墙的杆件与板的吸力系数 GC_p		
区　域	有效荷载面积 A(ft²)	GC_p 方程
边区(e)	$A<10$ $10≤A≤500$ $A>500$	-1.5 $+0.235\lg A - 1.735$ -1.1
中间区(w)	$A<10$ $10≤A≤500$ $A>500$	-1.3 $+0.118\lg A - 1.418$ -1.1

续上表

墙的杆件与板的压力系数 GC_p		
区　域	有效荷载面积 $A(\text{ft}^2)$	GC_p 方程
边区(e)	$A<10$ $10\leqslant A\leqslant 500$	$+1.3$ $-0.177\lg A+1.47$
中间区(w)	$A>500$	$+1.0$

注:1.正压与负压的符号表示压力压向表面与反向表面。

2.每个部分表示最大的正压与负压。

3.部分封闭,正的体型系数增加0.1,负的体型系数增加0.4(在绝对值基础上)。

4.开放式建筑体型系数按表5.4a)取用。

5.$\theta\leqslant 10°$时,墙体型系数可降低10%。

6.屋面的四周,原表5.4a)、b)、图5.4a)、b)均可用,但上条不能降低10%。

7.θ为屋面与水平的角度;B为建筑宽度(ft);H为地面上平均高度(ft),除非$\theta\leqslant 10°$可以用檐口高度;Z为最小宽度的10%或$0.4H$,但不小于$0.04B$或3ft。

原图 5.5d)方程$(30°<\theta\leqslant 45°)$　　　　表 2-15

屋面的杆件与板体型系数 GC_p		
区　域	有效风荷载面积 $A(\text{ft}^2)$	GC_p 方程
角区(c)	$A\leqslant 10$	-1.55
外边区(s_e)	$10<A<100$	$+0.25\lg A-1.8$
	$A\geqslant 100$	-1.3
中边(s_i)	$A\leqslant 10$	-1.3
端部(r_e)	$10<A<100$	$+0.15\lg A-1.45$
	$A\geqslant 100$	-1.15
中部(r_i)	$A\leqslant 10$	-1.2
	$10<A<100$	$+0.25\lg A-1.45$
	$A\geqslant 100$	-0.95

屋面的杆件与板体型系数 GC_p　　　　表 2-16

区　域	有效风截面积 $A(\text{ft}^2)$	GC_p 方程
所有区域	$A\leqslant 10$ $10<A<100$ $A\geqslant 100$	$+1.2$ $+0.1\lg A+1.3$ $+1.1$

外伸杆件与板吸力系数　　　表 2-17

区　　域	有效风截面积 $A(\text{ft}^2)$	GC_p 方程
角区(c) 外边(s_e) 中边(s_i) 端部(r_e)	$A\leqslant 10$ $10<A<100$ $A\geqslant 100$	-1.7 $+0.2\lg A-1.9$ -1.5
中部　(r_i)	$A\leqslant 10$ $10<A<100$ $A\geqslant 100$	-1.55 $+0.35\lg A-1.90$ -1.20

外伸杆件与板压力系数　　　表 2-18

区　　域	有效风截面积 $A(\text{ft}^2)$	GC_p 方程
所有区域	$A\leqslant 10$ $10<A<100$ $A\geqslant 100$	$+1.0$ $+0.1\lg A+1.1$ $+0.9$

平屋盖各国规范风载体型系数比较[135]如下。

第一，各国规范除风速和风压有差别外，地面粗糙度的地貌类型也不同，高度系数除澳大利亚用对数外，其他均用指数。关于屋盖表面压力分布，美国和澳洲均为不均匀分布，并且与长宽比和高宽比有关，而我国为平均分布，风振都以 Davenport 方法为基础，日本按尺寸、风速及基频判断风速，其他都以结构基频。

我国规范大部分内容来源于当年的风洞试验，流动模拟及测试手段均比较落后，有一定局限性。

第二，大跨屋盖比较低矮，处于高湍流地区，风湍流及空气动力作用十分复杂，因此屋面单一系数 -0.6 用于跨度不大的屋面较合适，用于大跨度屋盖可能不合理，会造成结构不安全。

第三，屋盖迎风前缘拐角区，分布不均匀，钝体绕流特性明显，而且风向 $0°\sim 45°$ 时的漩涡由二维的柱状涡变为三维的锥状涡，风压发生明显变化。

现将各国规范统一为 10min，取平均高度的体型系数比较如图 2-14、表 2-19 所示。

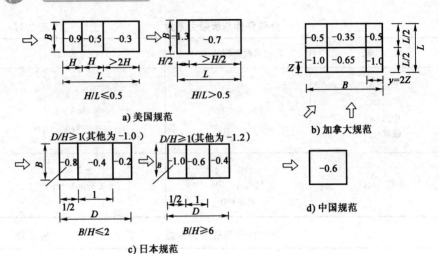

a) 美国规范

b) 加拿大规范

c) 日本规范

d) 中国规范

图 2-14

汇总比较表   表 2-19

风压分区	a	b	c	d
美国	−0.9	−0.9	−0.5	−0.3
日本	−0.9	−0.9	−0.5	−0.4
加拿大	−0.66	−0.66	−0.66	−0.36
中国	−0.6	−0.6	−0.6	−0.6
风洞试验	−1.1	−0.75	−0.5	−0.3

由于风洞试验 45°时变化梯度大,归纳为图 2-15,根据美国、加拿大规范,Z 取:

最小水平尺寸的 10%;

0.4H(H 为建筑平均高);

≥4%水平尺寸;

>1m。

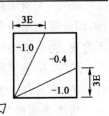

图 2-15

2)风洞试验

矩形体型结构一般可以参照规范,相对风洞试验资料较少。现将两种特殊情况作一介绍。

(1)机库的风洞试验分析,机库为三面支持一面大开口的特殊体型。

(2)机库的风载分为大门、窗均关闭与大门、窗均开启的两种情况。香港规定3号风球时,机库即需关门,因此机库大门开启时只要考虑3号风球的风力。根据香港资料,3号风球的风速为62km/h,相当于17.2m/s,折合风压为18.2kg/m²,为了偏安全,大门开启时只要考虑30kg/m²风压即可。

对于机库,关心的将是屋顶风压,按荷载规范屋顶吸力体型系数为—0.5。

厦门太古机库在航天701所做了单跨153m的风洞试验,虽然701所是航天试验室,不能反映边界层风速的变化,但由于机库是带棱角外形的建筑,根据空气动力试验原理,带棱外形对雷诺数大小不敏感,因此可以认为701所风洞试验结果是有代表性的。

对称的机库将大厅半边的测点分为5条线位置,将风压在5条线位置上注出(图2-16)。

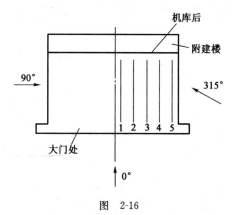

图 2-16

门、窗关闭时,根据实测,风向角为315°时风压最大,现将其由外压力综合的体型系数列于图2-17上。

其他角度的体型系数规律如下:

0°时风压基本均匀,都在—0.3～—0.5之间,只是在跨中大、门处偏小。

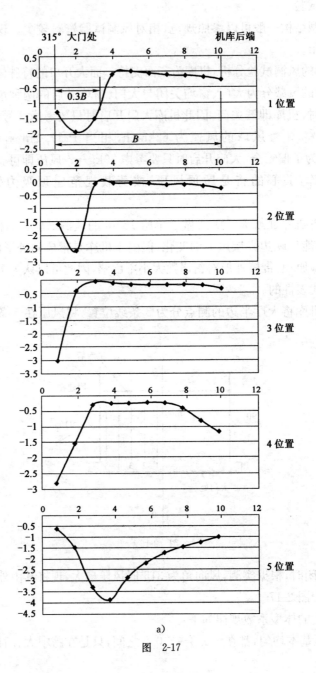

a)

图 2-17

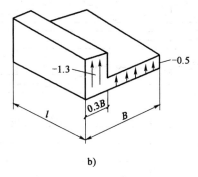

图 2-17

90°时 1 点跨中比较均匀,不超过－0.4,3～5 点有大门大后面小的趋势,但最大处仅－0.7,2 点处则出现起伏情况,最大仅－0.6。

180°时则呈大门小、后面大的趋势,变化特别大,大门处－0.9,后面达－1.8,但由于大部分是水平线不大于0.4,仅在最后面突然加大,因此对内力影响小。

根据以上分析,建议大门、窗均关闭时,体型系数可按如图 2-17b)所示分布考虑,显然规范－0.5是不够安全的。

门、窗开启时,根据实测,风向角为0°时风压最大,现将内外压力综合体型系数列于图 2-18 上。

其他角度的体型系数规律如下:

0°时门开、窗关风压也比较平均,在－1.7～－1.98 之间变动,但超过－1.85以上的点数较少,平均数在－1.80 左右。

180°时门开、窗关,机库后端风大,大门口处减小,但最大也不过－1.0。

90°时门开、窗关,风力很小,为－0.2。

根据以上分析,门、窗开启时,基本上大门处与机库后端风力很均匀,取其系数约为航天 701 所提供的－1.862。

因此,在山东太古机库采用的体型系数,根据航天 701 所试验及规范为偏安全。

对广州白云机库(100m＋150m＋100m)工程进行的风洞试验,机库外形如图 2-19 所示[61],机库全长 400m,最宽 100m。

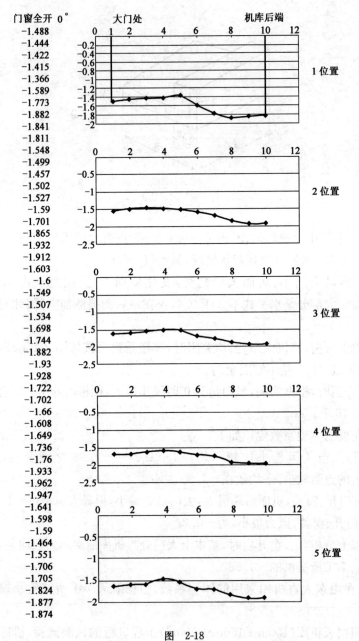

门窗全开 0°

-1.488	
-1.444	
-1.422	
-1.415	
-1.366	
-1.589	
-1.773	
-1.882	
-1.841	
-1.811	
-1.548	
-1.499	
-1.457	
-1.502	
-1.527	
-1.59	
-1.701	
-1.865	
-1.932	
-1.912	
-1.603	
-1.6	
-1.549	
-1.507	
-1.534	
-1.698	
-1.744	
-1.882	
-1.93	
-1.928	
-1.722	
-1.702	
-1.66	
-1.608	
-1.649	
-1.736	
-1.76	
-1.933	
-1.962	
-1.947	
-1.641	
-1.598	
-1.59	
-1.464	
-1.551	
-1.706	
-1.705	
-1.824	
-1.877	
-1.874	

图 2-18

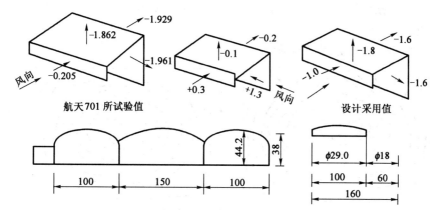

图　2-19　（尺寸单位：m）

从试验结果看，以0°时风压体型系数最大，而90°时很小，只是局部边上最大只达−0.9。现将0°时风压体型系数等高线表示，如图2-20所示。

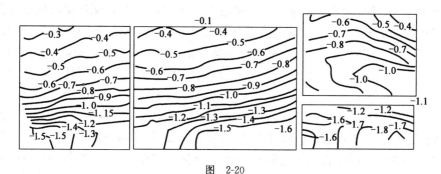

图　2-20

一般机库均由大门关时风力控制，但对于风荷载小时，如中原地区应该验算大门开启风力，但规范只有开敞式或双跨屋面，其大门做法也与我们不同，规范未能反映长宽比的影响。我们设计山东太古95m机库时，就根据厦门太古机库风洞试验的结果及风压为30kg/m²，验算其风力，其体型系数见上述。

根据以上两个风洞试验分析，其共同的规律是门开启时大门口风压大，机库后端风压小，数值也相近，可以找到相似的体型系数，但不同点是厦门太古机库试验门关闭时，屋顶向上风力很大，而广州白云机库试验，只是正门开启时风比标准情况（即大门开启）时稍大。

大跨度机库的风振。目前航空设计研究院斐永忠研究员与清华大学做了大

跨度机库风振计算,计算按频域与时域分析方法取跨度为 60m,进深为 48m,屋盖厚度为 3.5m。

风振系数分布如图 2-21 所示。

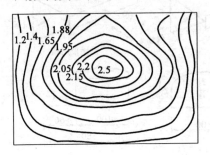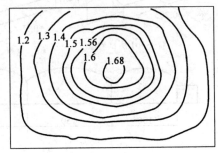

图 2-21

计算结果:风振风力占总风力达 20%,说明机库有必要考虑风振影响。从计算结果看频域、时域风力有差别,但分布规律相同,刚度增大风振系数减少,频域数据较大,其原因是频域采用平均风压系数表示脉动风载,无法精确反映屋盖的风压脉动情况,尤其在振动激烈点更是如此。比较方便的是利用时程分析方法参考使用。试验结果首先不是想象的簸箕形。经分析,认为试验用了 60m×48m 机库大门口处反梁,比较大,相对刚度比较大,跨度大了大门处风振系数可能会大些,更会成簸箕形,但这次试验结果也有簸箕形倾向,同时簸箕形还是计算偏安全的。另外一点是,风振靠近支座处也不小,达 1.2,这也不是很合理,这主要因为计算分析用了平方和开方法,只要有点变形,风振系数就偏大。对于振型频率集中这样误差大风振值偏大,一般柱子附近风振很小,当然张湘庭教授所介绍的风振用于高耸建筑,而我们风振算法有类似之处。有的认为高耸建筑风力与振动方向一致,而大跨度结构风力与振动方向相反,因此现在风振算法值得探讨。风振还是一个研究课题,但规范却要求设计计算风振,而审查代表也要提供计算结果,从大跨度机库风振的研究看,现在只好暂时按风振的不成熟的近似估算。

频域与时域是动力计算方法,频域接近反应谱法,时域接近时程分析法。

文献[111]对大跨机库风载体型系数进行了比较全面的分析研究,对比了各国规范及风洞试验,得出了两个重要结论:一是我国荷载规范的体型系数是根据中小跨度屋面给出的,不能反映大跨度屋面真实的风压分布的体型特征;二是大跨屋面采用我国规范的体型系数会得到不安全的结果,因此进行大跨矩形屋面设计时应认真参考。

MBMA 锯齿形屋面构件和坚固件风吸力荷载体系数。

(1)外部体型系数大跨屋面体型系数各国规范对比

迎风面——各国比较一致为＋0.8。

背风面——我国规范为－0.5。

英国、澳大利亚规范，则考虑深宽比影响，最大－0.5，最小－0.2。

侧风面——我国规范与美国规范用了－0.7。

澳大利亚规范考虑了前缘(离迎风近)负压最大，向后逐渐减少。

屋面——我国规范对于 $\alpha \leqslant 15°$ 及平屋面取－0.6。

风洞试验及现场实测均表明，距离前缘分离区越近，负压越大，随之衰减。对于大尺度建筑，由于气流的再附着作用，后缘可能出现正压，随 h/d 变化(图 2-22)，国外规范均有反映(表 2-20)。

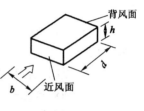

图 2-22

澳大利亚中大跨主要平屋面体型系数　　表 2-20

计算位置距迎风边缘水平距离	$h/d \leqslant 0.5$		$h/d > 0.5$	
0～0.5h	－0.9	－0.4	－1.3	－0.6
0.5～1h	－0.9	－0.4	－0.7	－0.3
1～2h	－0.5	＋0.0	(－0.7)	(－0.3)
2～3h	－0.3	＋0.1	—	—
≥3h	－0.2	＋0.2	—	—

注：有两个体型系数时，应按最不利工况分别计算。

内部体型系数：

由于内部大厅高大空旷，因此主体结构与围护结构均需考虑内压系数。

我国规范——单面开敞迎风面＋0.8，背风面－0.5。计算围护结构，封闭时为±0.2。

美国规范——开敞式为 0.0，部分封闭为＋0.8/－0.3。

澳大利亚——主要开口墙面内部压力系数，见表 2-21。

表 2-21

主要开口墙面		迎风面	背风面	侧风面	屋面
开口面积之比	≤0.5	−0.3/0.0	−0.3/0.0	−0.3/0.0	−0.3/0.0
	1	−0.1/−0.2	−0.3/0.0	−0.3/0.0	−0.3/0.15C_{pe}
	2	0.7C_{pe}	0.7C_{pe}	0.7C_{pe}	0.7C_{pe}
	3	0.85C_{pe}	0.85C_{pe}	0.85C_{pe}	0.85C_{pe}
	≥6	C_{pe}	C_{pe}	C_{pe}	C_{pe}

注：C_{pe}为对应部位的外部体型系数。

根据美国经验，不仅高大的机库要考虑内压，一般开矿的工业厂房也应考虑内压。

(2)风洞试验对比

外压情况：

屋面——厦门太古机库、北京 A380 机库经风洞试验得到的结果均与澳大利亚规范一致(图 2-23～图 2-25)，而广州 GAMECO 机库由于为拱形屋面且宽度远大于进深，迎风面积大，气流经屋面时二维效果明显，整个屋面都处于高负压区，可见房屋的长宽比对屋面风压有影响。

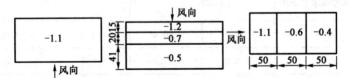

图 2-23　厦门太古机库风洞试验得到的屋面体型系数

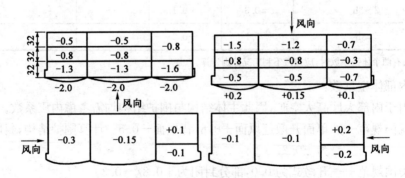

图 2-24　广州 GAMECO 机库风洞试验得到的屋面体型系数

墙面——我国规范均大于风洞试验结果，是安全的。

内压情况：

内压情况比较复杂，其共性规律是大门迎风时，机库内正压值比较一致，在 0.5～0.78 之间，在大门关闭和开启时，侧风向和背风向内压都较小。

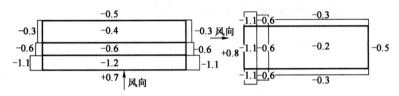

图 2-25　北京 A380 机库风洞试验得到的屋面体型系数

三个风洞试验的结果如表 2-22～表 2-24 所示。

厦门太古机库平均内压系数 C_{pi}　　　　　　　表 2-22

工　况		门窗全关	门闭窗开	门半开窗开	门半开窗关	门全开窗关	门全开窗开
风向角	0°	−0.75	−1.05	−0.24	+0.67	+0.78	+0.45
	90°	−0.50	−0.46	−0.49	−0.50	−0.62	−0.60
	180°	−0.18	−0.32	−0.44	−0.64	−0.59	−0.55
	270°	−0.53	−0.33	−0.41	−0.82	−0.57	−0.41

北京 A380 机库平均内压系数 C_{pi}　　　　　　　表 2-23

工　况		门窗关闭	门开窗关 1	门开窗关 2
风向角	0°	−0.151	−0.316	−0.132
	90°	−0.213	0.477	0.511
	270°	−0.312	−0.483	−0.375

广州 GAMECO 机库平均内压系数 C_{pi}　　　　　　　表 2-24

工　况		大门关小门开	大门全开	大门半开
风向角	0°	+0.52	+0.66	+0.63
	90°	−0.04	0.00	−0.05
	180°	−0.40	−0.43	−0.42

钢结构设计误区与释义百问百答

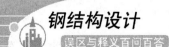

(3)建议

外部体型系数：

$b/d \leqslant 1.5$ 时，建议基本按 AS 1170.2 和 ASCE 7—1993 选用；$b/d > 1.5$ 时，基本按风洞试验结果选用。对于墙面体型系数考虑我国规范偏于安全仍采用我国规范。大跨机库屋面的体型系数建议值见表 2-25。

表 2-25

离檐口距离	0～1h	1～2h	2～3h	>3h
$b/d \leqslant 1.5$	−0.9	−0.5	−0.3	−0.2
$b/d > 1.5$	−1.2	−0.6	−0.4	−0.2

内部体型系数：

内压非常复杂，风洞试验离散性也较大，给出大门关闭和开启两种情况。大门关闭时考虑机库跨度大，大厅内空旷，强风时门窗开启复杂，因此大门关闭时也要求主体结构及围护结构都考虑内部风压系数，这也是应引起注意的问题。一般国内外规范给的体型系数都是外压，内压主要在计算围护结构时用，因为内部大厅不空旷时，内压比较紊乱复杂，而又互相抵消，整体计算内压影响小，所以往往不算，围护结构因为局部内压影响大，要计算。

根据建议值（表 2-26）核算北京 A380 机库大门口桁架，计算结果，我国规范的计算结果仅为建议值的 77% 是不安全的，如果计算大厅网架会更加不利，说明我国规范是不安全的。

机库内部压力系数建议值　　　　　表 2-26

风向角	大门迎风	大门背风	大门侧风
大门关闭	−0.3/+0.2	−0.3	−0.3
大门开敞	+0.8	−0.5	−0.5

大开敞建筑的风载体型系数介绍如下，主要面积大开敞。

工程尺寸如图 2-26 所示，结构分两部分，各为 9 个块体，经 CFD 分析建筑各局部区域的平均风压系数如图 2-26 所示。

分析结果如下：

(1)大面积开敞其屋面上风力并不比 MBMA 开敞式的风力大，但却不仅是向上力,还可能有较小的向下力,主要以外侧为吸力、内侧为压力为主,但计算仍按上述分析建议。

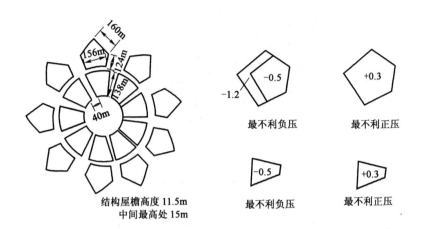

结构屋檐高度 11.5m
中间最高处 15m

最不利负压　　　最不利正压

最不利负压　　　最不利正压

图　2-26

(2)屋盖下部布置建筑物后,屋盖表面整体风压分析趋于均匀,原因是下部建筑对气流产生阻塞作用,使屋盖下表面风载特性发生明显变化,屋盖迎风前负压显著增大,由-0.8变为-1.2。

(3)开敞式外围结构的挡风计算,结构外围用网架,可参考荷载规范 7.3.1 条第 32 项,计算单榀框架的挡风面积,大致估计挡风系数 $\varphi = 0.3 \sim 0.4$。

根据荷载规范 7.3.1 条第 36 项,体型系数(圆管)$\mu_s = 1.2$。

$\mu_{st} = \varphi \mu_s$,由于网架为多榀桁架,μ_{st} 为 0.5。

整体体型系数 $\mu_{stw} = \mu_{st} = \dfrac{1-\mu^2}{1-\mu}$,如果为多榀,可假定 $\mu_{stw} = \mu_{st} = \dfrac{1}{1-\mu}$,国外学者建议,$\mu_{stw} = C_p \cdot k_p$,其中 $C_p = 1.2$,k_p 为开孔数,$k_p = 1-(1-\varphi)^2$。C_p 为板的风载体型系数,$\mu_{stw} = C_p k_p = 1.2 \times 0.64 = 0.77$。

二者比较,我国规范偏于安全。

内圈结构的挡风计算(内圈为门式刚架):

$$C'_p = \Psi$$

式中,C'_p 为单榀架子阻力系数,Ψ 可按图 2-27 确定。

5 榀架子,衰减至初始 20%以下。

据文献[46]介绍,周边支承的平板网架,风振系数见表 2-27。

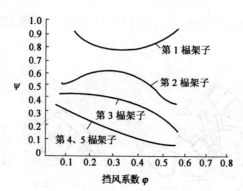

图 2-27 多榀架子风载衰减因子

表 2-27

支承形式	周 边 支 承					悬 臂 支 承		
	20m	30m	40m	50m	60m	10m	15m	20m
风振系数	1.25	1.4	1.6	1.8	2.1	1.4	1.5	2

低矮房屋风洞试验介绍如下:

据文献[137]介绍,我国规范对低层房屋的平均风载体型系数有所规定,但没有考虑几何尺寸、屋面坡度和风向角等影响,尤其是局部风压。因此,做以下风洞试验,模型尺寸为 4m×6m×4m(宽×长×高),双坡,坡面角为 1.1°。试验结果见图 2-28。

C_{pmean} 为风压平均值,C_{pRMS} 为标准值,C_{pmin} 和 G_{pmax} 为风压峰值。

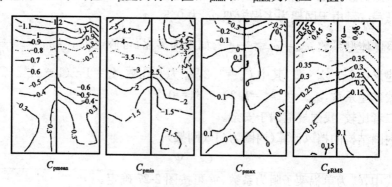

C_{pmean}　　　　C_{pmin}　　　　C_{pmax}　　　　C_{pRMS}

a)0°实测屋面风压系数

图 2-28

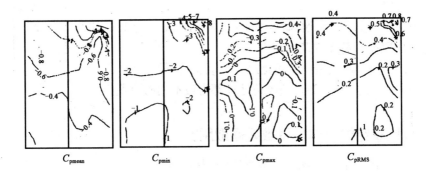

b)15°实测屋面风压系数

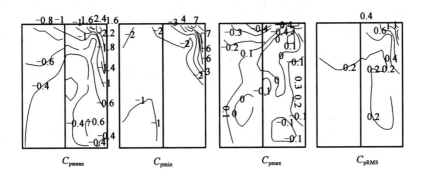

c)30°实测屋面风压系数

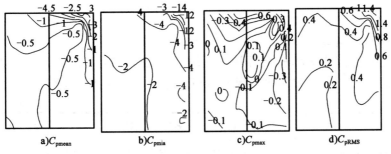

d)45°实测屋面风压系数

图　2-28

实测结果:

第一,45°左右工况迎风屋面的负压峰值 $C_{pmin}=-1.4$,比我国低矮房屋设计荷载规范大得多。

第二,0°时,迎风屋面屋角是风灾中最先破坏的部分。

第三,45°时(图 2-29),迎风角处局部为最不利的位置。

图 2-29

22.挑篷结构风体型系数如何取用?

1)各国挑篷结构的规范体型系数(见表 2-28)

表 2-28

风向 →	中国	−1.3 −0.5 +1.3 +0.5	风向 →	前西德	−0.7 −0.7 +0.7 +0.7
	英国	−1.1 −1.1 +0.1 +0.1		前苏联	−1.2 −0.4 +0.6 +0.4
	美国	−0.85 −0.85 +0.55 +0.55		日本	−0.7 −0.7 +0.7 +0.7
	前东德	−1.1 −1.1 −0.3 −0.3		印度	−0.55 −0.55 +0.55 +0.55

从规范看,用我国规范最安全。

2)风洞试验参考

我们设计深圳体育场环形网架(图 2-30)时,采用的是英国规范,后做了风洞试验,试验中按 0°~360°及两个风速 30m/s、35m/s,结果见表 2-29。

表 2-29

风洞试验	0°	60°	120°	180°	240°	300°	360°
最大值	−0.34	−0.605	−0.859	−1.428	−0.431	−0.85	−1.1
归纳体型系数	−0.286	−0.04	−0.315	−0.379	−0.191	−0.423	−0.395

归纳的最大体型系数为－0.432,而超过－0.7的只占5%,因此可以认为英国规范是安全的,但我国规范更安全。

北京市建筑设计研究院风洞试验结果见表2-30。

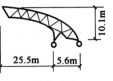

图 2-30

表 2-30

	仰角			$K_前$	$K_后$
两面有看台	2.5%	正面 敞开		－0.07	－0.04
		背面 敞开		－0.28	－0.19
一面看台 半整体	2.5%	正面 敞开		－1.03	－0.2
一个看台 上面罩篷 局部	2.5%	正面	敞开 敞开	－1.03	＋0.08
			敞开 封闭	－1.4	＋0.01
			封闭 封闭	－1.54	－0.04
		背后	敞开 封闭	－0.06	－1.07
			封闭 封闭	－0.25	－1.62
	12.5%	正面	敞开 封闭	－1.43	－0.14
			封闭 封闭	－1.45	－0.19
		背后	敞开 封闭	＋0.07	－0.96
			封闭 封闭	－0.05	－1.74

风洞试验结果(图 2-31):$K_前＝－1.03,K_后＝－1.19$。

山西省建筑设计院风洞试验结果见图 2-32。

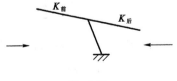

图 2-31

钢结构设计误区与释义百问百答

风向45°时体型系数最大 { 双面挑篷,风压为负值
斜向来风,高于正面
局部风压影响大
灯光罩背后局部涡流,也使负压增加

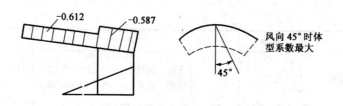

图 2-32

据文献[163]介绍,益阳体育场扇形大悬挑看台,屋盖坡度16°,平面投影长210m,最大宽度35.2m,经数值模拟其风载体型系数可参考图2-33。

挑篷是抗风敏感结构,不可忽视处于风上流建筑尾流作用的影响,还要受环境风的复杂影响。

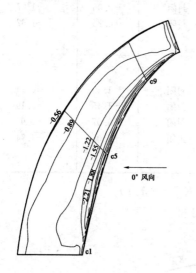

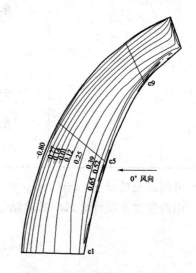

a)屋盖上表面风载体型系数模拟结果(等压线)　　b)屋盖下表面风载体型系数模拟结果(等压线)

图 2-33

国外曾提出挑篷三角形等效风荷载,与澳大利亚规范基本相似。但看台处

于复杂环境中,下风向的屋盖将受上风向屋盖尾流作用影响,屋盖上有可能产生向下风荷载,这是一般容易忽略的。另外,从 CFD 分析发现依据澳大利亚规范不一定安全。根据分析,风荷载应为梯形,如图 2-34 所示,看台挑篷的尺寸模型参数见表 2-31。

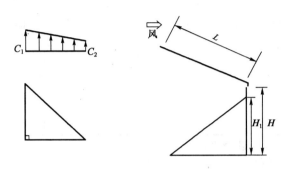

图　2-34

表 2-31

几何缩尺比	屋盖长度	屋盖宽度	长宽比
1/100	120cm	24cm	1：5
	100cm	25cm	1：4
屋盖倾角	屋盖高度 H	高跨比	看台高度 H_1
$-5°,0°,5°,10°$	25cm	1：1	20cm
	30cm	1：2.1	15cm

分析结果:

梯形分布的等效荷载为:

$$W_{k1} = C_1 u_h W_0$$

$$W_{k2} = C_2 u_h W_0$$

式中,W_{k1}、W_{k2} 分别为屋盖前缘及后椽梯形荷载(kN/m^2),u_h 为高度系数,W_0 为基本风压(kN/m^2),C_1 和 C_2 分别为前缘后椽对应风载系数(见表 2-32～表 2-35)。

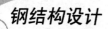
体育场看台挑篷中跨向上的风荷载(风吸)计算(不包括气动效应)　　　表 2-32

屋 盖 设 置 情 况	C_1	C_2
独立的看台,屋盖倾角为±7°($H/L<1.4$)	1.74	1.05
$H/L<1.4$	1.31	1.34
在屋盖前缘有广告牌或装饰檐,$F/L=0.1$	1.22	1.11
对面有看台,$s/L=6$		
上看台高度为 $0.5H$	1.69	0.76
上看台高度为 H	0.84	0.49
上看台高度为 $1.72H$	0.76	0.29

注:1. 表中 F 为广告牌或装饰檐的高度。

　　2. 表中 s 为两看台间净距。

　　3. 对于屋盖下方看台上方墙体有大于 1% 的透气率情况时,还可在上述荷载基础上进行 10% 的折减。

体育场看台挑篷边跨向上的风荷载(风吸)计算(不包括气动效应)　　　表 2-33

屋 盖 设 置 情 况	C_1	C_2
独立的看台,屋盖倾角为±7°($H/L<1.4$)	1.28	1.0
$H/L<1.4$	1.83	1.08
在屋盖前缘有广告牌或装饰檐,$F/L=0.1$ 且 $m/L=0.03$	1.66	1.02
对面有看台,$s/L=6$		
上看台高度为 $0.5H$	1.08	0.44
上看台高度为 H	1.31	0.35
上看台高度为 $1.72H$	0.84	0.55

注:1. 表中 F 为广告牌或装饰檐的高度,m 为广告牌或装饰檐离看台的间隙宽。

　　2. 表中 s 为两看台间净距。

　　3. 对于屋盖下方看台上方墙体有大于 1% 的透气率情况时,不进行折减。

体育场看台挑篷中跨向下的风荷载(风压)计算(不包括气动效应)　　　表 2-34

屋 盖 设 置 情 况	C_1	C_2
独立的看台,屋盖倾角为±7°	-0.23	-0.15
对面有看台,$s/L=6$		
上看台高度为 $0.5H$	-0.17	0.15
上看台高度为 H	-0.41	0.0
上看台高度为 $1.72H$	-0.75	0.0

体育场看台挑篷边跨向下的风荷载(风压)计算(不包括气动效应)　表 2-35

屋盖设置情况	C_1	C_2
独立的看台,屋盖倾角为±7°	−0.52	−0.64
对面有看台,$s/L=6$		
上看台高度为 0.5H	−0.2	0.03
上看台高度为 H	−0.52	0.15
上看台高度为 1.72H	−0.7	0.0

以上挑篷的分析都指的是单向悬臂结构,相互之间有伸缩缝分开,深圳体育场、长沙贺龙体育场、苏州体育场都是这个类型,但广义的环形整体挑篷也叫挑篷结构,这种结构互相连成环形整体,其整个风场的影响将不得不考虑,因此这种结构的风载体型系数,应该通过风洞试验来分析。

💡 23. 筒壳、球壳的风载型系数如何取用?

1)筒壳各国规范的分析研究比较

目前最典型的圆柱形及穹顶的风载体型系数各国规范出入也很大。而拱形屋顶的风载体型系数没有一本规范给出随雷诺数和表面粗糙度及周围气流分布变化的影响,甚至印度规范与矢跨比都无关,更是不正确的。圆柱形壳体的风载体型系数在《网壳与结构设计》一书中有详细叙述[62]。

美国荷载规范(ANSI A581—1972),见表 2-36。

拱形屋顶上外部风压系数 C_p　表 2-36

屋顶特征	矢跨比 $r=f/L$	迎风面 $\frac{1}{4}$ 范围	中间半跨	背风面 $\frac{1}{4}$ 范围
屋顶支承在高架结构上	$0<r<0.2$	−0.9		−0.5
	$0.2<r<0.3$	$1.5r−0.3$	$−0.7−r$	−0.5
	$0.3\leqslant r\leqslant 0.6$	$1.42r$		−0.5
屋顶自地面起拱	$0<r\leqslant 0.6$	$1.4r$	$−0.7−r$	−0.5

澳大利亚风荷载规范(AN1170 partz—1975),见图 2-35 和表 2-37。

表 2-37

屋顶特征	矢跨比 $G=\dfrac{矢高\ f}{d}$	外部压力系数		
		迎风面 $\frac{1}{4}d$	中间半跨 $\frac{1}{2}d$	背风面 $\frac{1}{4}d$
屋顶支承在高架结构上	$0<G<0.2$	−0.9		−0.5
	$0.2\leqslant G<0.3$	$1.5G−0.3$	$−0.7−G$	−0.5
	$0.3\leqslant G\leqslant 0.6$	$2.75G−0.67$		−0.5
屋顶自地面起拱	$0\leqslant G\leqslant 0.6$	$1.4G$	$−0.7−G$	0.5

钢结构设计误区与释义百问百答

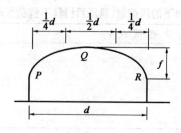

图 2-35

前苏联规范(BC&R11-A,11-62),见图 2-36 和表 2-38。

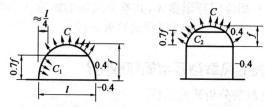

图 2-36

表 2-38

f/l	C	C_1	C_2
0.1	−0.8	+0.1	−0.8
0.2	−0.9	+0.3	−0.7
0.3	−1.0	+0.4	−0.3
0.4	−1.1	+0.6	+0.4
0.5	−1.2	+0.7	+0.7

英国风荷载手册《Kew Terry and Eation》(1974),见图 2-37 和表 2-39、表2-40。

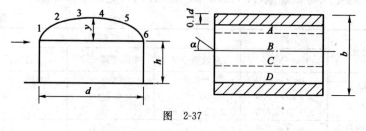

图 2-37

C_p 值 $(\alpha=0)$　　　　表 2-39

y/d	h/d	各　　　段　　　处					
		1	2	3	4	5	6
1/5	0	+0.3	−0.3	−0.6	−0.7	−0.6	−0.2
	1/8	−0.5	−0.5	−0.7	−0.7	−0.5	−0.2
	1/4	−0.9	−0.6	−0.8	−0.8	−0.4	−0.2
	1/2	−1.2	−0.7	−0.9	−0.8	−0.3	−0.2
	1	−1.4	−0.8	−0.9	−0.9	−0.4	−0.4
	5	−1.8	−1.0	−1.1	−1.2	−0.8	−0.7
1/10	1/8	−1.0	−0.4	−0.4	−0.4	−0.4	−0.3
	1/4	−1.2	−0.5	−0.4	−0.4	−0.4	−0.3
	1/2	−1.5	−1.0	−0.7	−0.5	−0.4	−0.3
	1	−1.6	−1.0	−0.5	−0.6	−0.4	−0.3

拱形屋顶上 $C_{pe}(\alpha=90°)$　　　　表 2-40

区　　段	C_{pe}	区　　段	C_{pe}
A	−0.8	C	−0.3
B	−0.8	D	−0.2

注:阴影部分 $C_{pe}=-1.8$。

　　我们将落地拱 $f/l=0.5$ 的情况与各国规范作一对比($\alpha=0$,按照惯例风载体型系数"+"为压力,"−"为吸力)。

　　108m 干煤棚是考虑了煤棚两端开敞三心圆,其风载体型系数如图 2-38 所示。

　　对各国规范分析得出,美国规范较安全,我国规范可以用。

　　文献[161]对筒壳做了 CFD 风载体型系数数值模拟,并将模拟结果与欧洲规范 Eurocode 1 part 1.4(ENG)-prEN 1991-1-4(2004,图 2-38)作比较,认为欧洲规范与 CFD 结果很相近,相对于我国荷载规范,建议采用欧洲规范。

　　$0<h/d<0.5$,C_{PG} 可用插入法计算。

　　$0.2\leqslant f/d\leqslant0.3$ 及 $h/d=0.5$ 时,可以采用两个值。

　　图 2-39 不能用于平层面。

　　2)筒壳风洞试验分析

　　英国瑟雷大学做球面壳体风洞试验,试验方法比较先进,现按图形包络形式汇总,如图 2-40 所示[62]。

钢结构设计误区与释义百问百答

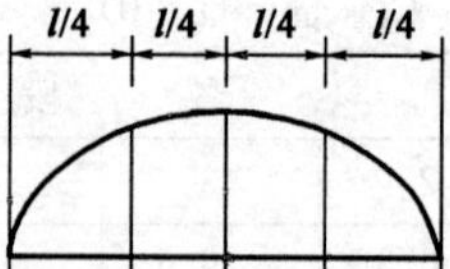

	l/4	l/4	l/4	l/4
澳大利亚	0.7	-1.2	-1.2	0.5
美国	0.71	-1.2	-1.2	-0.5
前苏联	0.7	-1.2	-1.2	0.7
英国 表中所示为 $\frac{f}{l}=0.2$	+0.3 -0.3	-0.6	-0.7	-0.6 -0.2
中国	0.6	-0.8	-0.8	0.5
风洞试验结果 扬州二电厂 108m干煤棚	0.8	0.3 0.8	-0.5	-0.4
三心圆	0.8	0.4	0.4	0.2

15m	13m	52m	13m	15m
1.2	0.1	-0.7	-1.4	-1.0
0.8	0.4	-0.4	-0.9	-0.8

图 2-38

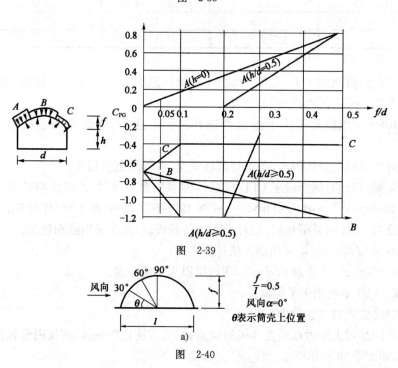

图 2-39

图 2-40

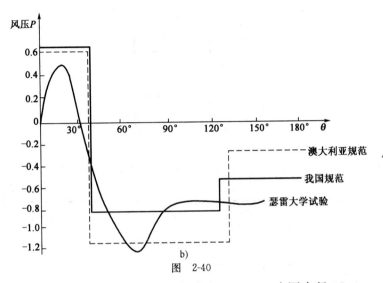

图 2-40

108m 干煤棚三心圆柱面网壳, 大圆半径 70.14m, 小圆半径 37.4m。

风洞试验结果见表 2-41。

表 2-41

角度	I			II			III		
	a	b	c	a	b	c	a	b	c
90°	1.1			0.5			−0.6		
75°~60°	1.2	1.2	0.9	0.5	0.1	−0.1	−0.5	−0.7	−0.5
45°~30°	1.0	0.8	0.5	0.7	0.4	0.2	−0.2	−0.4	−0.4
15°	0.9	0.5	0.3	0.8	0.4	0.2	0.6	0.2	0.1

角度	IV			V		
	a	b	c	a	b	c
90°	−0.5			−0.2		
75°~60°	−1.2	−1.1	−0.6	−0.5	−1.0	−0.5
45°~30°	−1.4	−0.9	−0.5	−1.4	−0.8	−0.4
15°	−0.5	−0.1	+0.1	−0.7	−0.2	−0.1

注: 表中 I、II、III 和 a、b、c 见图 2-41。

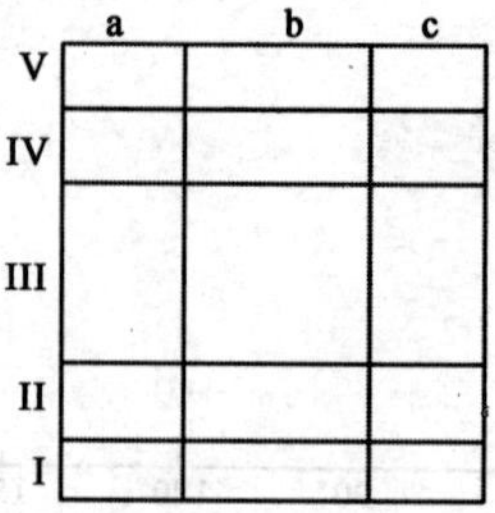

图 2-41

扬州第二发电厂 103.6×120m 筒壳风洞试验结果见表 2-42[63]。

表 2-42

简　　图	角度	横向／纵向	外侧面					内外叠加				
			a	b	c	d	e	a	b	c	d	e
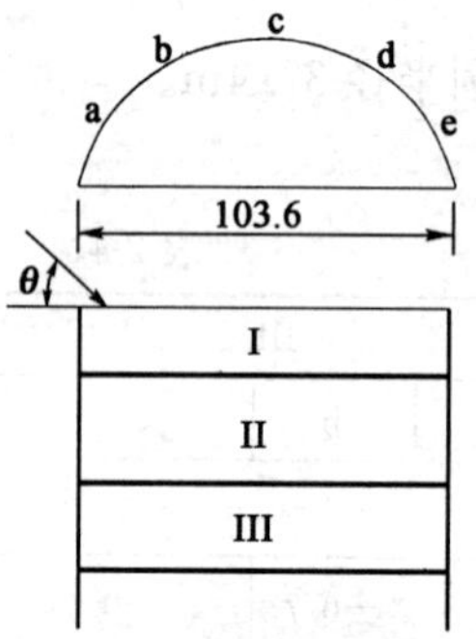	0°	I	+0.8	+0.3	−0.8	−0.5	−0.4					
		II										
		III										
	30°	I						+1.4	+0.8	−0.8	−1.4	−1.3
								局部区域 −2.5				
		II						+1.0	+0.5	−0.7	−1.0	−1.0
		III						+0.6	+0.4	−0.4	−0.5	−0.3

综合对比以上两个试验结果,可以说明:

(1)即使最典型的落地拱各国规范出入也不少,有的地方甚至变号。

(2)对比中以瑟雷大学试验数据最安全,并与澳大利亚规范比较接近,只是在背风侧方向都相反,应改 −0.7～−0.8 比较合适。

(3)考虑以上分析网壳的风荷载复杂性和风洞试验的不确定性,如典型网壳查规范时应参考各种规范中不利的体型系数选用。如非典型网壳用风洞试验数据时也要留有余地。

筒壳敞开两端时,根据鸭汉口筒壳风洞试验,风从筒内经过,将屋盖向下吸,如图 2-42 所示。

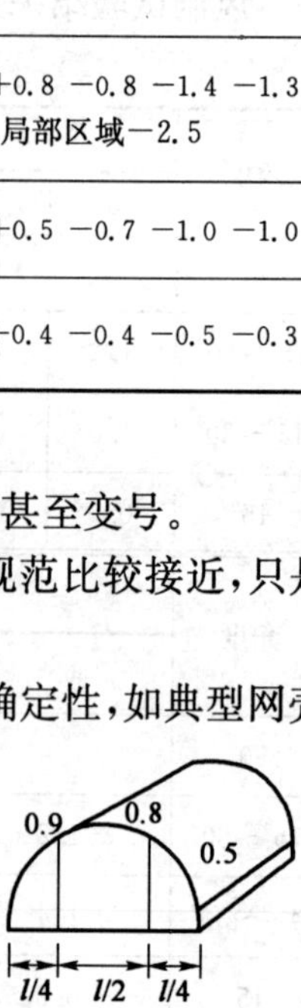

图 2-42

据文献[140]介绍,合肥发电厂长 100m,跨度 127m,高

37.58m干煤棚,对 CFD 数值模拟及风洞试验的体型系数作了对比,结果见表2-43。

各单元体型系数 CFD 数值模拟与风洞试验对比结果　　表 2-43

区域	CFD	风洞	区域	CFD	风洞
A_1	1.5	1.5	C_5	−0.463	−0.5
A_2	1.248	1.3	C_6	−0.779	−0.77
A_3	0.78	0.82	C_7	−0.942	−1.0
A_4	0.271	0.3	C_8	−0.789	−0.68
A_5	−1.069	−1.1	D_1	0.928	0.963
A_6	−1.790	−1.68	D_2	0.736	0.78
A_7	−1.818	−1.9	D_3	0.528	0.532
A_8	−1.533	−1.5	D_4	0.17	0.182
B_1	1.026	1.13	D_5	−0.423	−0.46
B_2	0.439	0.455	D_6	−0.541	−0.572
B_3	0.248	0.30	D_7	−0.625	−0.70
B_4	0.069	0.07	D_8	−0.212	−0.205
B_5	−0.664	−0.62	E_1	0.823	0.856
B_6	−1.082	−0.97	E_2	0.506	0.5
B_7	−1.375	−1.32	E_3	0.387	0.37
B_8	−1.197	−1.165	E_4	0.133	0.14
C_1	0.989	1.07	E_5	−0.254	−0.24
C_2	0.533	0.54	E_6	−0.357	−0.32
C_3	0.529	0.324	E_7	−0.348	−0.32
C_4	0.031	0.035	E_8	−0.034	−0.3

注:见图 2-43。

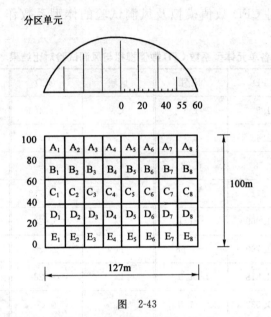

图 2-43

个别点相差 20%，大多数在 10% 以内。

3）球壳各国规范分析研究

球壳（旋转壳顶）的风载体型系数说明如下。

穹顶的风载体型系数，我国规范与前苏联规范较为接近，但比前苏联的全面，前苏联规范与矢跨比无关，这是不合理的。我国规范分为 $f/l>0.25$、$f/l\leqslant0.25$ 两种，而英国风荷载手册是在英国规范 CCP3 Chapter V Part 2 基础上补充的，f/l 分为 0.5 和 0.1 两种，范围又比我国规范窄一些。我国规范 $f/l<0.25$ 扁穹顶的迎风面基本上没有正风压，而英国 $f/l=0.5$ 时正风压为 0.6，$f/l=0.1$ 才没有正风压。英国风荷载手册比我国优越在于穹顶支承在圆柱形结构上，其体型系数要比落在地面上的系数大。我国规范各点的体型系数还要通过公式来计算，而英国风荷载手册则将体型系数标在图上，比较直观，而且使用方便。

图 2-44 说明穹顶支在圆柱形结构上，$f/d=0.1$ 时迎风面有一部分正风压，$f/d=0.5$ 时正风压达 +0.8，其他大部分为负压，最大负压在 $f/d=0.5$ 时，顶部达 -1.7，当 $f/d>0.25$ 时这两个最大值不因下部支承圆柱高度 h 而变化，$f/d<0.2$ 时扁平穹顶正风压消失，圆屋顶与下部结构支承处呈光棱边界，风流的脱体现象即发生于此，使圆屋顶迎风面形成巨大负压区。所以，目前典型的穹顶

可参照我国规范与英国风荷载手册取其大值,而对穹顶支承在圆柱上的只能参考英国风荷载手册,总之这些采用中都应留有余地。

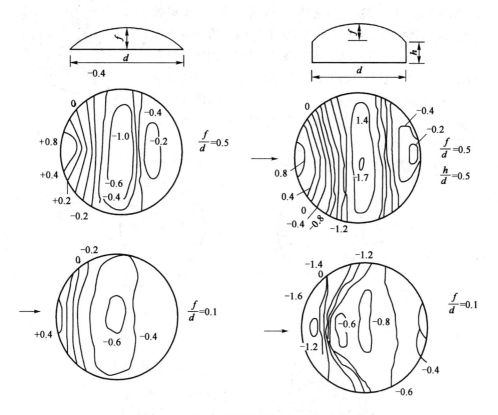

图 2-44　英国风荷载手册的穹顶风载体型系数

4)球壳风洞试验分析

风荷载规范对球壳还比较适用,所以风洞试验资料相对较少。

现对球壳风洞试验研究作下列介绍[64]。

风洞试验模型 1/200,风速 29m/s,模拟尺寸如图 2-45 所示,试验中将球尾 124 分为十层,其分布规律是最大正压在迎风的最前端,从第一层到第十层风压递减,第一层为 0.6,到第六层为 0,然后成负压,到第十层则为 −0.8。整个球壳最大体型系数在 −2.5～1.7 之间。从体型系数分布看,基本上与规范一致,数字略有出入。

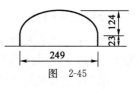

图　2-45

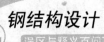

文献[135]介绍了球形屋盖各国规范比较。

(1)球形为圆截面钝体,具有较宽的可能出现分离的范围,分离点位置取决于雷诺数,一般绕流特性对雷诺数非常敏感,风压分布与矢跨比密切相关,随矢跨比减小而减少,图2-46为风洞试验围墙高度15m的平均风压分布图,最大吸力在顶部,来流在顶处分离严重,风压分布总体具有与风的来流相垂直的特性,呈平行分布,即在垂直于来流的截面上风压接近,局部不对称是由于模型制作上的误差造成的。

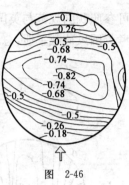

图 2-46

(2)各国规范球形屋盖风压分布分区规定,如图2-47所示。

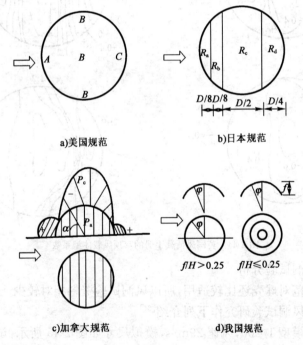

图 2-47

分析结果如下:

第一,仅加拿大规范考虑了雷诺数,$d\sqrt{qC_c}>0.8$,式中 d 为球形屋面直径,q 为10m,高度处风压值 C_c 为与地貌及高度有关的系数。

第二,美国规范 $f/D=0\sim0.5$、$H/D=0\sim1.0$,A、B、C 三点风压,中间按弧

长插入,日本规范 $f/D=0\sim0.5$、$H/D=0\sim1.0$ 按条节取值,加拿大规范则给出了顺风向中心剖面每隔 $15°$ 的体型系数,在横向按条节取相同值,我国规范给出的不同于其他各国,为同心圆形。

(3)结合风洞试验,取 $D=80\mathrm{m}$,下部支承高 $H=15\mathrm{m}$,矢跨比 $1/6$,各国规范在 A、B、C 三点的比较分析(表 2-44):

第一,风吸力最大值,最大为加拿大,其次为中国,其他国家与风洞试验结果接近。以此分析,中国、加拿大规范用于有支承高度时有局限性。

第二,从屋盖整体受风作用性能比较,加拿大规范迎风区和背风区均为正压,升力反而缩小,中国规范阻力为 0,均说明中国、加拿大规范用于有支承高度时没有局限性。

表 2-44

各　国　规　范	A	B	C
中国	−0.03	−1.0	−0.03
加拿大	1.0	−1.2	0.4
美国	−0.38	−0.68	−0.22
日本	−0.02	−0.60	−0.35
风洞试验	−0.32	−0.79	−0.30

(4)根据上述分析,建议引入空气动力学趋势流理论,提出体型系数值,适用于支座有回填的情况,$\mu_s=A\cos^2\alpha-B$,式中 μ_s 为顺风向中心截面各点体型系数,α 为角度,与加拿大规范的 α 相同,参数 A、B 分别取 0.5 和 0.8。

文献[147]介绍了上海铁路南站球壳风洞试验,可参考。

上海南站球壳跨度为 224m,屋顶最大高度为 42m,四周有悬挑21.4m,周围结构略有上翘。

如图 2-48 所示,表面的脉动风压分布具有与平均风载体型系数相类似的特点,但其分布规律不如平均风载体型系数,来流中紊流成分是其主要原因。

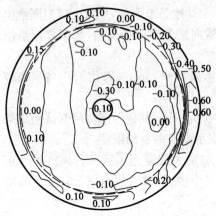

a)90°风向角下屋面平均风载体型系数分布

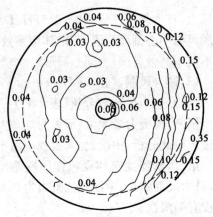

b)90°风向角下屋面脉动风载体型系数分布

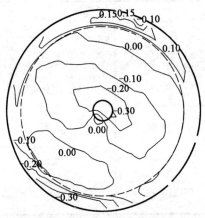

c)210°风向角下屋面平均风载体型系数分布

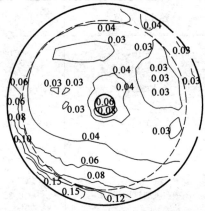

d)210°风向角下屋面脉动风载体型系数分布

图　2-48

💡 24.CFD 分析的体型系数与以上介绍对比的结果如何?

　　哈尔滨工业大学采用 CFD 对平屋面、柱壳、球形、鞍形、看台悬挑等典型结构进行了体型系数研究,其结果与风洞试验基本吻合,其规律及数据值得参考,现介绍如下。

　　1)平屋面

　　图 2-47 给出了屋盖表面的平均风压系数(CFD 数值结果),从图中可以看出,屋盖表面的风荷载以吸力为主,靠近屋盖前缘的部位风吸力较大,随

着距离的加大,风吸力逐渐减弱,这说明气流在屋盖前缘产生的漩涡脱落作用是影响屋面风载特性的主要因素。风在屋面棱角处产生分离,然后在分离层形成离散的漩涡,脱落在屋面下方的尾流中。当来流垂直于平屋面外边缘时,来流在屋面前缘分离形成明显的柱状涡,如图 2-50a)所示,由于漩涡中存在很大的逆压梯度,导致气流分离处会形成很大的负压区。当来流不是正面吹向建筑物而是存在某一斜向角度时,在迎风拐角处产生很大的负压,而在屋面拐角由斜向风产生的锥形涡正是上述现象的根源,如图2-50b)所示。从图 2-49 和图 2-50 中可以看出平屋面的风压分布特征:迎风面受柱状涡或锥形涡的作用产生极大的负风压;在其他区域尾流作用风压较小,且变化不大(图 2-49 和图 2-50)。

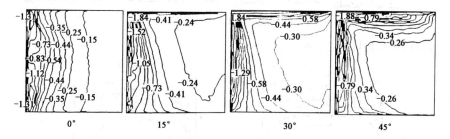

图 2-49　不同风向角下屋面的平均风压系数(CFD 结果)

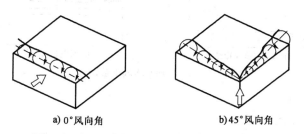

图 2-50　来流在平屋面前缘分离的漩涡分布示意图

　　风向角对风荷载的影响较大。不同风向角,来流的分离和漩涡脱落作用均有较大的不同,平均风压最大值出现位置的也不同。一般来说,屋面前缘角部来流分离最为严重,因此在设计时,应注意最不利风向角对屋面风荷载的影响及屋面的局部处理。

　　2)鞍形屋面
　　鞍形屋面如图 2-51 所示。
　　3)柱壳屋面

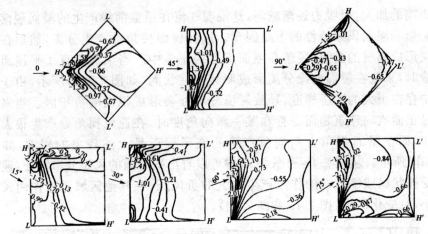

图 2-51 屋面平均风压系数（CFD结果）

柱壳屋面如图 2-52 所示。

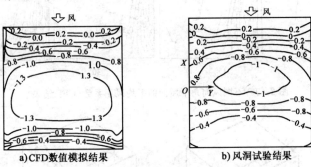

a)CFD数值模拟结果　　　　　　b)风洞试验结果

图 2-52 屋面平均风压系数

4)球壳屋面

球壳屋面如图 2-53 所示。

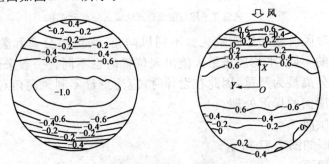

图 2-53 屋面平均风压系数

5)看台挑篷

挑篷是抗风敏感结构,不可忽视处于风上流建筑尾流作用的影响,还要受环境风的复杂影响。

国外曾提出挑篷三角形等效风荷载,澳大利亚规范与之基本相似。但看台处于复杂环境中,下风向的屋盖将受上风向屋盖尾流作用影响,屋盖上有可能产生向下风荷载,这是一般容易忽略的。另外,从 CFD 分析看澳大利亚规范不一定安全,根据分析,风荷载应为梯形,如图 2-54 所示,看台挑篷的尺寸模型参数见表 2-45。

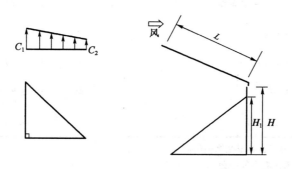

图　2-54

表 2-45

几何缩尺比	屋盖长度	屋盖宽度	长宽比
1/100	120cm	24cm	1:5
	100cm	25cm	1:4
屋盖倾角	屋盖高度 H	高跨比	看台高度 H_1
$-5°,0°,5°,10°$	25cm	1:1	20cm
	30cm	1:2.1	15cm

分析结果:

梯形分布的等效风荷载为:

$$W_{k1}=C_1 u_h W_0$$

$$W_{k2}=C_2 u_h W_0$$

式中,W_{k1}、W_{k2} 分别为屋盖前缘及后缘梯形荷载(kN/m²),u_h 为高度系

数,W_0 为基本风压(kN/m^2),C_1、C_2 分别为前缘、后缘对应的风载系数,结果见表2-46~表2-49。

体育场看台挑篷中跨向上的风荷载(风吸)计算(不包括气动效应)　　表 2-46

屋 盖 设 置 情 况	C_1	C_2
独立的看台,屋盖倾角为±7°($H/L<1.4$)	1.74	1.05
$H/L<1.4$	1.31	1.34
在屋盖前缘有广告牌或装饰檐,$F/L=0.1$	1.22	1.11
对面有看台,$s/L=6$		
上看台高度为 $0.5H$	1.69	0.76
上看台高度为 H	0.84	0.49
上看台高度为 $1.72H$	0.76	0.29

注:1. 表中 F 为广告牌或装饰檐的高度。

　　2. 表中 s 为两看台间净距。

·　3. 对于屋盖下方看台上方墙体有大于1%的透气率情况,还可在上述荷载基础上进行10%的折减。

体育场看台挑篷边跨向上的风荷载(风吸)计算(不包括气动效应)　　表 2-47

屋 盖 设 置 情 况	C_1	C_2
独立的看台,屋盖倾角为±7°($H/L<1.4$)	1.28	1.0
$H/L<1.4$	1.83	1.08
在屋盖前缘有广告牌或装饰檐,$F/L=0.1$ 且 $m/L=0.03$	1.66	1.02
对面有看台,$s/L=6$		
上看台高度为 $0.5H$	1.08	0.44
上看台高度为 H	1.31	0.35
上看台高度为 $1.72H$	0.84	0.55

注:1. 表中 F 为广告牌或装饰檐的高度,m 为广告牌或装饰檐离看台的间隙宽。

　　2. 表中 s 为两看台间净距。

　　3. 对于屋盖下方看台上方墙体有大于1%的透气率情况,不进行折减。

体育场看台挑篷中跨向下的风荷载(风压)**计算**(不包括气动效应)　表 2-48

屋 盖 设 置 情 况	C_1	C_2
独立的看台,屋盖倾角为±7°	-0.23	-0.15
对面有看台,$s/L=6$		
上看台高度为 0.5H	-0.17	0.15
上看台高度为 H	-0.41	0.0
上看台高度为 1.72H	-0.75	0.0

体育场看台挑篷边跨向下的风荷载(风压)**计算**(不包括气动效应)　表 2-49

屋 盖 设 置 情 况	C_1	C_2
独立的看台,屋盖倾角为±7°	-0.52	-0.64
对面有看台,$s/L=6$		
上看台高度为 0.5H	-0.2	0.03
上看台高度为 H	-0.52	0.15
上看台高度为 1.72H	-0.7	0.0

25. 筒壳敞开两端时风荷如何取?

目前规范没有这样数据,但可以想象风从筒壳内经过时必然将屋盖向下吸。现根据罗尧治教授做的鸭河口108m筒壳风洞试验,考虑两端开口时,风与平行于筒壳线150风向下压的数据可作参考(图 2-55),由于煤不可能堆满,因此有煤堆与无煤堆没有差别。

图　2-55

26. 异形曲面的建筑风载体型系数如何取用?

1)规范的采用

异形曲面的风载体型系数,规范中比较少,我国《索结构技术规程》(征求意

见稿)提出了悬索屋面的体型系数,由于用于索屋面,所以主要是下凹屋面,由于体型系数与屋面刚度无关,而只与外形有关,因此可用于各种结构的屋面,以做参考。各类型屋面的体型系数 u_s 见表 2-50。

表 2-50

平 面 体 型	体 型 系 数 μ_s
矩形平面 单面下凹屋面	$\dfrac{f_b}{L} = \dfrac{1}{20} \sim \dfrac{1}{10}$
圆形平面 碟形屋面	$\dfrac{f_b}{D} = \dfrac{1}{20} \sim \dfrac{1}{10}$
圆形平面 伞形屋面	$\dfrac{a_b}{D} = \dfrac{1}{20} \sim \dfrac{1}{10}$
菱形平面 马鞍形屋面	

二、荷　载

· 续上表

平 面 体 型	体 型 系 数 μ_s
圆形平面 马鞍形屋面 $\dfrac{f_b}{L}=\dfrac{1}{20}\sim\dfrac{1}{10}$	高端　　　低端
椭圆形平面 马鞍形屋面 $\dfrac{f_b}{D}=\dfrac{1}{20}\sim\dfrac{1}{10}$	1—1　　2 高点　　3—3

2）风洞试验的参数

目前工程中大多数异形曲面均是上凸的，所以有一些风洞试验及 CFD 资料可参考。

（1）天津滑雪场冲浪馆滑雪馆风洞试验

冲浪馆为椭圆形网壳，由湖南大学进行的风洞试验，测得其体型系数如图 2-56 所示。风振系数按 CFD 为 1.6。

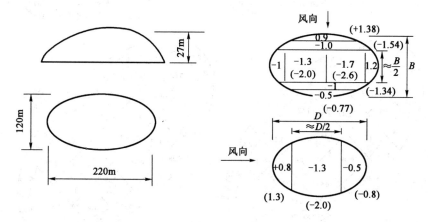

图　2-56

天津滑雪场滑雪馆,数值分析数据(等效静力风荷或100年重现)是包括高度系数、体型系数、风振系数的风载标准值,基本风压为0.6MPa(湖南大学试验),如图2-57所示。

(2)喀麦隆体育馆[67]风洞试验

结果如图2-58所示。

风振系数计算,中间小、周边大,悬臂端最大,达1.823。

(3)北京九华山"海洋巨蛋"风洞试验[68]

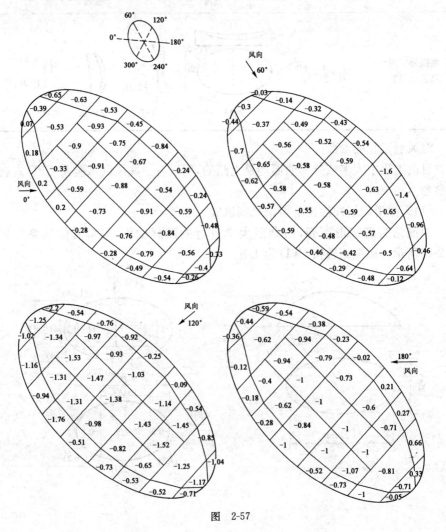

图 2-57

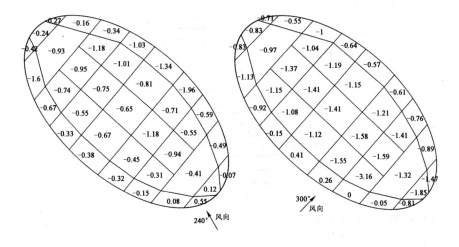

图 2-57

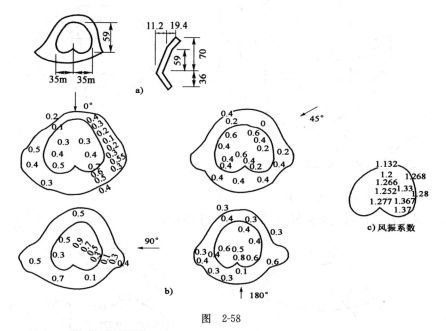

图 2-58

结果如图 2-59 所示。

风压大于 2.0,两个测点建议取 1.6。

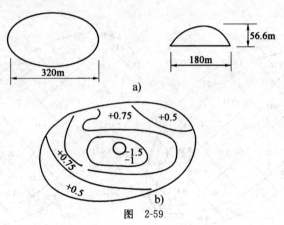

图 2-59

（4）湖南游泳馆风洞试验[69]

结果如图 2-60 所示。

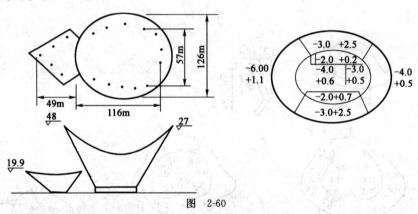

图 2-60

（5）新疆体育馆风洞试验

风振计算仅取两个振形，结果如图 2-61 所示。

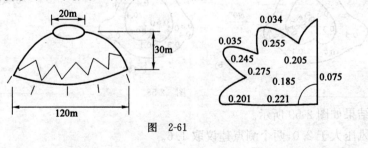

图 2-61

（6）榆林机场航站楼风洞试验[94]

结果如图 2-62 所示。

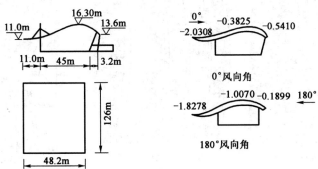

图　2-62

（7）武汉火车站风洞试验

屋盖下表面镂空时上表面内侧风压与密闭时下表面风压比较一致,因此设计时可用封闭结构的结果,但局部屋盖悬挂部分围护结构会造成上吸下顶的不利影响。

屋盖和雨棚上表面均是负压,仅在 0°风向角部分区域产生明显正压,除屋背和屋盖东西侧在不同风向下出现高的负压值外,其他均不大,体型系数在－1.0~＋0.2之间。候车大厅是最大负压地带,除高度较高外,在屋盖表面发生较强流通分离,图 2-63a)0°风向负压系数约为－3.0(体型系数约为－1.7),屋盖迎风小部分是 0.2,而南侧处于分离流通的尾流区,出现北侧向下压、南侧上拔的现象。四片雨棚压力系数由北向南增加,由负变正,雨棚出现上拔南压,230°和 240°风向时,悬挑点产生－3.6平均受压系数(体型系数－2.2),风斜吹时,产生加速流动分离,处于分离区即出现负压。图 2-63c)为 230°风向时,风向悬挑部分的平均压力系数。

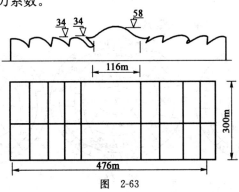

图　2-63

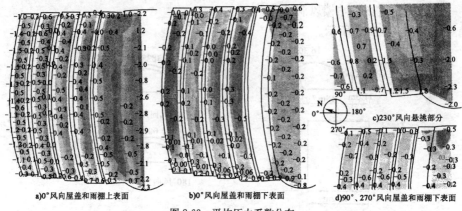

a)0°风向屋盖和雨棚上表面　　b)0°风向屋盖和雨棚下表面　　c)230°风向悬挑部分

d)90°、270°风向屋盖和雨棚下表面

图 2-63　平均压力系数分布

下表面负压很小，正压比较高，其原因有两个：一是雨棚有小角度仰角，正对来流时下表面正压；二是靠近站房幕墙位置，来流受到阻碍产生正流，图 2-62b)0°风向角时下表面平均压力系数，外侧雨棚正对来流，外边缘产生 0.5 正压系数(体型系数 0.3)，靠内的三片雨棚同样有正压，最内侧为 0.5 正压系数，因为靠近玻璃幕墙而使来流受阻，下表面在大厅内部基本不受风力直接影响，风压均匀，绝对值也小。

(8)葫芦岛体育中心体育馆风洞试验

葫芦岛体育中心体育馆，为椭圆形穹顶，其尺寸如图 2-64 所示，风洞试验结果由湖南大学提供，如图 2-65 所示。

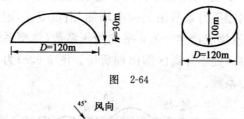

图　2-64

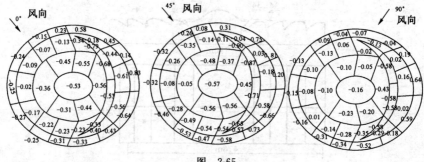

图　2-65

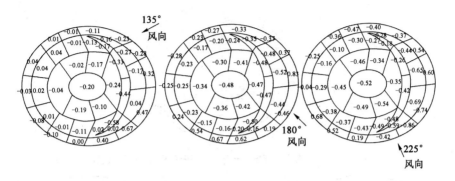

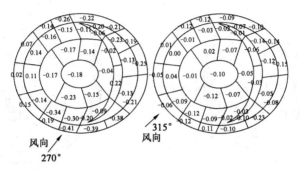

图　2-65

（9）武汉体育中心体育馆风洞试验

武汉体育中心是椭圆形扁球壳（图 2-66），长轴 135m，短轴 115m，屋盖坡度比较小，尾流在绝大部分屋盖上没有再附，以负压为主，屋盖上有两条凸出的小屋脊，迎风面上有正压，建筑总高度 43.2m。

由于上游主体育场的屏蔽作用而使屋盖前端呈现正压，整个屋盖表面风压也很小，与上游无主体育场时完全不同。如图 2-67 所示。屋面平均风压等压线图如图 2-68 所示。

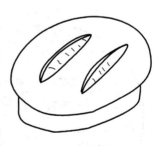

图　2-66

文献[164]介绍了鄂尔多斯超级穹顶风洞试验与数值分析的风压系数对比。鄂尔多斯结构为矩形网壳，跨度 168.4m，长度 262.9m，高度 52.3m，形状如图 2-69 所示。

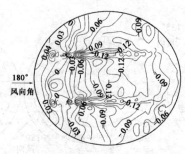

图 2-67　上游有主体育场影响时 180°风向角平均风载体型系数

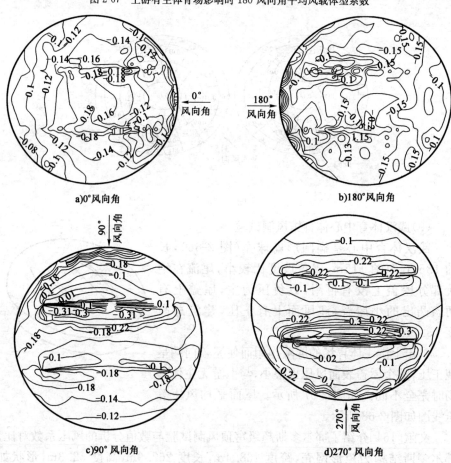

a)0°风向角

b)180°风向角

c)90°风向角

d)270°风向角

图 2-68　屋面平均风压系数等压线图

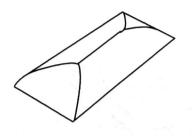
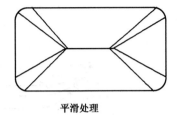

平滑处理

图　2-69

由于在结构四条相贯线附近,气流分离的漩涡产生大的负压达 2.0,因此进行了平滑处理,试验了气流分离强度。结果如图 2-70 和图 2-71 所示。

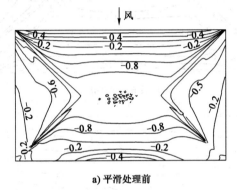

a) 平滑处理前

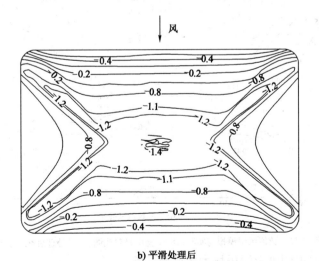

b) 平滑处理后

图 2-70　数值风洞模拟平滑处理前后结果对比图(90°工况)

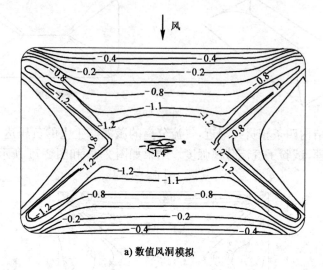

a) 数值风洞模拟

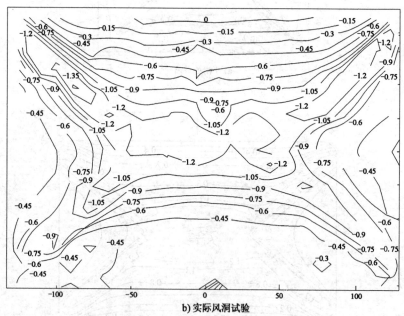

b) 实际风洞试验

图 2-71　数值风洞模拟与实际风洞试验结果对比图（平滑处理后 90°工况）

（10）内蒙古圆锥形游乐场大帐风洞试验

本试验结果由湖南大学提供，结构尺寸及试验结果如图 2-72 所示。

（11）越南国家体育场屋盖平均风压数值模拟

文献［106］介绍单边悬挑仅受到上风看台少量的干扰，来流风流经体育场内时，其风向基本变化不大地流向下风屋盖。

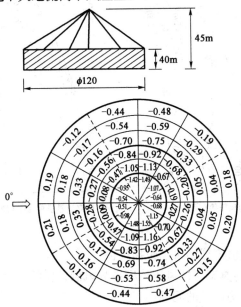

图 2-72　0°风向角下大帐屋面的分区风压系数

双边屋盖体育场的下风屋盖受到上风屋盖和看台的干扰，风形成大的漩涡，场内下部与来流风向相反，体育场内部具有复杂的流场结构。

单边屋盖总升力比双边大 2.602 倍，如图 2-73 所示。

折算风的体型系数可取基本风压为 950Pa。据介绍，数字模拟与风洞试验的结果大体是吻合的。

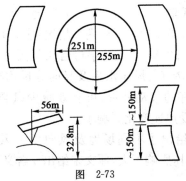

图　2-73

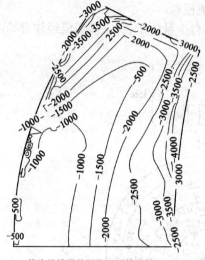

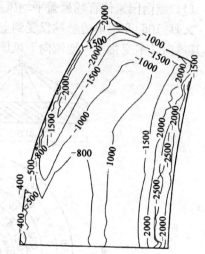

a)单边悬挑屋盖平均风压等值线(Pa)　　　b)双边悬挑屋盖平均风压等值线(Pa)

图 2-73

据编者估计,数值模拟结果已包括风振。

3)大跨空间结构典型形体风压体型系数风洞试验综述[52]

(1)大跨空间结构抗风的问题

①风载时空特性复杂,处于气流的分离与再附区域,分离即气流分离,即分叉,分离后再作用到屋面称再附,由结构自身引起的特征,湍流可能对风载起主要控制作用。

②结构风振响应需要多阶振型影响,可能存在高阶占主导。

③高层等可简化为一维,空间结构风载是三维的,一般风均是三维的,即三个方向,但有的可以简化为一维。

(2)球形屋盖风洞试验

Kawamura(1992)试验比较了下列两种情况:① $f/D=0.5,H=0,\beta=0°$;② $f/D=0.5,H=7.5,\beta=29.83°$。上述字母含义见图 2-74,且 $v=10\text{m/s}、15\text{m/s}$ 及 20m/s。结果是侧裙 $\beta=0°$,风压水平及竖向分量均小,分布简单,说明侧裙是很好的气动外形,可有效减少风载。风速大于 10m/s 时,风压受风速变化影响小。

图 2-74

Blessmann (1996)给出了不同场地及风向角下风压变化, $\alpha>0.23$ 后场地对风压影响不大,原文未给出 α 含义,此处分析为角度。

Hougo（1997）分析了萦流及穹顶几何外形（f/D 及 H/D）的影响，风速大于 7m/s 时，风速影响小，H/D 的变化对风压的影响不如 f/D 大，f/D 不同，将产生不同气流分离模型。f/D 增加，屋面顶部和尾流区风吸力增大，迎风面风吸力减小，并逐渐变为压力。

C. W. Letchford（2001）模拟美国规范 C 类场地，对表面粗糙及光滑抛物形壳做了风洞试验，$f/D=0.31$，表面粗糙的顶面较光滑的顶面吸力小，尾流区吸力较顶部大。

Blessmann（2005）给出了 $f/D=0.5$ 和 0.25 的风洞试验，f/D 增加，迎风面的压力及顶部吸力均增大。

李元齐、田村幸雄（2005）给出了 $f/D=1/3$ 和 $H=0$ 的风洞试验结果，除迎风面小部分正压外，表面大部分为负压，$\alpha>0.2$ 以后场地类型影响不大，与 Blessmann（1996）的试验结果吻合。

武岳（2006）给出了 B 类地貌下，$H/D=0.25$ 及 $f/D=1/6$ 的风洞试验结果，与 Hougo 的试验结果可作对比。

李方慧、倪振华（2007）给出了均匀流场，B,D 地貌，$f/D=0.1\sim0.2$，球壳及 B 类 $f/D=0.1$ 和 0.2，屋面均为负压，前者顶部和尾流区负压要小于后者，均匀流场和 B 类风压明显大于 D 类的，均匀流场为 D 类的 2～3 倍。

综合以上结果：①f/D 影响较 H/D 显著，$f/D<0.2$ 表面均负压，随 f/D 增大，迎风面风吸力减小，从屋面边缘开始逐渐表现为正压，屋顶部风吸力及附近尾流区风吸力均增大，$f/D>0.3$，屋面边缘处迎风区及尾流区为正压。②$\alpha>0.2$ 时，场地影响不大，$v>7m/s$ 时对风压影响可忽略。③屋面迎风区及尾流区正压时，f/D 大约为 0.2～0.3。

（3）柱面屋盖风洞试验

Blessmann（2003）通过试验知设置挑篷对轻形屋面风压有影响，但不显著（图 2-75）。

A 区正压力及 E+F 区吸力与 L/D 关系不大。

A+B 区和 C+D 区吸力随 L/D 增大而增大。

A+B 区风压变化不大，C+D 区影响明显。

离屋面端 $0.1L$ 处，风压系数为 -0.62，而在离端面 $0.5L$ 处，风压系数为 -1.35，大了 1 倍，说明端部到中部，气流由二维转为三维。

李元齐和 Tamura YuKio（2006）给出，$f/D=1/3$，$L/D=1.0\sim3.0$ 时，L/D

对风压影响明显，$L/D<3.0$ 时，风压随 L/D 的增大而增加，$L/D=3.0$ 时变化不明显。

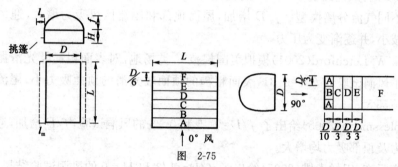

图 2-75

综合结论：①挑篷影响不显著，H/D 对迎风面外的影响有限，迎风面近屋面边缘处为负压，但有的试验为正压，可能屋面边缘处气流分离严重，试验结果差异大；②f/D 影响较大，f/D 增大迎风区风吸力减小，趋于正压，顶部风吸力随 f/D 增加而增大，尾流区风向垂直屋背时风吸力随 f/D 增加而增大，但尾流区都是难以准确模拟的区域；③$L/D<3$ 对表面风压分布影响较大，L/D 增加风吸力增大，$L/D>3$ 时气流趋于二维，L/D 再增加风压变化不大，体型系数可以按我国规范简化公式计算。

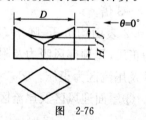

图 2-76

（4）鞍形屋盖风洞试验

负高斯曲率鞍形屋面，0°为沿两高度吹出，90°沿两低点吹出。

赵巨等（1991）进行了 $f/D=1/10、1/12、1/16、1/20，H/D=1/5$ 时的试验（图 2-76），f/D 减小，正压区域减小，整体压力系数减小，迎风前缘风压也减小。

孙瑛（2007）给出均匀流场及 B 类场地，$f/D=1/12、1/8，H/D=1/8、1/6、1/4$ 时，风吸力为主，主要最大吸力分布在迎风侧的边缘或拐角处，屋面迎风前缘风压随 f/D 的增加而减小。

综合试验结果：①风压主要是风吸力。0°迎风前缘吸力最大，沿两高点逐步降低，90°迎风前缘风吸力最小，峰值在屋面中心正曲率顶点，气流产生了分离，45°迎风前缘风吸力最大，吸力峰值发生在屋面边缘靠低点一侧。②f/D 对风压分布影响显著，f/D 增加风压分布形式基本一致，屋面将出现正压区，迎风前缘风压随 f/D 变化尚待进一步试验。

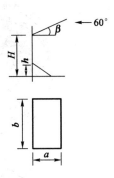

（5）悬挑屋盖风洞试验

K. M. Lam, A. P. To(1995)，$b/a=6.6$，气流在迎风面前缘分离，尾流区再附小范围正压，$\theta=0°$吸力区最大，$\theta=90°$风压最小。

K. M. Lam, J. G. Zhao(2002)，$\beta=0°$，$b \times a=78m \times 15m$，$H=18m$，$h=13.5m$。字母含义见图2-77，下同。

$\theta<90°$影响相对较小，$\theta=60°$迎风区一侧出现小片正压区，$\theta=90°$影响上风压较小。$\theta=90°$由于看台阻挡，表面正压减小，出现负值，$\theta=180°$的风压与$\theta=0°$相似，但比$0°$小。

图 2-77

J. G. Hao, K. M. Lam(2002)，$\beta=-5°$、$5°$、$10°$，$b \times a=78m \times 15m$，$H=18m$，$h=13.5m$。$\beta=-5°$和$\beta=0°$风压与分布形式相似；$\theta=0°$，$\beta$由$-5°$变为$5°$、$10°$时，迎风前缘的带状等压线，逐渐变为两端分布的局部高风吸力区域，而屋面中部，产生高风吸力的气流分离区不再出现；$\beta=0°$迎风前缘风压系数比$\beta=5°$、$10°$时稍大，气流在上表面分离时，前者产生风吸力较后者大；β由$-5°$逐渐增加到$10°$，整体吸力增加，产生在迎风面前缘，$\beta>5°$时风吸力变化不大。

A. Kat Summra, Y. Tamura(2007)，$\beta=5°$，$b \times a=96m \times 72m$，$H=72m$，$h=0$，$\theta=0°$时，最大吸力在迎风面前缘，沿风向逐渐减小，尾流区出现小范围正压。

综合试验结果：①净压主要是风吸力，上表面为吸力、下表面为压力，设置正面看台，可以增加下表面压力，极大地改变气流分离形式；②屋面净压峰值及分布受屋盖上表面风压影响较大；③屋盖倾角对风压分布影响较大，故可改变气流在迎风面前缘的分离形式，$\beta=5°\sim10°$时屋面整体吸力增加，$\beta>5°$时整体风吸力变化不大。

（6）鞍形屋盖平均风压系数分布的数值模拟

据文献[12]介绍，聊城体育馆圆形平面的马鞍形主体结构，其南北边分别悬挂一落地桁架，跨度为105m，风压数值模拟与风洞试验比较一致，风压系数见图2-78。

（7）体育馆挑篷的风振系数

据文献[24]介绍，深圳体育场纵向长度300.6m，横向宽度2863m。

$0°$和$75°$风向角下风振系数分布如图2-79所示。

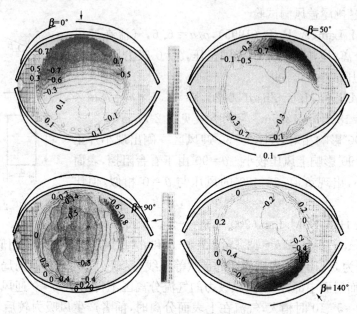

图 2-78 不同风向角的平均风压系数的风洞试验结果

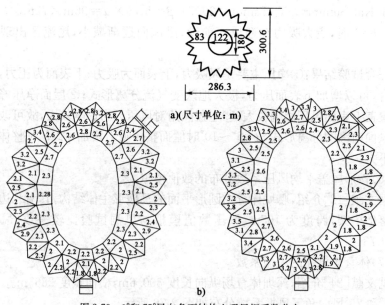

a)(尺寸单位：m)

b)

图 2-79 0°和75°风向角下结构上吸风振系数分布

27. 雪载如何采用?

我国雪载规范比较简单,与国外不同的是,国外一般取屋面雪载等于0.7乘以地面雪载,主要由于风吹走屋面上一部分雪,但屋面雪密度又可能大些,因此最后乘系数0.7,而我国则采用雪载分布系数反映屋面雪载的分布,规范则给出屋面雪载。美国对于采暖房屋则采用系数1.0,而非采暖房屋则加大乘以1.2,我国则无此规定。

我国雪载规范尚不足的是,规范规定坡度≥20°(有天窗除外)时才考虑不均匀雪载,而国外规范即使0°雪飘时也要考虑不均匀雪载。

我国规范虽对屋架和拱壳提出按不均匀分布和半跨的情况分类,但未提出具体的不均匀情况。

尤其我国规范提出的雪堆为最大雪载的2倍,分布范围为$2h$(h为高低之差),而国外对雪堆考虑比较大也比较具体。

目前我国雪灾情况也比较严重,2007年东北大雪,降雪量为49mm,积雪深度为36cm,平均风力7~8级,局部积雪达1.5~2m,高低屋面积雪超过2m,局部最大积雪达$3kN/m^2$,雪密度测得为$180kg/m^3$,为百年一遇,局部雪载严重超过设计值,竟达124%,有的介绍分布积雪厚60~100cm,荷载78~130kg/m^2。这里的积雪厚度为基本指标,但有的认为平均雪载为57.3kg/m^2。

我国雪载规范,仅简化为整体均匀分布和分区均匀分布两种,北京3号航站楼扁平的网壳经两相流理论基础模拟雪飘,雪载可达0.6MPa而均匀雪载仅0.4~0.5MPa,没有考虑场地和环境的影响,没有区分屋面暴露与遮蔽两种情况,没有区分采暖保温,也没有附加荷载,有的积雪深度已超过5~6倍均布雪载。

我国过去少有大型光滑屋面工程经验,因此在我国荷载规范未修改前对于局部超载敏感的结构应参考欧洲、美国等规范,取其偏于安全的数据,对于不采暖、工作温度在冰点以下的房屋,雪载应提高10%。

在目前已发生灾害中,雪载造成结构倒塌事故也不少,有的雪堆与女儿墙一样高,为安全起见,在采用我国雪载规范的同时,参考国外规范也是必要的。

28. 欧洲雪载规范是如何规定的?

参考国外雪载规范主要是取其屋面形式系数,即由于屋面形式和雪飘使屋

面雪载增减的系数。

EC-1 part 1～3 雪载规范(欧洲规范第 1～3 部分雪载规范)。

1)单坡、双坡屋面雪载(图 2-80、图 2-81)

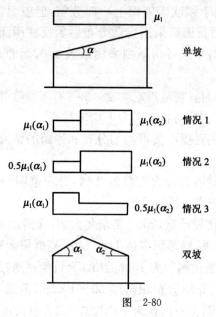

图 2-80

下列情况要考虑雪飘:

(1)多跨屋面;

(2)毗邻屋面有高的建筑物;

(3)屋面有阻挡物、栏杆等发生雪飘;

(4)认为考虑雪飘是适当的。

u_1、u_2 取值参见表 2-51。

表 2-51

屋面坡度 $\alpha(°)$	$0 \leqslant \alpha \leqslant 30$	$30 < \alpha < 60$	$\alpha \geqslant 60$
μ_1	0.8	$0.8(60-\alpha)/30$	0
μ_2	$0.8+0.8\alpha/30$	1.6	—

注:雪飘荷载根据 EC-1 附件 B 确定。

　　情况 1——无雪飘荷载

　　情况 2、3——有雪飘荷载

关于雪飘,我国规范没有规定,只有欧洲规范提出雪飘情况。但有经验的专家认为,我国风雪大的地区,如北、中部地区,都应考虑雪飘,尤其南方要考虑雪的密度增大。

2)多跨双坡屋面雪载(图 2-81)

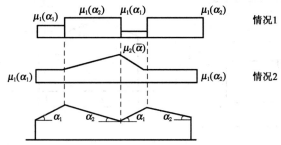

注:1.@=(ᾱ₁+ᾱ₂)/2;2.系数μ₁、μ₂见单坡双坡表2-56;3.α₁、α₂角度超过60°时,需特殊考虑。

图　2-81

3)圆柱形屋面雪载(图 2-82)。

情况 1 为无雪飘,$\beta>60°$,$\mu_3=0$。

情况 2 为有雪飘,$\beta\leqslant60°$,$\mu_3=0.2+10h/b$,μ_3 最大值不大于 2.0。

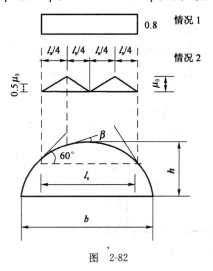

图　2-82

4)高低屋面雪载(图 2-83)。

$\mu_1=0.8$(假定低屋面是平的)。

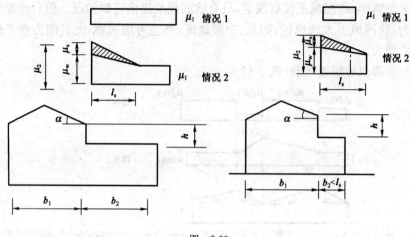

图 2-83

$\mu_2 = \mu_s + \mu_w$

$\alpha \leqslant 15°, \mu_s = 0$。

$\alpha > 15°, \mu_s$ 附加荷载按邻近坡屋面最大雪载的 50% 计算。

$$\mu_w = \frac{b_1 + b_2}{2h} = \gamma h / S_k$$

$l_s = 2h$ 且 $5m < l_s \leqslant 75m$。

S_k 是地面雪载特性值,由具体地区确定,我国无相应的值。

由欧洲规范 EC-1 附件 C 的图 C11,取定各地区的 S_k 值为 0.75~2.25,我国只能大约参考。

式中,γ 为雪的重度,取 $2kN/m^2$;

5)阻碍物下雪飘(图 2-84)。

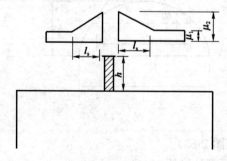

图 2-84

$\mu_1 = 0.8$

$\mu_2 = \gamma h / S_k$

$l_s = 2h$ 且 $5\mathrm{m} \leqslant l_s \leqslant 15\mathrm{m}$

式中 γ 是雪重度，取 $2\mathrm{kN/m^3}$；S_k 同上。

29. 美国雪载规范是如何规定的？

美国规范《Minimum Design Load for Building and Other Structures》(ASCE/SEI 7—2005)第 7 章简介如下。

1) 曲面屋面均匀与不均匀雪载分布

部分屋面如图 2-85 所示。

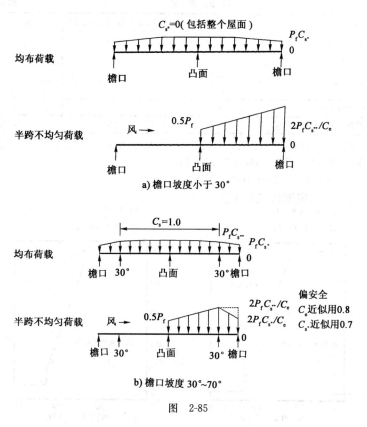

图 2-85

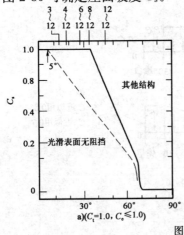

图中 P_f 为均匀雪载。C_{s*} 由檐口坡度决定，C_{s**} 由 $30°$ 坡度决定。风向在另一端可交替分布。C_e 为暴露系数，见表 2-52。

暴露系数 C_e　　　　　　　　　　　　表 2-52

类别地带	全暴露	暴露屋顶、部分暴露	掩盖
A 见规范	N/A	1.1	1.3
B	0.9	1.0	1.2
C	0.9	1.0	1.1
D	0.8	0.9	1.0
挡风山区森林	0.7	0.8	N/A
Alaska 地区不存在树，11km 半径	0.7	0.8	N/A

注：1. 全暴露——屋顶周围无遮挡，无高层建筑、树林、大型机械设备、遮挡的高女儿墙或其他物体。

2. 掩盖——屋顶紧密的在针叶树林中完全遮挡。

3. 半暴露——介于二者之间的屋顶。

由图 2-86 可确定屋面坡度 C_s。

图 2-86

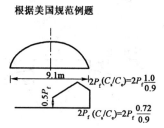

根据美国规范例题

$2P_f(C_s/C_e)=2P_f\dfrac{1.0}{0.9}$

$2P_f(C_s/C_e)=2P_f\dfrac{0.72}{0.9}$

从以上例可近似假定参数
$C_eC_s{-}C_s$.

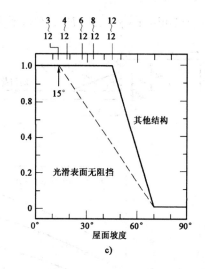

c)

图 2-86

2)具有三角形屋脊的双坡屋面(图 2-87、图 2-88 所示)

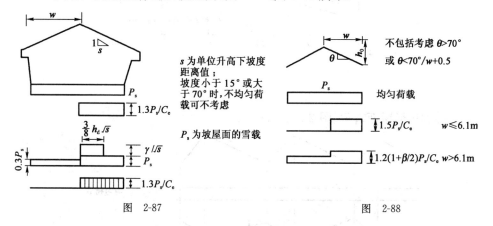

s 为单位升高下坡度
距离值;
坡度小于 15° 或大
于 70° 时,不均匀荷
载可不考虑

P_s 为坡屋面的雪载

不包括考虑 $\theta>70°$
或 $\theta<70°/w+0.5$

均匀荷载

$1.5P_s/C_e$ 　$w\leqslant6.1m$

$1.2(1+\beta/2)P_s/C_e$　$w>6.1m$

图 2-87　　　　　　　　　　　　　　图 2-88

3)高低跨屋面的低跨雪飘荷载

对于图 2-89a),l_w 如果小于 15ft(4.6m),则雪飘荷载可不考虑。

对于图 2-89b),雪飘要同时考虑上风雪飘及下风雪飘。

对于图 2-89c),如果 $b_c/h_b\leqslant0.2$,雪飘荷载不需考虑。

如果 $h_d\leqslant h_c,w=4h_d$;$h_d>h_c,w=4h_d^2/h_c$;$h_d=h_c,w>8h_c$。

w 超过低屋面宽时,雪飘即缩短到屋面边,此时 $P_d=h_d\gamma$,而 $\gamma=0.13P_g+$

14，不大于 $30lb/ft^3$（$\gamma=43.5P_g+224$，不大于 $48kg/m^3$）。

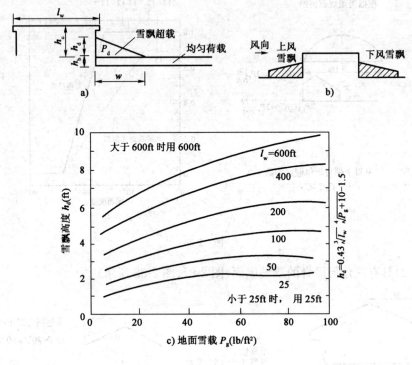

图 2-89

4）锯齿形屋面雪载（图 2-90）。

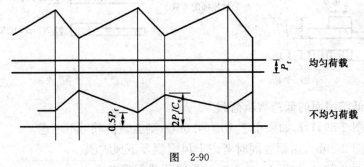

图 2-90

P_f 为平屋面的雪载，平屋面即坡度不大于 5°的屋面。

美国规范 ASCE 7-2005 也规定坡度小于 15°或坡度大于 70°时不考虑不均

匀雪载。如图 2-91 所示。

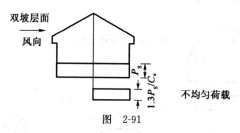

图　2-91

💡 30. 英国规范雪载如何规定?

英国规范 BS 6399-3 第三部分第二节雪载计算简单,形式多样,值得参考。
1)双坡屋面(图 2-92)

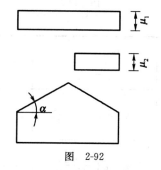

图　2-92

	$0°\leqslant\alpha\leqslant30°$	$30°<\alpha<60°$	$\alpha\geqslant60°$	
μ_1	0.8	$0.8\times\left(\dfrac{60°-\alpha}{30°}\right)$	0	
	$0°\leqslant\alpha\leqslant15°$	$15°\leqslant\alpha\leqslant30°$	$30°<\alpha<60°$	$\alpha\geqslant60°$
μ_2	0	$0.8+0.4\times\left(\dfrac{\alpha-15°}{15°}\right)$	$1.2\times\left(\dfrac{60°-\alpha}{30°}\right)$	0

2)拱形屋面(图 2-93)

	$0°\leqslant\beta\leqslant30°$	$30°<\beta<60°$	$\beta\geqslant60°$
μ_3	0.8	$0.8\times\left(\dfrac{60°-\beta}{30°}\right)$	0

β 的取值参见表 2-53。

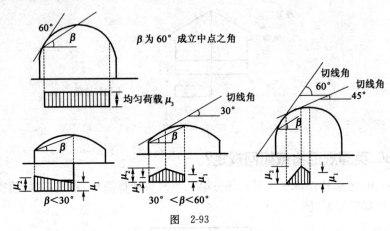

图 2-93

表 2-53

切线角 β	$0°\leqslant\beta\leqslant15°$	$15°<\beta\leqslant30°$	$30°<\beta<60°$	$60°\leqslant\beta$
μ_1	$\mu_1=0$	$\mu_1=0.4$	$\mu_1=0.4$	$\mu_1=0$
μ_2	$\mu_2=0$	$\mu_2=0.8+0.4\times\left(\dfrac{\beta-15°}{15°}\right)$	$\mu_2=1.2\times\left(\dfrac{60°-\beta}{30°}\right)$	$\mu_2=0$
μ_3	$\mu_3=0$	$\mu_3=\mu_2\left(\dfrac{60°-\beta}{30°}\right)$	$\mu_3=\mu_2\left(\dfrac{60°-\beta}{30°}\right)$	$\mu_3=0$

3) 多跨屋面(图 2-94~图 2-96)

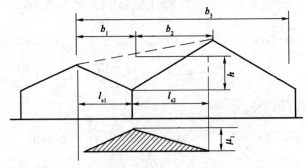

图 2-94

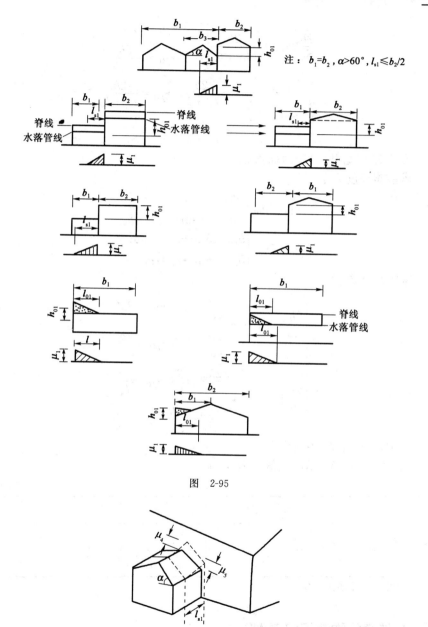

注：$b_1=b_2$，$\alpha>60°$，$l_{s1}\leqslant b_2/2$

图　2-95

图　2-96

$$\frac{2h}{S_0} > 5.0 \rightarrow \frac{2b_2}{l_{s1}+s_2} \begin{cases} > 5 \rightarrow \mu_1 = 5.0 \\ < 5 \rightarrow \mu_1 = \frac{2b_2}{l_{s1}+l_{s2}} \end{cases}$$

$$\frac{2h}{S_0} < 5.0 \rightarrow \frac{2h}{S_0} \begin{cases} > \frac{2b_3}{l_{s1}+l_{s2}} \rightarrow \mu_1 = \frac{2b_3}{l_{s1}+l_{s2}} \\ < \frac{2b_3}{l_{s1}+l_{s2}} \rightarrow \mu_1 = \frac{2h}{S_0} \end{cases}$$

S_0 为现场雪载,可用地面雪载。

求雪飘长度 l_{s1}：

$$b_1 > 5h_{01} \begin{cases} 5h_{01} > 15m \rightarrow l_{s1} = 15m \\ 5h_{01} < 15m \rightarrow l_{s1} = 5h_{01} \end{cases}$$

$$b_1 < 5h_{01} \begin{cases} b_1 > 15m \rightarrow l_{s1} = 15m \\ b_1 < 15m \rightarrow l_{s1} = b_1 \end{cases}$$

求雪载系数 μ_1：

$$\begin{cases} \frac{2h_{01}}{S_0} > 8.0 \begin{cases} \frac{2b}{l_{s1}} > 8.0 \rightarrow \mu_1 = 8.0 \\ \frac{2b}{l_{s1}} < 0.8 \rightarrow \mu_1 = \frac{2b}{l_{s1}} \end{cases} \\ \frac{2h_{01}}{S_0} < 8.0 \begin{cases} \frac{2h_{01}}{S_0} > \frac{2b}{l_{s1}} \rightarrow \mu_1 = \frac{2b}{l_{s2}} \\ \frac{2h_{01}}{S_0} < \frac{2b}{l_{s1}} \rightarrow \mu_1 = \frac{2h_{01}}{S_0} \end{cases} \end{cases}$$

其中,b 指 b_1、b_2 中较大者。

图 2-98 中的 M_4、M_5 取值见表 5-54。

表 5-54

$0° \leqslant \alpha \leqslant 15°$	$15° < \alpha \leqslant 30°$	$30° < \alpha < 60°$	$60° \leqslant \alpha$
$\mu_4 = \mu_1$	$\mu_4 = \mu_1 \left(\frac{30° - \alpha}{15°} \right)$	$\mu_4 = 0$	$\mu_4 = 0$
$\mu_5 = \mu_1$	$\mu_5 = \mu_1$	$\mu_5 = \mu_1 \left(\frac{60° - \alpha}{30°} \right)$	$\mu_5 = 0$

注:表中 μ_1 与上述 μ_1 一样。

💡 31. 球壳的雪载如何考虑?

球壳对雪载比较敏感,罗马尼亚布加勒斯特 93.5m 的球壳倒塌,就是因为雪载非均匀分布。当时总雪载只占设计雪载的30％,但由于雪载集中于很小区域,导致局部破坏。国外规范对于球壳的规定也很少,现将英国瑟雷大学介绍的雪载作为参考,目前还是比较完整的工程经验。

英国瑟雷大学在英国斯温登游泳馆设计中采用了非均匀半跨雪载的理论简图,非均匀雪载约为均匀雪载的 2 倍,如图 2-97 所示。

国外规范中拱形屋面雪载也可参考用于球壳,这样的假定可能会偏于安全。

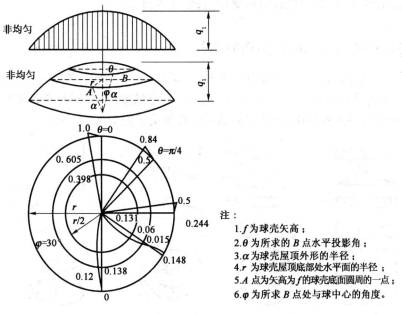

注:
1. f 为球壳矢高;
2. θ 为所求的 B 点水平投影角;
3. α 为球壳屋顶外形的半径;
4. r 为球壳屋顶底部处水平面的半径;
5. A 点为矢高为 f 的球壳底面圆周的一点;
6. φ 为所求 B 点处与球中心的角度。

图　2-97

目前各国规范尚未见到球壳不均匀雪飘的规定,都是曲面屋面的规范,我们分析,球壳采用半边各方向曲线屋面数值应该是偏于安全的,如果偏大,也可 1/4 跨矢。

32. 屋面上雪载与地面雪载哪个大?

屋面由于风会吹去一部分雪,厚度比地面小但由于雪熔化后吸收在积雪的海绵体内使密度加大,最终国外一般取屋面雪载为 7/10 的地面雪载,而我国则采用雪载分布系数反映屋面雪载,美国采暖房屋为 1.0,非采暖则乘以 1.2,我国则未加区别。

💡 33. 筒壳等网壳雪载如何考虑?

雪载资料目前比风载少,而且也无法做类似的风洞试验,尤其不均匀的雪载影响难以判断,目前筒壳的雪载取值我国与前苏联比较接近,可以采用,也反映了雪堆,球壳我国没有规范,目前只有英国瑟雷大学的(可见网壳设计书),所以对于雪载大的地区雪堆应引起注意,最近北京航站楼是一个扁平的壳,同济大学利用两相流理论,模拟风载对雪飘作用、雪堆达到1.2~1.5。

💡 34. 异形曲面的雪载如何考虑?

(1)异形曲面的雪载也没有国外规范,但我国《索结构技术规程》(征求意见稿)提出的悬索屋面的雪载积雪分布系数 μ_p 可供参考,数据参考俄罗斯规范。由于索结构是索性屋面,其他屋面采用此数值偏于安全,见图 2-98。

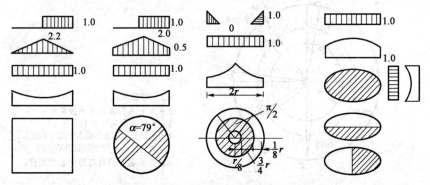

注:1. ▨ 表示不均匀雪载的局部范围,其雪载系数均为 1.0

2. 雪载系数分为 1~3 种

图 2-98

(2)异形曲面的雪载风洞试验很少,天津速滑馆雪飘加大数据如图 2-99 所示(由湖南大学提供)。

(3)北京南站雪载分布,CFD 数值模拟结果如图 2-100 所示。

文献[95]对膜结构屋面雪载进行了数值模拟,通过 N-S 方程中雪相的深度控制方程进行求解计算,假设两相的关系为单向耦合,雪在风的作用下发生飘

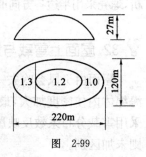

图 2-99

移,而在雪的搬运及堆积过程中对空气不产生影响。

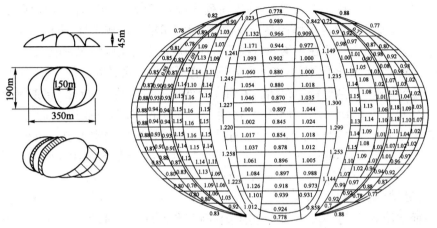

图 2-100　90°风向角时北京南站雨篷屋面雪荷载分布图(单位:kPa)

50 年一遇雪载标准值为 0.40kPa。

编者认为该凸形屋面雪载分布值达 1.05kPa,相当于 50 年一遇雪载标准的 2.5 倍,不均布分布系数对一般屋面似乎大了一些,因为该处不可能是雪堆,但屋面为膜屋面,可能与风载不同,屋面刚性小可能对不均匀分布不利,可以参考。

35.为何轻钢在雪载下倒塌较多?

据文献[72]介绍,2007 年 3 月东北下雪,最大降雪是 78mm,积雪深度为 44cm,辽宁省 800 多处钢结构不同程度损坏。2008 年南方冰雪,江苏溧阳倒塌钢结构 14000m²,各镇钢结构倒塌或部分倒塌 15 万 m²,损坏程度小的檩条弯曲,屋面板起伏,严重的屋面板和檩条脱落,梁扭曲,上柱弯曲,属于危房倒塌的屋面板,檩条塌落,刚架拉倒,柱脚损坏,螺栓拉断,甚至拔起。

这些损坏或倒塌的钢结构,大部分设计与施工基本符合规范,仅仅将之归于雪荷载过大,显然也不恰当,分析其原因如下:

(1)轻型房屋安全度偏低,抵抗超载能力差。

(2)清理屋面积雪措施不当,产生附加荷载,排水不畅,水融入积雪(天然雪密度 150～200kg/m³,饱水后达 500～700kg/m³)。

(3)雪荷载直接超载,均达到 50 年一遇。但过去很多设计依据 GBJ 9—87,

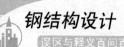
按 30 年一遇设计,而实际东北雪载 49mm,达到 $0.50kN/m^2$,超出当时规范 $0.40kN/m^2$,南方则是密度加大,冰雪荷载达 $0.7\sim1.2kN/m^2$,超过现行规范。

(4)有女儿墙及附房墙的高低屋面,阻碍雪飘动而形成雪堆,有的云沟被雪填满,造成超载。规范在不均匀雪载及雪堆的规定上与实际情况有较大出入,美国 MBMA 规定比我国细致,在国际轻钢界有成熟的应用经验,可以对比分析。

①MBMA 对高低跨、女儿墙、屋面高差处最大值可达 4～5 倍,根据调查有的工程女儿墙 1.4m,女儿墙处雪载达到 $1\sim2kN/m^2$,分布系数达到 2～4,而我国规范最大分布系数只有 2;高低屋面规定分布系数为 2,而雪灾中达到 4。

对于分布系数,我国规范是参考前苏联规范的,前苏联规范考虑西伯利亚系数最大为 4。而我国规范认为应低于西伯利亚系数,因此取用 2。

②MBMA 对双坡屋面坡度在 2.5°～45°之间考虑两种情况、2.5°～15°时,考虑一面坡用 0.5,另一坡为 1.0(实腹梁,则不考虑);15°～45°时,考虑一面坡用 1.0,另一坡为 0。对于多屋脊,大于 2.5°时,屋脊处取 0.5,谷底处根据屋面的遮盖情况取 1.74～2.22(如图 2-101 所示,悬露式屋面为 2.22,一般屋面为 2.0,被遮盖屋面取 1.74),对比我国规范仅当 20°～30°时才考虑不均匀分布,多屋脊时仅取 1.4,所以雪灾中双坡屋面会出现半边倒塌的情况。

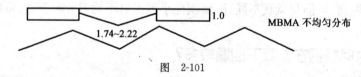

图 2-101

③关于雪与风的组合,雪载中存在风的不利影响,风非但没有搬卸雪及提供吸力,反而加剧了堆雪作用。另外南方地区,不够低温,水融入积雪形成冰雪,南方地区的规范雪荷载考虑的不够充分,取值应提高。

据文献[168]介绍,虽然 GB 50009 第 6.2.2 条提出檩条积雪应按最不利情况采用,但积雪不均匀分布不符合实际情况,因此檩条被压垮,牵动主刚架倒塌,现将介绍 MBMA 的积雪计算方法。

1)高低跨(雨篷、女儿墙可参照计算)

各几何参数如图 2-102 所示。

求基本积雪深度:

$$h_b = S_0/\gamma$$

如果 $\dfrac{h_r - h_b}{h_b} > 0.2$，需考虑堆积雪荷载，否则不考虑。

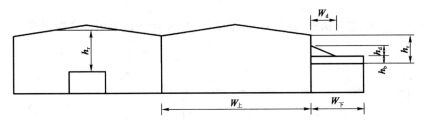

图 2-102　高低跨飘积雪荷载计算参数

积雪高度：

$$h_d = 0.305 \times (0.43 \times \sqrt[3]{3.28W_{上}} \times$$
$$\sqrt[4]{20.8S_0 + 10} - 1.5) \qquad \text{当 } h_d \leqslant h_r - h_b \text{ 时} \qquad (2\text{-}1)$$
$$h_d = 0.229 \times (0.43 \times \sqrt[3]{3.28W_{下}} \times$$
$$\sqrt[4]{20.8S_0 + 10} - 1.5) \qquad \text{当 } h_d \leqslant h_r - h_b \text{ 时} \qquad (2\text{-}2)$$

以上两式中取用较大值。

积雪分布宽度：

$$W_d = \begin{cases} 4h_d & \text{当 } h_d \leqslant h_r - h_b \text{ 时} \\ \dfrac{4h_d^2}{h_r - h_b} \leqslant 8(h_r - h_b) & \text{当 } h_d \leqslant h_r - h_b \text{ 时} \end{cases} \qquad (2\text{-}3)$$

最大积雪荷载：

$$P_{max} = \gamma(h_d + h_b) \qquad (2\text{-}4)$$

式中：S_0——基本雪压(kN/m^2)；

　　　γ——积雪重度(kN/m^3)；

　　　h_r——建筑相邻屋面的高差或形成堆积雪的墙面高度；

　　　h_b——基本雪压高度；

　　　$W_{上}$——高处屋面的计算宽度，对多脊屋面仅取一个人字坡宽度，对女儿墙则取其厚度；

　　　$W_{下}$——低处屋面的计算宽度，对多屋脊面仅一个人字坡宽度，当计算屋面宽度小于 7.6m 时，取 7.6m。

2）高低相邻建筑

参见图 2-103，仍按前面定义的式(2-1)和式(2-2)计算，但公式中 $W_{下}$ 用 $W'_{下}$

钢结构设计误区与释义百问百答

代替,积雪高度计算:

$$h'_d = h_d \left(\frac{6.1-L}{6.1} \right) \tag{2-5}$$

式中:L——两建筑相隔间距(m),当间距大于 6.1m 时,不用计算堆积雪。

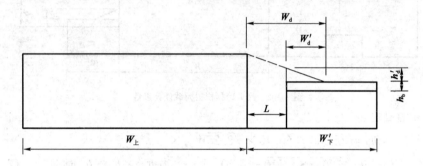

图 2-103 高低相邻建筑飘积雪荷载计算参数

最大积雪荷载:

$$P'_{max} = \gamma(h'_d + h_b) \tag{2-6}$$

分布宽度:

$$W'_d = W_d - L \tag{2-7}$$

当 $W'_d < 0$ 时,屋面无堆积雪。

3)屋面有较大凸出物

参见图 2-104,对凸出物的四边,仅考虑边长 $l > 4.5m$ 的积雪效应,小于 4.5m 的一边不考虑积雪效应。

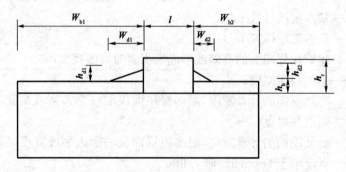

图 2-104 屋面有凸出物飘积雪载计算参数

$$h_{di} = 0.229 \times (0.43 \times \sqrt[3]{3.28W_{bi}} \times$$

$$\sqrt[4]{20.8S_0 + 10} - 1.5) \quad 当 h_{di} \leqslant h_r - h_b 时 \qquad (2\text{-}8)$$

积雪分布宽度：

$$W_{di} = 4h_{di} \qquad (2\text{-}9)$$

$$P_{maxi} = \gamma(h_{di} + h_b) \qquad (2\text{-}10)$$

式中，$i = 1, 2$。

对于多脊多坡的结构形式，如果屋面坡度 $\theta > 2.5°$，则在坡谷处应考虑有局部堆积雪的情况，见图 2-105，在屋脊处雪荷载减少一半，在坡谷处雪荷载增加一倍，与我国 GB 50009 相比，主刚架的内力计算（GB 50009 规定，对于框架可按全跨均匀分布情况采用）差别不大（因坡谷处有柱子），但对于檩条的内力计算，差别可达 $\dfrac{2.0 - 1.4}{1.4} = 43\%$。

此外，在高低跨建筑中，如果高跨屋面坡度 $\theta > 10°$，还需考虑高跨屋面的雪滑落在低跨屋面的情况，一般门式刚架轻钢结构屋面坡度不会达到 10°，故可以不考虑这一情况。实际上，坡度小于 10°时仍会有滑雪情况，只不过不严重，可忽略不计。

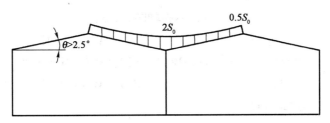

图 2-105　屋面坡谷处的局部堆积雪

4）不均衡雪荷载分布

当屋面坡度大于 5°时，尚需考虑不均衡雪荷载分布，如图 2-106 所示，MBMA 2002 对不平衡雪载分布的规定计算很复杂，需根据建筑物的宽度 $2W$、屋面坡度 θ、建筑物的比宽比 L/W 等因素确定，一般情况下比我国 GB 50009 的相应规定的不平衡程度更严重，如图 2-106 所示是建筑物的四种不平衡雪分布情况。通过计算分析可知，不平衡雪载分布与整体屋面均匀分布的模式相比，其刚架弯矩相差小，可忽略不计，因此，对于主体刚架按 GB 50009 的简化模式计算雪荷载是可行的,但对于近檐口檩条来说,荷载相差很大,按 MBMA 的最不利情况,檩条内力的增大可达$\frac{2.4-1.25}{1.25}\approx 90\%$,应在设计中加以注意。

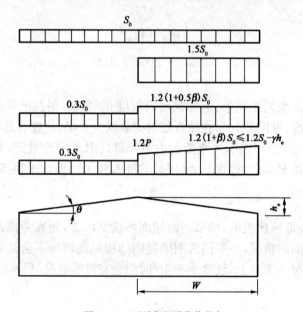

图 2-106　不平衡积雪荷载分布

$$\beta = \begin{cases} 0.5 & \text{当 } L_0/W \leqslant 1.0 \text{ 时} \\ 0.33+0.167L_0/W & \text{当 } 1.0 < L_0/W < 4 \text{ 时} \\ 1.0 & \text{当 } L_0/W \geqslant 4.0 \text{ 时} \end{cases}$$

式中,L_0 为建筑长度。

5)小结

(1)GB 50009 的简化等效积雪荷载计算适用于主体刚架,但不适用于檩条。

(2)对于檩条积雪荷载的取值:凡有高低跨处(包括女儿墙),必须按实际的积雪分布图来计算,应吃透 GB 50009 条文说明的精神,不可简单按其表 6.2.1 的积雪分布模型计算。

(3)对于不平衡积雪分布和多脊多坡的坡谷积雪等情况,应注意考虑屋面边缘区域和坡谷区域的檩条积雪荷载的增加。

三、
稳　　定

稳定在文献[1]P24～34 已做了介绍,本书再作补充。

1.什么叫稳定?[3]P41

稳定就是构件受横向干扰后,能恢复原状的性能的性质。失稳是当结构受荷达某一值时若增加一微小的增量,结构的平衡发生很大改变,如图 3-1 所示。

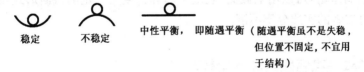

稳定　　　　不稳定　　　　中性平衡,　即随遇平衡（随遇平衡虽不是失稳,
　　　　　　　　　　　　　　　　　　　　但位置不固定,不宜用
　　　　　　　　　　　　　　　　　　　　于结构）

图　3-1

2.稳定有哪几类?[3]P41

平均分岔失稳,称第一类失稳,如无缺陷的轴压杆、受压的球壳、中间面受压的平板,即在横向干扰后突然失稳。

极值点失稳,称第二类失稳,如偏压杆,受力后弯曲变形增加,轴力所产生弯矩也增加,直至极值点失稳。

跳跃失稳,如扁拱、扁平网壳。

3.稳定有哪几种算法?[3]P42

静力学准则,也称微扰动准则,在无限小的相邻平衡状态,归结为求出线性

微分方程的特征值问题。

一种是用解析解，但不是所有问题都可解析解，构件在弹塑性阶段失稳，特别是偏压杆件将使微分方程变为变系数，无法解析解，需要数值解。数值解又分两大类，一是用平衡微分求解，即常用数值积分或差分；另一种是总势能原理。

动力学准则——施加微小干扰使其发生振动，临界状态的结构即为结构屈曲荷载的结构，振动频率为另一条件求得。

💡 4. 稳定与强度有何区别？[3]P42

强度是最大应力超过材料极限强度，是应力问题，稳定是不稳定平衡状态，变形急剧增加，是变形问题。强度是一个截面的应力问题，稳定是一个杆件的整体问题，稳定破坏往往先于强度破坏。强度是一阶分析，稳定是二阶分阶，叠加原理不能用。强度只能有唯一解，稳定可以有多解，屈曲路径可以多样，残余应力对强度无影响，但对稳定尤其是压杆稳定影响很大，强度用净截面，稳定则可以局部削弱忽略，可以用毛截面，规范中验算强度与稳定的截面形式相似，因此使人们对二者的实质分辨不清。

💡 5. 结构失稳后能否继续加载？[3]P44

结构失稳后能否继续加载不能一概而论，关键看屈曲后材料的特性，有些结构可以继续承载，有些结构出现失稳后即不能继续承载。

💡 6. 为何拉杆有些还要考虑长细比？

一般拉杆不存在失稳问题，也就不存在长细比问题，吊装运输中拉杆不一定受拉，有时是了防止变形过大或振动等问题，也采用长细比形式加以限制。

💡 7. 如何判断拱的失稳？[3]P21

无铰拱和双铰拱总是反对称失稳，三铰拱总是对称失稳（除非矢跨比大时），扁拱则会跳跃失稳，如图 3-2 所示。

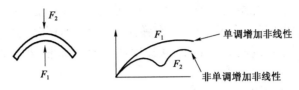

图 3-2　拱架上下集中力时失稳形状

💡 8. 为何长细比、挠度和位移都要进行刚度验算?

刚度验算一般与变形相联系,挠度是一种刚度验算,层间位移也是刚度验算,长细比从欧拉公式看与长细比有关,所以以验算临界荷载即是验算刚度。

压杆失稳时,垂直力时,并没有水平力却产生了水平侧向弯曲变形,说明屈曲时,悬臂柱没有抗侧刚度,因此柱的临界荷载大小表示柱的某种刚度,有侧移时是抗侧刚度,无侧移时是抗屈刚度。

💡 9. 门刚规程第 3.5.2.2 条注 3,永久荷载与风荷载组合下受压杆件长细比不宜大于 250,如何理解?[4]P60

这主要指当压力很小时,其长细比也不能放宽到 250 以上。

💡 10. 欧拉公式是动力公式还是静力公式?

欧拉公式是稳定公式,稳定是静力公式。静力与动力的区别是静力与时间无关,而动力与时间有关。动力又可分运动与动力,运动是几何特性,位移加速度与力无关,而动力是 $F=ma$,与力有关,静力、动力的界定方法其中一种是解析法,即用公式;另一种是数值法,即用有限元或能量法界定。

💡 11. 计算长度的概念是什么?

规范规定关于稳定设计的近似公式是基于两端铰接的理想构件研究而推导出来的,但实际上梁和柱的边界支承条件十分复杂,实际结构与理想结构按等效原则使两者屈曲临界力相等,得到实际结构的计算长度,如悬臂结构 l 的屈曲临界力等同于简支 $2l$ 的理想构件,因此悬臂梁的计算长度为 $2l$,如图 3-3 所示。

在正确理解计算长度之前,还要先讨论欧拉公式。欧拉公式建立在"理想轴

钢结构设计误区与释义百问百答

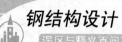
心压杆"的基础上,实际结构是弹塑性阶段失稳,因为有初始弯曲不存在理想压杆,但要计算其切线模量则很难精确,在弹性阶段,稳定性与屈服强度无关,切线模量则与强度有关,现在常用的计算长度法也是反映框架柱的一个抗侧移系数。

计算长度法的缺点:

(1)是在压杆模型的理想化假定条件下得到的结果与实际情况相去甚远。

(2)没有考虑柱与柱之间的相互作用。

(3)模型化梁中假定没有弯矩,也没有初始侧移。

(4)是弹性的,实际是弹塑性的。

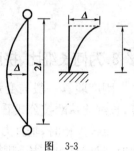

图 3-3

💡 12. 考虑了几何非线性、材料非线性及缺陷后,即不需要进行传统的强度和稳定计算,是否可以将所有计算统一起来?[4]P17

强度计算与稳定计算目前尚无统一办法,因此必须要判断的是进行的是强度计算还是稳定计算,不能误将稳定计算强度计算。强度与稳定是两种性质不同的破坏,强度是应力问题,稳定是变形问题,强度是截面抗力问题,稳定是构件抗力问题,强度是某个截面刚度为 0,稳定丧失是整个构件刚度为 0,是两个不同的概念。强度破坏是材料问题,破坏有预兆,是塑性破坏,稳定破坏是瞬时的,无明显预兆,是脆性破坏。强度分析是一阶,稳定分析必须采用二阶,三阶则采用非线性大挠度变形几何关系所建立的计算理论,由于两者不同,稳定必须考虑变形对外力效应的影响,静定与超静定失去意义,叠加原理不适用。强度有唯一解,稳定有多解。强度不考虑初始缺陷残余应力,稳定却不可忽略。

💡 13. 为什么门刚规程屋面坡度小于 0.1 时可不考虑横梁平面内稳定,坡度多大才要验算?[4]P4

门刚规程第 6.16 条,斜梁平面内可按压弯构件计算强度,在平面外应按压弯构件计算稳定,屋面坡度较平时,轴力比较小,不存在平面内稳定,但平面外仍有梁的受压而存在整体稳定问题。依据门刚规程 6.1.3-2 条,柱的计算长度系数适用于坡度不大于 1：5 的情况,超过此值应考虑横梁轴力对柱刚度的不利影响,但屋面坡度大于 0.1 时,则应考虑梁平面内稳定。

14. 格构式变弯构件,对于弯矩作用平面外稳定如何分析?[4]P22

依据钢结构规范 5.2.3 条,格构式构件平面内稳定要计算,平面外整体稳定不用进行分析,只要保证单肢稳定即可,根据钢结构规范附录 C2,b 类截面,$\lambda_0 = 61$,$\varphi = 0.8$ 时,即可不考虑,整体稳定折算为 $L/B = 25$,B 为格构柱平面外宽度。

上面结论是根据管结构推导出的,对 H 型及其他截面也适用。

15. 钢结构压弯计算时,平面内稳定有横向荷载,但无端弯矩,但平面外时,稳定计算还要不要考虑横向荷载呢?[4]P25

依据钢结构规范 4.2.1,仅当梁受弯或轴力小时,没有平面内稳定问题,但仍有平面外稳定问题,算整体稳定时,仍先按均匀横向荷载的标准情况计算,然后根据实际工程的情况几个集中力,梁端有弯矩及侧向支承情况计算,根据附录 B,求出与标准情况等效的临界弯矩系数 β_b,求平面外稳定承载力,说明平面外稳定计算时仍考虑了平面内的横向荷载,这是因为平面外失稳是由于平面内荷载使上弦受压而引起的。

如果是压弯构件、框架柱,就既要考虑平面内稳定,又要考虑平面外稳定,是钢结构规范中 5.2.2-1、2 条,等效弯矩系数概念与梁整体稳定一样,同样的平面内弯矩,也对平面外的稳定有影响,如无横向荷载时,$\beta_{max} = 0.65 + 0.35 \dfrac{m_1}{m_2}$,$m_1$、$m_2$ 分别为端弯矩和无端弯矩,但有横荷载时,$\beta_{max} = 1.0$。

16. 钢结构规范第 5.2.2 条,对于压弯构件稳定计算的内力定义为"在所计算构件段"其截面如何取,变截面又如何取,截面内力是取最大值吗?[4]P25

压弯构件由于轴力大,因此需计算平面内稳定和平面外稳定。所谓"构件计算段"应该指某一区段,因为稳定计算不是指一个截面,而是一个区间,平面内应指支座形成的区间,平面外应指侧向支撑形成的一个区间,这一区间内弯矩不可能相等,应该取该区间的弯矩最大值,并考虑了弯矩不同形式,折算成

等效荷载弯矩值,如果是变截面,钢结构规范没有说明,只能参照门刚规程第 5.2.2 条楔形构件的惯性矩,即取大头和小头惯性矩之和再取平均,这是一种近似拟定。

💡 17. 门架取隅撑 1.5m 间距是否平面外即可稳定?[4]P26

依据门刚规程 6.1.6-2 条,实腹式刚架斜梁出平面的计算长度应取侧向支承点间距,现在需要纠正的理解误区是上弦水平支撑及系杆保证了斜梁上翼缘的平面外稳定,而隅撑并不是上翼缘平面外支撑的组成部分,仅是将下翼缘受压而失稳的力传递到上翼缘平面去,以保证下翼缘不失稳及梁不扭,因此不能将隅撑间距误认为是上翼缘平面外稳定的支撑间距,支撑间距仍然是水平支撑的支撑点间距,1.5m 处一个隅撑也是浪费,应根据下翼缘受压稳定需要放置。

💡 18. 腹板稳定能否用 4mm 厚钢板?[4]P28

4mm 厚钢板能否采用,取决于焊接质量和局部变形,钢结构规范 1.2 条规定受力构件不宜采用小于 4mm 厚的钢板,这说明 4mm 厚的钢板可以用,门刚规程 3.5.1 条规定焊接主刚架构件腹板不宜小于 4mm,有根据可用 3mm,所以 4mm 可以用,但一般用 5mm。

💡 19. 梁翼缘宽厚比超过了稳定要求怎么办?[4]P29

根据翼缘的稳定分析,宽厚比根据钢结构规范 5.4.1 条,将翼缘局部稳定分析为三边简支、一边自由(板的长度远大于宽度),因此接近两边简支的长板,因此宽厚比不够时,可采用横向加劲肋来改变规范局部稳定的模式,即可解决。

💡 20. 异形的钢结构如何考虑稳定?

目前任何结构都可用有限元求其强度,而规范却未明确稳定的计算方法,目前是尚未统一的问题。

但多数单位都参照单层网壳稳定计算方法,即以变形来判定稳定,采用弹塑性非线性分析,是比较理想的,但对有千万根杆件的网壳来说是不现实的,而如果结构比较简单,目前用弹塑性非线性也是可能的,计算应力应变曲线,一直到强度破坏,即认为稳定没有问题。如果曲线下降,则可以认为下屈服点即是稳定承载力,如果计算点按弹性非线性计算,则除了考虑常规安全度 1.64 外,还要考虑敏感性 1.2 和塑性影响 1/0.47。由于单层网壳对稳定非常敏感,其他结构可根据稳定的敏感程度,对 1.2 及 1/0.47 适当用小一些。

有人对上述看法也有不同意见,认为结构力学基本理论有不足之处,牛顿力的平衡条件只考虑了二维力与力的平衡,不能反映变形,更未考虑扭转,不如符拉索夫薄壁理论,因此非线性计算尚不能弥补基本理论的不足,不如仍取非线性计算,以变形 1/300 时的承载力为失稳承载力。目前对稳定计算尚有不同看法,很难取得一致意见,多数还是取非线性计算。

💡 21.棱形柱稳定如何算?[3]P144

有人认为棱形柱按钢结构规范 5.1.2 条验算自身稳定,按 5.1.3 条验算整体稳定。事实上,棱形柱稳定不是那么简单,5.1.3 条是格构柱等截面整体稳定的计算,并有缀条、缀板,与棱形柱是两回事,棱形柱由三根弧形圆管组成。杆件相交处用杆件相连(图 3-4),目前的问题是整体失稳曲线如何假定,假定 是否存在偶然性,是否有规律,三根杆的每个截面的强度是否一样,如何验算,三根杆相交处如何控制扭转,目前设计棱形柱时应慎重处理。

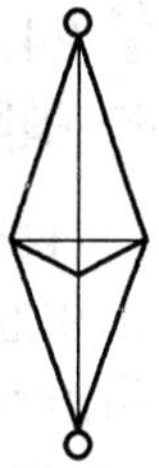

图　3-4

💡 22.如何减少一根简支柱的平面外计算长度?

如果简支柱平面内已稳定,要想加强平面外以减少平面外计算长度,可以在柱外加两根斜杆,利用充分支撑原理,先求出充分支撑刚度 K,即由 $2P_{cr} = \dfrac{K}{2} \cdot \dfrac{l}{2}$,得到 $K = \dfrac{8P_{cr}}{l}$,式中的 2 为考虑初始缺陷而设的系数,P_{cr} 为杆件临界稳定承载力。根据 K 求出斜杆的力,但必须留有安全余地,此时即可假定平面外计算长度为 $l/2$。如图 3-5 所示。

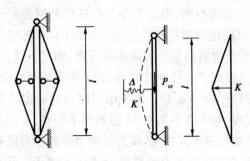

图 3-5

23. 受压的杆件长度是否即是支撑点的间距?[4]P294

根据陈绍蕃教授意见,由于杆件内力分布和约束情况、支撑平衡及支撑系统的设置,因此计算长度不完全是支持点的间距,见钢结构规范 5.3.1 条。

24. 单层网壳要考虑稳定,为何双层网壳一定厚度即可不考虑稳定,单层网壳稳定是如何解决的?

网壳失稳是由于"薄膜应力"引起的,薄膜应力的应变积累到一定程度后失稳,引起失稳的根本原因是薄膜应力,如果结构本身刚度以薄膜刚度为主,而弯曲刚度很小,主要应力形成的薄膜应力结构才存在失稳问题,单层网壳即是这样的结构。双层网壳、球面网壳厚度在 1/60 跨度外,其他网壳在 1/50 跨度外,薄膜应力不是主要应力形式,就不存在失稳的问题。稳定是"混沌"问题[6],比随机和模糊问题更复杂。随机问题用概率解决,事先不知,事后可知。模糊问题,有些说不清的,可用模糊数学解决,如专家系统。混沌问题理论较深,缺乏数理资料,目前无法解决。混沌的特点是非线性、解的多样性、初始缺陷敏感,振动、地震都是"混沌"问题。因此 20 世纪三大发现中相对论、混沌、量子力学,混沌最重要。

对于失稳理论,236 年前的欧拉公式开始是研究弦振动,振动与稳定都是用特征值、特征向量来表达,直到欧拉公式出现的一百多年后,由于钢结构的高强、薄壁、荷载小等性质,稳定问题才比较突出,才将欧拉公式应用于稳定分析,但直到今天,稳定问题理论上进展很慢,只有无缺陷的单杆和典型的球壳有理论公式,而网壳是千万个杆件组成的复杂结构,要求稳定的理论公式更是不可能。

据文献[7]介绍,网壳失稳是由薄膜应力为主的状态通过横向变形转换为弯曲应力为主的状态,即薄膜应变能转换为弯曲应变能,因较大变形引起新的几何形状而形成失稳状态。失稳模态可分为构件、点、条状和整体失稳,大部分是发生很大的几何变位,偏离平衡位置的失稳。

因此网壳稳定可以由荷载—位移全过程曲线得到完整概念,不是从失稳理论上解决,而是以变形曲线来反映失稳问题,全过程曲线可以把结构强度稳定性以及刚度的变化性能表示得清清楚楚,临界点之前平衡路径称为"基本平衡路径"或屈曲前路径(图3-6)。

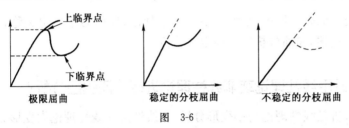

图 3-6

稳定的计算方法,如果用弹性方法分析,会过高估计稳定临界力,并无法描述屈曲后性能,许多结构的稳定承载力往往由屈曲后性能决定。

现在均采用非线性方法,一种是"拟壳法",将网壳连续化后比拟为典型的薄壳,但只能用于特定的网壳,不能用于其他网壳,即使是典型网壳也必须是等厚度的。第二种是有限元法,目前计算机发达,用有限元法比较方便,但也存在两个问题,一个是某些奇异点和某些特殊路径不易收敛,另一个是如何确定缺陷的分布形式与大小。经过学者不断探索,目前都用牛顿拉斐逊荷载增长法解决此问题,而单层网壳是对初始缺陷非常敏感的结构,极限荷载常因非常小的几何位置偏差而大大降低,解决此问题一种是"随机缺陷模态法",无论缺陷如何复杂,但近似符合正态分布,虽然可以真实反映实际工作性能,但需要对不同缺陷分布进行多次反复计算,工作量太大,所以另一种方法是"一致缺陷模态法",即屈曲模态是结构屈曲时的位移倾向,是潜在的位移趋势,假定缺陷分布形式与屈曲模态相吻合,就是对结构受力性能的最不利影响,一次计算即可。

这种极限全过程有限元分析,通过2800个实例计算,所得稳定承载力不小于下临界点,这样即以下临界点作为稳定承载力,安全度取 $K = 4.2 = 1.64 \times 1.2/0.47$,式中1.64为基本安全度,1.2为考虑了缺陷敏感,0.47为考虑了非线

性。此处仅考虑几何非线性而未考虑材料非线性,因为考虑材料非线性是相当复杂的,因此只好加大安全度来解决。网壳的非线性全过程分析,可以同样用于其他结构,安全度可以根据该结构对缺陷的敏感程度适当调整,如果其他结构比较简单,能做几何材料的非线性更好。

非线性分析对设计每个工程来说还是困难的,门刚规程用"计算机试验"方法,将计算结果拟合公式或各种类型网壳计算的依据或实用设计公式,其分析过程可见文献[7]。

25. 屈曲是否是失稳?

失稳与屈曲是不同的概念,失稳了一定屈曲,屈曲后不一定失稳,失稳是屈曲后路径的描述,屈曲分析即是稳定性分析。

26. 何时用线性理论或非线性理论进行特征屈曲分析?

线性分析是线性理论与小变形分析,非线性是非线性理论大变形分析,只有材料处于弹性状态的刚性结构体才能用线性分析,其他弹塑性的柔性或刚性结构都应用非线性理论分析稳定。

27. 稳定分析何时用解析法,何时用有限元法?

目前只有压杆、平面拱结构和悬臂梁等简单规则的构件在少数几种荷载状态下才能用解析法,因为解析法涉及非线性偏微分方程或方程组的求解,非常复杂或无法求解,而其他有复杂边界条件、大自由度、不规则形状、承受任意荷载下的稳定分析,只能采用有限元法。

28. 为何要研究网壳地震动力失稳?

地震本身是动力作用,应该考虑动力效应。目前地震承载力计算中采用时程分析法,反映了动力特性,但稳定计算基本采用静力,因为地震是动力,因此单层网壳应该研究动力失稳。目前网壳的静力失稳已经非常复杂,动力失稳的复杂性更可想而知,因此对于动力失稳怎样才算失稳尚在争论,因此动力失稳虽然有不少研究,但若要用于工程尚有很长时日,现在我们只能算静力失稳。

29. 下弦杆怎样才能保证竖腹杆在下弦端不失稳？

受压竖腹杆一般其计算长度即假定两端简支，计算长度 $l_0 = l_1$，但这个前提是下弦杆能保证竖腹杆在下弦端平面外稳定，下弦杆对竖腹杆平面外稳定靠的是保向力 H（图 3-7），根据充分支撑原理，要保证竖腹杆在下弦端平面外稳定，必须存在一个弹簧刚度 K。

$$K = \frac{P_{cr}}{l_1}$$

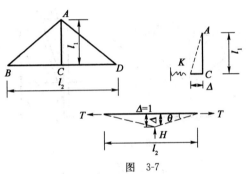

图　3-7

P_{cr} 为竖腹杆临界力。下弦的保向力 H，当单位位移 $\Delta = 1$ 时，$\dfrac{H}{2} \dfrac{l_2}{2} = T$，$T$ 即下弦拉力，$H = \dfrac{4T}{l_2}$，$H > K$ 时即能保证竖腹杆在下弦端平面外不失稳，$H \approx \pi T \sin\theta$。

30. 树枝状结构如何考虑稳定？

据文献[158]介绍，树状结构是 20 世纪 60 年代德国人奥托提出的，国内已有深圳文化中心黄金树、香港迪斯尼公园"泰山树屋"、北京北站等树状结构，最初关注的是节点，稳定性研究较少，由于结构形式复杂，无法采用钢结构规范计算长度，现采用位移法对结构整体稳定进行分析，计算屈曲荷载，反推计算长度，然后采用单根杆件稳定计算，多级分叉是典型树状结构，用二阶弹性屈曲分析求得。

有侧移的多级分叉树干计算长度系数,见表3-1。

表 3-1

树冠高 b	$b=0$	$b=0.5l$	$b=1.0l$	$b=1.5l$	$b=2.0l$
$(\alpha l)_{min}$	$\pi/2$	1.076	0.861	0.74	0.74
P_{cr}	$\dfrac{\pi^2 EI}{(2.0l)^2}$	$\dfrac{\pi^2 EI}{(3.0l)^2}$	$\dfrac{\pi^2 EI}{(3.65l)^2}$	$\dfrac{\pi^2 EI}{(4.24l)^2}$	$\dfrac{\pi^2 EI}{(4.83l)^2}$
μ	2	3	3.61	4.24	4.83

注:表中字母含义见图3-8。

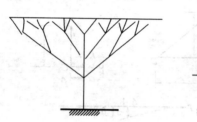

图 3-8

$$\alpha^2 = P/EI$$

由于此类结构节点力流明确,几何非线性程度较低,可对结构进行线性特征值屈曲分析,推算树枝计算长度系数为5.4。

无侧移即树枝上面布置了有效横向支撑,树干的屈曲荷载较大,会出现树枝先失稳的情况,树枝失稳模式较复杂,因此应采用有限元法进行屈曲分析,判断失稳模式,进而反推树枝计算长度,树干计算长度应认为与树冠长度 b 无关,可以取 $(0.5\sim1.0)l$,保守取 $1.0l$。

据文献[159]介绍,计算长度系数按 ANSYS 选用 Beam188 单元,在杆件上施加一对集中力来进行线弹性屈曲分析。见图3-9和表3-2。如果树枝结构有落地支撑,则可取1.0。

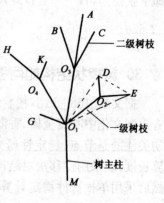

图 3-9

表 3-2

形　式	杆件	原长(m)	计算长度系数
主柱($\phi720\times14$)	O_1M	8.0	2.01
一级分枝 ($\phi273\times12$)	O_1O_2	4.0	2.18
	O_1O_3	4.1	2.17
	O_1O_4	4.0	2.18
	O_1G	4.2	2.19
二级分枝 ($\phi245\times10$)	O_1E	2.0	3.61
	O_2D	1.7	4.56
	O_3C	3.3	3.48
	O_2A	6.4	2.80
	O_3B	3.3	3.48
	O_4K	2.9	3.60
	O_4H	1.7	4.56

四、

支座假定与支座设计，柱脚设计

支座假定与支座设计在文献[1]P25～59 已详细介绍，本书仅作补充。

💡 1. 目前支座假定与支座设计的误区有哪些?

1)网架网壳支座全假定不动

过去支座假定全不动是跨度比较小(小于 30m)的情况，反正力小，支座力不明确，影响也不大。现在跨度大于 50m，也未作整体上下部分析，甚至下部有柱间支撑，也与下部都焊死，这种情况造成支座反力不明确，尤其有柱间支撑处支座力出入太大，这样支座处附近杆件力也不明确，造成不安全因素。有的说这是按标准图做的，可那只是跨度为 30m 的标准图，不能还用这样的支座假定。

2)网架网壳支座全假定动

现在有不少工程，包括跨度很大的体育馆，支座全放在橡胶支座上，没有挡板，假定支座全可动，建成后也使用良好，都认为没有问题。实质上，这属于约束不稳定，是不允许的，现在虽无问题，试想一下，如果大风、强震下可动支座移动了 10～20cm，处理起来就会很困难。如果橡胶支座有大螺栓穿过，情况就好得多。有的用双向滑动的球形支座，想靠稍许弹簧刚度是挡不住大地震的，应注意滑动端都有钢件挡住，要想靠橡胶支座防止在大风下移动，应加铅芯。

3)用球形支座做弹性支座

有的工程要求用弹性支座，有一定的弹簧刚度，工厂即把球形支座做成弹性支座，也提供了弹簧刚度。这时设计单位应落实工厂是如何从构造上实现的。从理论上讲，放了弹簧可以判定为弹簧刚度，能起到弹性支座的作用，但问题在于构造上是否有足够放置弹簧的空间。弹簧要求一定长度，这样上挡勾住下挡的受力距离 l 就会比较大（图4-1），上挡的悬臂勾厚度是否受得了，尤其在地震区强震作用时，就削弱了球形支座承受拉力的能力，一定要注意下挡勾住的力。

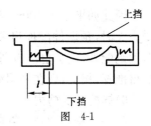

图 4-1

现在有的在下面再加一个托座做弹性支座，是可以的，但相当费。

4）柱距只有 30～40m，也到处做成橡胶支座、球形支座

有的厂房有很多柱网架，但柱距只有 30～40m，而且也没有温度伸缩要求，但每个柱顶都做了橡胶支座或球形支座，这是完全没有必要的，可以省掉。因为橡胶支座或球形支座的主要功能就是转动，根据过去的工程，不超过 60m，又无伸缩要求，转动并不大的结构，过去都是直接焊接，支座处杆件放大些即可。尤其是壳体，转动得更小，可以放宽些，当然螺栓球节点由于过去工程经验少，且螺栓对转动敏感，可以偏安全些处理。

5）大跨网壳大推力抗剪利用预埋件是否合适

有工程 100 多米跨的筒壳，推力不小，而采用预埋件承受这么大的推力是值得商榷的，这主要是混凝土规范对预埋件的使用范围未作规定，好像可以不加限制的使用，而对预埋件性能的介绍又非常少，混凝土规范的预埋件条文又非常简单，因此使大家对预埋件不甚了解，而我们是主持预埋件试验研究并提供给混凝土规范作依据的，据我们了解，当时，预埋件主要连接在混凝土预制构件上，受力是比较小的，试验中的试件尺寸很小，有的书中说用 $\phi25$，而我们试验中用的大多是 $\phi16$，混凝土规范中计算都是根据这些小尺寸分析的，应该有一定适用范围，因为预埋件受剪情况下，钢筋受力非常复杂，试验表明抗剪强度与混凝土强度等级、锚筋长度直径均有关，与锚筋排数也有关，理论分析很难，只靠近似按弹性地基上有限长度梁来分析，混凝土承受剪力局部挤压而且剪应力大时就会产生裂纹，甚至被压碎，压应力分布图形很难确定，处于超应力状态，锚筋则处于剪、弯、拉的复合应力状态，剪力下锚筋剪移，加大弯曲和伸长变形的产生，而且增量很快，直至锚筋与混凝土剪断或开裂（图4-2），因此所推导的公式，完全根据试验结果，并不是理论分析，尺寸效应很大，现行混凝土规范 10.9.3～10.9.6 条提出的是"针对常用预埋件形式"，而当时常用形式绝不可能是 100m 筒壳的推力。

因此如果用于100m筒壳推力上,必须进行足尺试验才是可靠的,尤其在其受力大时,预埋件配件很多,混凝土的浇灌质量非常难保证,因此该工程用了很多型钢配件,施工也作为亮点精心施工,但预埋件作为大跨壳的推力承力结构不值得推荐,相反,现在采用混凝土墩承受推力的做法既节约又可靠(图4-3)。

6)锚栓承受剪力

门刚规程7.2.20条规定,柱脚锚栓不宜用于承受水平剪力,钢结构规范8.3.5条规定C级螺栓受剪仅能用于次要工程。

现在有的工程,支座采用螺栓受剪,是不适宜的。主要原因与上述预埋件不宜承受大剪力有相似之处。比预埋件情况更糟的是螺栓在支座底板处,常常由于尺寸不够准,因此用了过渡板(图4-4),在过渡板的大孔处,螺栓既受弯又受剪。

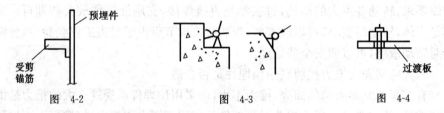

图 4-2   图 4-3   图 4-4

7)支座承受拉力,构造措施不到位

目前用支座来承受拉力愈来愈重要,因为地震灾害反映计算中未出现拉力,但往往支座拔起。承受支座拉力最理想的就是将锚筋直接伸入混凝土,并保证锚固长度。

但有些工地往往不愿用以上办法,主要怕尺寸对不准,因此很多将锚筋焊于支座板上,然后将支座再焊于预埋件上(图4-5),这种节点不适于承受比较大的拉力,拉力不是十分大的节点可以采用,但必须详细计算其构造措施。

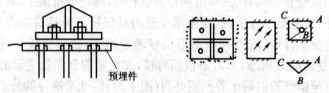

图 4-5

首先,必须验算支座板即固定在四围的板所承受的四个锚栓的力。目前对于此板的计算尚无图表,一是按有限元算,二是偏于安全,近似按一个螺栓拉力的一半算，按 ABC 固定于 AC 边的悬臂板验算。

其次，要将预埋件锚筋尽量接近四周焊接处传力，而且预埋件也要验算四面支承的板所承受的预埋件锚筋的力，保证板厚安全，这就需要上下部结构配合保证以上措施落实。

支座底板受拉力时，也可按门刚规程 7.2.9 条提供的算法计算，但必须适当加大，才会安全。

8)很多过渡板是多余的

目前有的对过渡板的作用不清楚，由上述分析，过渡板仅在锚栓处受拉力，伸出混凝土面可能尺寸不准，因此就在板上开大孔，然后上面再盖以小孔的垫板，以便锚栓受拉，但现在有的工程并不需要过渡板，而为了习惯，就多做了过渡板。

💡 2. 球壳的支座假定如何考虑下部结构挡墙侧向不规则不均匀侧移对上部结构的影响？

目前球壳的自身假定比较成熟，径向固定，纬向滑动，但对于堆积煤块造成挡墙不均匀侧移，对球壳的影响属于尚待研究的问题，因为不均匀侧移有可能达50mm[9]，最近有的工程将下部挡墙的圆形改成条形，独立的承受墙体的不均匀侧移，由于上部支座滑动，也不会影响上部结构，值得推广。

💡 3. 椭圆形的网壳如何进行支座假定？

椭圆形网壳可以看成两个半球，如图 4-6 所示，中间直线筒壳，形成一个整体，两个半球的支座假定可以与球壳一样。问题是直线形，根据已建工程，直线形采用剪力墙或支撑顶柱效果很好，比较节约，如果直线部分要求空旷，不允许剪力墙，顶柱有困难，只好放开。这样根据计算，大约增加用钢量 20%～30%，这是目前解决的办法。

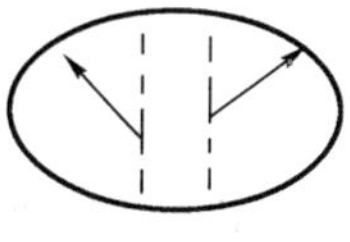

图 4-6

💡 4. 柱脚有哪几种形式？

门架柱基一般是外露柱脚，铰接的采用底板螺栓或底板用加劲肋加强，刚性节点，采用加靴基础[见图 4-7a)、b)、c)]。框架柱基一般为刚接，多采用埋入式基础，尤其是 8 级地震区一定要求为埋入式，埋入深度各资料不同(图 4-7d)。

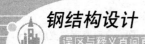
《钢结构设计手册》	实腹式 $1.5h_0$	H 型 $2.5h_0$
（汪一骏等编）	格构式 $0.5h_0 \sim 1.5h_0$	箱型 $3h_0$

a)底板螺栓

b)底板加劲肋

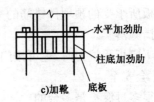

c)加靴

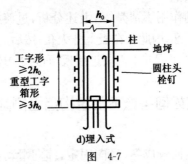

d)埋入式

图 4-7

埋入式基础在钢结构规范及《钢结构设计手册》中只简单提及，没有详细内容。

文献[10]提出，钢管混凝土柱最大埋深 $h_{B\max}$ 满足式(4-1)，柱脚不需设计底板，螺栓按构造设计。

$$h_{B\max} = \frac{V_c^{ss}}{b_{se}f_c} + \sqrt{2(\frac{V_c^{ss}}{b_{se}f_c})^2 + \frac{4M_{cy}^{ss}}{b_{se}f_c}} \tag{4-1}$$

式中，b_{se} 为底层柱截面有效承压宽度，f_c 为混凝土抗压强度，如图 4-8、图 4-9 所示。

$$f_c = \min\left(\sqrt{\frac{b_c}{b_{se}}}f_c, 10f_c, \frac{A_{sv}f_{yv}}{b_{se}s}\right) \tag{4-2}$$

式中，A_{sv} 为柱埋入部分同一平面内各肢箍筋面积和，f_{yv} 为箍筋抗拉强度，s 为箍筋间距，b_c 为底层柱截面宽度，f_c 为混凝土抗压强度。

高层钢结构规范第 8.6.3 条未提轴力如何传递，但弯矩按式(4-3)计算。

$$\sigma = \left(\frac{2h_0}{d} + 1\right)\left[1 + \sqrt{1 + \frac{1}{(2h_0/d + 1)^2}}\right]\frac{V}{b_t d} \tag{4-3}$$

如图 4-10 所示，h_0 为柱反弯点到柱脚底板的距离。

式(4-3)系参考日本秋山宏《铁骨柱脚的耐震设计》一书，根据力平衡条件，得式(4-4)和式(4-5)。

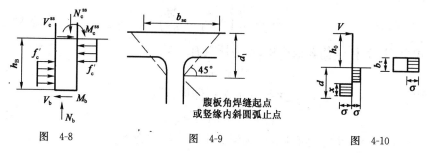

图 4-8　　　　　　　　图 4-9　　　　　　　　图 4-10

$$b_t \times \sigma(d-x) - V(h_0 + d/2) = 0 \tag{4-4}$$

$$b_t(d-x)\sigma - b_t \times \sigma - V = 0 \tag{4-5}$$

高层钢结构规范8.6.4条文说明剪力是由基础梁承担，计算公式也参照日本公式。

$$V_1 = f_t A_{cs} \tag{4-6}$$

f_t为混凝土抗拉强度，如图4-11所示，V_1为基础梁端部混凝土最大抗剪力。

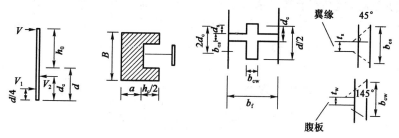

图　4-11

$$V_1 = (h_0 + d_c)V/(3d/4 - d_c)$$

$$A_{cs} = B(a + h_c/2) - b_1 h_c/2 \tag{4-7}$$

式中：B——基础梁宽度；

　　　a——自钢柱外翼缘外表面算起基础梁长度；

　　　b_t，h_c——钢柱承压翼缘宽度和高度；

　　　d_c——钢柱承压合力作用点至混凝土顶面距离。

$$d_c = \frac{b_t b_{cs} d_s + d^2 b_{cw}/8 - b_{cs} b_{cw} d_s}{b_t b_{cs} + d b_{cw}/2 - b_{cs} b_{cw}} \tag{4-8}$$

据文献[10]介绍，轴力 N 考虑其 1/3 传到柱底，另 2/3 则由柱翼缘栓钉传力 N_1。

$$N_1 = \frac{2}{3}\left(N\frac{A_1}{A} + \frac{M}{h_c}\right) \tag{4-9}$$

式中，A_1 为柱一侧翼缘面积，A 为柱截面。

$$N_1 \leqslant nN_c^v \tag{4-10}$$

式中，N_c^v 为一个栓钉所受剪力，n 为一侧栓钉数。

$$N_c^v = 0.43A_s\sqrt{E_c f_{te}} \tag{4-11}$$

式中，A_s 为一个栓钉面积，f_{te} 为混凝土轴心抗拉强度。

弯矩则假定为三角形分布，如图 4-12 所示。

$$\sigma = \frac{M}{W} \leqslant f_c; W = \frac{bh_1^2}{6} \tag{4-12}$$

式中，b 为柱翼缘宽。

文献[2]提出，埋入式基础的轴力传递靠栓钉，栓钉属于柔性连接件，达到极限滑移承载力之前要经受较大变形，但与组合梁还有 T_m 不同，柱脚底部有混凝土，不能与栓钉破坏时变形协调，因此栓钉承载力不能很好发挥，传递到周围混凝土的力不超过 30%。

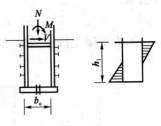

图 4-12

端部混凝土承受的压力为 N_c。

$$N_c = \frac{\cosh\alpha - 1}{\cosh\alpha} \times \frac{E_c A_c}{E_c A_c + b_s A_s}N$$

$$\alpha = l\sqrt{\frac{K(E_s A_s + E_c A_c)}{E_s A_s E_c A_c}} \tag{4-13}$$

式中，l 为埋入深度，K 为栓钉的抗滑移刚度。

$$K = \frac{1.4nN_v^s}{l} \tag{4-14}$$

式中，N_v^s 为单个栓钉承载力，单位为 MPa。

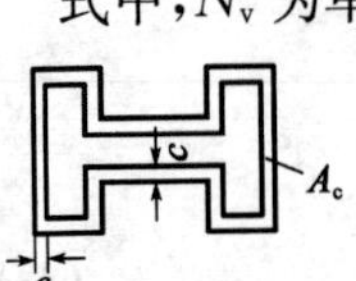

如图 4-13 所示，A_c 为工字钢下部混凝土局部承压面积，c 根据局部承压的扩散角长度。

根据 N_c 算栓钉数量。

图 4-13

$$\frac{M}{h_c - t_f} + \frac{1}{4} N_c \leqslant n_f N_y^s \qquad (4\text{-}15)$$

式中，n_f 为一个翼缘外表面布置的栓钉数量；A_{st} 为一个栓钉面积；t_f 为翼缘板厚度。

$$N_v^s = 0.43 A_{st} \sqrt{f_c E_c} \qquad (4\text{-}16)$$

剪力 V 主要靠基础梁承受，由于基础梁受轴压力，使混凝土处于受压状态，对锚固柱受力有利，但由于柱使基础梁上皮钢筋不易贯通，所以要在钢柱对应部分焊接腹板加劲肋，在翼缘外侧焊接钢板，使中断的上皮钢筋焊接连接。

弯矩 M 则考虑三角形应力分布，如图 4-14 所示，b_c 为柱宽。

$$\sigma_c = \frac{V}{b_c H_c} + \frac{6M}{b_c H_c^2} \leqslant f_c \qquad (4\text{-}17)$$

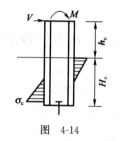

图 4-14

由以上资料知文献[2]的计算结果比较可取，一是有轴力传递的验算，也可以按60%～70%柱底板传递；二是文献[10]和[2]采用弯矩三角形应力分配与大多数设计的假定相符，但是剪力由基础梁承担时，σ_c 式中的 V 应取消，否则太保守，除层数较高的情况外，一般均假定剪力由基础梁承担。

💡 5. 如何计算柱基锚栓的抗拉强度？

据文献[2]介绍，锚栓伸入形式有很多，L 形、J 形、带钉头（螺栓六角头）、带锚板等，L 形可能从混凝土中拔出，J 形是带弯钩的构造要求，带端承板主要用于承压锚栓，因为带锚板受拉时会将锚板四周放射形圆锥形混凝土（图 4-15）拔出，而其效果与锚栓加长一样，但锚板要防止离混凝土基础或柱外边缘距离过小，否则引起基础截面严重削弱，所以欧美对带锚板受拉用的较少，我国用得较多，欧美多用带钉头的，可省钢 30%～40%。

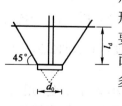

图 4-15

锚栓单根抗拔力，钢结构规范中用 $f_t' = 140\text{MPa}$，是按锚栓强度设计值 170 乘以 0.82 得到的，而普通螺栓 170 则按

钢结构设计误区与释义百问百答

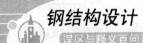
215×0.8 得到,这种算法是偏于安全的。

锚栓的黏结力一般即用周边面积乘以抗拉强度即可,埋入长度可按黏结力验算,一般根据规定求得。对带锚板的圆角锥抗拉强度计算,按破坏面上混凝土平均抗剪力的 $\frac{2}{3}f_t$ 计算(f_t 为抗拉强度),拔出力 $T_{u3}=0.66f_t\pi(l_d+d_0/2)l_d$,如果锚栓破坏时,其角锥体互相重叠,则 $T_{u3}=0.66f_tA_{ce}$,A_{ce} 为从属于该锚栓上锥体的水平投影面积。

为了防止两侧侧鼓劈裂破坏,最小边距大于 $5d$ 或 100mm。

如果锚栓传力之外,柱基还有其他荷载,如果还有拉力,则 45°角分布不安全,必须另外设箍筋来抵抗其影响,如果额外加压力,则应增强锚栓。

💡 6. 如何计算锚栓的抗剪强度?

门刚规程 7.2.20 条规定柱脚锚栓不允许承受剪力,钢结构规范 8.3.5 条规定 C 级螺栓受剪只能用于次要结构,当然也无锚筋受剪计算,这些规定也未提供充分的试验资料,混凝土规范 10.9.1～10.9.5 条规定预埋件可以锚筋受剪,这是互相矛盾的,但预埋件试件比较小,应该不能用于柱基。文献[2]提出只能用 $\phi25$,但从我们参加的预埋件试验看,直径可小于 $\phi25$。

欧美则允许锚栓抗剪,还有专门的抗剪锚栓。

其理论根据是锚栓的埋深 $d/4$ 将产生拱形破坏来抵抗剪力(图 4-16),如果在柱基底板下垫砂浆则对锚栓抗剪不利,如果将柱基底板埋入混凝土中,则对锚栓抗剪有利。抗剪的计算,国外采用自身抗剪承载力 $V_{bs}=A_s\times0.75f_{ut}$,配合抗力分项

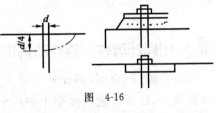

图 4-16

系数 1.11,周围混凝土局部破坏抗剪承载力 $V_{bc}=0.5\times\frac{1}{4}\pi d_c^2\sqrt{E_cf_c'}$,配合抗力分项系数 1.5,$d_c$ 为锚栓直径,f_c' 为圆柱体混凝土抗压强度,V_{bc} 取两公式中较小者。

抗剪是一个值得探讨问题,在我国实际工程中一些较小剪力已经使用,甚至大跨筒壳推力也敢用预埋件锚栓,所以这个问题还要慎重,一般应按规范设计。

7. 柱基中锚栓内力如何计算?

钢结构规范中没有基础锚栓内力计算公式，钢结构设计手册在其上册的 P501 提到锚栓的面积是根据柱脚底板下混凝土基础反力情况计算的，即锚栓对三角形受压的中心(图 4-17)：

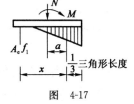

图 4-17

$$A_e = \frac{M - Na}{f_1 x} \tag{4-18}$$

如果求得锚栓直径大于 60mm，则上述计算原则应修正，要考虑锚栓与混凝土基础的弹性性质，即基础受力后仍保持平面，可按《钢结构设计手册》(上册) P501 公式(10-63)～公式(10-65)计算，但这个算法比较保守。

8. 柱脚底板如何计算?

钢结构规范及钢结构设计手册没有详细算法，在文献[1]P41 作了一些介绍。

9. 柱脚底板边距应设多少?[4]P262

一般柱脚底板边距为 100mm，混凝土构造手册提到"底板边缘至基础边缘，不少于 100mm"，日本钢结构设计施工及日本建筑设备耐震设计/施工指南(1997)提到，$c \geqslant 4d$，$c - d/2 \geqslant 50$，c 为地脚螺栓至基础边缘的距离，d 为地脚螺栓直径，埋入式基础可按高钢规 8.6.4 条取定，即中间柱不小于 180mm，边柱不小于 250mm。

10. 怎样判断是刚性基础还是铰接基础?[4]P267

主要根据柱脚转动刚度 K_{bs} 来判断是刚性基础还是铰接基础。

$$K_{bs} \geqslant K_z \tag{4-19}$$

K_z 为柱子转动刚度，即为刚接。

$$K_{bs} = \frac{E n_1 A_b (d_t + d_c)^2}{z L_b} \tag{4-20}$$

n_1 为受拉锚栓个数，E、A_b、L_b 分别为锚栓弹性模量、截面面积及埋置长度，d_t、d_c 为柱脚截面中心至受拉锚栓群体形心的距离及其到柱脚受压翼缘的距离，z 为考虑柱脚底板弯曲刚度修正值，详细计算见文献[11]。

以如图 4-18 所示柱脚粗算：

$$k_{bs} = 1.08 \times 10^3 \text{kN} \cdot \text{m/rad} \tag{4-21}$$

有的建议刚性基础的底板厚不小于柱宽的 1/20。

门架虽假定为铰接，但实际上形成弹性转动约束，通过试验知，用锚栓固定的柱脚转动刚度在 $1.0 \times 10^3 \sim 3.0 \times 10^3$ kN/m 之间，柱底板面积为 $150 \sim 300$，这样会使柱顶位移减少 $20\% \sim 50\%$，这些因素非常复杂，如底板厚由 25cm 改为 20cm，刚度即可降了 21%，侧移增加了 7%。

与螺栓距离也有关，如图 4-19 螺栓布置，刚度会下降 25%，侧移增加 5%。又如柱子重力产生弯矩与风弯矩相反，则相对偏心，转动刚度也增大，因此试验可以给一个定性的概念。

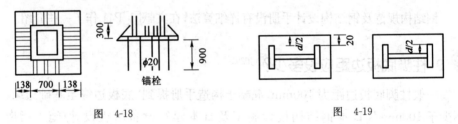

图 4-18　　　　　　　　　　　　　　　　　　图 4-19

💡 **11. 柱脚压力 N，剪力 V，弯矩 M，一般摩擦力认为等于0.4N，但弯矩又产生轴力 N_2，摩擦力能否是 0.4($N+N_1$)？**[12]P162

根据库仑定律，摩擦力与压力成正比，与摩擦面大小无关，摩擦力与滑动速度无关，静摩擦力大于动摩擦力，因此在 M 作用下既发生压力又产生拉力，结果摩擦力仍是 $0.4N$，而不是 $0.4(N+N_1)$。如图 4-20 所示。

💡 **12. 盒式支座、球冠支座能否代替球形支座？**

徐国彬教授介绍，盒式支座即是橡胶支座放在一个钢的盒式盒内，受力时由于四周有钢盒约束，能提高橡胶支座受力。球冠支座与盒式支座原理一样，橡胶承压目前不是问题所在，只是有一个凸形冠，而凸形冠反而带来不稳定，还不如盒式支座,原意希望转动好些。盒式支座与球冠支座如图 4-21 所示。

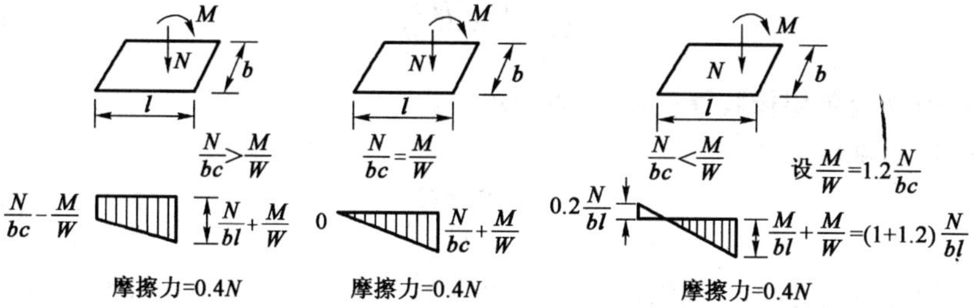

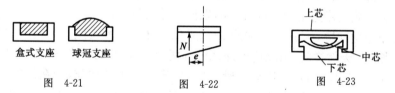

图 4-20

总之,盒式支座和球冠支座与橡胶支座一样,存在老化问题,也存在结构的转动是靠压力偏心来完成的问题,这样合力中心移动会引起附加弯矩,Ne 力学模型(图 4-22)与结构模型不吻合,将引起结构支座附加杆件受力的增加。

球形支座则分上芯、中芯和下芯(图 4-23),在转动时允许产生水平移动,使支座的转动中心能与结构的转动中心相吻合,从而消除了附加弯矩,原理虽简单,但运算却非常复杂,需要借助于分析力学中拓扑学的 EuRER-BRouker 公式运算,不是一般设计与制造单位所能掌握的,应采用徐国彬教授的专利产品以保证质量。

盒式支座　球冠支座

图 4-21　　　　图 4-22　　　　图 4-23

💡 13.橡胶支座还能不能用?

橡胶支座有老化及附加弯矩问题,显然性能比球形支座差,因此橡胶支座引起了讨论,一般设计院比较多的工程采用球形支座,而钢结构厂的设计,为了竞标很多大工程仍采用橡胶支座,主要原因是橡胶支座与球形支座的价格相差较大。

橡胶支座在网架网壳中也没有被否定,因此采用橡胶支座时必须做到以下四点:

(1)荷载不要超过 200t。

(2)必须计算附加弯矩。

矩形支座：

$$M = \frac{18a^3bG}{t}\theta \tag{4-22}$$

式中，t 为单层橡胶厚度，a 为矩形短边。

圆形支座：

$$M = \frac{12D^4G}{t}\theta \tag{4-23}$$

G 为剪切模量，由于橡胶最初 10 天徐变最大，达 35%，现假定计算取 0.75G。

有两种算法选择（图 4-24）：

$$\theta = \frac{f}{L} \quad \theta = \frac{\Delta}{l_1} > \frac{f}{L}$$

$$\frac{f}{L} \approx 3.2\frac{\Delta}{l_1} \tag{4-24}$$

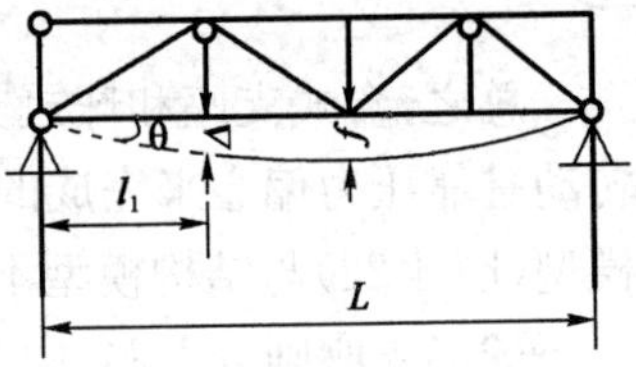

图 4-24

此附加弯矩必须作为外力作用于支座附加杆件。

（3）必须妥加保护，除规程中酚酸树脂黏结泡沫塑料外，也可用聚氨酯外包玻璃布。

（4）考虑拆换，根据工程中支座有质量问题拆换的经验，拆换是可能的，但要在柱边到橡胶支座边留 100mm 距离，以便千斤顶顶球。

关于老化问题，认识不一，从国内已采用的建筑橡胶支座知，最长寿命已达 27 年，当时是天然橡胶，情况仍很好，由铁道公路的调查结果发现，使用 27 年的有 2% 由于各种原因破坏，详见文献[13]，但当时是天然橡胶，现在用的是老化性能好的氯丁橡胶，而铁路公路的环境比建筑内要恶劣得多，且受动力冲击。

文献[143]介绍了橡胶支座的性能与耐久性。

（1）夹层橡胶垫是由橡胶层与夹层钢板用分层叠合经高温流化黏结而成的，橡胶垫受竖向荷载时，受钢板横向约束，提高了竖向承载力及刚度。受水平荷载时，水平位移也大为减少，水平刚度仅为竖向刚度的 $\frac{1}{500} \sim \frac{1}{1500}$，竖向承载力可达 200000kN，水平侧移可达 1000mm。

（2）形状系数是确保承载能力及变形能力的重要几何参数。

第一形状系数 S_1：

$$S_1 = \frac{d - d_0}{4t_1} \tag{4-25}$$

式中：S_1——象征约束程度，S_1 愈大，承载力愈大，$S_1 \geqslant 15$；

d——橡胶垫承压面直径；

d_0——中间压孔直径；

t_1——每层橡胶厚度。

极限抗压强度可达 $100 \sim 120$MPa，设计强度为 15MPa，K 达 $6.7 \sim 8.0$。

第二形状系数 S_2：

$$S_2 = \frac{d}{nt_1} \tag{4-26}$$

式中：n——总层数，反映宽高比；

S_2 愈大稳定性愈大，水平刚度也愈大，水平极限变形越小，一般 $S_2 = 3 \sim 6$。

（3）轴压。钢板抗拉屈服强度愈高，轴压力愈大。

如图 4-25 所示，t_s/t_r 越大，轴压越大，$S_1 = 15$，$t_s/t_r \geqslant 0.4$，$\sigma_{Vmax} \geqslant 90$MPa；$S_1 = 5 \sim 21$，$t_s/t_r = 1$，$\sigma_{Vmax} = 90 \sim 200$MPa。

一般取 $\sigma_{Vmax} \geqslant 90$MPa，$t_s/t_r = 0.4 \sim 0.5$。

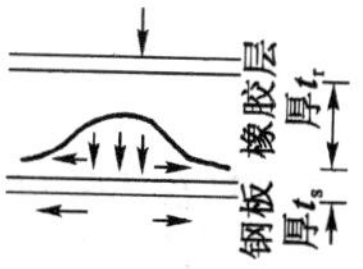

（4）剪压。轴压时，轴向承载力较大，侧向位移后，受荷有效面积减少，核心受压部分应力急剧提高，局部甚至有拉应力，但由于钢板及外围材料对核心受压的约束作用，压应力又会增强，但剪切变形大了会发生剪压破坏，只要 $\varepsilon \leqslant 350\%$，$\varepsilon = \frac{D}{nt_r}$，在 $\sigma_v = 10 \sim 15$MPa 下，就不会发生剪压破坏。

图 4-25

因此，$\sigma_v = 10 \sim 15$MPa 时，要满足以下水平相对位移原则：

设计水平剪切应变 $\varepsilon \leqslant 100\%$；

最大水平剪切应变 $\varepsilon \leqslant 250\%$；

极限水平剪切应变 $\varepsilon \leqslant 350\%$；

上下板水平相对位移 $D \leqslant \frac{3}{4}d$，如图 4-26 所示。

（5）受拉。下列情况可能受拉：高宽比较大或摇摆的易使结构处于拉伸、水平及扭转状态，产生较大水平剪切变形，设计容许抗拉强度 $\sigma_n \leqslant 2$MPa，极限抗拉强度 $\sigma_n \leqslant 5$MPa。

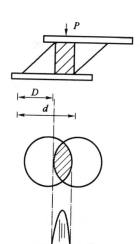

图 4-26

(6)水平刚度 $K_h=Q/D$,式中 D 为水平相对位移(mm),Q 为水平剪力(N)。水平刚度影响自振周期,保证在强风与小地震作用下正常使用。

当 $S_1\geq15$,$S_2\geq5$,$\sigma_1\leq15\mathrm{MPa}$ 时,水平刚度 $K_h=\dfrac{GA}{T_r}$,其中 $T_r=nt_r$,t_r 为橡胶层厚度,A 为有效剪切截面面积。

当 S_1、S_2 较小,竖向轴力大,剪切变形较大时,水平刚度 $K_h=\dfrac{P^2}{2K_bq\tan(qH/2)-PH}$,其中 P 为轴压,H 为橡胶层总高度,其值等于 T_r+T_s,而 $T_r=nt_r$,$T_s=(n-1)t_s$,n 为层数。

转换系数 $q(\mathrm{mm}^{-1})$:

$$q=\sqrt{\frac{\rho}{K_b}\left(1+\frac{\rho}{K_s}\right)}$$

式中:K_s——断面剪切刚度参数(N·mm²),$K_s=GAH/T_r$;

K_b——断面弯曲刚度参数(N),$K_b=E_vIH/T_r$;

I——橡胶垫有效断面惯性矩;

G——剪切模量;

参数取值见表 4-1。

力 学 系 数 表 4-1

邵氏硬度	E	G	E_v	k
35		0.39	2040	
45	1.84	0.54~0.55	2070	0.80
55	3.32	0.77~0.83	2130	0.64
65	5.97	1.06~1.40	2190	0.54
75		1.45	2260	

(7)竖向刚度。$K_v=E_{cv}\dfrac{A_c}{T_r}$,式中 A_c 为有效受压面积;T_r 为橡胶层厚度,$T_r=nt_r$。$E_{cv}=\dfrac{E_cE_v}{E_c+E_v}$,$E_c$ 为压缩弹性模量,其值为 $E(1+2kS_1^2)$。

(8)阻尼。阻尼比 $\zeta=\dfrac{S_c}{2\pi K_bD^2}$,$S_c$ 为滞回曲线包络面积。

高阻尼材料组成可使 ζ 达 $10\%\sim15\%$，铅芯开孔部分溶入铅，ζ 可达 $20\%\sim$ 30%。

（9）耐久性。受阳光、温度、空气、水分腐蚀，表面会产生膜化、裂纹、软化、硬化及力学降低等现象。

调查结果：

澳大利亚墨尔本市铁路桥天然橡胶 $1255mm\times1255mm\times25mm$，超过 100 年，老化的硬壳厚 5mm，硬壳可阻止老化向深层发展。

英国 1956 年阿巴尼大院 6 号公寓地下铁道隔震橡胶垫已 30 年，无老化现象。

中国取出 1966 年存放的橡胶垫，27 年无任何老化。

配方中如放入抗老化剂，则抗老化能力可提高 30%。

老化试验中，一般臭氧浓度 $(50\pm5)\times10^{-8}$，温度 $(40\pm2)^{\circ}C$，臭氧流速大于 $15mm/s$，停放 $100h$，静态拉伸变形一般为 30%。

根据广东汕头老化试验（和泰公司），老化温度 $100^{\circ}C$，试验 $14\sim23d$，相当于 70 年老化，以上试验为中日联合试验。

老化结果：拉断伸点率降低 20%，弹性刚度提高 20%，抗拉强度降低 20%，刚度在 30 年后基本不再提高。

综上所述，橡胶支座加了保护层，保护层尽量厚，考虑了附加弯矩并考虑拆换可能，应该可以采用，目前橡胶有天然橡胶，有时适当加一些辅料，如炭黑、碳酸钙等，但不能超量，性能较好，抗老化性能不如氯丁橡胶，氯丁橡胶是人工合成的，压缩变形大，性能好，但价格比天然橡胶高，因此现在钢板内用天然橡胶，而外包的用氯丁橡胶。

由于橡胶强度低，因此 500t 以上的压力，橡胶支座并不比球形支座便宜，尤其是球形支座受到聚四氯乙烯控制，聚四氯乙烯承压已由原来的 30MPa、40MPa 提高到 60MPa，可使球形支座用钢量降低，因此压力大时，用球形支座便宜。压力在 $100\sim150t$ 以下时，橡胶支座的造价只占球形支座造价的 50%，甚至更少。现在橡胶支座造价约为 $2.4\sim2.6$ 元 $/cm^3$，但千万注意，有的橡胶支座太便宜，如 0.6 元 $/cm^3$，那一定是以再生橡胶以劣充好，再生橡胶是用旧轮胎再生而得，承力、弹性均不好，$2\sim3$ 年即开裂，质量不合格。

五、

变形缝，变形控制，挠度，侧移，施工误差的评定，
钢结构的修复，加固处理试验

温度应力、支座沉陷在文献[1]P60～62、P188～192均作了验收、试验加固、预警的介绍，本书再作补充。

1.混凝土柱、钢屋盖的伸缩缝应如何设置?[4]P212

根据钢结构规范第8.1.5条附注1，厂房柱为其他材料时，应按相应规范设置伸缩缝；如为混凝土柱，则按混凝土规范伸缩缝最大设100m。下部结构是结构温度应力之关键，一般应根据柱要求设置伸缩缝。

2.混凝土柱、钢屋盖厂房，其围护结构的伸缩缝应如何设置?[4]P213

围护结构如为砌体，则不能按砌体设计规范取伸缩值，因为砌体设计规范是针对砌体为承重结构规定的。对于围护结构，目前尚未找到相应规定，可由建筑师根据经验确定。一般工业建筑可以将门作为伸缩缝，凭经验，砌体围护取30m伸缩缝。

至于屋面的围护结构，如为压型板，则无伸缩缝要求；如下部结构有伸缩缝，只要檩条在伸缩缝处加长圆孔能滑动即可。

3.门式刚架280m长的吊车梁，是否要设变形缝，吊车梁能否在柱间支撑处去掉夹板，使其可以有些变形?[4]P216

厂房结构不设伸缩缝，吊车梁也不必另设伸缩缝，设伸缩缝的主要还是为了柱。门架是轻型结构，柔性大，伸缩余地大，对温度变化的适应力强，所以门更无必要设伸缩缝，所以门刚架规程不像钢结构规范，没有分采暖与非采暖地区。

4. 钢结构横向 150m 超过规范（120m），按温差 50℃ 太大怎么办?[4]P211

150m 超过 120m 不多，一般可以验算温度应力，但按温差 50℃ 值得探讨。温差应该是施工时月平均温度与最冷月和最热月的平均温度之差，由于施工时间难确定，因此取冬、夏时最冷、热的月平均温差，一般不会超过 50℃。

5. 不设温度缝，而计算温度应力，若算出来边柱应力增加 30%，对不对?[4]P219

计算温度应力，如果是排架，请参考《钢结构设计误区与释义百问百答》P61，考虑变形滑动系数与自由度系数，从而使温度应力大为降低。如果是网架，就不能考虑这些系数，因为网架是互相焊接而成，而且整体计算已考虑了这些因素。根据过去的经验，一般温度应力对边柱的影响为 20% 左右，对梁的影响为 5%～10%，如果柱间支撑在温度缝中间放置或在温度缝中间放两个柱间支撑，将大大减小边柱温度应力，起到调剂作用。

6. 钢结构规范附录 A2.2，对 A7、A8 要求吊车梁处的横向侧移为 $\frac{H_c}{1250}$，注中 A6 仅在纵向水平侧移宜符合要求，但未提及横向水平侧移要求，而 A5 则一点未提?[4]P30

规范中交代不明确，A5、A6 只能由设计者参照解决，如果 A5、A6 没有限制，将是一个突变过程，但 A6、A7 又不是一个突变的关系，因此只能参照 A7、A8 加以放宽。A6 放在附录里是否意味着放宽，这里有不同的理解。一般来讲，放在附录里总意味着放松要求。钢结构规范中纵向位移 $\frac{H_c}{4000}$ 是指在柱间支撑情况下，一台最大吊车纵向位移的限值。

💡 **7. 钢结构规范附录 6.2.1 条文说明有桥吊下,风力的柱顶位移为 $\frac{H}{400}$,与门刚规程中的 $\frac{H}{400}$ 有何区别?** [4]P30

二者区别在于,钢结构规范中柱顶位移 $\frac{H}{400}$ 是仅在风作用下的限值,而门刚规程中的 $\frac{H}{400}$ 是在所有荷载作用情况下的限值,这是非常矛盾的,即吊车如果为 A4、A5 时,这样两本规范就会出现门刚规程是在风与吊车情况下为 $\frac{H}{400}$,而钢结构规范仅在风作用情况下为 $\frac{H}{400}$,出现轻钢对侧移的要求比普钢还要严格的情况,这是非常不合理的,如果吊车是 A6、A7、A8,则钢结构规范吊车梁外横向位移控制在 $\frac{H_c}{1250}$ 内,这样柱顶位移就不会是 $\frac{H}{400}$,就没有矛盾了。

这个矛盾的原因是门刚规程的 $\frac{H}{400}$ 原来是按美国规范用 $\frac{H}{250}$,但使用中,由于有驾驶室的吊车驾驶员晃动造成心理压力,因此将 $\frac{H}{250}$ 改为 $\frac{H}{400}$,希望在修改规范规程时改变以便协调。

💡 **8. 单跨厂房有两台分别为 5t 和 10t 的桥式吊车,A6 为地面操纵按 $\frac{H}{180}$ 行不行?** [4]P31 **门架有两台 5t 的桥式吊车,A6 侧移如何取?** [4]P33

首先门刚规程适用范围为 A1~A5,因此超过 A5 的即按钢结构规范取用,A6 在钢结构规范中也没有横向位移要求,附录中却有纵向位移要求,因此所提情况只能由设计者根据经验判断了。不知门刚规程中规定 A1~A5 的根据是什么,A5、A6 也无本质区别。

因此,可以按门式刚架为 $\frac{H}{400}$,但又需参考钢结构规范中对纵向位移的要求,并适当控制横向位移即可。

💡 **9. 中级工作制大吨位吊车,吊车梁处位移限制为 $\frac{H_c}{1250}$,考虑几台吊车?**[4]P32

钢结构规范附录 A2.2 条文说明 $\frac{H_c}{1250}$ 为一台最大吊车在水平荷载作用下的侧移限值。

💡 **10. 网架、钢柱、砖墙,按钢结构规范柱顶位移应为 $\frac{H}{400}$ 还是 $\frac{H}{180}$?**[4]P33

钢结构规范附录 A2 条文说明风载下无桥吊为 $\frac{H}{150}$,有桥吊则为 $\frac{H}{400}$,该工程无桥吊即可以取 $\frac{H}{180}$,但考虑到侧移大了围护结构可能会开裂,可以适当严些用 $\frac{H}{250} \sim \frac{H}{200}$。

💡 **11. 100t 吊车厂房才用到 20t,即振动很厉害,吊灯晃动,圆钢支撑颤动,厂房有声响怎么办?**[4]P34

为了加强厂房,防止振动,首先柱间支撑必须用型钢,截面长细比要满足要求,不能"扣",上柱柱间支撑规范没有明确一定不能用圆钢,从理论上讲,吊车刹车力传不到上柱,上柱柱间支撑主要承受屋盖传来的力,但上柱刚度往往会引起柱变形,影响整体刚度,所以适宜用角钢。

门刚规程 4.4.2 条规定当为 15t 吊车时应考虑设纵向支撑,可以将吊车刹车力分布到各柱列,增加整体刚度,100t 的吊车应该更严格。必要时加制动体系。

厂房的纵向、横向侧移均应严格按规范取值,门刚规程对水平支撑没有规定不能用圆钢,但 100t 吊车肯定应用水平型钢支撑。

加强整体刚度,是防止振动的主要办法,横向刚度靠柱刚度及水平支撑刚度来维持,纵向刚度主要靠柱间支撑来维持,纵向水平支撑也很重要,竖向刚度主要靠梁的刚度来维持。

总之,我们应当记住"支撑用钢有限,但作用极大"。

💡 12. 抗风柱挠度如何控制,STS 程序用$\frac{l}{400}$是否过于严格?[4]P35

抗风柱挠度在所有规范规程中均无明确规定,抗风柱虽叫柱,实际上是一根梁,可以按墙架构件中,竖直与水平墙梁按$\frac{l}{200}$控制,或者再严格一些按$\frac{H}{250}$控制,钢结构挠度值已放在附录中,不属强制性条文,是建议挠度控制参数,据介绍,这部分也是参照前苏联规范,考虑的是砖墙,对于压型板没有理论依据,可凭经验掌握。

💡 13. 钢屋架采用轻屋架,其挠度应按门刚规程中的$\frac{l}{180}$控制还是钢结构规范中的$\frac{l}{400}$?[4]P37

钢屋架超出了门刚规程的适用范围,应该按钢结构规范取值,但因为钢结构规范基本脱胎于以重工业厂房为主的前苏联规范,虽经修订,但钢屋架挠度仍立足于重屋盖,不适应于轻屋盖,如钢结构主梁按$\frac{l}{400}$控制,是考虑主梁上有混凝土楼盖,挠度大了会影响楼盖凹凸度,填平会超重,不填会影响舒适度,重屋盖混凝土结构,挠度大了易开裂,而现在是压型板轻屋面,挠度完全可以按$\frac{l}{180}$控制,最多严格些按$\frac{l}{200}$控制。

💡 14. 钢梁起拱$\frac{1}{1000}$,实际上起拱$\frac{1}{500}$,但仍担心悬挂吊车能否运行,吊车爬坡如何考虑?[4]P39

悬挂吊车节点轨道与钢梁平行时,担心挠度使轨道不平,影响吊车运行[4]P40,根据经验,吊车轨道保证在$\frac{l}{200}$以内时,吊车爬坡即无问题,即使超过$\frac{l}{200}$,只要考虑加大吊车功率和爬坡能力即可,但一般吊车节点应有调整余地,使钢梁挠度后再找平轨道,如果没有这样做,只要满足$\frac{l}{200}$即可。

15. 钢屋架多大跨度才起拱,起拱多少?[4]P41

钢结构规范 3.5.3 条提到改善外观条件时可以起拱,起拱为恒载加上活载挠度值的一半,由于视力错觉,屋架有起拱还显得下垂,网架则不起拱还显得上拱,钢屋架起拱一般要跨度在 18m 以上。

16. 目前在变形控制上有哪些误区?[4]P41

(1)钢结构规范附录 A 中,A7、A8 吊车横向位移按$\frac{H_c}{1250}$控制,而对于 A6,仅在附录的注中要求纵向水平位移与 A7、A8 一样,但对横向侧移则未提要求,这样就使 A6 与 A7、A8 的要求形成一个突变,一个明显的台阶,技术指标不连续,而 A6、A7、A8 之间并没有突变。

(2)小吨位吊车只要是 A6 就不能按门刚规程规定的 A5 以内控制,而必须采用钢结构规范,造成不必要的严格,区别太大,门刚规程则对吊车轨道处水平侧移没有要求,而钢结构规范则要求非常严格,所以不仅要按 A5～A8 区分,也应考虑吊车吨位的差异。

(3)混凝土柱上的钢梁不符合门刚规程的适用范围,按钢结构规范中的$\frac{l}{400}$也不合理。

17. 网架支座之间的高差超过网架规程 5.10.2 条的$\frac{l}{400}$,怎么办?

这时应该按焊接球节点与螺栓球节点两种情况考虑。

目前网架关于纵横向边长偏差超标比较普遍,这种危害要具体分析,对于整个网架最高与最低的差 30mm,基本都超标,由于距离很长,不会有很大影响,一般不处理。如果两个相邻支座之间超标大于 20mm(图 5-1),要区别焊接球节点还是螺栓球节点两种情况,如果是焊接球,超标不是很大,在安装时则由杆长的改变和杆件之间夹角改变即可调整,往往由焊接间隙调整,只要注意焊缝空隙在 20mm 以内都可接受,并用超声波检查,因此这种超标后果可以认为对网架内力

钢结构设计误区与释义百问百答

无影响,仅是网架几何尺寸的微小改变,可以不处理。

而螺栓球节点情况则不同,超标引起杆件长度改变,就有可能导致安装不到位,即螺栓未伸入球内足够长度。角度的改变,也造成螺栓受弯,非常不利,因此要进行分析,检查节点的吻合程度及是否有马蹄缝[1]P132,如果马蹄缝小于0.5mm,而且是个别的,说明螺栓受弯角度小于1°,根据我们的试验,不会造成很严重的后果,如果引起螺栓受弯则应处理。

螺栓受弯拉目前尚无规程规定,试从以下几个方面分析。

(1)根据 Mero 规程(1973 年版),杆件坡度小于 30°安装时,允许集中力为75kg,一般杆件长度约 3m,最小螺栓为 $\phi20$,按设计集中力为 $1.4\times75=105$kg,安装时轴力很小,可忽略,受弯考虑近似 $M=Ne$(图 5-2)。

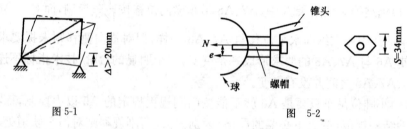

图 5-1   图 5-2

螺栓设计允许强度 $[\sigma]=3850$kg/cm²,$M=Ne=7875$kg·cm,$N=4632$kg·cm,$\phi20$,$A=2.45$cm²。

$$\sigma=\frac{4632}{2.45}=1890\text{kg/cm}^2<[\sigma]=3850\text{kg/cm}^2$$

按以上验算,螺栓强度只能发挥一半,偏差会引起的螺栓受弯。

(2)我们曾与西安科技大学、开封市华中空间结构有限公司做了网架横向荷载下的分析与试验,可惜采用的杆件钢管太小,螺栓未坏,坏在钢管,现将螺栓所受的力也作分析。

钢管 $\phi75.5\times3.75$,螺栓为 M24。

分析计算(图 5-3):

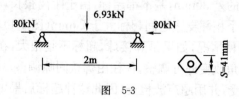

图 5-3

$$M = \frac{6.93 \times 2}{4} = 3.5\text{kN} \cdot \text{m}, N = 80\text{kN}$$

考虑螺帽作用,抗弯强度:

$$\sigma_\text{w} = \frac{M}{S/2W} = \frac{35000}{2.05 \times 0.0982 \times 2.4} = 30184\text{kg/cm}^2$$

抗压强度:

$$\sigma_\text{c} = \frac{8000}{3.53} = 2266\text{kg/cm}^2$$

$$\sigma_\text{w} + \sigma_\text{c} = 32452\text{kg/cm}^2$$

如取设计值安全度 $K=2$,还富裕 $\dfrac{32452}{2 \times 3850} = 4.2$ 倍,螺栓未坏。

从这次试验看,螺栓抗剪、抗压和抗拉按上述计算方法是安全的。

(3)Mero 规程(1988 年版)提出了计算方法,还希望学者们能进行试验分析,提出我国的计算规定。

Mero 规程提出了螺栓球节点杆件承受横向力及弯矩的计算公式,虽然承受的横向力有限,但至少对走道等设置提供了很多方便。Mero 规程提出,对横向力小于等于 1‰螺栓拉力的不需验算;对于杆件斜度小于等于 30°,集中力小于等于 75kg 的也不需验算。

Mero 规程提供了横向力的计算公式(图 5-4)。

图 5-4

对螺栓验算:

$$M_\text{TrB} = \beta_\text{TrB} \frac{4}{3} \left(\frac{A_\text{Bs}}{\pi} \right)^{1.5}$$

式中,β_TrB 为螺栓计算应力,A_Bs 为螺栓净面积。

对节点验算:

$$M_\text{Tr1} = Z_\text{Tr} \left[\frac{1}{2} d_\text{sma} \left(1 - \frac{Z_\text{Tr}}{D_\text{Tr}/2} \right) + e \frac{Z_\text{Tr}}{D_\text{Tr}/2} \right]$$

$$M_\text{Tr2} = M_\text{TrB} \left(1 - \frac{D_\text{Tr}}{2Z_\text{Tr}} \right) + \frac{1}{2} D_\text{Tr} \cdot e$$

$$e = \frac{2}{3\pi} \frac{d_\text{sma}^3 - d_\text{sml}^3}{d_\text{sma}^2 - d_\text{sml}^2}$$

Mero 在应力 Z 或 D 作用下的支承力矩的公式如表 5-1 所示。

表 5-1

标 准 力	范 围	在应力 Z 或 D 作用下的支承力矩
$0 \leqslant \dfrac{Z}{Z_{Tr}} \leqslant 1$	$\dfrac{Z_{Tr}-Z}{D_{Tr}/2} \leqslant 1$ $\dfrac{\frac{1}{2}D_{Tr}+Z}{Z_{Tr}} \leqslant 1$	$M_{Tr}^* = M_{Tr1} - Z\left[\dfrac{M_{Tr1}}{Z_{Tr}} - \dfrac{Z_{Tr}-Z}{D_{Tr}/2} \cdot \left(\dfrac{d_{sma}}{2}-e\right)\right]$ $M_{Tr}^* = M_{Tr2} - Z\dfrac{M_{TrB}}{Z_{Tr}}$
$0 \leqslant \dfrac{D}{D_{Tr}} \leqslant \dfrac{1}{2}$	$\dfrac{Z_{Tr}+D}{D_{Tr}/2} \leqslant 1$	$M_{Tr}^* = M_{Tr1} \times D\left[\dfrac{M_{Tr1}}{Z_{Tr}} - \dfrac{Z_{Tr}+D}{D_{Tr}/2} \times (d_{sma}/2-e)\right]$
	$\dfrac{D_{Tr}/2-D}{Z_{Tr}} \leqslant 0.1$	$M_{Tr}^* = 0.9M_{TrB} + \dfrac{D_{Tr}}{2}e$
	$0.1 \leqslant \dfrac{D_{Tr}/2-D}{Z_{Tr}} \leqslant 1$	$M_{Tr}^* = M_{Tr2} + D\dfrac{M_{TrB}}{Z_{Tr}}$
$\dfrac{1}{2} \leqslant \dfrac{D}{D_{Tr}} \leqslant 1$		$M_{Tr}^* = 0.9M_{TrB} + 2De\left(1-\dfrac{D}{D_{Tr}}\right)$

节点的横向承载力：

$$Q_{Tr}^* = Q_{Tr}\left(1-\frac{Z}{Z_{Tr}}\right) \qquad 0 \leqslant \frac{Z}{Z_{Tr}} \leqslant 1$$

$$Q_{Tr}^* = Q_{Tr} + 0.1D \qquad 0 \leqslant \frac{D}{D_{Tr}} \leqslant 1$$

Q_{Tr} 取 $0.9Q_{TrB}$ 或 $0.1Z_{Tr}$ 中较小的值，Z_{Tr} 为支承拉力，M_{TrB} 为支承弯矩，Q_{TrB} 为支承横向力。

💡 18. 网架由于加工尺寸错误，加长或缩短几毫米，因此所测挠度超过 1.15 倍计算值，怎么办？

如果网架杆件伸长或缩短是有规律的，即所有杆件是一样伸长或缩短，由于网架是锥体组成，伸长即相当于锥体放大，但网架支座距离是不变的，即相当于锥体放大引起下垂，因此挠度超过了规范，这是假挠度(图 5-5)，而对内力影响很小，相当于网架几何尺寸有点改变而已，因此不必处理。

但有工程遇到这个问题，经解释后，领导仍不放心，还是坚持下弦修改缩短，这样虚假的挠度使超标没有了，但整个网架因为各种压缩不一，硬装

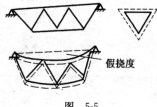

假挠度

图 5-5

上去引起了附加应力,很难估算,这样反而造成问题。

这里要注意的是,一定要测准脚手架支点的标高,才能得到真挠度。

19. 钢结构经高温后如何鉴定使用?

据文献[14]P416介绍,钢结构在温度300~500℃时翘曲,强度下降,600~700℃时韧性塑性下降,承载力大幅下降,高温后钢结构鉴定及使用意见参考表5-2。

表 5-2

序号	构件钢材情况		试验要求	使用意见	估计经受的温度 (℃)
	表面情况	硬度情况			
1	油化涂装层破坏	未变化	不需试验	可以使用,应重新涂装	200~300
2	变形,表面变化不大,有高温灼烧所引起的皱纹,表面易于清除的起层以及变色等烧过的迹象	未变化	不需试验	可以使用,但应矫正变形,去掉表面起层,重新涂装	400~600
3	不大的变形,有灼烧所产生的起层及薄层(厚度小于0.5mm)铁渣	未变化	不需试验	可以使用,但禁止采用热矫等办法来矫正变形	700~800
4	有起层的铁渣	降低	应进行硬度试验	可以使用,但应按降低的强度设计值(降低70%)来复核原有结构	~900
5	有厚层(大于1mm)的铁渣及溃伤现象		不需试验	按构造决定的次要构件可使用,主体结构不能使用	900℃下历时较长

💡 20. 钢结构裂纹如何修复？

据文献[14]P417介绍，在裂纹两端开凿 12～16mm 小孔（止裂孔），防止扩展，裂纹边缘用碳弧气割或风铲将边缘加工成 60°～70°（板厚小于 14mm 的为 K 形，大于 14mm 的为 X 形），母材预热至 150～200℃，用低氢型焊条堵焊裂纹，承受动荷的结构应打磨焊缝表面。

如裂纹情况严重，对承载力形成危险，不能用堵焊，而应加固更换。

💡 21. 母材上的空洞如何修复？

据文献[14]P418，将孔洞周围损坏的金属全部切除，用圆形或圆弧矩形板作盖板，厚度与母材相同加以焊接。

💡 22. 焊缝缺陷如何修复？

据文献[14]P418，咬边、焊瘤、气孔、夹渣等均以碳弧气割将其清除，并以相同焊条补焊，承受静载，同时情况不严重的也可不修理，但热影响区裂纹必须及时处理。

💡 23. 构件变形如何修复处理？[14]P419

1）旁弯变形的修复

受弯变形的修复有多种办法，一为用临时撑杆顶住两端球，然后拆除此杆，换一根新杆，如果下面有支点，也可以在弯曲杆两端加以支撑（图 5-6），然后换杆，当然此时必须验算，并支撑时向上顶一些，以减少应力滞后，热加工 500～700℃时注意结构安全。

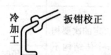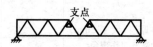

图 5-6

2)压杆弯曲处理

由于压杆弯曲(图 5-7),杆件在验算压弯承载力时要乘以折算系数,见表 5-3。

表 5-3

f/l	≤1/450	1/350	1/300	1/250	1/200
两端简支	1.0	0.9	0.8	0.7	0.5
悬臂	0.5	0.45	0.4	0.35	0.25

3)拉杆弯曲处理

拉杆弯曲总的不危险,$\frac{f}{l} \leqslant \frac{l}{100}$ 时不用修直,$\frac{f}{l} > \frac{l}{100}$ 时需要矫直,$\frac{f}{l} > \frac{l}{50}$ 时要考虑修正后引起的内力变化。

4)腹板局部凹凸处理

验算时,对腹板凹凸部位应予扣除,位于受拉区而又无裂纹时可不处理,凹凸削弱面积大于 25% 时应进行修复,可用机械校正法,若不行,可用火焰校准法,也可用加劲肋加固。

5)节点板弯折

$\tan\theta$ 介于 0.1～0.2 之间时,节点板连接的杆件应力小于设计值 50% 时可不校准,用加劲肋加强,如不加强则要校准,如有裂纹则应更新,只有受力很小的节点板,裂纹可用堵焊修补(图 5-8)。

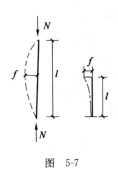

图 5-7

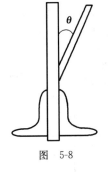

图 5-8

💡 **24. 碳素结构钢钢构件容许破损程度及修复方法为何?**

文献[14]介绍,可参考表 5-4。

碳素结构钢钢构件的容许破损程度及修复方法　　　　　表 5-4

序号	破损情况	构件不必修复时的容许破坏程度	破坏严重时的修复方法	备　注
		檩条结构		
1	屋面有荷重时，在最大惯性矩平面内的弯曲	弯曲矢高不超过檩条跨度 l 的 1/100	卸下檩条，以压力机矫直。当弯曲很大时应更换檩条	当弯折显著时，需在最大弯折处截断，矫正后，用拼接板拼接
2	屋面无荷重时，在最大惯性矩平面内的弯曲	弯曲矢高不超过檩条跨度 l 的 1/150	同上	同上
3	屋面无荷重时，在最小惯性矩平面内的弯曲	弯曲矢高不大于 $2.5l^2/h$ (cm) l-檩条跨度(m)；h-檩条截面高度(cm)	(1)当弯曲矢高大于 $\dfrac{2.5l^2}{h}$ 时，应设置附加杆件和支撑、系杆；(2)宽翼缘檩条有较大弯曲时，应卸下进行修复或更新	同上
4	腹板有破洞时	破洞的最大尺寸不大于 0.4h h-檩条高度	割去损坏部分，修平洞口，以拼接板修复	

五、变形缝,变形控制,挠度,侧移,施工误差的评定,钢结构的修复,加固处理试验

续上表

序号	破损情况	构件不必修复时的容许破坏程度	破坏严重时的修复方法	备 注
5	翼缘上的破洞	破洞的最大尺寸不大于20mm	以拼接板修复	
6	沿翼缘边缘的裂缝和缺口	裂缝或缺口深度小于10mm时,仅需修成平滑过渡	以拼接板加固	
桁架式结构				
7	屋面有荷重时屋架的挠度	不超过屋架跨度 l 的1/200,但必须保证桥式吊车与屋架间的最小净空值	采取措施减少挠度使其在 $l/500$ 以内	
8	屋面无荷重时,屋架的挠度	不大于 $l/300$ l-屋架的跨度	采取措施减少挠度使其在 $l/700$ 以内	
9	压杆的挠曲	挠曲不超过杆件几何长度的 $\frac{1}{450}$,或经承载力验算满足要求者	(1)矫直杆件; (2)设辅助支撑; (3)用补充杆件加固; (4)割除弯折部分,嵌插新件	当割除杆件时,应采取临时卸荷措施
10	拉杆的挠曲	不超过杆件自由长度的1/100	同上	同上
11	桁架杆件截面扭曲	挠曲尚未超过第9、10项的容许范围	(1)当 $60°>\theta>30°$ 时可以加固; (2)当 $\theta>60°$ 时,必须更换新杆件 θ-杆件截面的扭转角	

续上表

序号	破损情况	构件不必修复时的容许破坏程度	破坏严重时的修复方法	备　注
12	杆件有裂缝	不允许	(1)进行修补,最好以拼接板加固; (2)更换新杆件	拼接设计应按与原杆件截面等强进行
13	杆件仅有破洞,但肢未被截断	破洞的最大尺寸不超过肢宽的1/5	在整个肢宽范围内以拼接板加固	洞平需修平
14	悬出肢的边缘弯曲	 当 $\Delta \leqslant 2t$,且 $a \leqslant \dfrac{b}{2}$ 时(不控制绝对弯形值)	变形较大时,应予矫正	当弯曲难以矫正,或在矫正时出现裂缝,则应以拼接板加固
15	肢件在制造时裂缝	不允许	补焊或用拼接板加固	
		实腹结构		
16	在最大惯性矩平面内的挠曲	不超过跨度或柱高度的1/300,对吊车梁不超过跨度的1/500	(1)在最大弯曲处截断,矫正后在切口处以拼接板拼接; (2)卸下后,矫正加固	(1)无法矫正时,必须更换新件; (2)当吊车梁的挠度在容许范围内,吊车轨道可用轨道下的垫板找正

续上表

序号	破损情况	构件不必修复时的容许破坏程度	破坏严重时的修复方法	备 注
17	翼缘旁弯（即构件在最小惯性矩平面内的挠曲）	为翼缘宽度的1/5（不适用于吊车梁的上翼缘）	(1)当挠曲不超过翼缘宽度的1/2时，可不矫正，而用水平桁架加固； (2)挠曲更大时，应矫正后再用水平桁架加固	为矫正方便，可在弯折处开一切口，矫正后在切口处以拼接板补强
18	吊车轨道偏移	偏移值 $\Delta \leqslant 30mm$	(1)当 $30mm < \Delta \leqslant 50mm$ 时，可设置补充加劲肋加固； (2)当 $\Delta > 50mm$ 时，应予以矫正	补充加劲肋的间距不应大于梁高的1/2
19	翼缘悬出部分的弯折	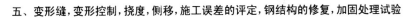 $\Delta \leqslant 2t$ $a \leqslant \dfrac{b}{4}$（不控制变形的绝对值）	弯折很大时，必须予以矫正	弯折无法矫正或在矫正中出现裂缝，则应在损坏处用拼接板加固
20	翼缘在制造上的裂缝	不允许	用拼接板加固，裂缝较小时，可以焊补	裂纹端部应钻孔止裂
21	腹板上的破洞	轧制件：$d \leqslant 50mm$ 组合截面：$d \leqslant 75mm$ d-破洞外接圆直径	用拼接板加固	在所有情况下均应切割孔洞口，使其边缘平滑
22	翼缘和腹板的部分损坏	不允许	切去破损部分更换新件	

续上表

序号	破损情况	构件不必修复时的容许破坏程度	破坏严重时的修复方法	备 注
23	腹板内有裂缝	不允许	进行修补	裂缝两端钻孔
24	腹板的受拉区有凹凸现象,但无破损及裂缝	$d \leqslant H/4$ d-凹凸部分外接圆直径; H-截面高度	矫正或补设加劲肋	加劲肋间距 $a \leqslant H/2$
25	腹板的受压区有凹凸现象,但无破坏及裂缝	$d \leqslant 0.1H$	矫正或补设加劲肋	加劲肋间距 $a \leqslant H/2$
26	腹板有凹凸,并有裂缝	不允许	进行修补	破坏处应切割成平滑曲线

25. 混凝土结构加固与钢结构连接,过去都用膨胀螺栓,现在还能否用?[3]P171

过去都是用膨胀螺栓,即将螺栓张开,产生摩擦力卡住混凝土,使之受拉,但由于螺栓易将混凝土打碎,不牢固,现在只能用于不重要的结构。因为膨胀螺栓影响因素太多,如混凝土强度等级、钻孔质量、孔中混凝土的清理、螺栓拧紧程度,都是人为因素,却与质量关系很大,而且以受力下的主体结构混凝土破坏为代价,违背了基本设计原则,安全性差,反复受力下易松动。《户外广告设施钢结构技术规程》(CECS 148:2003)7.2.2～7.2.3 条规定严禁采用摩擦型膨胀螺栓。现在一般采用化学螺栓,国外喜利得品牌的化学螺栓,价格较贵但安全可靠,但化学螺栓不是用环氧树脂制成的,因环氧树脂太脆,弹性模量不满足要求,一般用植筋胶。但化学螺栓仍然存在老化问题, 所以受剪时可以用于重要结构, 而受拉时只能用于临时建筑及非重要结构。

根据经验, 受拉的牛腿螺栓均采用外露螺栓, 避免老化, 受剪则靠牛腿摩擦力或外加化学螺栓托住(图 5-9)。

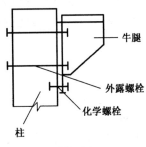

图　5-9

💡 26. 排架的柱做斜了如何办?

柱偏差处理可按本章 23 题中的 $\frac{f}{l}$ 折减验算, 如果偏差大了, 内力会变化, 不仅是 $p\Delta$ 效应, 更主要的 R 值会加大, $RH > p\Delta$, $p-\Delta$ 效应反而次要, 因此必须重新计算排架, 如验算合格, 在美观允许条件下采用斜柱, 国内新建火车站就有采用斜柱的, 如图 5-10 所示。

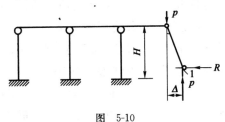

图　5-10

💡 27. 什么情况下挠度可以扣去起拱?

钢结构规范 3.5.3 条提到当仅为改善外观条件时, 挠度可以减去起拱值。

挠度控制有三种情况, 第一种挠度控制为了安全, 目前国际虽有探讨, 但尚无统一的标准, 只有凭经验判断, 有一工程 33m 工字形梁, 梁高只有 35cm, 挠度达 $\frac{l}{73}$, 但错用扣去起拱满足挠度要求, 结果施工就如面条, 因不安全而加固, 单层

网壳挠度应控制在 $\frac{l}{400}$ 内，涉及安全，所以规程中黑体字表示，但网壳规程误将双层网壳也写成 $\frac{l}{400}$，而并不存在安全要求，很多矢高小的双层网壳达不到 $\frac{l}{400}$，只好改名为"微弯网壳"，说明不是安全要求；第二种网架挠度小于1.15，计算值就是为了控制施工质量；第三种仅为了美观。因此控制挠度一定要分清是哪种情况。

28. 网架加固处理如何验算？

1）评估网架安全性与内力重分布

二战中网架被炸了一个洞，仍然安全，不塌，但是美国哈特福德（Hart ford）体育中心（109.7m×91.4m）网架倒塌后，虽然经过调查结论是边缘的再分腹杆平面外失稳及支撑节点偏心过大引起的，但仍然引起国际上对网架"渐近破坏"、"多米诺效应"的担心，而国内外也做了很多网架试验，一根杆件破坏了，另一根杆件也跟着破坏，有"多米诺效应"，因此对网架的安全性评价，国内外也进行了大量工作。

其中"追踪分析法"是计算内力重分布的方法，即当压杆超过极限后必然产生变形，内力重分布计算中将此杆代以相反的杆件残余力 p（即达极限的承载力），即一个大小相等、方向相反的力在网架上使 a、b 之间产生变形 $\Delta_1 = \Delta_a + \Delta_b$，如图 5-11a）所示，再求应力重分布验算中，$a$、$b$ 杆在 p' 作用下所产生的缩短变形 $\Delta_2 = \Delta_a' + \Delta_b'$，如图 5-11b）所示，如果 $\Delta_1 \geqslant \Delta_2$，则说明 a、b 杆即使在 p' 作用下产生了非线性变形，但在网架计算中心变形未超过网架的变形，说明此杆仍能承受压力 p 的作用，也说明不需要应力重分布，a、b 杆仍能起压杆 p 的作用。如果 $\Delta_1 < \Delta_2$，说明 a、b 杆已不能充分在网架中起到应有的作用，只能用替代办法将 p 降到 p'，直到 p' 作用下 $\Delta_1 = \Delta_2$，即说明经应力重分布后该杆在网架中只能承受 p'，不能承受 p。"追踪分析法"分析哈福德倒塌的结构，计算分析破坏的第一根杆及依次破坏的杆件与实际调查的破坏次序完全相符，"追踪分析法"对拉杆如果达到拉力 p 极限，就不存在变形协调问题，因为达到屈服的拉杆的伸长可以变化而不影响力 p。应力重分布计算更为简单，直接将此杆代以相反的杆件残余力 p 即可，以上分析也符合"充分支持"原理，即在杆受弯后，并不表示已丧失承载力，只有有充分的支持力 K_0，就能使弯曲的压杆仍承受压力 p。

设 K_0 为跨中一个弹簧支撑,其单位变形下弹簧力为 k,平衡计算,如图 5-11c)所示。

$$\frac{k}{2}\left(\frac{l}{2}\right) = p\Delta$$

因 $\Delta = 1$,故 $k = \frac{4p}{l}$。

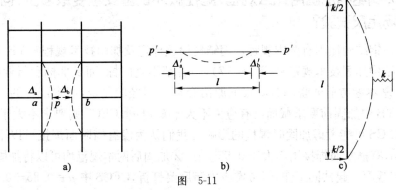

图 5-11

2)应力重分布的网架安全度

Mero 规程(1975 年版)规定,螺栓直径大于 M33 的要确定拉杆最不利受力处断去螺栓,即此拉杆断去,然后进行应力重分布计算,应力重分布后,其余拉杆的安全度只要求 $K \geqslant 1.0$、压杆要求 $K \geqslant 1.2$,而德国计算拉杆安全度为 1.8、压杆安全度为 2.2,我国正常安全度比德国低,拉杆 $K = 1.6$、压杆 $K = 1.8 \sim 2.0$。

其道理是当一切都为最不利情况时,杆件才断裂,这时荷载超载,杆件材料强度最低,缺陷最严重。一切不利情况均有,当然这种概率 p 并不大,如果应力重分布后第二根杆再破坏,则其概率应该比 p 更小。也就是说,此时其安全度可以降低。我们开始设计螺栓球网架时即按 Mero 规程提供的方法验算,都能满足要求,Mero 规程(1986 年版)虽取消了此规定,但这个概念可以用在我们网架应力重分布安全度的核定上。

受 Mero 规程启示,我们在进行加固处理时,有一根杆出现了问题,可以根据"追踪分析法"验算,如果是螺栓断裂,则不能按"追踪分析法",而假定该杆件断去,重分布安全度又通过参考 Mero 规程,取拉杆 $K = 1.0 \sim 1.2$、压杆 $K = 1.2 \sim 1.4$(根据荷载超载严重情况判定)。

网(壳)架由于高次超静定内力重分布,其整体安全性大大高于平面结构及平面结构与空向结构的混合结构。

有人认为国内外试验都是第一根据件坏了,第二根即跟着破坏,因此网架有

"多米诺效应",其实这是一种误解,试验不能反映,第一根坏了,其破坏失效概率可以降低,因此只好又跟着坏,这是脱离实际的,说明不了网架不够安全。

网架最大的优点是高次超静定,不像平面结构,一根拉杆屈服即失去承载力,而是拉杆屈服点仍能保证拉杆保持屈服受力,压杆也保持一定承载力。

💡 29. 钢结构加固用什么规程,脆性破坏试验安全度取多少,何时需要现场足尺试验?

(1)钢结构加固有两本规程,《钢结构检验评定及加固技术规程》(YB 9257)和《钢结构加固技术规范》(CECS 77),两者都不是国标,而是部标和行业标准,CECS 基本参考前苏联,YB 则根据原冶金部工程经验制定,两本规程的不同点有:①YB 中加固前要求截面已有应力不大于 $0.8[\sigma]$,CECS 则要求不大于 0.55 $[\sigma]$,CECS 可能考虑加固时焊接的影响。我们认为没有横断面焊接可以不大于 $0.8[\sigma]$,有横断面焊接用不大于 $0.55[\sigma]$。②加固后两本规范均可以将加固前后的所有截面一起共同工作,但考虑应力滞后要打折,CECS 中 $\mu = 0.85 - 0.23\sigma_s/f_a$,$\sigma_s$ 为原截面应力,f_a 为允许应力,YB 为 $\mu = 0.8$(轴压)和 $\mu = 0.9$(偏压又受弯),可以结合两者情况考虑。

(2)结构试验安全标准的确定。我国没有完整的试验安全标准,混凝土规范规定脆性破坏安全度提高 15%,而钢结构规范没有此规定,欧洲钢结构规范提出了比较系统的试验要求,应该可以用于我国钢结构试验[72],现介绍如下。

与设计有关的结构试验,有以下四种。

①性能试验(验收试验),是非破坏试验。

$F_{test} = 1.0 \times$ 试验时实际自重 $+ 1.15 \times$ 其余永久荷载 $+ 1.25 \times$ 可变荷载

试验的超载系数相当于承载能力极限状态下的一半。

试验要求 1h 卸载,残余变形小于 20%。

②承载力试验(针对需要的极限荷载)。

$$F_{test \cdot s} = \gamma_{m1} F_{sdult} f_{ym} / f_y$$

式中:F_{sdult}——按承载力根据荷载确定的设计值;

γ_{m1}——抗力分项系数;

f_{ym}——材料试验所得平均屈服点。

上值相当于延性破坏,我国常用安全度 $K =$ 超载系数×分项系数。

③破坏试验。只有破坏试验才能揭示结构实际破坏模式和抗力。

试件应不小于 3 个,试验结果与平均值的偏离小于 10%。

结构呈延性破坏时,$F_{Rd}=0.9\,F_{test\cdot Rmin}(f_y/f_{ym})/\gamma_{m1}$

F_{Rd} 为设计抗力,$F_{test\cdot Rmin}$ 为试验结果最小值。

结构突然脆性断裂时,$F_{Rd}=0.9\,F_{test\cdot Rmin}(f_y/f_{um})/\gamma_{m1}$

f_{um} 为材料试验得出的平均抗拉强度。

结构突然失稳时,脆性 $F_{Rd}=0.75\,F_{test\cdot Rmin}(f_y/f_{ym})/\gamma_{m1}$

结构延性失稳时,$F_{Rd}=0.9\,F_{test\cdot Rmin}[\varphi f_y/(\varphi_m f_{ym})]/\gamma_{m1}$

φ 为对应于 f_y 的屈曲系数,φ_m 为对应于 f_{ym} 的屈曲系数。

突然脆性破坏与延性破坏按以上式子应提高 $\dfrac{0.9}{0.75}=1.2$,脆性安全度提高约 20%。

④质量检验试验。质量检验试验与设计有直接联系,用于批量生产,抽样不少于 2 个,最大位移不超过 120%,残余变形不超过 105%。

(3)现场足尺试验。对于现场足尺试验,《建筑结构检测技术标准》提出了使用性能试验与承载力试验两种,使用性能试验是恒载乘以 1.15、活载乘以 1.3,有的资料明确说明是验收试验,即结构并无质量问题。荷载承载力试验是指有质量问题,恒载乘以 1.2(或 1.35)、活载乘以 1.4 以检验安全,因为承载力试验已反映荷载超载,即荷载不均匀,材料也反映了不匀质,计算的不符可在足尺试验中反映,构造与计算不符、缺陷等一切不利因素都已反映,因此承载力足尺现场试验能反映与考验结构的安全性,有质量问题的应下决心做现场足尺试验,而性能试验仅为了验收,不值得做现场足尺试验。我们在约旦现场做过网架足尺试验,效果很好,1h 后卸载,残余变形不超过 20%。

30. 如何通过频率振型发现结构损伤?

据文献[116]介绍,通过双层网架的频率和振型可以判断结构损伤及其位置。

(1)频率变化(减小)可以定性地反映结构损伤的存在,频率变化愈大,损伤越严重。

(2)对于基频造成的损伤,网架上部结构比下部结构敏感。

(3)振型曲线是对损伤较为敏感的参数,振型节点位移可代替振型曲率,其位移变化可达到数倍。

（4）振型节点位移在损伤位置处有较大变化，因此可以确定损伤位置，第一阶振型节点位移变化对损伤反应最明显，阶数较高的振型曲率规律性不显著。

（5）此方法不足之处在于，靠近支座或对结构振型影响较小的节点损伤判断不十分明确。

31. 网架空心球球厚超标的堆焊方法有哪些？

过去空心球球厚偏差为 1.5mm 及 13%，根本做不到，同时局部减厚对承载力影响并不大，因此新规范均作了放宽改进，但实际可能会有超标情况，我们建议仍采取设加劲肋的办法补强比较好，如果本已有了加劲肋，补强也曾在乌鲁木齐机场用堆焊方法加强，其他地方也用过堆焊，但都担心仍是两层皮，金相有问题，给予报废。

文献[150]作了详细的堆焊金相分析。根据试验，钢材原组织是铁素体＋珠光体，珠光体呈严重带状分布，堆焊部分与未堆焊部分界限两侧均为铁素体＋珠光体，未堆焊部分珠光体带状明显，堆焊高倍金相组织显示，堆焊部分为铁素体＋粒状贝氏体，热影响区组织为铁素体＋粒状贝氏体＋珠光体，珠光体仍为带状，金相分析表明，堆焊是与母材相近而强度、韧性更佳的金属材料。

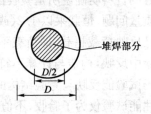

图 5-12

由加热冲压结果知，加热至 700～800℃冲压，冷却后检验，堆焊层与母材无错位分离，减薄加厚部分是以板料中心为圆心，$\frac{D}{2}$ 为半径的圆内堆焊如图 5-12 所示。

文献[1]P63～71已经作了抗震介绍,本书再作补充。

💡 1. 地震力与恒载、活载、风载有何不同?

据文献[2]介绍,不同之处是考虑结构动力特性不同,风与地震是考虑动力的,风是由风速决定的,如果考虑了结构动力特性,其作用与地震接近。

💡 2. 我国地震反应谱与国外有何不同?

据文献[2]介绍,反应谱是对应绝对最大加速度除以地震波本身的加速度得到动力放大系数β谱,国外一般用90%保证率的谱,而我国则用的平均谱,是所有规范中最低的。

💡 3. 有哪三种设防目标?

据文献[2]介绍,第一水准为小震,50年一遇重现期超越概率为63.2%,建筑物一般不受损坏,不需修理可继续使用,小震为弹性,称多遇地震。

第二水准为中震,50年一遇重现期超越概率为10%,重现期475年,为较少产生的地震,建筑物可能损坏,但经一般修理或不经修理可继续使用,中震为抗震设防烈度,称偶遇地震。

第三水准为大震,50年一遇重现期超越概率为2%～3%,重现期1641～2475年,建筑物倒塌或发生危及生命的严重破坏,为罕遇地震。

"小震不坏,大震不倒"是我国设计地震的原则。关于不倒,国际上有统一的

认识,即指钢框架的层间位移为 $\frac{h}{50} \sim \frac{h}{30}$,剪力墙等支撑结构的层间位移为 $\frac{h}{50} \sim \frac{h}{120}$,我国钢结构的层间位移为 $\frac{h}{50}$。

中震不倒的要求,美国要求层间位移为 $\frac{h}{50} \sim \frac{h}{100}$,日本要求层间位移为 $\frac{h}{80} \sim \frac{h}{100}$。我国规范对中震未提要求,因为能修复的位移难以确定,只是在《建筑工程抗震性态设计通则》(CECS 160:2004)中提到中震要求 $\frac{h}{125}$,大震 $\frac{h}{50} \sim \frac{h}{35}$。对于大震,日本认为罕遇地震是 1000~1500 年的垂直方向加速度很大的"直下型地震",我国规范设置的最终目的是指在遭遇设防烈度地震后,建筑物可能损坏,但修理后可用。

💡 4. 为何不按照弹性反应要求设计地震?

据文献[2]介绍,一般弹性地震作用很大,经济上无法承受,但产生塑性变形,对安全并无大的影响,地震后结构刚度越小,地震作用越小,建筑虽使用 50 年,但抗震设防的真正目标是 475 年一遇,如采用像风载那样 50 年一遇不行,因为地震作用破坏大,因此真正目标还是中震。

💡 5. 国际上有哪两种地震力理论,我国为何取消 C?

据文献[2]介绍,一种是小震地震力理论,是我国抗震规范的采用的,也是目前国际上所唯一采用的。但我国旧的抗震规范采用的不是这一理论,而是第二水准,即采用结构影响系数 C。C 的依据是等能量准则,$R = \sqrt{2\eta - 1}$,这个准则是错误的,因为没有理论根据,因此希望加以改进,当时混凝土结构 $C=0.35$,0.35 正好与国际上提出的地震强度的概念,即 50 年一遇地震与 475 年一遇地震的比值接近。如 50 年一遇地震概率为 0.364,475 年一遇地震概率为 0.9,则 50 年一遇与 475 年一遇地震加速度比值为 0.342,与原来的 C 值 0.35 接近,这样去掉 C 可以为大家所接受,但对有些问题却要加以调整,如框架与剪力墙的结构影响系数是不一样的,现在用抗震调整系数来解决 γ_{RE},开始由于钢结构用得少,矛盾不突出,但随着钢结构的发展,抗震规范取消 C 带来的矛盾愈来愈大,首先是旧规范混凝土与钢结构 C 很接近,而现在取消了 C,但在计算中阻尼比分离了出来,钢结构阻尼比比混凝土阻尼比小很多,反应谱里反映了阻尼比,使钢结构地震力比混凝土大很多,尤其反应谱内将阻尼比反映过度,即现在规范中阻尼比 0.02 与 0.05 的放大系数差 1.32,国外资料分析仅差 1.16(详见后)。由于取消了 C,延性得不到反映,过去 C 是反映延性的,现在钢结构延性好,反而地震力大,这很不合理,延性好不能减少地震是不符合规律的。北方工业大学就此问题,提出上部为钢结构、下部为混凝土结构,可以根据能量原理采用混合阻尼比 0.035,这并未完全解决钢结构矛盾。目前阻尼比矛盾很多,如单层钢结构,抗震规范条文中没有,但条文说明中又提出 0.01,12 层以内用 0.035,高层因为是柔性结构用 0.02,而门刚规程中则提到钢结构为 0.05,但其 3.1.6 条是根据抗震规范 8.22 条制定的。而抗震规范的 8.2.2 条却讲的是 12 层以下钢结构在罕遇地震下阻尼比为 0.05,与门刚规程用于地震是两回事。但抗震规范的 8.2.2 却又提到单层仅取 0.05,自相矛盾。因此钢结构阻尼比是一个突出矛盾。根据实例,钢结构阻尼比小是事实,因此有的建议钢结构除考虑阻尼比外,另外乘一个延性系数,如钢结构 0.7、混凝土 1.0、砖 1.3。

国际上,另一个地震力理论立足于第二水准,为延性地震力理论,仍采用 C。日本 C 取 0.25~0.55;美国 C 取 0.117~0.357;欧洲 C 取 0.25~0.667,延性好的 C 取 0.154~0.4。由以上数据知,C 值各国差别比较大,尤其是美国与日本,这主要是由于日本和我国的 C 主要由延性组成,欧洲包括了延性与超静定因素,美国则包括延性、超静定和钢材抗拉与屈服强度之比,如钢材在施工时强度比规范的大,采用 C 值多采用等位移原则,延性愈好,地震力愈小,这个规则已为地震灾害所证实。

目前,我国《建筑工程抗震性态设计通则》(CECS 160:2004)已经考虑了结构变形能力对抗震性能的影响,并采用了结构影响系数 C,基本回到中震理论,但 C 仍停留在抗震状态的工程判断,还有研究必要。但至少解决了钢结构的矛盾,而遗憾的是这两本规范的关系并不明确,按常规设计只好仍采用抗震规范。

💡 6. 承载力抗震调整系数 γ_{ER} 的概念是什么?

据文献[2]介绍,抗震规范 5.4.2 条文解释 γ_{ER} 是抗力分项系数。γ_{ER} 包含的因素很多,如美国对风力和地震作用时,因为是瞬时荷载,应力可提高 1/3。我国因风力用得少,不是瞬时荷载,因此不提高 1/3。1978 年的抗震规范考虑地震力是瞬时荷载,应力提高了 25%,但现在不采用允许应力,而用分项系数,即

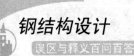

γ_{ER}。由于延性材料与脆性材料在瞬时荷载作用下的状态不同,脆性应力不能提高,所以砖石结构 $\gamma_{ER}=1.0$,塑性材料 $\gamma_{ER}=0.7\sim0.8$。当然 γ_{ER} 可能还反映了其他因素。

7. 阻尼与耗能能力的关系如何?

阻尼也是耗能能力的一种。

据文献[2]介绍,①一个没有阻尼的弹性系统,外荷是不做功的,如有阻尼或塑性,系统即具有吸能能力,会导致动力在振动中做功,向系统输入能量。②一个没有耗能能力的体系,对动力荷载向其输入能量有免疫作用,当然条件是本身具有足够的变形能力。③阻尼能减小位移,减小塑性耗能。④耗能能力越大,共振条件下减振作用越显著,塑性性能比阻尼耗能更有利于结构振动位移的控制,即使位移延性系数只有 $1.2\sim1.5$,没有阻尼时,塑性变形同样可消去不规则振动。

8. 地震中起决定性作用的是耗能能力还是延性?

文献[2]通过三种模型,分析其地震折减力系数谱 R。

第一种模型,具有理想耗能能力。第二种是剪切滑移模型,相当于长细比非常大的交叉支撑体系,层剪力的层侧移滞回模型,具有一次性耗能能力。第三种是双线性弹性,虽有屈服台阶,但仍按原加载路线返回,因此没有任何耗能能力。

分析结果:对 R 值起决定影响的是延性,即经受大的非线性变形而不断裂的能力。耗能能力影响是第二位的,不是关键,不但作用不大,更有不利作用,会导致地震向结构输入更多的能量,引火烧身。因此确定地震力的等位移准则与阻尼无关,与耗能能力也无关,只与延性有关。

如果只有非线性变形,没有耗能能力,结构振动的动能、势能反射到地基中,地基土的阻尼比为 10%,巨大体积的地基的阻尼和塑性变形消耗了此能量。

当然,延性和耗能能力往往是相关的,延性好,耗能能力也好,耗能能力比阻尼更能有效避免共振,有耗能的结构比无耗能的结构可减小 $15\%\sim35\%$ 的地震作用。

美国规范反映了以上观点,如宽厚比限制更加严格,经受更大塑性变形而不局部屈曲,长细比则放宽。虽然长细比大,支撑杆更易屈曲,滞回曲线不丰满,耗能能力就差,但相对来讲更重视延性。但耗能有利有弊,总的是有利的,所以不应放弃对耗能能力的追求。对于中心支撑杆,要求不与梁翼缘与柱翼缘靠得很近,要空出 $t_p \sim 3t_p$,t_p 为节点板厚,这种构造目的是使空出的板条形成塑性铰,避免节点板 AB 平面外屈曲(图 6-1a),增加延性,减轻支撑破坏。

日本采用了在薄钢板支撑中开许多槽,使钢板变成一根根排列的细长钢板条(图 6-1b)。这种结构抗侧力刚度很小,侧面耗能能力不大,滞回曲线明显出现剪切滑移的特征,但变形能力很大,即延性比耗能能力大,设计得到了创新奖。

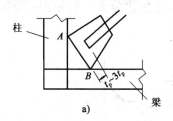
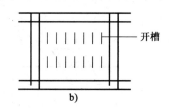

图　6-1

9. 阻尼比对地震有什么影响?

据文献[2]介绍,抗震规范中阻尼比 0.02 的放大系数比阻尼比 0.05 的放大系数大 1.32 倍。

从分析来看,阻尼存在减小位移,从而减少了塑性耗能。即使没有阻尼,塑性耗能也能发挥更大作用。对于弹塑体阻尼并不像弹性体影响那么大,也就是阻尼比塑性耗能反而可以起更大作用来弥补对放大系数的减少。

根据分析,短周期内阻尼比 0.02 的阻尼影响只为 0.05 的 1.16 倍,0.35 仅为 0.05 的 1.07 倍,规范对阻尼放大系数是估大了,EC8 比较合理,$\eta_2 = \sqrt{\dfrac{10}{5+100\xi}}$,日本介于 EC8 与我国之间,所以建议取放大系数 $y_2' = \dfrac{1}{2}(1+y_2)$,$\xi$ 即阻尼比,y_2 即规范的放大系数。

10. 后期刚度对地震有何作用?

据文献[2]介绍,后期刚度是指以下方面:
(1)抗拉强度超出屈服强度;
(2)双重侧力作用,主要侧力结构坏了,次要侧力结构还未屈服;
(3)超静定结构,塑性铰逐步形成。

研究表明,后期刚度系数 $\alpha \leqslant 0.1$,则对地震力折减系数有影响,α 再增大,影响不再增大,延性愈大,后期刚度影响更大,超静定结构、双重侧力结构可采取较小地震力。

粗略估计,增大系数为 $1+0.125\sqrt{\mu-1}$。

💡 11. 滞回曲线的形状对地震有何影响?

据文献[2]介绍,滞回曲线是变化多样的,理想化分为三种模型,如图 6-2 所示。

弹塑性   剪切滑移   弹性

图 6-2

计算结果表明,只要延性相同,不同模型的 R 谱线接近,即地震性能的好坏一定要从延性判断,其次才是耗能能力,如钢筋混凝土延性不到 3,钢结构延性大于 4,钢结构相对地震作用折减大得多。

💡 12. 二阶效应、多自由度对地震影响如何?

据文献[2]介绍,二阶效应是使刚度减少,产生失稳的一种效应,能减小结构自振周期,能稍微减小弹性地震作用,但对于弹塑性结构则不同,应考虑刚度退化而导致的动力失稳,因此总的二阶效应对地震不利。

对多自由度问题研究较少,国外少量研究认为对于多自由度体系,地震作用要放大,地震折减系数减小,地震放大系数根据周期和自由度数,以及是弯曲型还是弯剪型不同,而在 1~2 之间,周期愈大,放大系数愈大。

💡 13. 宽厚比、长细比、轴压比对地震影响如何?

据文献[2]介绍,宽厚比愈小,延性愈好,耗能一般也好,并能保证转动能力,形成塑性铰。

长细比愈小,延性愈好,耗能一般也好,但对于支撑杆长细比大时,延性好,但耗能不好,所以欧美认为长细比大的支撑对抗震有利,但是有条件的,即每列支撑中,拉力提供的抗力不得大于 70%,也不得小于 30%,而且长细比小于 120。

宽厚比与长细比也不能太小,否则达到最大承载力荷载—位移曲线很快转为下降数,延性也就不好。

轴压比愈小,水平力的侧移曲线在超过极值点后下降会慢,因此延性很好,钢结构柱轴压比如超过 0.6,该柱即不能参与抗震,如同摇摆柱一样不能起抗震作用。梁一般轴压力小,延性好,因此我们希望在梁上形成塑性铰。

🔅 14. 影响结构延性的因素有哪些?

据文献[2]介绍,延性系数的含义是最大承载力下降 15% 时的变形与经过理想化处理的弹性阶段变形之比。影响延性的因素有:

(1)构件延性——宽厚比、长细比、轴压比。

(2)连接节点延性——使节点地震时能以延性模式破坏。

(3)双重抗侧力结构——框架、剪力墙分配率,框架分得愈多,延性愈好。

(4)确保"保险丝"设计思路得以实现,如偏心支撑的耗能段,以剪切型延性较好,腹板应较薄,使早屈服,如取得与一般梁一样,就不易屈服,支撑长细比较大的弱剪型支撑可以理解为"保险丝",但一定要有条件才能使"保险丝"预想实现。

🔅 15. 为何对不同设防烈度采取不同的长细比、宽厚比限值?

据文献[2]介绍,理论上讲,同一种材料、同一结构体系,C 值相等,应要求具有同一延性系数,与抗震设防抗震烈度无关。

目前抗震规范中,宽厚比、长细比与抗震设防烈度相互联系,如果 7、8 度地震,其他因素相等,8 度的水平力加大必然使柱子截面加大,也就是轴压比减小,这样相对 7 度的长细比、宽厚比放宽才对,而规范恰恰相反,可能是认为 8 度应该比 7 度延性更安全些。

🔅 16. 反应谱反映的是结构特性还是地震特性?[3]P101

结构反应谱所描述的地震地面运动的特性与具体结构特性无关,反应谱虽包含了线性时不变自由度体系的自振频率和阻尼的信息,但这个周期所对应的

结构不是一个具体的结构,它只是作为工具用来"量测"地震动力特性的。

规范谱不是实际的反应谱,是通过几百条反应谱取包络而形成的,所以场地条件、近震及远震等影响规范谱的因素,不能认为是反应谱自身所固有的,实际反应谱这些因素是完全确定的,不像规范谱要考虑各种不同情况。

💡 17. 振型是什么概念?[4]P103

振型是指体系的一种固有特性,与固有频率相对应,每一固有频率对应一种振型。

结构自振频率数指结构自由度数。每一结构自振频率对应一个结构振型,第一自振频率叫基谱,多质点结构的振动是由各主振型的简阶运动叠加而成的复合运动。振型愈高,阻尼造成的衰减愈快,高振型只是在初始振动时才明显,设计仅考虑较低的几个振型。

💡 18. 什么是周期?[4]P104

自振周期——结构按某一振型完成一次自由振动所需的时间,各种振型周期的通称。

基本周期——结构按基本振型完成一次自由振动所需时间,通常要考虑两个主轴方向和扭转方向的基本周期,也就是最低振型的周期。

设计特征周期——抗震设计用的地震影响系数曲线的下降段起始对应的周期值,与地震震级、震中和场地类别有关。

建筑物自振周期——结构主要动力特性,与结构质量刚度有关,当自振周期小于或等于设计特征周期时,地震影响系数值 α_{max} 为地震作用最大。

💡 19. 如何考虑吊车桥梁地震力组合系数?[4]P108

抗震规范第 5.1.3 条对吊车重力组合系数有比较明确的说明,但对吊车桥架重并无规定,是将吊车桥架重当恒载还是活载,有的建议在不运行时取恒载,运行时取活载,有的建议地震作用超过钢材摩擦力时,即采用摩擦力作为重力进行组合。

我们建议,吊车重力在地震存在的或然率比较低,因此有组合系数,吊车桥梁在地震时一定是存在的,应当取恒载,至于摩擦力,规范中吊车重力不考虑此问题,吊车桥架也应同样不考虑摩擦力。

20. 抗震规范中大柱网如何定义?[4]P109

　　抗震规范 9.1.11 条文说明两个主轴方向柱距均不小于 12m,无桥吊、无柱间支撑应当考虑两个主轴方向水平地震作用,因此规范明确为 12m×12m,两个方向无柱间支撑,为大柱网。目前双向计算,一个方向取 100%,一个方向取 85%,但这种算法还偏于不安全,如为钢柱,有的资料介绍,钢材应力要打折扣,如为钢筋混凝土柱,目前倪克勤公式计算偏差太大,不安全,也易发生脆性破坏,因此这种情况应尽可能避免。

21. 轻钢房屋是否要考虑地震作用?[4]P32

　　抗震规范 9.2.1 条提到的单层厂房规定不适用于单层轻型结构厂房,这里并不是指轻型房屋不需抗震计算,而是指抗震规定一些单层厂房的抗震构造不适用于轻钢房屋。而门刚规程 3.1.4 条又要求按抗震规范验算门架,这说明门架的抗震还是应按抗震规范验算,但由于门架自重小,往往承载力不受地震作用控制,但对中间有大量摇摆柱、厂房高大或很长、有夹层的则更需要抗震验算。但更关键的是,地震区轻型房屋应注意抗震构造措施,目前的措施是尽量用螺栓连接。震害表明,螺栓连接抗震好,斜梁下翼缘与柱连接宜加腋,该处翼缘受压区宽厚比应减少,柱脚抗剪强度宜加强,设抗剪键,柱间支撑与构件连接处应取 1.2 倍加强,经过加强的门架抗震性能一般很好,目前一般认为 7 度可不计算地震,验算可用基底剪力法,因为刚度均匀,两个振型周期相差大,且为剪切型。

22. 什么是阻尼?[3]P33

　　结构阻尼是整个阻尼系统的组成部分,阻尼是反映结构振动过程中能量耗散特征的系数,目前尚无明确的直接测量手段和相应的分析方法,只有宏观总体表达的方法。

　　振动过程中的耗能因素有:①结构材料内摩擦;②连接处干摩擦;③空气阻力;④地基土内摩擦;⑤地基中波的辐射耗能。

　　构件的塑性耗能将远大于上述各性能,一般分析中将塑性耗能纳入阻尼耗能,单独加以表述。

对于钢结构来说,空气耗能只占1%,可不考虑。材料内摩擦耗能源于振动过程中原子换位所引起的能量损耗,称为弛豫,频率太高原子换位来不及,无损耗,太低弛豫虽能完成,但亦无损耗,而且材料内摩擦耗能不是主要部分,因此,阻尼耗能以摩擦耗能为主,与频率无关,即以连接及其附属部分内部与主体结构间摩擦耗能为主。

阻尼又分黏滞阻尼与滞回阻尼(复阻尼)两种。黏滞阻尼为线性,能表达阻尼对频率、共振等影响,应用最广泛,滞回阻尼假定应力应变间有相位差,可不随频率改变,但不能考虑附属部分耗能影响,计算又复杂,实际很少应用。

阻尼由于结构形式、材料、几何尺寸、构造、荷载等影响,非常离散。

阻尼主要用于时程分析,需要阻尼矩阵引入,阻尼理论愈来愈不满足抗震计算要求,正成为研究焦点。

阻尼比是指结构黏滞阻尼系数与临界阻尼系数的比值,主要反映在反应谱上,钢结构的阻尼比正是一个值得探讨的问题。

23. 汶川地震中各种结构表现如何?

据文献[15]、[16]介绍:

1)砖混结构

没有按抗震措施施工的大部分倒塌,未倒塌的也破坏严重,学校建筑破坏更多,更多的原因是单边悬挑,外檐地震性能不好,开大窗户的支承墙先倒塌。如果按抗震措施设置了构造柱、围梁,并有足够的截面尺寸和配筋,有些性能好的砖结构反而比混凝土结构好,如小开间布置,纵横墙连接好,整体性延性好,不会脆性破坏,砖体约束让混凝土框络住,抗震加固效果明显,有的大震不倒。

砖混结构破坏的原因:一是纵横墙不按凹凸马牙槎设置;二是纵墙承重,纵墙成薄弱环节,震落后,墙面堕落;三是预制板不拉结,无足够拉筋入墙,形不成整体,墙倒,板砸人。

2)混凝土框架结构

(1)单跨框架经常用于教学楼,没有多道防线,一根柱子坏了全部倒塌,双跨比单跨好,多跨更好;

(2)柱子断面太小,配筋也小,弱柱抵抗不了强震;

(3)9度地震框架结构侧向位移大于1/50,接近破坏;

(4)强柱效果难以实现;

（5）楼梯间严重破坏，楼梯段地震时受拉力很大，楼梯间的墙又比较高，有的楼梯段中间有施工缝；

（6）轻质墙倒塌伤人；

（7）鸡腿结构，上下刚度突变，底层柱成塑性铰。

3）单层混凝土工业厂房

重盖肥梁，钢筋混凝土屋架大多全军覆没，重量大，整体性差，但也有在非重震区只发生局部破坏的情况。

4）钢结构

钢结构如轻型屋面，基本均完好，很快恢复生产。

轻钢结构受地震影响不大，柱间支撑失稳较多。

空间结构均完整无缺，屹立在废墟之上，重震（8～10度）地区仅支座破坏引起局部破坏。

重震区大跨钢结构几乎没有，只有绵阳8度地区九州体育馆87m×165m格构拱，地震后完好，成避难中心。

5）高层建筑

表现较好，震区尚无8层以上建筑倒塌的，主要是因为高层建筑都严格按抗震规范设计，9度地震区也有几层以上建筑未严重破坏。

以上表现由于地震的复杂性，规律很难找到，仅能参考，如震中区，地震活动错动区刚好有两幢小学建筑在断层带上却未倒塌，仅轻微破坏，其他位于断层上的建筑全部倒塌，理由无法解释。

💡 24. 大地震下钢结构表现如何？

据文献[17]介绍，汶川地震重震区钢结构不多，跨度也不够大，因此不能反映大地震中钢结构的表现。现只能参考日本神广市分析，震级7.2级，钢结构建筑1776栋，其抗震情况大致可以说明大震下钢结构表现。

据统计破坏的钢结构，倒塌大坏459栋，中坏348栋，小坏971栋，共计1776栋。

1）钢结构破坏的特点

（1）震害严重的主要是年久失修、简易轻型低层钢结构，这种轻型结构数量很多，H型钢加钢板成曰形钢，斜撑多为钢筋或扁铁，连接为铆接或焊接，腐蚀断面削弱很多，大部分倒塌与大坏。

(2)抗剪支撑破坏。老旧房屋支撑屈曲拉断很多,轻型房屋中支撑平面外大变形屈曲也很多,甚至现今建造的个别高层建筑支撑端部连接点(刚度骤增)腹板断裂、裂纹失稳的也有发生。

(3)柱的破坏。高层建筑中,柱破坏仅有一例,为箱形焊接钢柱,日本学者认为这是首次发生的钢结构破坏现象,出乎意料,分析原因:一为垂直地震力及倾覆力矩大;二为断裂在拼接焊缝附近;三为厚板焊缝降低延性;四为地震区严寒,钢材温度低于零度;五为试验说明,柱在加荷速度及变形速度下,低温时将更易破坏,破坏仅是个别柱,未倒塌,是在日本7度地震下发生的(日本烈度划分最高7度)。

(4)梁柱节点破坏。旧钢结构主要是焊缝开裂,很多是已限制使用的贴角焊缝,质量不良是严重的教训。

(5)柱脚破坏。外露式柱脚破坏,最突出,对倒塌影响很大。

(6)格构式SRC结构的破坏。一栋10层的SRC结构,混凝土剥落,格构式骨架变形鼓出,主要格构式钢骨架抗剪能力差,因此日本1958年SRC规范以格构式骨架为主,1987年即提出以实腹式骨架为主。

(7)实腹式SRC残余变形。11层鸡腿式建筑剪切破坏,发生残余剪切变形,但未倒塌,另一栋10层建筑一层残余变形达10cm,如果是混凝土一定会倒塌。

(8)SRC非埋入式柱脚破坏。通过柱脚螺栓与柱底板相连,钢骨未插入基础为非埋入式,由于垂直方向震动柱脚螺栓脱开,混凝土破碎,钢筋弯曲,主要是由于地震中拉力很大。

(9)钢管及连接破坏。SRC钢骨在节点处被钢骨穿过,削弱了断面,有的大梁被穿洞削弱了2/3面积。

(10)高层钢结构个别倒塌,是由于上部为混凝土,下部为SRC结构,材料及刚度变化很大,形成薄弱层,使中间层倒塌。

(11)大跨钢结构震害。由于大跨钢结构质轻、刚度小,破坏比例很小,遭受灾害的主要是1981年新规范实施前设计的建筑,日本铁道公司车辆厂的破坏原因有:①柱脚螺栓柱头断裂(17幢);②水平垂直支撑屈服断开(37幢);③屋架弦杆斜杆屈服断开(10幢);④节点板屈服断开(12幢);⑤螺栓及铆钉断裂滑移(21幢);⑥节点板屈服(7幢);⑦杆件脆性破坏(2幢)。该厂1981年后建的网架结构只有支撑杆件从支座脱开屈服弯曲,无整体破坏。

2)从日本阪神地震吸取的教训

(1)地震强震所测除一点为 818gal 外,其他为 300～500gal,与第二阶段时积分方法加速度很接近。日本采用两次设计方法,常遇地震输入 200gal 即一次设计,罕遇地震按弹塑性取 400gal 即两次设计,地震作用为一次的 3～7 倍,底层为 3,顶层为 7。我国 8 度地区常遇的地震加速度为 70gal,罕遇地震输入 400gal。用新的设计抗震法,神户 15 幢 100m 高层建筑仅两幢几块玻璃落下,最高的 37 层,高 157m,顶点位移 1.8m,没有破坏。

(2)限制水平层间位移,要求一次设计层间位移不超过 1/200,两次设计不超过 1/100。

(3)垂直地震作用有一定破坏作用,兵库县调查大量钢结构破坏的重要原因是垂直加速度为 200～300gal,超过日本一次设计峰值,比我国常遇地震 8 度时取的 70gal 大 3～4 倍,垂直地震作用对拉杆连接件破坏很突出。

(4)结构体系影响安全,上部 RC,下部 SRC,薄弱层破坏,日本已经限制 31m 以上建筑不能用此混用结构。

(5)节点焊缝很重要,当焊缝不适当焊接时对节点影响很大,柱脚螺栓也很重要。

(6)构造措施很重要,日本地震加速度设计很大,但我国高层建筑抗震设计一般也未按罕遇地震设计,综合地震效应比日本小,但由于构造上严格规定,实际承载力与日本估计差距并不是非常大,说明"构造加强"起了作用。

(7)日本多位学者认为,从地震中实现大震确保生命的目标角度,钢结构抗震性能比较优越,即使旧建筑钢结构,抗震标准低,遇到了局部倒塌和大变形,但多数未造成整体倒塌及人员伤亡,因为钢结构延性非常好。

💡 25. 抗震规范 8.2.3-3 条要求多、高层人字、V 形支撑内力应加大 1.5 倍,高层钢结构规范 6.4.5 条要求人字、V 形乘以 1.5,十字乘以 1.3,为何加大?

支撑形式如图 6-3 所示。

支撑内力加大是参考国外的资料,原意是加强第一道防线抗震力(框架支撑系统),第一道防线就是支撑,因此希望加强,人字形现在不加强已出现问题,即斜杆是一拉一压,垂直方向力是平衡的,但如压杆先屈服,只有拉力,就不平衡,横杆则承受很大力,引起破坏。如果再按内力加大 1.5 倍,不但不能解决上述问题,压杆屈曲后,拉力更大,横杆就先坏了,起不了加强的效果,所以,国外有些已经取消了增加 1.5 倍的规定,而我们加强时,更应加强横杆。

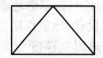 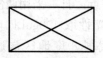

图 6-3

据文献[2]介绍,十字形支撑加强 1.3 倍,这种思路来源于混凝土剪力墙是脆性的特点,为了避免脆性破坏先于剪力墙弯曲破坏,因此各国均对剪力墙设计时剪力加大 1.2~1.6 倍,而十字支撑与剪力墙是完全不同的。我们的目的是产生延性好的弯曲破坏,而十字形支撑加强了,则可能竖杆先破坏,而竖杆是无侧移失稳,延性很差,并不有利。所以国外也有取消 1.3,我们用 1.3 时,必须也相应加强竖杆。

这种竖杆无侧移失稳先于支撑破坏,称强剪型,支撑先破坏为弱剪型,所以应该采用弱剪型,使支撑第一道防线屈服后,地震作用降低,弱剪型支撑才相当于"熔断丝",采用加大 1.3 倍反而使熔断丝不能形成。

26. 抵抗水平地震的杆件为何不能承受竖向荷载?

据文献[2]介绍,钢结构规范 8.2.6-2 条文说明人字、V 形的支撑架在支撑交叉处不考虑承受重力荷载,因为如果承担了竖向荷载,支撑截面更大了,无法实现弱剪型,失去"熔断丝"作用。两个杆件均受压,压杆是屈曲,而不像拉杆达屈服,使支撑出现单侧塑性变形,不能形成滞回耗能。总之,用于抗侧力的杆件,不要承担竖向荷载,要求施工时,支撑杆件在大部分竖向荷载施工完毕后再与上部结构最终焊接。

27. 抗震规范 8.2.5-1 条文说明轴压比 0.4 以下的轴心受压杆件在 2 倍地震力下稳定可不考虑强柱弱梁。同样类比,长细比的要求在此情况下是否也可不按规范?

轴压比对结构延性有非常好的作用,可以保证柱延性破坏,因此就不必担心强柱弱梁。而长细比同样对延性起好的作用,长细比愈大,延性愈好,如果长细比不按规范,就会降低了柱的延性,与轴压比大于 0.4 是一回事,所以不能放宽强柱弱梁。

28. 抗震规范3.1.1条建筑分类如何考虑,抗震规范6.1.2条将房屋分级,为何钢结构不分级?

抗震规范分类也很笼统,如乙类指使用功能不能中断,或尽快恢复,具体见《建筑抗震设防分类标准》(GB 50223),如电视台、体育馆、机库就属于乙类。因为体育馆下会有广大群众,人数集中;机库下飞机是贵重物品。分类一般不由设计院决定,应该由甲方认定,因为甲方可以申请提高类别。

至于分级,抗震规范6.1.2条明确为现浇混凝土,不包括钢结构,因为混凝土结构主要靠构造抗震,构造也分得很细,因此不同条件的构造就分级,而钢结构主要靠计算稳定性等,构造措施相对比较统一,所以未具体分级,即使将来分级,也会以高于50m为高层的结构分高层、低层,以前以12层为高层,不够科学,因为层高并不统一,应以50m为界。

29. 抗震的"鲁棒性"指什么?

据文献[18]介绍,"鲁棒性"是抗震的一个新概念、新措施,目标是提高抗震结构的总安全性,提高"鲁棒性"可避免罕遇地震倒塌。虽然没有定量的措施,但对提高"鲁棒性"的一些概念和措施,分别从抗震结构体系、结构承载力和延性、破坏模式及赘余构件等的措施入手,就相当于抗震概念设计的准则,值得参考,如何实现"鲁棒性"设计,目前尚无具体的理论和方法,只能凭工程经验由工程师把握和判断。

(1)抗震结构应具有层次性,应找出结构整体安全的关键构件。

目前我们的安全性是以结构的构件不超过最大承载力为目标,即所谓承载力极限状态,是我们的一个重要缺失,设计规范的计算都着眼于结构具体构件,而"鲁棒性"设置要使工程师足够地考虑整体结构安全性,尽管规范中也有强柱弱梁、框支柱提高安全度的办法,但总体原则上没有针对不同结构体系来区分关键构件,相应提高安全度的要求。

要求大震不倒,但由于地震随机性,未来超过抗震设防的"罕遇地震"可能存在,因此尽可能提高结构"鲁棒性",即提高结构整体安全性非常重要。结构"鲁棒性"的差别,在灾害中已明显表露了出来,问题是如何实现"鲁棒性"提高。

(2)正确区分抗震中关键构件、一般构件、次要构件。

不同的结构对于"鲁棒性"贡献不同,关键构件即是地震时将引起大范围破

坏倒塌的构件,次要构件是不会同时达到最大承载力和极限变形的构件,关键、次要之外,还有一般构件,对承载力有一定影响,但不会导致承载力急剧降低,而我们认为所有结构构件安全度都相同是违背"鲁棒性"原则的。构件的安全度与整体结构安全度是两回事。关键构件由于破坏模式不同,分为整体型关键构件(如剪力墙)和局部破坏型关键构件(如纯框支柱结构中的框支柱),只有具有整体型破坏的结构,提高结构"鲁棒性"才有实际意义,框支柱并不提倡,强柱弱梁也难以避免柱底出现塑性铰。

(3)结构关键性构件提高承载力和延性与"鲁棒性"的关系。

延性有很多优点,如避免突然倒塌,有利于超静定结构塑性重分布,延性与滞回耗能减少地震力脆性破坏使相关联的冗余度丧失等。

但整体的延性比局部性重要,两者既有联系又有区别,要求是宏观变形能力,如局部性破坏模式。延性很大,"鲁棒性"也不一定好,如延性达到6的框支结构,其"鲁棒性"不如延性为3的剪力墙结构。

承载力安全储备与变形安全储备不能简单地割裂,合理的安全储备应该是结构破坏时的承载力和变形之积与结构满足正常使用条件下的承载力和变形之积之比,也可以采用结构破坏时变形能与正常使用的变形能之比,为能量储备。

结构承载力与变形能力对"鲁棒性"都有意义,但更强调提高承载力。

①达到屈服后,随后其变形能力再大,也难避免整体破坏;

②目前都利用罕遇地震下,塑性变形和滞回耗能耗散地震能量,但由于高强材料应用,将可避免出现塑性铰,形式真正的整体型破坏模式。

(4)结构发生整体性破坏模式对提高"鲁棒性"才有意义。

结构应具有整体性破坏模式,而不能因局部破坏而整体倒塌,才能满足"鲁棒性"坏而不倒的目标,整体性破坏模式即强柱弱梁、剪力墙结构、筒体结构等,局部性破坏模式即框支结构、砌体结构,整体性结构可以使更多次要结构或赘余结构破坏而耗散更多的地震能量,所以强柱弱梁还要注意避免柱底塑性铰,否则还是会出现局部性破坏的。

(5)尽量形成超静定结构及赘余构件。

结构冗余度愈大,"鲁棒性"愈高,如梁超静定集中于次要结构,作用更大,只有将关键构件形成超静定,才具有提高"鲁棒性"的意义,采用网壳架结构就是成功有力的措施,也可利用非结构构件如隔墙,通过其与主体结构连接,使其成赘余构件,连系梁也可作赘余构件,使整体结构超静定次数增加。

（6）采用多重抗震结构体系。

当结构中构件损伤破坏退出工作后，地震可由剩余结构有效承担，在有效的备选传力途径中，次结构体系作为第一道防线，主结构子体系作第二道防线，第三道防线如框支—剪力墙或支撑、筒中筒等均具有多重结构体系。

当然，增加结构阻尼可减少地震力，但一定要使计算模型与结构实际结果一致，否则不能准确控制，而使"鲁棒性"减少。

（7）加强结构整体牢固性。

圈梁构造柱不但可提高墙体承载力和变形能力，更主要的是可以使松散砌体连接起来，钢结构延性较好，但过多采用螺栓，整体性反而较差，焊接由于焊接区强度低于母材，使连接区先于构件破坏，使整体性丧失，因此"鲁棒性"不仅看构件本身，连接也很重要。

30. 抗震规范 8.1.6 条规定框架外形尺寸长宽比不宜大于 3，超过怎么办？

目前，工程中普遍反映大于 3 的情况，如飞机库附近的楼一定超过了，现在解决的办法即按 PKPM 验算，扭转不超过标准，则认为可以；超过了，则改变剪力墙位置或加大柱截面，直到满足为止。

据文献[19]介绍，由于规范对如何解决不明确，因此审图时往往层层加码，现提出判别规定。

（1）高层钢结构规范 5.2.6 条提出要考虑偶然偏心 $0.05L$，其他规范未提要求。

（2）应采取刚性楼盖假定，不应采用弹性楼盖。所谓刚性楼盖，也都会变形，没有绝对刚性，一般认为变形不大于 $\frac{1}{12000}$ 的即为刚性，楼盖内各构件水平位移遵循同一规律（平动时一起平动，扭转时共同扭转）。采用弹性楼板，会干扰扭转的位移，难判别准确性。因为对于弹性楼板，计算的位移可能是平面中某点的局部位移，不能反映楼盖整体扭转状况。

（3）双面地震作用。美国 ASCE 7—98 规定相应于我国 8 度设防，应考虑双向地震作用，两方向一为 100％，另一方向为 30％，并只在构件承载力时计算，而我国并未明确只在承载力时计算，但也未明确楼层位移的计算是否考虑双向地震作用。文献[19]则建议在复杂式刚度分配明确不对称时，以及超限建筑要考虑双向地震作用。但目前不少单位均考虑双向地震作用。双向地震作用应按我国抗震规范 5.1.2 条，一个方向为 100%，一个方向为 85% 考虑。

(4)抗震规范 3.4.2 条文说明扭转位移取结构端部位移。

楼层扭转位移比 $\mu = \dfrac{u_{\max}}{\bar{u}}$，式中 $u_{\max}$、$\bar{u}$ 分别为单向地震作用下在楼层角点处竖向构件比水平位移或层间位移的最大值和平均值，判别的标准是 $\mu \geqslant 1.2$，如 μ 用双向地震作用是偏于安全的。

$\mu \geqslant 1.2$ 是参考《复杂高层建筑结构设计》（徐培福，中国建筑工业出版社，2003）及《江苏省房屋建筑工程抗震设防审查细则》（中国建筑工业出版社，2007）而取定的。

31. 多点多维地震反应的设计如何？

目前普遍认为较重要的结构应进行多维地震反应分析，计算多维可以用 SAP2000，很方便。唐山大地震时，因桥墩两端地震运动方向相反而发生桥梁坠落现象，因此对大跨度结构存在多点地震反应问题，即由于地面运动产生的相位差，过去我们设计飞机库时也曾请教各国设计，认为 100m 以上要考虑多点，我们也曾进行了多点地震分析，分析的结果是有影响的，应该考虑。

根据文献[20]介绍，多点地震反应要考虑距离，"超限高层建筑工程设防专项审查要求"将超长结构定义为 400m，欧洲规范为 600m，场地不均匀的为 200m，桥涵规范则定为 200m，看来 200m 的结构应进行多点地震分析。

多点地震反应分析采用 ANSYS，然后根据 APDL 语言程序输入，采用的计算方法是大质量法，因为直接输入地震波加速度不好算，所以在每个支点处采用一个结构总质量为 10^4 的大质量 m，进行 $F = ma$ 输入，而 m 则根据静力计算的支座反力按比例采用不同的 m。根据阮甘明总工介绍，也可以在支点处加一相同的刚性位移，然后就直接输入加速度，计算结果的位移，减去原加入的刚性位移即可，对力没有影响。

影响地震空间变异性的因素有很多，如非均一性效应、行波效应、衰减效应和局部场地等，其中衰减效应很小，可忽略；由于地震反应相干效应的模型目前尚不成熟，很难适用，也可以不考虑非均一性效应。另外，只要勘察报告中没有明显阶变高差变化，也可不考虑局部场地条件的影响。因此主要是考虑行波效应，通常假定地震波沿地表面以一定速度传播，只是时间的滞后，称行波法，现在假设行波速度大约 1000m/s，然后根据支点距离存在时间的滞后，不断从各支点输入，即可得直接应用的结果。从计算结果看，主要引起扭转效应，而且反映在柱子上，弯矩影响比轴力影响大，当地震力不大时影响也有限。

据文献[9]介绍，用大质量法，即可用 ANSYS 以 AP01 语言程序输入，按行波输入大约 1000m/s，因为加速度不能直接输入，支座按结构总质量的 $10^5 \sim 10^6$ 倍 m，用 $F=ma$ 输入，而根据静力计算支座反力比例，采用支座不同的 m，通过时程法，直接求出内力结果。北京建筑设计研究院则在支座处用 AGAQUS，使用刚性位移法，采用相同刚性位移，直接输入加速度，得到的结果，位移即减去其刚性位移，力即可直接采用。

据文献[155]介绍，广州新客站多点地震结构是超长结构，东西长 476m，南北长 222m，空间关系及结构体系复杂，上下部结构分缝不对应，时滞效应明显，应考虑地震的空间变化，多维多点地震响应取决于动力特性、截面形式、位置、反应类型及地震震动变异性大小，这些参数中，主要考虑多点地震输入的空间变异性，本质就是相关性的降低，降低的原因在于非均一性效应、行波效应、衰减效应和局部场地条件的影响，由于建筑规模所限，衰减效应影响极小，地质比较均匀，不考虑局部场地条件的影响，因此行波效应占主导地位，行波影响系数 $\zeta_{wc} = \dfrac{\text{行波法下杆件内力}}{\text{一致输入下相应杆件内力}}$。这些看法与上述资料基本一致。

多维多点输入分析采用有限元分析软件 MIDAS/GEN，持续时间 15～25s，步长 0.02s，地面加速度以 $200cm/s^2$ 为下限，以 $800cm/s^2$ 为上限，波形不变，仅时间滞后。

计算结果：由于质量刚度分布相对均匀，扭转效应绝对值不大，竖向杆件一般反应不大，反应大的是一致激励下地震内力较少杆件，但对屋盖结构内力影响较大，尤其是对位于中央采光带的结构。

据文献[156]介绍，对南京南站进行多维多点输入分析。南京南站为 216m ×458m，采用 MIDAS-V730 三维整体分析模型，多点输入由于地震波到各支座的时间不同，导致结构各支座不同运动，因此行波效应不可忽略，多点输入是必要的。多点输入有反应谱法、时程分析法和随机振动分析法，由于反应谱法不能考虑行波效应等复杂因素，因此应用时程分析法，时程分析法又有支座大质量法、支座大刚度法和相对运动法，南京南站采用了相对运动法，一般单点输入，绝对位移＝相对位移＋支座位移，而多点输入绝对位移＝拟静力位移＋动力位移。由于各支承点在同一时刻位移并不相同，不存在同一相对参照坐标系，因此没有

单点输入问题相匹配的相对位移的概念,通常将杆件内力作为多点输入地震反应分析的主要评价指标,采用相对运动法进行行波效应的抗震分析,分析结果是大部分构件进入了弹塑性变形阶段,并进行内力重分布。对于竖向杆件而言,多点剪力有大有小,小的占多数,影响大的单元出现在混凝土分区四周。

据文献[157]介绍,昆明机场航站楼,长向850m,东西向1120m,只考虑行波效应,采用时程法和相对运动法分析,波速回填区用200m/s,非回填区用500m/s,计算结果,扭转效应不可忽略,尤其是对于下部结构。

💡 32. 钢—混凝土混合结构地震反应如何算?

北京工业大学曾采用位能权平均法提出钢—混凝土的阻尼比为0.025～0.035。

据文献[21]介绍,如果采用近似比例阻尼法,如采用阻尼比0.04,这样误差可能为50%～100%,影响承载力的合理性。因此提出常见的钢—混凝土阻尼比在0.02～0.05之间,FDEQC计算精度较低,应用PMSAP的CCQC方法,FDCQC、CCQC均可按PSPM中的PMSAP来进行计算,有的单位即按此计算,是可以的,但PMSAP与中国规范尚不能接轨,只能算出内力。

据文献[22]介绍,两种不同材料和结构体系组成的复合结构,如上部为门架结构,下部为混凝土结构,在加层处是一个突变,容易产生"鞭梢效应",出现应力集中和塑性变形,如何分析并无明确的规定。文献[22]对下刚上柔的复合结构以振型分解反应谱法及结构振动理论作了分析,分析结果认为结构各层刚度及质量分布均匀时,加层质量小于原结构质量,加层刚度也小于原结构刚度,加层结构各层仍用底部剪力法计算是偏保守的,但加层结构的底部与原结构顶层为两个薄弱层,应进行加强。文献[22]仅为地震影响由于上下部刚度不同作了分析,并未涉及上下阻尼比不同的问题。

文献[23]提出,上下部刚度不同,地震作用时超过现行规范范围,应进行专项审查(超规范不是不允许做,是需要进行结构专项审查)。

根据以上情况,目前混合结构,有的审查单位要求进行专项审查,有的就不要求,使设计很为难。我们认为上下刚度不同,在高层钢结构及抗震规范中都提到转换问题,也就是指刚度不同,处理的意见及措施也提出加强薄弱层的问题,所以混合结构规范未提及的还是阻尼比差别大的问题,而阻尼比不是理论问题,试验结果也非常分散,与结构形式、构造、围护结构都有非常复杂的关系,是很模糊的问题,现在很难说哪种解决方法最正确。因此我们建议这个问题多与审图组沟通,重要工程也可用 PDCQC 算一下。也有工程采用包络方法,即用大阻尼比算一下,再用小阻尼算一下,有的工程则将混凝土看台与钢的挑篷分开算,下阻尼比取 0.05,上部取 0.02,然后又将二者合起来,钢结构取 0.02,混凝土取 0.03,然后取其不利,这些都是值得探索的方法。

33. 抗震中结构延性如何估计?

延性也是非常复杂的,根据徐国彬教授介绍,延性有三部分,一是塑性变形/弹性变形;二是缩颈率;三是冲击韧性。三者如何综合评价,尚未找到有关资料。

近似估计由钟善桐教授介绍,钢结构延性大于 4,圆管混凝土最好达 7~8,方钢管混凝土及型钢混凝土均小于钢结构。

34. 一般橡胶支座能否用来作减震?

据文献[46]介绍,现有工程使用橡胶垫后往往不考虑抗震计算或将橡胶支座弹簧系数 K 输入到结构中整体分析,这种做法不妥,原因有:①橡胶支座在地震作用下反应还未做深入研究,特别在大震作用下隔震效果还要研究;②按抗震规范 12.2.9 条黑体字规定,使用隔震措施,隔震支座以下的结构必须按罕遇地震弹性计算,这样加大了地震作用,要求对下部结构加强,而橡胶支座减震效果较小,满足不了下部结构抗震要求;③橡胶支座作减震后,全部是弹簧,大风下的位移难以控制,除非采取有效措施(如加铅芯)。

35. 抗震"强节点弱构件"应如何设计?

关于"强节点弱构件",我国规范与国外规范存在较大差别。

据文献[93]介绍,通过抗震规范与 CECS 160:2004、美国 ANSI/AISE 341—2002、欧洲 EC8、日本钢结构极限状态设计指南等比较,可发现 CECS 160:2004、美国际准和欧洲标准均规定在连接的抗力基本上与钢结构规范相同,即按连接的屈服强度计算,而我国抗震规范与日本接近,按高于相应的钢结构规范拉力值计算,即按抗拉强度计算,这样节点计算中被连构件的承载力按屈服强度计算,连接承载力按抗拉强度计算,强度取值不在一个水准上,放宽了对节点承载力的要求,在大震作用下节点可能先于构件发生破坏,考虑到构件在大震作

钢结构设计误区与释义百问百答

用下发展塑性变形的同时,节点要求不坏,结构不倒塌,加强节点非常必要,因此抗震规范的设计明显弱于美欧规范,而 CECS 160:2004 同美欧规范符合较好,现将 CECS 160:2004 比较如下:

1)梁柱刚性连接

GB 50011—2001 的 8.2.8.1 条式(8.2.8-1)和式(8.2.8-2)。

CECS 160:2004 给出了:

$$M_c = 1.1\eta M_p$$

$$V_c \geqslant 2.2\eta M_p/I_n + V_b$$

式中:M_c——连接的抗弯承载力设计值,仅由翼缘的连接承担;

η——超强系数,由钢板焊接成的组合截面取 1.1,轧制钢材抗震设计 A、B 类取 1.1,C 类取 1.2,D 类取 1.3,E 类取 1.4;

V_c——连接抗剪承载力,仅由腹板承受;

V_b——由楼盖设计值在梁端产生的剪力。

中柱 V_c 的探讨可见本书第十一章 92 题。

2)支撑与框架连接

GB 50011—2001 8.2.8 条中的式(8.2.8-3)。

CECS 160:2004　　$N_c \geqslant 1.1\eta A_n f_y$

3)连接抗力计算

CECS 160:2004 也完全按照 GB 50011—2001 的规定,在其条文说明中给出了连接强度设计值与极限强度和屈服强度的换算关系。

对接焊受拉一、二级时:

$$N \leqslant A_l^w f = \begin{cases} A_l^w f_y/1.087 & (Q235) \\ A_l^w f_y/1.111 & (Q345 \text{ 及以上}) \end{cases}$$

角焊缝受剪:$V = \begin{cases} 0.38 A_l^w f_u^w & (Q235) \\ 0.41 A_l^w f_u^w & (Q345 \text{ 及以上}) \end{cases}$

高强螺栓承压:$N_c^b = 1.26 d \sum t f_u$

高强螺栓受剪:$N_v^b = 0.30 n_i A_e^b f_v^b$

式中:f_u^w——焊缝金属抗拉强度最小值;

A_l^w——焊缝有效受力面积;

f_u——母材抗拉强度；

N_v^b、N_c^b——分别为一个高强螺栓极限抗剪及对应板件极限承载力；

n_f——螺栓连接剪切面数量；

A_c^b——螺栓有效面积；

f_u^b——螺栓抗拉强度；

d——螺栓直径。

文献[99]对文献[93]一文提出商榷。首先文献[99]针对文献[93]提的与抗震规范 GB 50011—2001 对比误认为是与钢结构规范 GB 50017—2003 对比，因此认为文献[93]节点与构件强度取值不在同一个水准上是不对的，这是一个误会，但文献[99]所提抗震设计连接是按弹性分析截面计算，连接考虑了超强及应变硬化，观点是对的，但文献[99]又提出没有证据表明大震作用下节点是先于构件破坏的。

抗震规范 $M_u = 1.2M_p$ 仅是将屈服强度换算成抗拉强度，并未达到节点加强的目标，从国外大地震灾害看，节点往往是破坏的重点，因此适当加强是必要的，建议按 CECS 160:2004 的思路考虑钢种 A、B、C、D、E 的区别，最好参考日本规范采用的连接系数 α。

💡 36. 我国抗震规范中有关钢结构抗震有哪些问题值得讨论？

文献[112]是比较全面分析讨论钢结构抗震的文章，提出我国抗震规范有关钢结构抗震中的问题很值得设计人员了解与分析。

1)完全不考虑延性水平对设计地震作用的影响。

灾害调查结果表明，结构强度不足不是导致结构破坏的主要因素，只有具有弹塑性变形能力的结构才能在地震中幸存，我国抗震规范 TJ 11—1978 是按美国规范编制的，阻尼比为 0.05，通过结构影响系数 C 来折减弹性地震作用，GBJ 11—1989 在设计概念上作了大修改，以多遇地震内力分析验算，GB 50011—2001 基本上也沿用了 GBJ 11—1999 思路，这种修改使钢结构的设计地震力 12 层以上提高了 26.7%，12 层以下提高了 10.7%，对单层影响更大，使钢结构延性好的特点得不到发挥。

世界各国抗震设计都采用"能力设计法"，用弹性承载力抵抗地震作用必然不经济，所以各国都以屈服荷载 B(图 6-4)来判断是否已进入塑性变形阶段，而我国抗震规范不采用"能力设计法"，而用"多遇地震—抗震措施"，缺乏定量的延

图 6-4

性指标,延性仅作为安全储备,而 TJ 11—1978 的 C 本质上反映了结构体系延性水平的差异,而现在 GB 50011—2001 完全不考虑结构延性水平对地震的影响,既不科学,又不经济。

2)没有了统一的概率水准

各国抗震发展过程都逐步引入了概念方法,都提出了不同抗震验算要求的概念水准,如日欧内力计算在设防地震下进行,设防地震与区划地震的重现期均是 475 年,有确定的概率基础,而 GB 50011—2001 内力是在多遇地震作用下进行的,由区划地震乘以 0.35 而来,失去了统一的概率水准,仅仅是名义上的概率值。

虽然中日欧都以 50 年设计基准期内超载 10%概率为设防地震,重现期 475 年,但计算中却失去了概率。

3)设计准则不明确

GB 50011—2001 将设计准则归结为"三个水准,二阶段设计",二阶段设计中一阶为多遇地震验算,但预超载概率 63%,比设计烈度低 0.5～2.8 度;二阶取为罕遇地震,超越概率 2%～3%,设计烈度也并非为 1 度。多遇与罕遇地震在全国并无统一的超越概念,唯一有统一的超载概率的中震又不进行验算,因此设防目标无统一的可靠度。

欧洲二阶段设计是在小震及中震下的内力计算,但大震下未进行验算。概率基础必须建立在地震区划的基础上,目前各国均采用单一水准的地震区划,另外两个水准均可经换算得到,因此当前,将统一的概率水准与作为设防地震的中震相匹配是一个较合理的方案。

4)未规定梁柱刚接特点塑性转动能力要求

如表 6-1 所示。

表 6-1

延 性 类 别	高延性(rad)	中延性(rad)
美国 ANSI/AISC 341—2005	0.04	0.02
欧洲 EC8	0.035	0.02

5）层间位移限值

日欧规范的验算目的是避免非结构构件破坏，我国规范是保证结构在多遇地震下不坏，GB 50011—2001 中多遇地震作用下层间位移限值为 $\frac{1}{300}$。

日本 BSL（1981 年版）：小震作用下为 $\frac{1}{200}$；非结构构件不会破坏，可放宽至 $\frac{1}{120}$。

欧洲 EC8：小震作用下（欧洲小震水平为 95 年一遇地震）：

①脆性非结构构件与结构刚性连接时，取 $\frac{1}{282}$；

②延性非结构构件与结构刚性连接时，取 $\frac{1}{188}$；

③非结构构件柔性连接时，取 $\frac{1}{141}$。

美国 ASCE 7—2005 屋面位移角限值（中震，475 年一遇）见表 6-2。

表 6-2

重要建筑	1/67（重要）	1/100（非常重要）
一般建筑	1/50	

6）竖向地震力

各国规范考虑方式差异较大。

欧洲规范——竖向弹性地震使用折成 1.5 倍，作为竖向设计地震作用，中震作用下。

美国规范——考虑水平与竖向同时发生概率很低，将竖向地震效应改为 $0.2S_{ps}$，S_{ps} 为短同期下设计反应谱加速度参数。

GB 50011—2001 规定水平与竖向地震作用下，相当于将中震作用下竖向弹性地震力降低 37.62 倍。

💡 37. 震中烈度与震级的关系如何？

据文献[121]介绍，震中烈度与震级的大致对应关系见表 6-3。

钢结构设计误区与释义百问百答

震中烈度与震级的大致对应关系   表 6-3

震级 \ 震中烈度 \ 震源深度(km)	5	10	15	20
3级以下	5	4	3.5	3
4	6.5	5.5	5	4.5
5	6	7	6.5	6
6	9.5	8.5	8	7.5
7	11	10	9.5	9
8	12	11.5	11	10.5

💡 38. 国外如何考虑门架的抗震?

据文献[141]介绍,美国金属房屋体系抗震设计指南虽然是以中震考虑结构延性影响,但一些基本原理是可以借鉴的,美国分 A～F 等级,C 级相当于我国 7 度,A～C 级时,$R=3$ 相当于我国地震影响系数。A、C 级可不采取地震措施。

(1)门架长细比及宽厚比大,柔性大,因此要计入 p-Δ 效应后,对于压型钢板,柱顶位移不大于 $\frac{1}{80}$,$\delta=\frac{1}{1-\theta}\delta_1$,$\theta=\frac{p\Delta}{Vh}$。其中,$\theta$ 为二阶效应特征系数,$\theta\leqslant 0.10$ 时不考虑 p-Δ 效应,$0.1<\theta\leqslant 0.25$ 时考虑二阶效应,$\theta>0.25$ 时应重新假设截面尺寸;δ_1 为未考虑 p-Δ 效应时柱顶位移;δ 为考虑 p-Δ 效应时的柱顶位移,要求不小于 $\frac{1}{80}$;p 为柱顶在竖向荷载 V 作用下柱顶的剪力;Δ 为在 p 和 V 作用下柱顶位移;h 为柱高。

(2)地震时荷载不能太大,恒载不超过 72kg/m^2,砌体外墙及柱顶侧移不大于 $\frac{1}{240}$。

(3)可采用单自由度计算模型,坡度小于 $10°$ 时用檐口高度,大于 $10°$ 时用平均高度。房屋宽度大于 60m 时,山墙应设置支撑,并对称设置,即 4 个支撑。

(4)计算地震作用时,应作用于刚架两端,不能作用于一端,过于保守。

(5)门架基本自振同期按下式计算,不按一般动力计算。

$$T = \beta C_{\mathrm{T}} h^{3/4}$$

式中：C_{T}——结构体系系数，横向实腹框架取 0.035，侧向支撑框架或山墙支撑
　　　　　框架取 0.020；

　　　h——檐口高；

　　　β——换算系数，取 2.44（由英制单位换算而来）。

（6）构造措施：

刚架构件与端板及腹板连接用双面角焊缝，以 12mm 为界，小于此值用双面角焊缝，大于此值用角对接组合焊缝。

端板高强螺栓，应按中和轴抗弯计算，保持弹性受力，不能绕边排螺栓抗弯，柱脚防止锚栓拔出拉断，7 度以上抗震设防时支撑用角钢，支撑与框架柱夹角为 $35° \sim 55°$，支撑中心线不能交于柱脚底板，考虑偏心，支撑与节点的偏压要大于支撑塑性拉力。

柱脚锚栓不小于 $\phi 24$，伸入不小于 $25d$，连接系数大于 1.1，山墙用压型钢板，还应设支撑，支撑与构件连接腹板小于 5mm 时，要补强。

跨度大于 36m，斜梁下翼缘不宜用隅撑，因侧向刚度小，宜设置系杆加强。抗震为 8 度时，侧墙用压型板。

文献[168]提出柱向支撑用角钢，端板与门架及腹杆采用双面角焊缝，如采用砌体墙应贴砌，并自承重，沿柱高 50～80cm 设拉结筋，垂直墙面的风应通过过梁与框架相连，并 1.5m 设一锚固点。锚固点应有构造措施，避免墙的垂直重力传给框架。

（7）混凝土楼板夹层面积小于厂房面积的 1/3 时，可用防震缝分开，仅对夹层部分作抗扭分析；当大于 1/3 时，应整体分析。整体分析应考虑夹层重心的偏离所产生的剪力和扭矩。屋面属于房屋的横隔板，而 MBMA 抗震指南认为金属屋面的传统设计方法将屋面视为柔性隔板。

地震区考虑夹层较重，若将此重力传给刚架，对刚架极不利，最好在夹层的屋盖上设纵向水平支撑并向两端各延伸一个方向，协调刚架侧移并设置夹层顶上水平支撑相应的柱向支撑，使夹层地震作用直接传至柱基础，此时抗震可以不考虑夹层影响。

💡 39. 中震计算与小震计算对比如何？

据文献[142]介绍，开始用静力法，没有考虑结构动力效应，结构随地基作整

体刚性运动。反应谱法认识到结构加速度响应不同于地面运动加速度,与结构自振周期和阻尼比的动力特性有关,采用动力学可求得不同周期单自由度弹性体系质点的加速度反应,建立了弹性加速度反应谱,对多自由度体系又建立了振型分解。但实践中发现短周期结构加速度谱法比静力法地震系数大 1~6 倍,这样就无法解释为何静力法的结构也能经受强震不倒塌。因此,通过地震力降低系数 R,将反应谱法得到的加速度反应降低到静力法的地震加速度,并从而认识到结构的非弹性变形能力可使地震力降低,非弹性变形能力即为延性,目前性能/位移是抗震设计方法为主要方向。

目前美国、日本、新西兰和欧洲都采用中震设计方法,我国 1978 年抗震规范也是采用中震,即考虑结构影响系数 C,即延性的差别来折减地震作用,1989 年版规范和 2001 年版规范将 1978 年中震计算方法改为小震计算,是国际上唯一按小震计算的国家,虽然修改后的抗震能力有显著提高,但小震计算方法也暴露了很多问题,2004 又编制了《建筑工程抗震性态设计通则》(CECS 160:2004),又采用了中震计算方法。

1978 年抗震规范中中震计算的优缺点:

(1)优点:C 在结构抗震概念上反映了结构材料、结构体系、结构形式、结构规则性等整体结构特征在中震作用对结构抗震能力的影响,综合反映整体抗震能力的本质,反映了延性,R 或 C 反映了实际的地震作用与理想弹性体系反应谱之间的差异。该差异取决于结构形式、层数、塑性变形、耗能、阻尼、非承重结构贡献、材料超强及地基变形等。

(2)缺点:C 所对应的延性要求 4~6,值得探讨,C 不能刻画组成多种材料、多种构造(包括楼层)在变形能力和变形要求上的明显差异,设计人员容易把进入弹塑性变形阶段才形成折减的等代地震误解为结构实际受力与活载、恒载力加以叠加,物理概念不清,这样使设计人员用增强强度而忽略用变形及耗能的方法来抗震,总的延性要求不能反映部件及节点延性,可能局部延性不足。实际发生的地震超过基本烈度,没有对倒塌作出估计,C 是经验数字,应将 C 分得很细,但依据不足,无小震计算与弹性变形验算。

小震计算优缺点:

(1)优点:处于弹性状态,符合结构力学理论,三水准抗震设计高于实际,易于实现,构造结合二水准,特殊结构按三水准验算,小震由 C=0.35 转化,基本保持了延性。

(2)缺点:设计概念模糊,误认为按小震不是按基本烈度设防,本来 C 值最小可差 2.5 倍,现实就用平均值 $C=0.35$,误差很大,虽然用构件承载力抗震调整系数,但误差仍然很大,尤其对阻尼比小的钢结构更不合理,使延性好的钢结构反而加大地震力。因此,没有体现不同结构体系抗震性能上的差异,尤其是塑性变形能力上的差异,容易导致设计人员只关注各部位抗震承载力要求,而忽视局部薄弱部位明显的变形集中,小震计算无法体现对结构整体抗震性能要求的判断与把握,在小震计算时,如作用地震小于风荷载时,误认为结构由风荷载控制。

总之,小震计算的缺点大于中震计算的缺点。

疲劳及悬挂吊车在[1]P72已经详细介绍，本书仅作补充，重点是吊车梁。

1.吊车梁系统有哪些类型，能否做成连续梁?[4]P272

吊车梁系统有简支实腹吊车梁、连续实腹吊车梁、桁架式吊车梁、箱形吊车梁，选择时要考虑以下几点。

1)连续实腹吊车梁

连续实腹吊车梁支座处弯矩较大，上翼缘出现受拉情况，对计算和支座节点处理均不利，构件本身也未充分利用，连续梁设计影响线较为复杂，梁的拼接也存在难度，支座下沉受限制，而钢结构设计手册要求吊车梁支座的弹性沉降系数$C \leqslant 0.05$才可采用，钢结构规范也都适用于简支梁，若为连续梁，规范条文很多不适用，需要设计者自行判断取舍。但使用中多用连续梁。

2)桁架式吊车梁

桁架式吊车梁由劲性上弦杆、腹杆和下弦杆组成，劲性上弦杆由轧制型钢加宽翼缘工字钢、组合工字钢等组成，内力采用杆件内力影响线，重级工作制吊车和不小于30t吊车用高强螺栓，其他用焊接，节点板$a \geqslant 6t$或80mm，t为节点板厚，节点板两侧应为$r \geqslant 60mm$，$\theta \geqslant 30°$的圆弧(图7-1)，依据钢结构规范8.5.9条，吊车桁架吊车梁和重级工作制吊车梁跨度大于12m或轻、中级工作制跨度大于18m，宜设置辅助桁架，并在下翼缘布置支撑，同时吊车桁架应设置复杂的制动系统。吊车桁架的优点是减少挠度、节约钢材，但计算构造都比较复杂，现已很少采用。

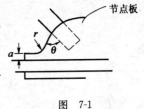

图 7-1

3)箱型吊车梁

在大跨度、大柱距、大吨位吊车情况下，要求吊车梁在竖向荷载和水平荷载下具有很好刚性和受力状态，来抵抗偏心和水平弯矩作用，因此需要采用双腹板的箱型吊车梁，可改善抗扭，增加净空，改善腹板及上翼缘工作状态，钢材也有所节约，但施工难度太大，施焊条件差，变形不易控制。

必须采用上述类型的情况极少，设计施工也均有难度，本书仅介绍简支实腹吊车梁。

💡 2. 吊车梁是否要起拱？

吊车梁一般均不起拱，仅大于 24m 的吊车梁才按 $\dfrac{1}{1000}$ 起拱控制。

💡 3. 吊车刹车力是由单柱承担还是由双柱承担？

这个问题一直争论不休，现在的认识完全由车轮形式决定，如果吊车两端的轮子是单橡，则由一个柱子承担，如果是双橡，则由双柱承担。如图 7-2 所示。

单橡　双橡

图 7-2

💡 4. 吊车轨道和支撑自重如何估算？

一般简化可根据 M、V 乘以系数 β_w，见表 7-1。

表 7-1

吊车梁跨度(m)	6	12	15	≥18
β_w	1.0	1.05	1.06	1.07

💡 5. 大跨度吊车梁的吊车台数如何取？[4]P277

根据荷载规范 5.2.1 条，对于每个排架，参与组合吊车台数不多于两台，有的资料介绍一般吊车梁按两台考虑，如果吊车梁跨度大，作用于吊车梁上的吊车台数将不限于两台。依据荷载规范 5.2.1 条，情况特殊时，按实际情况处置，根据设计大跨度吊车梁有经验的单位介绍，荷载规范 5.2.1 条特殊情况并不是针对吊车跨度大，因为吊车跨度大时，其吊车吨位也大，如 12m 吊车梁即使在承受 5t 吊车时，其吊车轮距也达 5m，已将 12m 吊车梁排满(图 7-3)，如果长为 24m

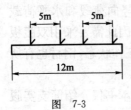

图 7-3

吊车梁,其吊车轮距也达 10m,也会将吊车梁排满,即使能排三台,其第三台吊车也在支座附近,不会影响受力,何况根据国内外统计,吊车梁均只按两台吊车计算。

对于疲劳则考虑疲劳的偶然性及挠度安全的次重要性,均只按一台吊车计算。

6. 钢结构设计手册 P315,为何重级工作制吊车横向水平力要考虑吊车摆动引起的水平横向刹车力,但又指出不与横向水平刹车力同时考虑?

水平横向刹车力主要由卡轨引起,软钩吊车抓斗由于摆动小,卡轨力也小,硬钩吊车抓斗由于摆动大,因此卡轨力也大。

但由于两种水平力叠加太大,所以不同时考虑,目前这种情况已不存在,过去硬钩是为吊钢水包,现在技术改进,已取消了硬钩吊车,所以已没有这个问题。

7. 钢结构设计手册 P321 制动结构的吊车梁上翼缘为何不小于 75t 时,其横向水平力的弯矩 $M_H = \dfrac{H_k a}{3}$?

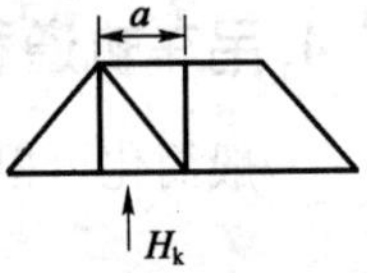

一般不小于 50t 时,制动系统应加铺板,加了钢铺板,即不是一个桁架了,不存在 $M_H = \dfrac{H_k a}{3}$ 的问题。如图 7-4 所示。

图 7-4

8. 钢结构设计手册 P321,为了防止支座颈部扭转不足,为何要加 Y 形加强?

一般吊车梁端部其上翼缘与下翼缘均与柱连接,由上下连接来抗扭转,不需要用 Y 形加强。如图 7-5 所示。

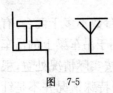

图 7-5

9. 支座何时用平板式,何时用突缘式?[8]P98

这两种支座形式(图 7-6)最大的区别就是偏心作用不

同，突缘式反力靠近柱中心，对柱子有利，而且突缘式不会产生吊车梁上弯矩。平板式会引起偏心，柱牛腿要设加劲肋。

平板式在中跨时，要考虑一个柱距有吊车，另一个柱距无吊车的情况，柱产生偏心弯矩，因此目前多采用突缘式。但在边柱，由于吊车梁挑出(图7-7)，无法用突缘式，用平板式也不偏心，所以多用平板式。

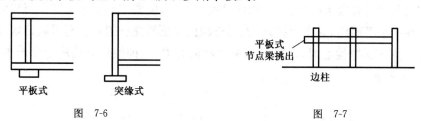

图 7-6   图 7-7

有资料推荐用下列节点，即突缘式再加平板式用螺栓连接柱(图7-8)，这种做法看起来很牢，但其传力路线不明确，与简支吊车梁的支座假定有出入，不建议采用。

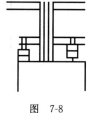

💡 10. 吊车梁与柱如何连接？

图 7-8

吊车梁上翼缘与柱连接板连接，重级工作制及中级工作制50t以上吊车均要求用高强螺栓连接，中级工作制50t以下吊车才允许焊接连接。

吊车梁突缘支座板要底部磨光，直接放在柱预埋件上，然后柱连接板再通过高强螺栓与下翼缘连接(图7-9a)，但连接处与下翼缘之间需留空隙，使吊车水平力不对柱产生不利影响。有的单位反映连接板可能不平，实际有点不平影响不大。

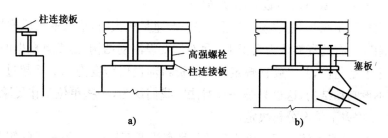

图 7-9

钢结构设计误区与释义百问百答

对于有柱间支撑处,则柱连接板与下翼缘之间要加塞板(图 7-9b),并用高强螺栓连接,将柱间支撑力直接传到吊车梁上,而不影响柱子。

💡 11. 吊车梁能否代替刚性系杆?[4]P273

吊车梁具有很大的刚性,足以代替刚性系杆,但要注意吊车梁往往与柱间支撑不在一个平面内,易产生扭转,尤其格构柱时更易使柱扭转。有资料建议在吊车梁与柱间支撑偏心时设置隔撑,来平衡偏心力,这种做法只适用于小吊车,如图 7-10 所示。

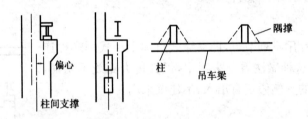

图 7-10

如吊车大时,一般在柱子内外设置双片柱间支撑,吊车梁对准一片支撑。

据文献[162]介绍,吊车横向力使柱子产生附加扭矩,设置双侧隔撑,可减少这个扭矩。

💡 12. 什么时候需要设置吊车制动结构?[4]P284

钢结构规范 8.5.9 条要求在重级工作制吊车跨度不小于 12m、中级工作制吊车跨度不小于 18m 时宜设置制动结构。

门刚规程 4.5.2-7 条规定,当桥式吊车起重量较大时,应采取措施增加吊车梁侧向刚度。有的资料认为大于 15t 吊车即要设制动结构,是没有根据的,而规范的规定也是"宜",并未硬性规定。有的资料却提出跨度为 7m,不超过 32t 吊车可以不设制动结构,这也只是一种看法。我们认为,一些单位工作经验,应参考规范,根据以下情况分析决定。

(1)满足技术经济指标。因为目的是吊车梁平面外稳定,吊车梁的侧向力影响取决于跨度及吊车吨位,因此应进行计算比较(吊车在 50t 以内),如果其侧向

挠度在 $\frac{1}{1200}\sim\frac{1}{1500}$ 之间，吊车梁断面又比较合理，板不是太厚，即使用钢量大些，也尽量不设制动结构，因为制动结构比较复杂。如果用钢量太大，断面不合理或吊车不小于 50t，只好用制动结构。

（2）《机械工厂建筑设计规范》（JBJ 7—1996）7.9 条，厂房吊车轨顶超过 8m，宜设一侧或两侧的走道板。因为超过 8m，梯子比较困难，设置走道板，即相当于制动板，也就等于设置了制动结构，走道板应为花纹钢板。

💡 13. 什么情况下用制动梁？

钢结构设计手册 P368 指出，特重型和中级工作制不小于 150t 吊车梁，跨度不小于 12m 应采用制动梁，其他均采用制动框架。

一般制动桁架即是上弦用吊车梁，下弦用角钢或小型钢，当特重型和中级不小于 150t 时，水平制动桁架下弦就不能用小型钢，而必须应用较强的制动梁，辅助桁架即是当吊车梁需要下弦水平支撑时才设置的，如图 7-11 所示。

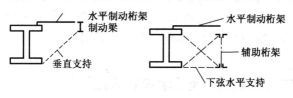

图 7-11

💡 14. 吊车梁与制动结构如何连接？[4]P285

钢结构规范 8.3.8 条要求重级工作制吊车梁上翼缘与柱连接用高强螺栓，因此也可以认为上翼缘与制动结构连接可参考与柱的连接。

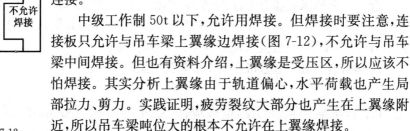

中级工作制 50t 以下，允许用焊接。但焊接时要注意，连接板只允许与吊车梁上翼缘边焊接（图 7-12），不允许与吊车梁中间焊接。但也有资料介绍，上翼缘是受压区，所以应该不怕焊接。其实分析上翼缘由于轨道偏心，水平荷载也产生局部拉力、剪力。实践证明，疲劳裂纹大部分也产生在上翼缘附近，所以吊车梁吨位大的根本不允许在上翼缘焊接。

图 7-12

15. 吊车梁的现场拼接如何办？[4]P290

吊车梁的上、下翼缘及腹板处均允许现场分段焊接,拼接均采用坡口等强焊,但焊接部位应限制,腹板应避开跨中 1/5 跨度区,上翼缘应避开跨中 1/4 跨度区,下翼缘需避开跨中 1/3 跨度区,绝不允许在跨中区拼接。

腹板的拼接如图 7-13 所示,上、下翼缘拼接应与腹板错开 500mm。

有资料介绍,重级及中级 50t 以上,腹板不小于 14mm 应采用腹板全焊透的方法,其他中级工作制可以采用半焊透,但很多单位均是采用全焊透。

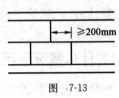

图 7-13

16. 吊车梁连接能否用普通螺栓连接？[4]P294

吊车梁连接必须用高强螺栓连接。钢结构规范 8.3.5 条规定 C 级螺栓用于受拉连接,承受在静力和间接动力的次要结构,不允许承受剪力。日本钢结构规范 14.10 条规定承受振动冲击反复荷载不能用普遍螺栓。

17. 吊车梁与吊车梁之间能否用普遍螺栓？[4]P295

有资料建议吊车梁和吊车梁之间连接用普遍螺栓,连接位置应该在中部偏下,这样吊车梁挠度变形受约束小。吊车梁之间连接可能以拉力为主,因此认为可以用普通螺栓,但这部分即使用普遍螺栓,用量也不大,反而会混错。

18. 吊车轨道有轻轨、重轨及起重机钢轨三种,如何采用？[4]P299

起重机钢轨承载能力大,用于车轮直径 700mm 以上,Qu70、80、100、120、P 型铁路钢轨。用于小车轮时,火车一般用 P43(P11～50)方钢轨,由于车轮磨损严重,现已经少用,钢轨接头处必须有防收缩的空隙。

吊车轨道一般由起重机厂根据吊车提供型号采用。

19. 吊车梁与轨道能否直接焊接,如不能焊接,应用哪种连接？[4]P200

吊车梁与轨道不能直接焊接,原因是两者材质相差太大,吊车梁也因受动载不能焊接。另外轨道要定期检修调整正标高，不能焊死。

连接方法有以下三种：

(1)弯钩形(图 7-14a)：以前小于 30t 吊车可以用弯钩型，经济方便，但弯钩产生拉力，吊车大易脱钩。

(2)压板型(图 7-14b)：一般用于重型吊车，用高强螺栓固定，施工调整方便、可靠，缺点是吊车梁需开洞。

(3)压轨器(图 7-14c)：压轨器与压板型基本相同，仅是不需要吊车梁开洞。

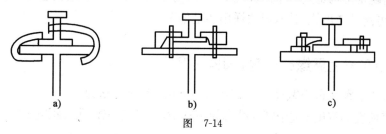

a)　　　　　　　　b)　　　　　　　　c)

图　7-14

现在基本上部用压轨器，可参考《吊车轨道联结及车挡》(00G514-6)。

💡 20. 为何压轨器可以在吊车梁上翼缘焊接，而吊车梁与柱的连接却不能在上翼缘上焊接，只能在边上焊接？

因为压轨器连接焊缝只需 30～40mm，比较小，而吊车梁上翼缘与柱连接焊缝可能需 100mm，因此不希望在上翼缘上焊接，只能在上翼缘边上焊接。

💡 21. H 型钢车挡与橡胶垫车挡有何区别？[4]P12

现在车挡一般用橡胶垫板放在 H 型钢上，受吊车力部分最好加横向水平肋，如图 7-15 所示。

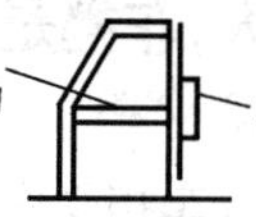

💡 22. 重级工作制吊车梁采用 Q345 钢材时，如何根据工作温度采用 Q345B 或 Q345C？[4]P271

横向加劲肋　橡胶垫片

图　7-15

钢结构规范 3.3.4 条，对于验算疲劳的焊接结构，应具有常温冲击韧性的合格保证，当工作温度在－20～0℃时，应具有 0℃抗冲击韧性保证，Q345B 与 Q345C 化学成分差别微小，其重要区别是要求冲击韧性试验温度，C 类为 0℃，D

类为−20℃。

关键的问题是如何判断结构工作温度。钢结构规范第 3.2.2-2 条文说明工作温度即室外工作温度的定义，原规范定义为冬季计算温度是不妥的，因为冬季计算温度是空调采暖的计算数据，是经济政策决定的，不是客观的指标，前苏联规范采用室外最冷 5 天的平均温度，我们建议取《采暖通风与空气调节设计规范》(GBJ 19—1987)(2001 年版)所列最低的平均温度。

但问题是结构都是在室内环境下工作，对于为什么要采用室外温度，还未找到解释，可能是考虑施工期，但这样用还是偏于安全的。

23. 吊车梁上翼缘最小宽度如何定？[8]P89

吊车梁上翼缘最小宽度应为 270～300mm。计算方法为：

轨道最底部宽度＋2 个螺栓孔离轨道边宽度＋2 个螺栓孔边距宽度

$=80+2\times40+2\times55=270$mm

24. 吊车梁下翼缘为何不控制宽厚比？[8]P94

下翼缘是受拉区，不存在稳定问题。

25. 吊车梁与轨道偏心如何控制？[4]P103

根据美国规范，偏心不能超过吊车梁腹板厚的 3/4。

26. 根据赵熙元的《建筑钢结构设计手册》，车挡的水平冲击力标准值 H_i 比较大，车挡是否要根据此加强，加强后车挡不坏是否会引起整个结构倒塌？[3]P131

该手册中，车挡受水平冲击力 $H_i=G_c v_0^2/(gs)$，吊车撞击时折算重力 $G_c=\frac{G}{2}+(Q_1+2Q)\frac{L_k-L_0}{L_0}$ 式中 v_0 为吊车撞击时的速度，取额定速度的 $1/2$；g 为重力加速度；s 为缓冲器最大变形，$s=125$mm；G 为大车重，Q_1 为小车重，Q 为吊车起重量；L_k 为吊车跨度；L_0 为主钩极限位置至吊车的距离。已知额定速度约为 70～90m/min，取 80m/min，即 1.23m/s，$v_0=\frac{1.33}{2}$ m/s，算出 $H_i=0.366Q_L$，而

荷载规范中提出吊车纵向刹车力仅取 $0.1Q,Q$ 为吊车轮压。

根据该手册，车挡似乎要加强。而该手册与荷载规范其力的含义是不同的，荷载规范中的刹车力指的是从吊车撞车挡到完全停止这一过程所受力的平均值。

赵熙元指的是该过程中的最大值，即吊车终停时的瞬时冲击值，是很短时间的冲击值。根据国外规范，瞬时冲击值下钢材应力可提高 1/3，因此赵熙元的力比规范大 3 倍左右，正好与上述意见吻合，如果按赵熙元公式算，钢材应力提高3 倍，结果将是一样的，因此按荷载规范算就可以了，不必按赵熙元公式算，有的认为要加强，从长期使用看，并无任何问题。

车挡加强了，结构不会整体倒塌，因为车挡上的力是直接动力，传到柱间支撑是间接动力，传递过程中会消耗，车挡不坏，整个结构也是安全的。

💡 27. 什么情况下需要进行疲劳计算?

钢结构规范中 6.1.1 条规定，循环次数大于 $5×10^4$ 即要进行疲劳计算。几乎所有吊车均要进行疲劳计算，据说是与国外接轨。我们对飞机库承受轻级工作制的吊车是否要考虑疲劳走访了许多国家，都认为轻级工作制主要作维修用，次数在 50 万次以下，不必考虑疲劳。另外，疲劳有高周和低周之分，10^5 以上为高周。高周以强度为准，低周以高应变为准。钢结构是高周，如 $5×10^4$ 即按钢结构计算。现在的问题是根据我国《起重机设计规范》（GB 3811—2008)以工作级别划分，不提轻、中、重工作制，而钢结构规范 6.2.3-1 条表中却提到欠载系数时，有中级，但也没有轻级，说明轻级不列入疲劳考虑之列，而荷载规范表 5.2.2 只提到工作级别 A1～A8，也未提及轻、中、重级，到底有没有轻、中、重级之分，钢结构规范 3.2.2 条注及钢结构设计手册 8.1 条又明确提出轻级工作制相当于 A1～A3，中级相当 A4～A5，重级相当于 A6～A8，A8 属特重级，与 $5×10^4$ 要进行疲劳计算是矛盾的。以往设计中，工艺往往提轻、中、重，并不告诉我们疲劳多少次，因此根据上述矛盾现象，我们认为设计中可以认为轻级工作制可不考虑疲劳（也即 A1～A3），中、重级可按钢结构设计手册及钢结构规范作疲劳计算。

据文献[58]P5 介绍，轻级为 A1～A4，与参考起重机手册和钢结构规范说明中轻级为 A1～A3 也是不符的，希望钢结构规范修改能明确提出需要计算疲劳的工作级别。

28. 哪些构件是间接承受动力荷载的?

钢结构规范 6.1.1 条要求直接承受动力荷载的构件应进行疲劳验算,反过来,间接承受动力荷载的构件即可不验算疲劳,但哪些构件是直接动力规范未明确,而钢结构设计手册 P48、P317 却明确提出重级工作制吊车梁和重级、中级工作制吊车桁架应进行疲劳验算。疲劳问题主要在节点,吊车桁架与吊车梁的区别是吊车桁架有复杂的节点,所以疲劳验算要求高,这是合理的。吊车梁标准图集(03SG520-1)说明 3.2,也明确指出不必进行疲劳验算,所以我们认为除了重级工作制吊车梁,重、中级吊车桁架及吊车轨道,吊车节点应进行疲劳计算,其他柱、屋盖结构均属于间接承受动力荷载的构件,不需进行疲劳验算。关于螺栓球节点有不同看法,还有待讨论。

29. 滞回曲线反应的是动力性质还是静力性质?[3]P31

滞回曲线反应了结构广义力与变形的关系,是材料的弹塑性本构关系在构件层次上的宏观体现,主要是反复荷载试验的结果,很明显是动力性质,虽然很多试验是通过拟静力加荷方式得到的,但测量过程通过往复循环荷载,也是反映地震的反应,多次循环即是一个过程,过程即是时间,反映时间的即是动力问题。

30. 吊车梁工作级别如何区分?

前苏联以⌐B‰分轻、中、重工作制,⌐B 为开关次数,与疲劳无直接关系,我国后来以轻、中、重级工作制的工作忙闲及满载程度分类。

我国《起重机设计规范》(GB/T 3811—2008)依据国际标准 ISO 430 编制,划分了起重机的工作级别,起重机工作级别又按起重机结构工作级别 A1~A8 区分,起重机结构级别以 M1~M8 区分,虽然两者有一定相应关系,但依据不同,显然钢结构与起重机结构的性质相同,应以 A1~A8。

区分 A1~A8 划分原则是起重机利用系数,即在设计寿命期使用工作循环次数 N 和起重机载荷的轻重程度,起升载荷 F_1 和作用次数与总工作循环次数 N 之比,二者关系的图形称载荷谱。

$$V1~V3 \qquad N \leqslant 1.25 \times 10^5 \qquad 为不经常使用$$

V4	2.5×10^5	经常轻闲地使用
V5	5×10^5	经常中等地使用
V6	1×10^6	不经常繁忙地使用
V7～V9	$2 \times 10^6 \sim 4 \times 10^6$	繁忙地使用

工作级别与工作制之间关系：

A1～A4	相当于轻级
A5～A6	相当于中级
A7	相当于重级
A8	相当于特级

根据 V 与载荷系数 k_f 得起重机工作级别。

载荷状态	k_f	V0	V1	V2	V3	V4	V5	V6	V7	V8	V9
Q1 轻	0.125			A1	A2	A3	A4	A5	A6	A7	A8
Q2 中	0.15		A1	A2	A3	A4	A5	A6	A7	A8	
Q3 重	0.5	A1	A2	A3	A4	A5	A6	A7	A8		
Q4 特重	1.0	A2	A3	A4	A5	A6	A7	A8			

目前钢结构规范仅在表 6.2.3-1 欠载效应的等效系数中提到中、重级工作制，但怎么评定轻、中、重级工作制未提及，荷载规范仅将吊车工作制划分为A1～A5，仅钢结构设计手册 P311，明确提出一般情况下轻级工作制相当于 A1～A3，中级相当于 A4、A5，重级相当于 A6～A8，A8 为特级，这点很重要，因为设计时，往往得到的是轻、中、重级。

另外，钢结构规范 3.2.2 条注中提出轻级为 A1～A3，而解释 GB 3811—2008 的《悬挂运输设备与轨道设计手册》(许朝钰，中国建筑工业出版社) P8 提出轻级为 A1～A4。

💡 31. 疲劳的原理是什么？

钢材都具有微裂纹，在反复荷载下，应力集中在裂纹端产生应力强度因子效应 k_1，如果 k_1 超过了钢材断裂韧性的材料常数 k_w，即引起裂纹开展，由于反复扩展裂纹产生疲劳破坏。引起疲劳的因素有：疲劳次数、最大应力与最小应力之差即应力幅、最大应力。对于焊接材料一般以应力幅控制，因为焊接的残余应力掩盖了其最大应力，但对非焊接材料，最大应力仍对疲劳有影响，钢结构规范即

引用折算应力幅代替应力幅,压应力下仍有裂纹发展,但由于残余应力得到足够释放,因此压应力可不考虑疲劳。

验算疲劳与验算静载的强度理论首次超越理论不同,而疲劳强度理论是累积损伤理论,计算方法分两种:一是应用线弹性断裂力学;即 $k_1 < k_w$;二是累积疲劳计算。第一种方法只能考虑裂纹扩展后形成的寿命,第二种方法考虑整个过程,比较合理全面。铁路比较单一;用第二种方法,建筑因为行业太多,荷载谱多样复杂,只能用第一种方法,钢结构规范即用此法,详细介绍见文献[1]P75~76。

💡 32. 悬挂吊车如何考虑疲劳?

悬挂吊车一般用梁式吊车,有双支点及三个以上多支点吊车。多支点吊车由于结构自重大,因此重量比双支点要大得多,应加以注意。多支点吊车由于保证同步,刚度要求较高,应该用双梁式吊车,其他多用单梁吊车。

悬挂吊车什么情况下考虑疲劳已于本章 27 题说明,悬挂吊车算不算间接动力荷载,目前规范及设计手册都不很明确,但理解钢结构设计手册的意图,吊车轨道及吊车节点应为直接动力荷载,屋盖结构应为间接动力荷载,但现在不少人担心屋盖悬挂吊车应为直接动力荷载,但屋盖疲劳主要是节点疲劳,目前屋盖节点主要是板节点、空心球节点、螺栓球节点,根据钢结构规范表 6.2.3-2,板节点、空心球节点均可以进行疲劳计算,只有螺栓球节点没有规范可循,但我们分析,悬挂吊车的螺栓球网架螺栓直径一般小于 39,与机械常用的螺栓比较接近,因此我们建议按机械设计手册采用,并采用淬透性好的 35CrMo 代替 40Cr,采用 $\sigma_{0.3} = 584MPa$ 和 $\sigma_{0.7} = 719MPa$ 来计算,机械上有成熟 40Cr 经验,详见文献[1]P78、文献[47]P108~109。

💡 33. 悬挂吊车轨道如何设计?

1)直线轨道的计算

轨道通常用工字钢,为了吊车平稳行驶,全长均用同一型号工字钢,即使是直线与弧形两部分组成也应用同一型号。直线吊车轨道的计算,一般都用连续梁或简支梁计算,必要时考虑不利位置放置即可,如果采用连续梁影响线计算相当繁琐，是否必要值得探讨，因为屋盖悬挂点在受吊车力时会下沉，相当于连续梁支点下沉，也就是连续梁本身计算结果都不一定准确，但是偏于安全的。因为支点下沉将使负弯矩减少，因此影响线的精确算法并不必要。也可以采用简支计算。

计算强度时考虑轨道破坏可能产生的后果，采用二级安全等级，动力系数手动电动悬挂 1.05，手动单轨 1.0，但考虑车轮磨损截面矩应乘以磨损系数 0.9，考虑轨道的不利工作条件，其钢材设计强度应乘以折减系数 0.9[58]。挠度值对于手动单轨或电葫芦用 $\frac{l}{400}$、悬臂 $\frac{l}{200}$，手动电动单梁 $\frac{l}{500}$、悬臂 $\frac{l}{250}$，挠度控制较严是为了防止轨道有坡度使吊车爬坡困难，悬臂值不得大于 1.5m。[58]

2）曲线（弧形）轨道的计算

多支点的弧形截面工字形轨道受力时为受弯矩的开口薄壁构件，其精确计算较为复杂，为了简化计算，当弧形轨道支承点多于三个时仍按三支点考虑，计算时忽略自重均布荷载，然后乘以 1.05 加大系数，详细计算见文献 [58]中表 4-95～表 4-100。此处简化计算仍是相当繁琐，我们过去都用前苏联资料，查表很简便，用图表查出许用荷载（图 7-16～图 7-17 及表 7-2～表 7-6），图表取 $\alpha=90°$、$\alpha=180°$列出各种 φ 的角度，再根据常用的工字钢规格及 R 即可查出许用载荷，以取 $\alpha=90°$ 为例（图 7-16），$\alpha=180°$ 类似，轨道任何其他的转弯形式可以由个别部分组成，这个个别部分的 2φ 取值为 22.5°～90°（图 7-17）。

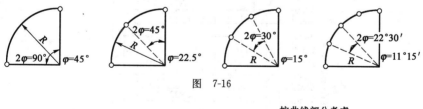

图 7-16

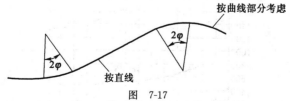

图 7-17

曲线轨道的计算见表 7-2～表 7-6，可求出圆弧段轨道能承受的标准荷载（kg），表中未考虑动力系数。

I16 圆弧段轨道的允许载荷（即标准荷载） 表 7-2

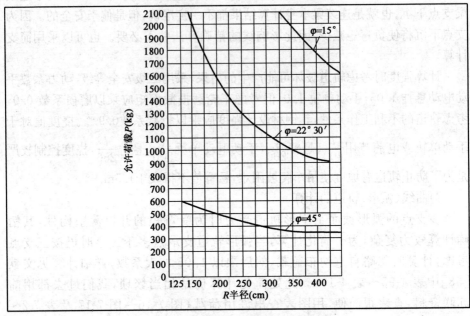

I20a 圆弧段轨道的允许载荷（即标准荷载） 表 7-3

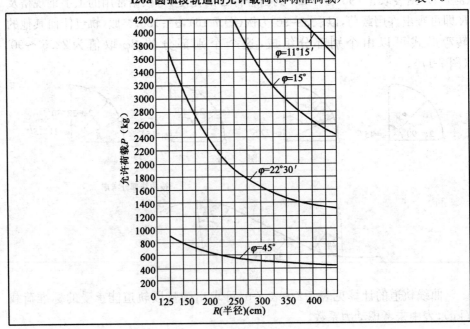

I24a 圆弧段轨道的允许载荷（标准荷载） 表 7-4

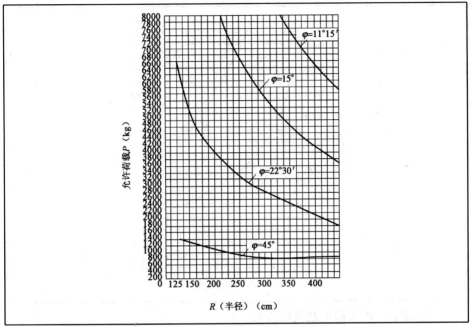

I27a 圆弧段轨道的允许载荷（标准荷载） 表 7-5

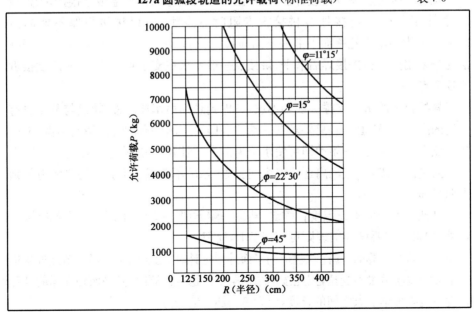

I30a 圆弧段轨道的允许载荷（标准荷载）　　　　表 7-6

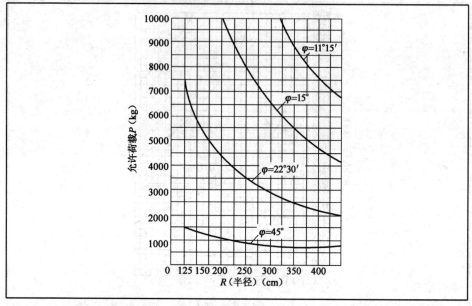

3）悬挂吊车轨道构造及局部应力

轨道的接头过去按腹板等强对接（图 7-18），翼缘为拼接盖板连接，但当盖板厚时，小车行驶到拼接处被拼接板卡阻时有发生，所以拼接板厚不能超过 12mm，因为小车走轮踏面下部的空间净尺寸只有 32～54mm，所以拼接的好办法还是采用翼缘斜拼接焊后磨平，拼接点一般要求在支承点 1/3～1/4 跨度接近于反弯点[58]。

悬挂轨道的水平支撑一般均不放，考虑到悬挂吊车速度慢，轨道与节点也有一定的刚度，如轨道长时只要求在一端插墙即可。国外有的连插墙也不做，考虑到节点有一定柔性，一晃动即可使水平力消失，但国内一般有柔性吊杆时更应设置横向竖向斜撑，一定距离还要设纵向斜撑，如吊车节点在上弦时还要将力传到上弦平面。

悬挂轨道一般不设温度伸缩缝，轨道一端插墙、一端自由即可认为解决温度伸缩，如果一定要做伸缩缝则可按图 7-18 处理。

吊车轨道计算时，应注意轨道的平面外稳定计算，由于轨道在吊车节点处从构造上无法使轨道梁不受扭，因此按钢结构梁整体稳定计算时，其平面外支撑的计算长度不能取吊车节点之间的长度，应为跨长加 2 倍梁高。

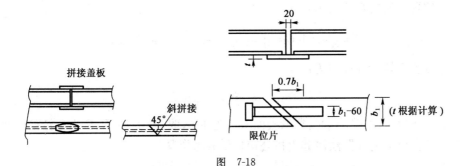

图　7-18

轨道下翼缘在轮压作用下会产生局部应力，这里局部应力应与整体应力加以折算，曾经有工程由于未考虑此应力而导致脱轨事故。因此 5t 以上吊车应考虑此纵向与横向局部应力，影响此局部应力的因素很多，主要是轮压大小、作用点位置(图 7-19)、翼缘厚度，轮压靠近腹板时危险点就在 1～2 点，轮压在翼缘中间时在 3～4 点，轮压作用在边缘时在 5～6 点，翼缘表面斜度为 1/6 时，$e=0.164R$，$i=a+c-e$，R 为轮压踏面曲率半径，$a=\dfrac{b-t_w}{2}$，根据起重量确定。根据 $\xi=\dfrac{i}{a}$，可按文献[59]、[60]图表查出各点局部应力，局部应力与整体应力按第四强度理论进行，$\sigma_i=\sqrt{\sigma_{ix}^2+(\sigma_{iy}+\sigma_{0y})^2-\sigma_{ix}(\sigma_{iy}+\sigma_{0y})}\leqslant\beta_1 f_r$，$\sigma_i$ 为局部应力，σ_0 为整体应力，σ_{ix} 与 $(\sigma_{iy}+\sigma_{0y})$ 异号时 $\beta_1=1.2$，同号时 $\beta_1=1.1$，β_1 为考虑计算折算应力时强度增大系数[58]。

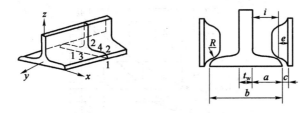

图　7-19

下翼缘下表面各危险点的应力为整体应力和局部应力合成的折算应力，可按第四强度理论进行计算。

位置 1 处折算应力为：

$$\sigma_1=\sqrt{\sigma_{1x}^2+(\sigma_{1y}+\sigma_{0y})^2-\sigma_{1x}(\sigma_{1y}+\sigma_{0y})}\leqslant\beta_1 f$$

位置 3 处折算应力为：

$$\sigma_3 = \sqrt{\sigma_{3x}^2 + (\sigma_{3y} + \sigma_{0y})^2 - \sigma_{3x}(\sigma_{3y} + \sigma_{0y})} \leqslant \beta_1 f$$

位置 5 处折算应力为：

$$\sigma_5 = \sigma_{5y} + \sigma_{0y} \leqslant \beta_1 f$$

当轨道采用工字钢时，翼缘表面斜度为 1/6，取 $e = 0.164R$，R 为车轮踏面曲率半径。以下为江阴凯澄起重机公司提供参考资料：

0.5t、1t 额定起重量	$R = 125\text{mm}$
2t、3t 额定起重量	$R = 150\text{mm}$
5t、10t、16t 额定起重量	$R = 167\text{mm}$

轮压作用点的位置对局部应力的影响可用 k-ξ 曲线表示，如图 7-20 所示。ξ 是轮压作用点位置系数，表示轮压作用点至轨道腹板边的距离 i 与轨道翼缘梁臂板宽 a 的比值。

$$\xi = \frac{i}{a} \tag{7-1}$$

$$i = a + c - e \tag{7-2}$$

$$a = \frac{b - t_w}{2} \tag{7-3}$$

由 i 值、a 值，可计算出 ξ 值，并从图 7-20 查得 $k_1 \sim k_5$ 的值。

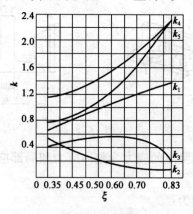

图 7-20　k-ξ 曲线

位置 1 处局部应力为：

$$\sigma_{1x} = -k_1 \frac{P_{max}}{t^2} \tag{7-4}$$

$$\sigma_{1y} = +k_2 \frac{P_{max}}{t^2} \tag{7-5}$$

位置 3 处局部应力为：

$$\sigma_{3x} = +k_3 \frac{P_{max}}{t^2} \tag{7-6}$$

$$\sigma_{3y} = +k_4 \frac{P_{max}}{t^2} \tag{7-7}$$

位置 5 处局部应力为：

$$\sigma_{5y} = +k_5 \frac{P_{max}}{t^2} \tag{7-8}$$

式中：P_{max}——一个车轮的最大轮压设计值；

　$k_1 \sim k_5$——局部应力计算系数，按图 7-20 查取；

　　t——工字钢翼缘距离其边缘 $(b-t_w)/4$ 处的厚度。

式中负号为压应力，正号为拉应力。

电动葫芦的一个车轮最大轮压标准值可参照式(7-9)确定：

$$P_{k,max} = \frac{k}{n}(G_1 + G_n) \tag{7-9}$$

式中：k——轮压不均匀系数，一般可取 1.2～1.5；

　G_1——电动葫芦自重标准值；

　G_n——额定起重量所对应的荷载标准值；

　　n——电动葫芦小车车轮数量。

据江阴凯澄起重机械有限公司提供的资料，CD_1 型电动葫芦一个车轮最大轮压标准值为：

CD_1 3 型，起升高度为 6m，$P_{k,max}=11.77$kN；

CD_1 5 型，起升高度为 6m，$P_{k,max}=19.77$kN；

CD_1 10 型，起升高度为 6m，$P_{k,max}=19.61$kN。

4）下翼缘折算应力计算

下翼缘下表面各危险点的应力由整体应力和局部应力合成的折算应力,可按第四强度理论进行计算。

位置 1 处折算应力为:

$$\sigma_1 = \sqrt{\sigma_{1x}^2 + (\sigma_{1y} + \sigma_{0y})^2 - \sigma_{1x}(\sigma_{1y} + \sigma_{0y})} \leqslant \beta_1 f \qquad (7\text{-}10)$$

位置 3 处折算应力为:

$$\sigma_3 = \sqrt{\sigma_{3x}^2 + (\sigma_{3y} + \sigma_{0y})^2 - \sigma_{3x}(\sigma_{3y} + \sigma_{0y})} \leqslant \beta_1 f \qquad (7\text{-}11)$$

位置 5 处折算应力为:

$$\sigma_5 = \sigma_{5y} + \sigma_{0y} \leqslant \beta_1 f \qquad (7\text{-}12)$$

式中:σ_{0y}——轨道整体应力,$\sigma_{0y} = \dfrac{M_{max}}{\gamma_x \psi W_{nx}}$;

M_{max}——轨道跨内最大弯矩设计值;

γ_x——对 x 轴的截面塑性发展系数,宜取 $\gamma_x = 1.0$;

ψ——轨道的磨损折减系数,取 $\psi = 0.9$;

W_{nx}——对 x 轴的净截面模量(截面抵抗矩);

β_1——计算折算应力时钢材强度设计值的增大系数,当 σ_{ix} 与 $(\sigma_{iy} + \sigma_{0y})$ 异号时,取 $\beta_1 = 1.2$,当 σ_{ix} 与 $(\sigma_{iy} + \sigma_{0y})$ 同号或 $\sigma_{iy} + \sigma_{0y} = 0$ 时,取 $\beta_1 = 1.1$[58]。

折算应力主要靠减少轮压、增加小车车轮数量来解决,提升 12～30m,0.5～5t,$n=6$,提升 6～30m,10t 起重量 $n=8$。另外的办法,即加厚下翼缘厚度,如在下翼缘下表面贴通长钢板。但如何考虑厚度是个问题,对于主应力,由于有通长焊缝可以传递剪力,可取下翼缘与贴板的厚度 t,但如何考虑剪力的不均匀影响,局部更无法考虑贴板加厚的效果。

💡 34. 悬挂吊车节点与屋盖的连接如何设计?

吊车节点与钢屋架相连一般采用与下弦螺栓相连比较简单,如图 7-21a)、b)所示,因为钢屋架悬挂吊车一般不重,缺点是高差无法调整,必须屋架下弦标高较为准确,吊车节点与钢屋架相连加过渡板,可在现场测量高度后再做过渡板,可调整高差,如图 7-21b)所示。

焊接球节点大部分采用钢管与肋板与球连接,根据太原工业大学雷宏刚教授试验,只要钢管与球之间焊接按允许应力 800kg/cm² 验算,即能保证可靠,当然其疲劳薄弱环节在钢管与底板及肋板连接处，螺栓球网（壳）架节点与吊车节点连接方法多样。

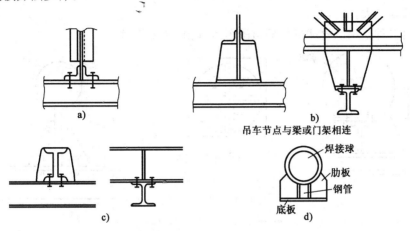

吊车节点与梁或门架相连

图　7-21

第一种用一个大螺栓与螺栓球相连（图 7-22）。

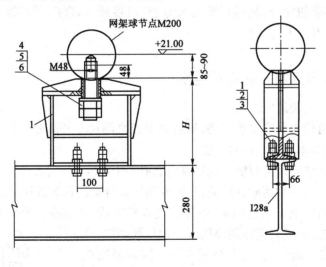

图　7-22

螺栓最大直径我们只用到 M49，如受力大时只有一个螺栓风险比较大，螺栓直径越大渗透性越差，对疲劳不利。

第二种是用 4 个小螺栓连接（图 7-23）。

$\phi220$ 螺栓球可用 4 个 M33 螺栓,连接一个十字肋组成的锥形箱子,两边开口,但螺栓与肋板间净空比较小,一定要用套筒式扳手,否则要放大净空,$\phi220$ 螺栓球要加大。

第三种是用螺栓球带长柄与吊车节点相连(图 7-24)。

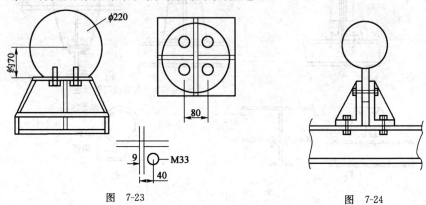

图 7-23

图 7-24

球加长柄制造有一定困难,专用模子、长柄与下弦及吊车轨道的垂直度精度要求高,而不能扭转,与轨道严格交叉垂直,难度较大,现已用工程最大螺栓为 M24,这种节点也难调高差。

35.吊车节点与轨道如何连接?

1)节点间安装尺寸的调整

由于轨道的水平度要求严格,安装时节点之间尺寸及高差的调整是很重要的问题,目前基本有以下四种做法。

第一种做法是用精制螺栓现场高空打孔(图 7-25),然后相连。与屋盖相连的上部节点做成一个两面开口的箱子,两侧平板与轨道的下部节点的平板连接,两块板之间可以上下左右调整,等屋盖挠度稳定后,在高空实测标高及水平位置,临时安装后现场高空将两块钢板一起打孔,其精度孔误差小于 0.5mm。然后上精制螺栓。这种做法调整可靠,但高空操作难度太大。

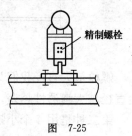

精制螺栓

第二种做法即在第一种做法的基础上将精制螺栓改为现场高空焊接,这样施工方便不少,但一定要求高空焊接质量可靠。

图 7-25

第三种做法是将螺栓直接吊在轨道上（图 7-26），利用轨道的大圆孔调整水平尺寸，利用螺栓长度调整高度，调整起来比较方便。但这种连接很难传递任何水平力。据国外公司介绍，水平力将由于螺栓晃动而消除，为了便于螺栓转动，螺栓一头做成球形，有的还在头部注以液体。国外轨道习惯翼缘不带斜坡的工字钢与吊车轮子相适应，因此可以放开大圆孔来调整水平尺寸。我国轨道翼缘是斜坡的，翼缘宽度限制无法开大圆孔，只能做椭圆孔，只能调整沿轨道的水平尺寸，因此调整有一定困难。另外一种类似的做法是，在球形螺栓头制作困难时，为防止转动，利用薄钢板数量调整高差，用楔形填充板，可以上下调整高度（图 7-27）。

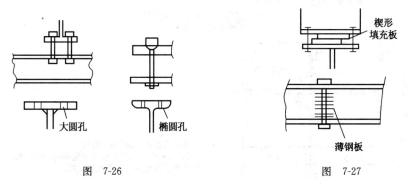

大圆孔　　椭圆孔

图　7-26

楔形填充板

薄钢板

图　7-27

第四种办法是依靠两个钢管套着，将两个钢管之间焊接牢。这种方案的缺点是水平尺寸无法调整（图 7-28）。

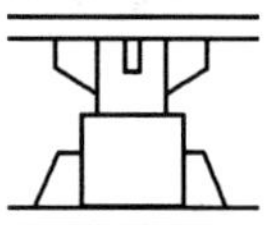

以上做法均需要设置有调整尺寸的连接板，现我们在有些施工单位对调整尺寸及高空焊接十分有把握的情况下，采用了半截工字钢直接调整尺寸及焊接，即第五种做法，如图 7-29 所示。

图　7-28

2）节点与轨道的连接的几种做法

第一种做法是螺栓连接，但螺栓常因翼缘宽度的限制直径不能用大，承载力有限。

第二种做法是卡板方案（图 7-31），卡板即用槽钢的翼缘，用螺栓压紧工字钢的翼缘，使与轨道连接卡板的计算载荷为 p，$M = \beta p a$，β 为预紧力系数。

螺栓：

$$M12 \sim 16 \qquad \beta = 1.4$$
$$M20 \sim 24 \qquad \beta = 1.2$$

钢结构设计误区与释义百问百答

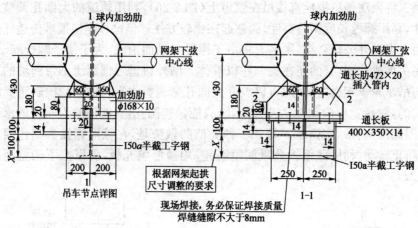

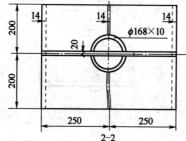

注：1.所有节点连接件均采用Q235B。
2.两端400×350×14通长板采用角焊缝，焊高10mm，其余所有构件连接均为一级等强坡口焊。

图 7-29(尺寸单位：mm)

β 预紧力系数：

$$W = \frac{(l-2d) \times h^2}{6} \tag{7-13}$$

$\sigma = \dfrac{M}{W} \leqslant [\sigma]$，$p_a$ 螺栓拉力 $= \dfrac{p_1 l}{b}$

如图 7-30 所示。

螺栓计算：$\sigma = \dfrac{1.3\beta p_2}{n F_H}$，$n$ 为螺栓个数，F_H 为螺栓螺纹处最小截面。

第三种做法是拉杆夹板接头（图 7-31），内夹板的弯矩 $M = \dfrac{p}{2} b$，夹板截面抗弯截面矩 $W = \dfrac{(l-d)h^2}{6}$。

第四种做法国外也有做得比较复杂的，也是用螺栓调整高差，但为了防止路轨不平造成受力不匀，螺栓端部做油压调整器（图7-32）。

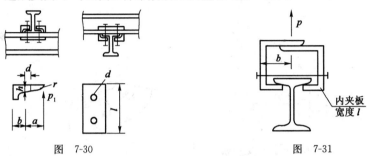

图 7-30　　　　　　　　　　　　　图 7-31

第五种做法是由曲杆卡板（图7-33），这种节点承载力比较大，可以承受吊车反力30t以上，缺点是卡板要锻造，质量要求高，特别要注意碾压方向要顺] 形。

计算长方形断面曲杆的垂直应力，当曲率半径 R_0 与断面高度 h，$\dfrac{R_0}{h} \leqslant 5$ 时，计算应按曲杆公式，$\dfrac{R_0}{h} > 5$ 时可按直杆公式计算。曲线卡板价格虽稍贵，但采用螺栓，高空打螺栓孔施工不方便，施工单位仍赞成用卡板。

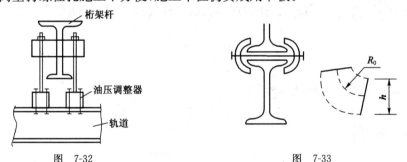

图 7-32　　　　　　　　　　　　　图 7-33

第五种方法曲杆卡板计算（图7-34）。

曲杆公式：

$$\sigma_{1.2} = \frac{N}{F} \pm \frac{M z_{1.2}}{S R_{1.2}} \leqslant [\sigma] \tag{7-14}$$

直杆公式：

$$\sigma_{1.2} = \frac{N}{F} \pm \frac{M}{W_{1.2}} \leqslant [\sigma] \tag{7-15}$$

现举例如下：已知条件 $P/2 = 2250\text{kg}$，卡板的作用荷载是各38。

$P_1 = 0.5P/\cos 9°28' = 2\,250/0.986 = 2\,280\text{kg}$（卡板的反力）

$$P_2 = P_1\sin9°28' = 2\,280 \times 0.164 = 374\text{kg}(反力的水平分力)$$

$$\tan\alpha = 1/6 = 0.166, \alpha = 9°28', \alpha' = 90° - 9°28' = 80°32'$$

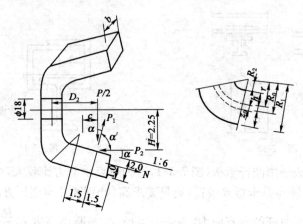

图 7-34

卡板长度 $b = 1.5$cm,卡板的厚度 $h = 2$cm,杆的外侧纤维的曲率半径 $R_1 = 2.5$cm,杆的内侧纤维的曲率半径 $R_2 = 0.5$cm,杆的曲率半径 $R_0 = h/2 + R_2 = 1.5$cm。

因为 $\dfrac{R_0}{h} = \dfrac{1.5}{2.0} = 0.75 < 5$,所以应用大曲率杆公式,中性区的曲率半径 r:

$$r = \frac{h}{\ln\dfrac{R_1}{R_2}} = \frac{2.0}{\ln\dfrac{2.5}{0.5}} = \frac{2.0}{1.61} = 1.242\text{cm}$$

横截面面积对中性轴的静距:

$$S = F \cdot z_0 = 30 \times 0.258 = 7.74\text{cm}$$

杆的断面积:

$$F = bh = 15 \times 2 = 30\text{cm}$$

$$z_0 = R_0 - r = 1.5 - 1.242 = 0.258\text{cm}$$

$$z_1 = \frac{h}{2} + z_0 = 1 + 0.258 = 1.258\text{cm}$$

$$z_2 = \frac{h}{2} - z_0 = 1 - 0.258 = 0.742\text{cm}$$

对断面重心的弯矩 M:

$$M = -P_1D_1 = -2280 \times 2.3 = -5250\text{kg/cm}$$

$$D_1 = 1.5 + \sin\frac{80°32'}{2} \times r$$

$$= 1.5 + 0.648 \times 1.242 = 1.5 + 0.801 = 2.3 \text{cm}$$

在点 $A(\sigma_2)$ 及 $B(\sigma_1)$ 垂直应力等于

$$\sigma_1 = +\frac{N}{F} + \frac{M z_1}{S R_1} = +\frac{378}{30} - \frac{5250}{7.74} \times \frac{1.258}{2.5}$$

$$= +12.5 - 341 = -328.5 \text{kg/cm}^2$$

$$\sigma_2 = +\frac{N}{F} + \frac{M_{Z2}}{S R_2} = +\frac{378}{30} + \frac{5250}{7.74} \times \frac{0.742}{0.5} = +12.5 + 1016$$

$$= 1029 \text{kg/cm}^2 < [\sigma] 允许应力$$

双螺孔曲面的弯矩：

由荷载作用产生的弯矩

$$M_1 = \frac{P}{2} \times D_2 = 2250 \times 2.98 = 6700 \text{kg} \cdot \text{cm}$$

$$D_2 = \frac{h}{2} + R_2 + c = 1.0 + 0.5 + \cos 9°28' \times 1.5 = 2.98 \text{cm}$$

由水平分力产生的弯矩

$$M_2 = P_2 \times D_3 = 374 \times 2.0 = 748 \text{kg} \cdot \text{cm}$$

$$D_3 = H - d_1 = 2.25 - \sin 9°28' \times 1.5 = 2.0 \text{cm}$$

总弯矩：

$$\sum_M = M_1 + M_2 = 6700 + 728 = 7448 \text{kg} \cdot \text{cm}$$

在螺孔断面的垂直应力：

$$\sigma = \frac{P/2}{F_{HT}} = \frac{\sum M}{W} = \frac{2250}{26.4} + \frac{7448}{8.8} = 85 + 845 = 930 \text{kg/cm}^2 \leqslant [\sigma]$$

杆件去螺孔后净面积

$$F_{HT} = (b - \phi)h = (15 - 1.8)^2 = 26.4 \text{cm}^2$$

杆件净断面的抗弯截面系数

$$W = \frac{(b - \phi)h^2}{6} = \frac{(15 - 1.8)2^3}{6} = 8.8 \text{cm}^3$$

根据以上计算，卡板的弯曲应力决定于曲杆的计算。

💡 36. 吊车节点偏差如何控制与调正？

吊车轨道最担心就是屋架的节点中心与轨道中心之间偏差太大，最终使屋

架节点产生附加弯矩。对于钢屋架节点附加弯矩还可验算,而焊接球节点一般未考虑弯矩,应尽量避免。对于螺栓球节点附加弯矩将使螺栓受弯,是非常严重的问题,美国肯帕体育馆螺栓在风荷下受弯断裂就是一个教训。目前我们根据经验规定,焊接球节点中心与轨道中心偏差虽要求±5mm,但实际只做到小于15mm,要达到总体控制只能要求每个相关的连接步骤包括球中心偏差均要求不超过5mm(图7-35)。

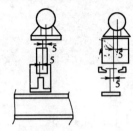

图 7-35(尺寸单位:mm)

因此有悬挂吊车的屋盖应明确要求在轨道线上球中心偏差小于5mm,这样要求也往往做不到,只能进行调整。调整的办法使轨道中心与球中心偏差小于15mm(图7-36)。由于吊车的跨度 l_k 不能变,因此只能实测出球偏心图,然后将 l_k 整体移动使 Δ 比较均匀,最大的不超过15mm。如果多支点吊车则调整更为困难,有时这样仍达不到调整目的,只好加固。加固的办法就是将偏差的轨道与邻近的下弦节点连接撑杆(图7-37)使顶柱的水平力能平衡由于轨道中心与球中心偏差所产生的附加弯矩,这样既费事又不美观,应尽量避免。

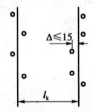

图 7-36(尺寸单位:mm)

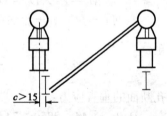

图 7-37(尺寸单位:mm)

另外,要注意的问题是吊车设计时考虑了轨道偏差1/1000,结构在吊车行驶时不可避免的会产生相对挠度,造成轨道坡度。根据吊车规定,为防止吊车爬坡困难,要求结构的相对挠度与吊车偏差1/1000之和所造成轨道的坡度不超过 $l/200$,即认为吊车爬坡没有问题,如果超过 $l/200$ 应通知吊车设计时将功率适当加大,以便爬坡。

💡 37. 轻钢厂房如何防止吊车梁振动和摇晃?

轻钢结构吊车50~100kN或更大的吊车,无水平制动系统时,常因卡轨等原因引起振动和摇晃,尤其是有驾驶室的吊车,使人感到不能正常工作。

文献[97]作了一定分析，认为吊车轮压不一定通过吊车梁中心，吊车大车起动行走时对吊车梁产生一定的周期性和非周期性变化的力，不但会引起垂直振动也会引起水平振动。小车行走时，小车电机转动产生一定偏心惯性力，卡轨影响也很大，过去测量卡轨产生的力比规范上的刹车力大3～4倍，如何改进，目前门刚规程已将侧移加严到$\frac{h}{400}$，有的提出加纵向支撑，但文中提出建议，认为应首先计算吊车梁水平刚度和吊车梁自振周期，并与厂房自振周期比较，使保持30%以上距离。必要时，加宽吊车梁上翼缘宽度。据分析，各类型吊车梁空载或满载下自振同期在1.0s以内。吊车电动机转速都较高，不可能共振，但吊车梁自振周期常与厂房自振周期很接近，轻钢厂房自振同期在0.5s左右，多跨厂房在1.0～1.5s之间，容易共振。而提高厂房侧向刚度，反而容易引起共振。据分析，若吊车梁上翼缘宽度增大10%，吊车梁侧向刚度提高30%，自振周期减少13%，若上翼缘宽度增加1倍，侧向刚度加大8倍，自振周期减小65%。因此认为通过加宽吊车梁上翼缘宽度来降低吊车梁自振周期是防止振动晃动的好办法。另外要选择有变频性能的起重机，减小起动瞬间的初始加速度和初位移，减小干扰力。当然吊车梁和吊车轨道对中，也是减少卡轨的办法。

38. 悬挂的大跨多支点吊车与一般悬挂的吊车动力系数有何区别？

我国规范悬挂吊车动力系数为1.05，但大跨多支点悬挂吊车影响不同于规范的一般悬挂吊车，过去凭经验取1.1。

文献[110]根据北京飞机维修工程有限公司（Ameco）153m＋153m机库进行了一台$Q=10t$三支点吊车测试，在上弦节点布置了测点，放置了竖向加速度传感器。

由于轨道不平、中小车摆、刹车及起动等原因，测试所得动力系数，大车高速时为1.187，低速为1.157；小车运行时，高速为1.158，低速为1.122。综合建议动力系数采用1.15～1.20。

39. 带裂纹钢吊车梁剩余寿命如何评估？

文献[171]根据断裂力学分析方法，采用NASGRO公式进行剩余寿命评估（钢吊车梁截面尺寸如图7-38所示），得到以下结果：

1）不同初始裂纹深度对剩余寿命的影响

应力幅值为 60MPa 和 50MPa,裂纹长度为 2mm 时,不同裂纹深度对疲劳寿命影响不大,深度从 8mm 增至 22mm,应力幅 60MPa 和 50MPa 其循环次数只减少 24%和 28%。

如图 7-39、图 7-40 所示。

2)不同初始裂纹长度对剩余寿命的影响

应力幅 60MPa 和 50MPa,裂纹深度为 4mm 时,60MPa 裂纹长度达 6mm 即疲劳破坏,50MPa 裂纹长度 8mm 即疲劳破坏,影响较大,呈指数形式衰减,但影响也不如应力幅影响大。

如图 7-41、图 7-42 所示。

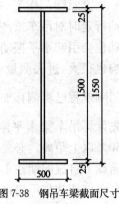

图 7-38 钢吊车梁截面尺寸
(尺寸单位:mm)

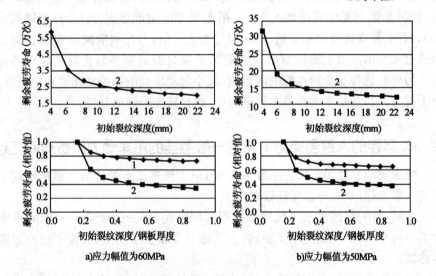

a)应力幅值为60MPa   b)应力幅值为50MPa

图 7-39 剩余疲劳寿命—初始裂纹深度关系曲线
1-裂纹长度 1mm;2-裂纹长度 2mm

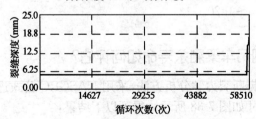

图 7-40 裂缝深度—循环次数关系

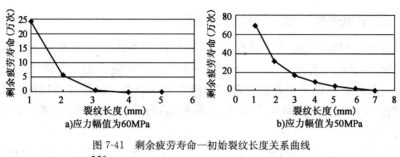

图 7-41　剩余疲劳寿命—初始裂纹长度关系曲线

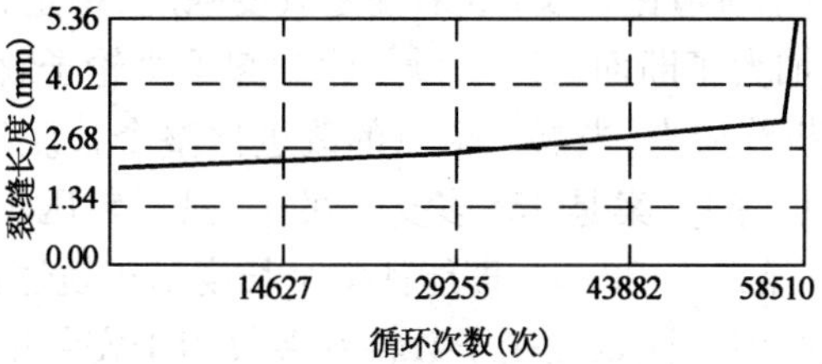

图 7-42　裂缝长度—循环次数关系

3)不同应力幅对剩余寿命的影响

从表 7-7 和图 7-43、图 7-44 中可以看出，应力幅 60MPa 在一定范围内裂纹长度为 3mm 以上，对寿命影响基本接近，应力幅 50MPa 时裂纹长度 6mm 以上，对寿命影响也接近。

不同应力幅值作用下剩余疲劳寿命　　　　　　表 7-7

应力幅值(MPa)	35	40	45	50	55	60	65	70
循环次数(万次)	200 以上	131.761	67.323	32.036	14.133	5.851	1.903	裂缝迅速扩展而破坏

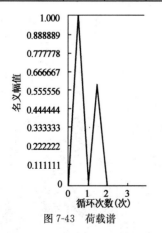

图 7-43　荷载谱

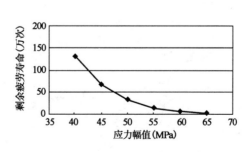

图 7-44　剩余疲劳寿命—应力幅关系曲线

💡 40. 吊车轨如何处理折算应力问题?

06CG08 悬挂运输设备轨道设计计算,标准图中提出了吊车轨道计算折算应力问题,本章已经作了折算应力计算的介绍。折算应力即吊车轨道应考虑弯曲应力与起重机车轮所引起的局部应力组合折算应力。这将涉及起重机的轮压值、一组轮子数、车轮踏面曲率半径,使吊车轨道计算与轮子构造成为解决折算应力的关键问题。

从常理上讲,吊车轨道比较长,本来就是只要强度、稳定、挠度满足即可,如果因为折算应力而加大了断面,并不合算,因为起重机轮子就一个点,只要轮子构造改进即能满足折算应力,当然一个点的改进比整个长度吊车轨道的加强要合算,如南京起重机厂的方案是 15t 多支点吊车,只要轮压 13.9t,一组轮子 10 个,车轮踏面曲率半径 $R=176$mm,即能使整个长度吊车轨道仅考虑强度、稳定、挠度,是经济合理的,但要注意到轮子数特别多仅用于安装维修吊车,即使用不频繁的吊车,为 A3～A4,如果吊车使用频繁,应与起重机厂协商轮子数,轮子数过多会影响轨道磨损,如果吊车轨道也需要参与承担部分折算力,一般以工字钢由 a 为 c,加原翼缘,也可将 $Q235B$ 改为 $Q345B$,但有的大工字钢没有 $Q345B$。

06CG08 标准图也提到吊车轨道下加贴板,这个办法来自包头设计院,据包钢前总工柴昶教授介绍,包钢也用得不多,主要只能解决弯曲应力加强,对于局部应力是两张改,不能考虑起加强作用,因此作用有限,另外贴皮方案,施工仰焊非常复杂,建议尽量不用。

八、

支撑与抗侧力构件（偏心支撑，CEBF），钢板剪力墙，内藏钢板支撑剪力墙，屈曲约束支撑(UBB)，蒙皮效应

文献[1]P82～93已经对支撑作了介绍，本书再作补充。

💡 1. 中心支撑如何设计？

1）中心支撑的形式及其性能[24]

中心支撑有十字形、人字V形、K形和单斜杆，如图8-1所示。

十字　　　　人字V形　　　　K形　　　　单斜杆

图　8-1

十字形支撑，在重复荷载反复作用下，其组成杆件的屈曲变形只在交叉节点的一端发展，滞回曲线呈S滑移形，其承载力下降，由于受拉侧的支撑杆接近拉直，多次循环后趋于稳定，按仅能受拉的支撑设计，受力能力较差，在抗震结构中不宜采用，根据文献[1]P83，仅受拉的支撑要考虑因压杆刚度的存在而使地震力增加20％的计算，如果考虑柱压杆共同起作用，$\lambda=50\sim60$的压杆只能起一定作用，因为欧拉临界值后继续变形以及低周反复下刚度强度降低，从$\lambda=50\sim150$打折扣$0.9\sim0.65$，见文献[1]P83，也即通过拉压屈曲耗能或复杂滞回曲线，受压支撑呈弓形弯曲，承载力下降，弓形弯曲也使支撑中部局部弯曲，导致受拉杆承受更大的力。

人字V形，同样是S形滑移形，达到水平极限承载力后承载力明显下降，但降幅不大，但要注意，一侧屈曲后，会引起梁跨中较大竖向变位，而且会使梁受弯，横梁需要有很大刚度才行。

K形支撑在地震作用下，受压斜杆屈曲会引起较大侧向变形，使柱先破坏，

地震区很少用。

单斜杆必须对称放置，以防止支撑屈曲后向侧移动，而且每层相反方向斜杆截面的水平方向投影面积相差不能超过10%。

据文献[107]介绍，中心支撑在美国北岭和日本阪神等地震中有良好表现，因此钢支撑可显著增强抗侧刚度，减少抗侧变形，因此是抗震设计中的重要方面，但准确计算地震作用下的承载力十分困难，美国 FEMA 451 的 X 形支撑设计中，内力要求超强系数 $\Omega=2.0$，ANSI/AISC 341—2002 也提出此要求。

(1)我国 2001 版抗震规范计算中的问题

我国规范是通过考虑强震作用下压杆受屈曲降低系数来进行承载力计算的，规范中式(8.2.6)，考虑了受压杆件屈曲降低系数，实质上是拉压共同工作，《构筑物抗震设计规范》(GB 50191—1993)中折减系数 $\beta_f=1/(1+0.11\lambda\sqrt{\dfrac{F_y}{E}})$，抗震规范中公式的缺点是 $\lambda>120$ 时，条件相同情况下，Q345 支撑反比 Q235 支撑承载力降低，这是不合理的。

以上公式均源于美国 SEAOC 和 UBC 规范，UBC 规范中强度降低系数 $\varphi_{UBC}=\dfrac{1}{1+\dfrac{\lambda_c}{2\pi\sqrt{2}}}$，$\lambda_c=\dfrac{kL}{r}\sqrt{\dfrac{f_y}{E}}$，实际上 φ_{UBC} 正是 $1/(1+0.35\lambda_c)$，所以我国抗震规范与美国规范一样低估了构件受循环荷载作用后受压承载力的降低。

据国外资料介绍，$kL/r=80$，支撑杆约有 60% 的抗拉屈服承载力，达到延性 3～4 时，抗压承载力已降低至 20%，长细比为 80 时，Q235 抗压承载力达到 77%，而试验结果仅为 20%～40%，因此以上公式不能准确反映受压杆的退化。

我国抗震规范 GB 50011 附录 J 的 3.2.2 条规定，对于长细比不大于 200 的支撑截面可仅按抗拉验算，但应考虑压杆的卸载影响，其压杆的卸载系数，即是规范中式(8.2.6)的 φ，此强度降低系数并不可靠，因此根据国外试验，退化下降趋近稳定承载力的 1/3，也即 $\varphi=0.3$，对钢管将可适当提高，为 $\varphi=0.4$，但在钢管直径小时，要考虑脆性破坏的问题。

(2)规范与国外试验的对比

日本 BCJ，取压杆临界屈曲承载力 2 倍设计，日本规范 AIJ—LAD，拉压协调计算：

$$\lambda_B>0.3,Q_u=(1+\dfrac{1}{6\lambda_B+0.85})\cos\theta A_{br}f_y.$$ 式中，N_y 为考虑边界条件影响 Eul-

er 的临界荷载；N_y 为屈服压力；λ_B 为支撑屈曲后稳定有效计算长度，$\lambda_B = \sqrt{\dfrac{N_y}{N_E}}$。

综合对比，取压杆临界水平力的 2 倍偏于安全，$\lambda \geqslant 60\sqrt{235/f_{sy}}$ 时，采用规范公式 $\varphi = 0.3$ 是合理的。

（3）我国试验研究结果

据文献[108]介绍，关于中心支撑计算，一直是有争议的问题：一种是按压杆设计，避免压杆支撑失稳；第二种是按拉杆设计，认为压杆会失稳退出工作；第三种是按拉杆设计，但限制杆件长细比。日本曾经用过两种设计：一是拉杆设计，但考虑压杆的刚度，提高地震作用；二是按压杆设计，但压杆需打折扣，考虑失稳影响。

经过国内试验，提出以下意见，有一定合理性，试验结果如下。

单斜杆支撑——单斜杆拉压均由斜杆承担，受压时，失稳后材料局部强化，尤其在反复受力情况下拉直，留有残余应力，其滞回曲线呈滑移形，往复 4～5 次后，承载力达稳定，拉杆受反复作用力后，强度与单项加荷一致，但由弯变直仍表现为滑移过程。

交叉杆支撑经过试验，其结果如下：

第一，试验表明交叉杆支撑是超静定结构，拉与压共同工作，随时协调变形，既有单杆的基本性质，又不等于拉、压分别工作的简单叠加，变形反映为共同工作的特性，因此以上按拉杆计算或按压杆计算的假定都是不合理的。

第二，试验结果中压杆的临界承载力与计算值大概一致的，也与规范计算值接近。

第三，交叉杆支撑时经常假定拉杆与压杆轴向刚度相符，内力分析相同假定是不妥当的。理论上，拉压杆受力应该是相等的，但由于杆件初始弯曲、安装误差，以及材质不匀、初始偏心，此初始偏心对压杆的刚度敏感性要大于拉杆，所以试验的拉杆轴力大于压杆，如果施工操作不当，两者相差甚大。

第四，很多认为压杆会很早失稳而退出工作，因此仅考虑拉杆工作，这也是不合理的。试验表明，从构件稳定概念可知，压杆失稳，必须在受压构件轴线方向提供自由变形的条件，交叉支撑斜压杆的轴向变位不仅取决于压杆外力的大小与长细比，而且还与相应拉杆的工作状况有关，拉杆屈服前，即使压杆已达到屈曲临界荷载，但压杆的变形受相应拉杆的约束，只存在拉杆进入塑性屈服后才突然加快变形而失稳，拉杆尚处于弹性时，由于两者变形必须协调，拉杆的变形

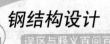

控制着压杆的轴向变形不能自由发展,因此不会失稳,不会出现压杆突然不参加工作的拐点和台阶。

从地震灾害情况看,虽然压杆轴力会小于拉杆,但即使压杆长细比小于40,也属于压杆不易失稳的范围,但在拉杆屈服后,也一定会失稳,而且压杆失稳均在拉杆失稳后。唐山地震中压杆长细比达200~300,虽然屈曲,但也未危及整体结构,因此抗震规范8.4.2条规定抗震支撑的长细比必须不大于150,依据不足,当然抗震时长细比小些是有利的。

第五,交叉支撑的滞回曲线滑移形与单斜杆是类似的,滑移形对耗能与限制结构变形是不利的。

第六,试验表明,交叉支撑的延性很好,旧的抗震规范及国外规范要求 $C=0.3\sim0.4$,即相当于延性要求 $\mu=0.5$。试验表明,交叉支撑 $\mu>5$ 倒塌时延性更大,因此支撑的延性没有问题,关键是加强节点安全。

第七,不同长细比的支撑,其屈服变形是相同的。因为屈服变形取决于拉杆的屈服强度,因此不管压杆长细比大小如何,支撑屈服变形均是相同的,但从吸能能量而言,较小长细比对支撑还是有利的。

第八,交叉支撑的设计。交叉支撑屈服时的最大荷载接近拉杆的屈服荷载和压杆临界荷载之和。从试验情况看,反复加荷载,其屈服的最大荷载基本一致,这是因为反复加荷后拉杆会强度硬化,而相反,压杆会强度劣化,这样一增一减,所以能在反复下保持一致。

支撑的刚度:

$$D=D_1(1+\xi\eta\varphi)$$

支撑的强度:

$$P=P_1(1+\zeta\eta\varphi)。$$

式中:D_1、P_1——分别为单斜杆拉杆按一般结构力学算得的刚度和屈服荷载;

η、φ——分别为按钢结构规范计算轴压的稳定折减系数和稳定系数;

η——单面连接单角钢轴压稳定性时的折减系数;

ξ——根据试验建议抗震设计中取 $\xi=1.0$;

ζ——根据试验建议抗震设计中取 $\zeta=0.5$。

因此,刚度计算 $D=D_1(1+\varphi)$,φ 为压杆稳定系数。

强度计算 $\sigma=\dfrac{Q_1}{A(1+0.5\varphi)\cos\beta}\leqslant[\sigma]$,$\beta$ 为斜杆与力作用所成夹角,$[\sigma]$ 为受拉容许应力,取不考虑地震荷载时允许应力的125%。

2)支撑长细比[24]

支撑杆件滞回性能与长细比、截面形状、宽厚比、端部支承均有关，在往复荷载下抗压、抗拉承载能力均降低，弹塑性屈曲后，压杆退化更严重，而长细比是重要因素，长细比小的滞回曲线饱满，但长细比并不是愈小愈好，小了刚度大，承受地震作用也大，动力分析其位移也大，所以长细比是支撑控制的一个重要问题，一般钢结构支撑长细比可按文献[1]P83建议，$\lambda > 120$ 只考虑拉杆起作用，$\lambda \leqslant 120$ 可按拉压起作用考虑，但压杆要乘折减系数，对于高层钢结构，控制更严一些，如日本高层长细比大于 $50/\sqrt{F}$，F 为钢材屈服强度，日本 S6400 相当于 Q235，$F = 2.4\text{t/cm}^2$，则 $\lambda = 32$，美国为 $720/\sqrt{F}$，A36 相当于 Q235，$F = 36\text{ksi}$，$\lambda_{\max} = 120$，但承载力要乘往复荷载降低系数，我国高层长细比 6、7 度取 120，8 度取 80，9 度取 60，人字 V 形屈服后加重梁负担要更严一些，双角钢 T 形截面地震作用下性能差，尤其平面外耗能差是弯扭屈曲，因此最好由平面内控制，而且要缩小填板间距，高钢规要求腹板在填板间长细比不得大于杆件长细比的一半，且不大于 40，实际工作中还会再严一些，对单轴对称截面，为防止单轴绕对称轴屈曲应采取构造措施。

3)支撑宽厚比[24]

支撑宽厚比是防止局部屈曲的重要因素，影响承载力与耗能，在往复荷载下，宽厚比比塑性设计的要求还严格，小长细比时，宽厚比更严一些，在非地震区即可按钢结构规范采用，在地震区高钢规要求翼缘杆件部分宽厚比小于 $8\sqrt{235/f_y}$，H 形腹板和箱形壁板则为 25。

4)支撑的布置，包括水平支撑、柱间支撑、水平纵向支撑、系杆

(1)屋面支撑是否必须在抗风柱处断开，看了一套门架标准图，其屋面支撑在抗风柱处未断开[8]P109。

如果抗风柱与屋面支撑不对准，则抗风柱必然是悬臂柱，不经济、不合理，如果所谓断开是不直接连接，但还是对准，这是合理的，目前多是将抗风柱与屋面支撑对准，但用弹簧板间接相连，见图 8-2a)，好处是屋面竖向荷载不传到抗风柱上，而纵向水平风力又可通过弹簧板传到屋盖支撑上，但弹簧板必须整板弯曲，不能拼焊而成，这样抗风柱与支撑节点便可对准直接传力。

如果抗风柱与支撑直接相连，不用弹簧板，则竖向力分配模糊，抗风柱受竖向力，也易引起屋盖结构扭曲。

(2)设柱间支撑的开间是否一定要设屋盖水平支撑?[8]P110

CECS 102：2002 的 4.5.1 条文说明"在设置柱间支撑的开间,宜同时设置屋盖横向支撑",这样可以组成几何不变体系,是比较理想的方案,但并不是绝对要这样做,所以采用了"宜",因为屋盖水平支撑一般放在第一开间或第二开间直接承受风力,若屋盖水平支撑放在第二开间,则第一开间要放刚性系杆。CECS 102：2002 的 4.5.5 条文说明"在温度区段端部,吊车梁以下不宜设置柱间刚性支撑",避免温度应力过大,这时屋盖支撑与柱间支撑就不可能设在同一开间内,但吊车梁以上由于侧向刚度较小,不会因上柱的柱间支撑在两端而过分阻碍温度变形,抗震规范明确"有吊车或在 8～9 度地震作用下宜在厂房吊车两端设上柱柱间支撑"。如图 8-2b)所示。

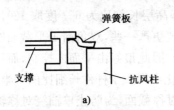
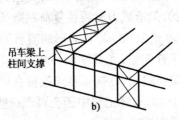

图 8-2

（3）有了柱间支撑和屋面支撑,是否一定需要系杆保持稳定?[5]P110

系杆有刚性和柔性之分,CECS 102：2002 的 4.5.2 条文说明"在刚架转折处(单跨房屋边柱柱顶和屋脊以及多跨房屋某些中间柱柱顶和屋脊)都应沿房屋全长布置刚性系杆",这除了加强刚性外,主要是为了在安装工程中防止屋盖结构的扭转变形。柔性系杆不能保证施工中两个方向的侧向稳定,在水平支撑中的竖杆当然也应是压杆。为了屋盖结构上弦平面外稳定,一般在支撑节点处沿全长放置柔性系杆。如图 8-3 所示。

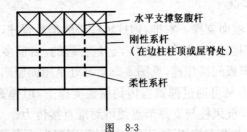

图 8-3

系杆可以用檩条代替,但必须验算保证其起系杆的作用,尤其是刚性系杆,要保证其承受附加压力,并稳定不扭曲。

（4）天窗是否需要支撑？[8]P111

任何结构包括天窗都需要支撑来保证其几何不变体系，如果支撑力不大，需要的刚性也不大，则可用柔性交叉支撑。

（5）型钢支撑是否即是刚性支撑？[8]P112

以圆钢或型钢来分柔性支撑与刚性支撑是不正确的，不管是圆钢还是型钢，只能承受拉力的即为柔性支撑，能承受压力的即为刚性支撑。受拉、受压一般以长细比来判断，长细比大的杆件受压即弯曲，退出工作。

（6）屋面水平支撑如何布置？[8]P113

CECS 102:2002 的 4.5.4 条文说明"屋面水平支撑可采用带张紧装置交叉圆钢支撑"，但以一般经验，在 8 度地震区内支撑一定要用型钢支撑，因为圆钢支撑易松弛而不起作用，水平支撑节点距离要考虑屋盖平面外稳定。

（7）柱间支撑应如何布置？

①抗风柱要不要设柱间支撑？[8]P116

横向的风载主要由端部门式刚架承担，抗风柱只承担纵向风力，因此不需设置柱间支撑，如果厂房特别高大，吊车又特别大，为了保证山墙柱自身的稳定，可设柱间支撑。

②柱间支撑的间距如何考虑？[8]

CECS 102:2002 指出，"柱间支撑间距为 30～45m，不宜大于 60m"。为了避免温度应力过大，柱间支撑一般设在中间 1/3 区段内，由于柱间支撑多道系杆传力的滞后效应，还有连接累积滑移，因此屋盖水平支撑与柱间支撑的间距不能超过 7 个柱距。

③柱间支撑能否用圆钢[8]P115，有吊车时能否用圆钢？[8]P116

CECS 102:2002 的 4.5.5 条："当为设计起重量不小于 5t 的桥式吊车时，柱间支撑宜用型钢支撑，吊车梁以上的柱间支撑，吊车力传不上去，可以放宽，采用圆钢。"

由于柱间支撑的重要性，即使法兰螺栓也无法保证在动载作用下维持张紧状态，柱间支撑用钢量不大，作用却非常大，建议在地震区，有吊车时，柱间支撑均用型钢。

④门式刚架中柱（摇摆柱）是否要加柱间支撑，是否每柱列都要加柱间支撑？[8]P117

过去设计排架，横向由排架承担，纵向则每一柱列都由柱间支撑承担，CECS 102:2002 的 4.5.2-3 条文说明"当建筑物宽度大于 60m 时，在内柱列宜适当增

加柱间支撑"。换言之,60m以内不需每柱列都加柱间支撑,这条规定是参考美国做法,本质是考虑蒙皮作用,但CECS 102:2002的5.1.2条却明确一般不考虑蒙皮效应,必须在具备条件时才可考虑,与第4.5.2-3条是互相矛盾的,因为现在的问题是,我国屋面板的构造是否已经像美国一样具有采用应力蒙皮效应的条件,这是当前要特别引起重视的问题,美国对屋面蒙皮作用做了很多试验,并有相应规范和具体措施,而我们并没有这些,但现在我国已到处这样用,这是否与我国灾后门架大面积倒塌有一定关系值得探讨。尤其严重的是CECS 102:2002并未区别4.5.2-3条不适用有吊车的门架,因为吊车梁下没有柱间支撑,则柱子将承受纵向刹车力,造成平面外弯矩,而门架柱平面外,没有考虑弯矩的要求,必然会造成柱子平面的破坏与变形,幸而大多数单位有吊车时还是每柱列加了柱间支撑,但这的确是规程的一个缺失,所以我们建议,希望将我国目前屋面板的情况与美国屋面板的情况作一调查对比确定,确实判定能否按蒙皮作用考虑,如果不能起蒙皮作用,建议加强水平支撑。按照旧钢结构规范,当水平支撑的跨中刚度小于跨度为两个柱间支撑之间距离的支撑的刚度或大于有侧移门架刚度的5倍并经强度验算,才能认为可以不加柱间支撑,即纵向力由水平支撑传到两端柱间支撑,柱间支撑用钢不多,作用极大,应宁多勿少,宁强勿弱。至于摇摆柱的柱间支撑问题,并不是问题所在,设有柱间支撑的门架柱,也不比摇摆柱好很多,一样经不起纵向刹车力。

美国在中国有公司,根据其经验,水平支撑都经过强度和刚度的验算来决定柱间支撑间距,最大不超过60m,因此灾害中由美国公司ABC和巴特勒公司设计的门架没有一个倒塌的。

⑤柱间支撑要不要尽量对称?[8]P120

柱间支撑涉及厂房刚度问题,在地震作用下结构刚度应尽量对称,避免扭转。

⑥中柱柱间支撑与边柱柱间支撑是否一定要在同一开间内?[8]P120

工艺允许的话,应尽量在同一开间内,也比较美观,如果实在有困难,适当移位也并不影响柱间支撑刚度对称。

⑦没有柱间支撑放置的位置怎么办?[8]P121

柱间支撑非常重要,但因工艺布置,有时限制柱间支撑,如果厂房柱间支撑离地3m,厂房高18m,20～30t吊车行走时摇晃达5cm,根本不能使用,因此,不能设置柱间支撑时,一定要有代用结构,一般用门形人字支撑(图8-4)或门式架纵向支撑,要保证受力安全,位移满足要求。

图 8-4 门形人字支撑

（8）没有山墙面是否没有必要布置上弦水平支撑[4]P307？

抗山墙面风荷载仅是水平支撑的一个作用，即使开敞式结构，也并不是可以没有水平支撑，因为水平支撑还有一个更重要的作用是向屋盖结构提供平面外稳定，屋面必须通过系杆及水平支撑作为侧向稳定支撑点，光有系杆不能代替水平支撑，檩条或系杆是平行四边形，初等几何也能分析为不稳定体系，较高厂房或较大吊车还要纵向水平支撑起空间作用，作用到更多柱列，有的还可能要下弦水平支撑，提高整体空间刚度，有的提出屋架与柱刚接，并与基础刚接，提高了刚度，是否可不要水平支撑，这些节点的刚度是有限的，与水平支撑的刚度无法比拟，起不了代替的作用，水平支撑布置与否主要看传力路径与几何不变体系，需要建立一个清晰的力学模型。

（9）钢结构规范 5.1.9 表附注 1"中承受静力结构的构件，可以计算受拉构件在竖向平面内长细比"，为何？[4]P309

图 8-5

长细比是针对杆件失稳提出的概念，拉杆由于张紧，任何杆件向任何方向失稳均会产生拉力的向心力（图 8-5），使其不失稳，因此张紧的拉杆不存在失稳，所以平面外就不需要考虑长细比，但平面内由于存在自重，可能会超过向心力作用，所以还要考虑长细比，而且还要注意屋架下弦还有保证腹杆不失稳的作用，也应验算向心力，克服腹杆失稳动力[1]P30。如果不能保证，则要加下弦水平支撑。

（10）上弦平面外的计算长度可由檩条间距确定，钢梁则由隔撑的布置间距确定，对不对？[4]P308

上弦平面外的计算长度应该由系杆到上弦水平支撑节点的距离来决定，并满足 CECS 102:2002 的 6.16 条第 6 款"斜梁不需计算整体稳定的侧向支承点间最大长度，可取斜梁受压翼缘 $16\sqrt{235/f_y}$ 倍"，或根据平面外稳定计算所需平面外无支长度决定，与檩条间距无关，至于钢梁由隔撑布置间距确定，混淆了支撑与隔撑的作用，CECS102:2002 的 6.16 条第 3 款"当实腹式刚架斜梁的下翼缘受压时，必须在受压翼缘侧面布置隔撑作为斜梁的侧向支撑，隔撑另一头连接在檩条上"，很明显隔撑仅在下翼缘受压时起稳定作用，另一端则将此稳定力传到檩条再传到水平支撑，如果没有水平支撑，檩条自己起不了这个作用，隔撑也就达不到下翼缘稳定作用,所以隔撑绝不能代替水平支撑,仅能在上弦在支撑稳定下,将力传上去以起到局部稳定下翼缘受压的作用。

(11)网架作为水平支撑跨度应多大?

目前网架可作水平支撑,将水平力传到两侧柱间支撑,飞机库最大跨度用到170m,而其他民用建筑做法不统一,有的偏于安全,100m以上即在上弦另外加水平斜杆,实际上网架跨度大时应进行整体计算,如果计算结果力传能到两侧支撑,并有附加内力,变形符合要求,即强度刚度都很理想,关键是地震作用下如何考虑此问题,国内高烈度下尚无大跨网架,但成都双流机库140m已承受8度地震作用,国外也有大跨网架承受地震作用,但希望此问题能有更具体的研究。

(12)柱间支撑用圆钢管与双角钢哪个好?[4]P312

双角钢如用不等边角钢,正好符合支撑平面内外长细比的不同要求,但这个并不能解决双角的回转半径不合理的问题,所以用圆钢管要比用双角钢合理,问题是圆钢管价格要贵,需要比较后采用。

(13)纵向水平支撑有的只一边设置,而不对称设置,为什么?[4]

根据需要,纵向水平支撑可以一边设置,也可对称设置,现有的标准图也有仅一边设置的,因为纵向水平支撑的作用是将吊车横向水平力分布开来传给各柱列,并加强空间刚度,而各柱列均为门架或框架,纵向水平支撑仅放一边,也能将力分布开到各柱列。

门刚规程规定15t以上吊车要设纵向水平支撑或制动桁架,吊车吨位大的,应设纵向水平支撑。

但在地震作用后,一边设置,刚度不对称,应用PKPM进行扭转验算。

5)柱间支撑的计算

(1)柱间支撑十字交叉杆是否应按一拉一压考虑?[8]P124

柱间支撑按拉或一拉一压都用过,但由于抗震与吊车反复作用下,单纯受拉承载力下降9%,而且受力不利,所以地震及吊车作用时建议一拉一压,其刚度及受力计算可见文献[1]P83。

一拉一压刚度较大,所以有吊车时,对厂房刚度有要求,如门刚规程在风及吊车作用下,柱顶位移$\frac{1}{400}$,而钢结构规范则要求在吊车梁顶标高时,A7、A8要求纵向位移不大于$\frac{H}{4000}$,H为吊车梁标高,横向位移不大于$\frac{H}{1250}$,钢结构规范表

A.2.2附注 4 又列 A6 纵向吊车梁处位移 $\dfrac{H}{4000}$，这些都说明有吊车时对厂房刚度有要求，而这些刚度则靠柱间支撑，一拉一压刚度较大。

（2）角钢做柱间支撑是单片好还是双片好？[8]P121

根据资料，双片角钢支撑在地震作用下性能不好，当然用单片更不好，单片只能用于受力少，不高的厂房，有的提出柱宽小于 1m 即可用单片，是不合理的，因为柱宽 1m 的厂房受力也不是很小。

（3）设计柱间支撑风力时，山墙受风面积如何计算？[8]P126

网友提出门架跨度 12m，檐高 5m，屋脊高 5.6m，山墙风力为 $(5/2+0.6)\times12$ 不知对不对，另外网友提出只设一个抗风柱时，山墙风力为 $(12/2\times5.45)$，并提出《钢结构设计手册》（第三版）有一样的例题，经尽力查《钢结构设计手册》，也未找到 5.45。我们认为第一位网友的计算是对的。

6）支撑连接

（1）规范要求圆钢的支撑要有拉紧装置，用元宝形钢或角钢还一定要用花篮螺栓[8]P129。如图 8-6 所示。

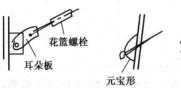

图 8-6

规程中对两种做法并未指定，目前反映不一，有的认为元宝型制作麻烦，有时要加垫板，腹板开孔难以准确，腹板也易变形。但也有的反映法兰螺栓麻烦，从保险起见，还是法兰螺丝比较可靠。

（2）圆钢支撑能否用钢绞线代替？[8]P127

CECS 102：2002 的 7.2.15 条文说明钢绞线易松弛，不能采用。

（3）圆钢支撑怎样算拉紧，人拧不动算不算拉紧？[8]P128

拉紧的要求规程中没有明确，具体难以掌握，一般是以人拧不动或相连杆件不变形为准，圆钢易随时间推移而松弛，这是少用圆钢支撑的原因，目前灾害中大量门架倒塌的原因之一是支撑薄弱，支撑用钢少，作用大，不值得"扣"。

7）多排柱间支撑或水平支撑能否均匀受力？

据文献[5]P73介绍，考虑传力滞后效应，第 1～2 道支撑的加强系数如表 8-1 所示。

8)圆钢支撑有时用在上翼缘腹板间,腹板强度够吗?

据文献[5]P75介绍,为了解决腹板局部屈曲,可加强垫板(图 8-7),垫板尺寸见表 8-2。

如圆钢的支撑作用在腹板中部则不能靠垫板,应加肋板。

表 8-1

支撑道数	第1道支撑加强系数	第2道支撑加强系数
3	1.1	1.0
4	1.2	1.0
5	1.3	1.0
6	1.4	1.08
7	1.5	1.2

表 8-2

不设垫板的条件		垫 板 尺 寸		
圆钢直径	允许最小腹板厚	垫板长 L	垫板宽 B	垫板厚
12	4	70	40	⋮
18	4	70	48	⋮
20	5	80	54	6~8
24	6	90	62	⋮
27	8	110	68	⋮
30	10	130	70	

据文献[168]介绍,支撑固定在腹板上应进行以下验算(图 8-8)。

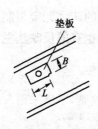

图 8-7

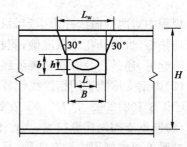

图 8-8

腹板与翼缘之间的焊缝:$p_1 = 0.7 h_f L_w f_f^w \left(\dfrac{H}{H-d} \right) / \cos\theta$

腹板抗剪承载力:$p_2 = L_w t_w f_v \left(\dfrac{H}{H-d} \right) / \cos\theta$

腹板孔边抗弧形垫块冲切能力:$p_3 = b_0 t_w f / \cos\theta$

八、支撑与抗侧力构件（偏心支撑，CEBF），钢板剪力墙，内藏钢板支撑剪力墙，屈曲约束支撑(UBB)，蒙皮效应

腹板孔口对弧形垫块的抗挤压能力：

$$p_4 = \frac{f}{\dfrac{\sin\theta}{(b-h)t_w} + \dfrac{\cos\theta}{Bb-Lh}}$$

以上式中，h_f 为焊缝高度，L_w 为受剪有效焊缝长度，f_f^w 为角焊缝强度，H 为孔口处截面高，f_v 为抗剪强度，f 为抗拉强度，θ 为圆的支撑与腹板法向夹角。

以上未考虑腹板平面外弯折屈曲问题，只有当 p_4 小于圆钢承载力时，应在腹板上加大于弧形垫块尺寸 $B\times b$ 的垫板。

9)隅撑如何穿过下层压型钢（檩条在上下压型板中间）[8]P164？

一般介绍的方法是檩条一侧加焊一块钢板，伸出下层压型板，便于焊接。

💡 2. 偏心支撑(EBF)如何设计？

文献[80]有如下介绍。

1)性能

偏心支撑至少有一端偏离梁柱节点或偏离另一端一定距离构成的节点，如图 8-9 所示。

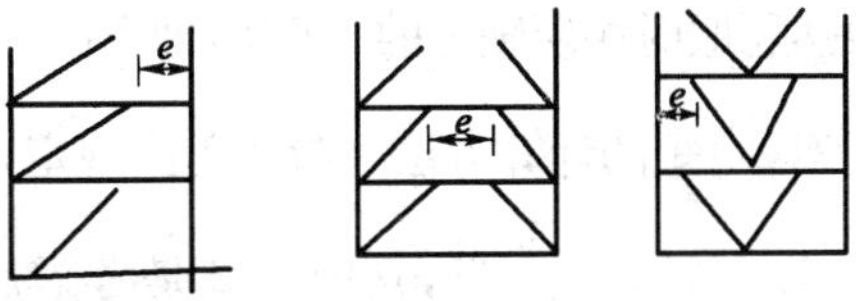

图 8-9

在罕遇地震作用下，梁耗能段剪切屈服，利用耗能段塑性变形吸收能量，具有很好的耗能效果，防止支撑过早屈服引起承载力降低。除耗能段外，柱支撑及其他梁段均要求按 1.6 倍设计承载力，仍为弹性，使耗能段或薄弱部位成为"保险丝"，防止非延性破坏。

由于最高层地震作用较小，因此只要首层弹性承载力为其余各层承载力的 1.5 倍，顶层即可做中心支撑。

2)耗能段长度的确定

耗能段长度较小时，剪力达屈服，形成剪切塑性铰，称为剪切型，由于剪切塑性铰分布范围大，变形能力与耗能效果更好。耗能段长度大时，即为弯曲型，美国确定 $e \leqslant 1.6M_p/V_p$ 为剪切型，$e \geqslant 2.6M_p/V_p$ 为弯曲型。

高层建筑由于自重大，对地震作用敏感，应用耗能效果更好的剪切型；多层

建筑自重轻,对地震作用不敏感,偏心支撑是为了增加刚度,控制侧移,这样也可采用具有建筑布置优势的弯曲型。

高层抗震规范只规定 $e \leqslant 1.6 \dfrac{M_p}{V_p}$,但没有规定最小值。如过短,有发生过早塑性铰破坏的可能,所以美国抗震规范限制在 $(1 \sim 1.26) \dfrac{M_p}{V_p}$,为简单的长度可取 $0.1 \sim 0.15$。

3)耗能段的剪力计算

可按抗震规范 GB 50011—2001 的 8.2.7 条,当轴力不大于 $0.15A_f$ 时,即可不考虑轴力,计算基本上与美国抗震相当。

求得耗能段剪力后,要注意框架柱弯矩和轴力与框架梁的弯矩、剪力、轴力的设计值应乘以耗能段受剪承载力 V 与剪力设计值 V_{1p} 的比值,其值不小于 1.0,并要考虑规范规定和钢材实际超强的增大系数,也就是柱、梁的弯矩、轴力等应根据实际情况加大。

4)非耗能梁段计算

抗震规范规定非耗能梁段在耗能梁屈服时应保持弹性,其轴力设计值在 8 度地震作用时,应为耗能梁段达屈服时相应轴力的 1.5 倍,即 $N_{bu} = 1.5 \dfrac{V_{1p}}{V} N_b$。

规范未给出非耗能梁段弯矩的计算方法。参考美国规定,假定其为耗能段弯矩的 85%,则 $M_{bu} = 0.85 \times 1.5 \times \dfrac{1.2 \times V_{1p} e}{2}$,其中 1.2 是考虑屈服强度超强及应变硬化。根据 M、N 即可求出断面。

局部稳定时:

$$N/A_f \leqslant 0.14 \qquad \frac{h_0}{t_w} \leqslant 90 \times (1 - 1.65 N/A_f) \sqrt{\frac{235}{f_y}} \qquad (8\text{-}1)$$

$$N/A_f > 0.14 \qquad \frac{h_0}{t_w} \leqslant 33 \times (1 - 2.3 N/A_f) \sqrt{\frac{235}{f_y}} \qquad (8\text{-}2)$$

翼缘宽厚比限值为 8。

5)支撑设计

抗震规范要求支撑轴力不低于耗能梁段极限承载力相应支撑轴力的 1.4 倍,钢结构规范规定人字形支撑内力应增大 1.5 倍,二者合并考虑增大 1.5 倍,即 $V_{br} = 1.5(V_b + V_{1p})$。其中,$V_{1p}$ 为耗能梁段剪力设计值;V_b 为非耗能梁段剪力，$V_b = \dfrac{M_1}{\dfrac{L-e}{2}}$，$M_1 = \dfrac{1.2V_{1p}a}{2}$。

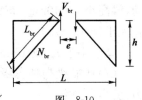

图 8-10

支撑轴力 $N_{br} = V_{br}\left(\dfrac{L_{br}}{h}\right)$，如图 8-10 所示。

支撑端弯矩取耗能梁段端弯矩的 15%，$M_{br} = 1.5 \times$ 15% $\times \dfrac{1.2 \times V_{1p}e}{2}$。

支撑板件宽厚比 $\dfrac{b}{t_f} \leqslant (10+0.1)\sqrt{\dfrac{235}{f_y}}$，$\dfrac{h_0}{t_w} \leqslant (25+0.5\lambda)\sqrt{\dfrac{235}{f_y}}$，其中 λ 为构件两方向较大长细比，$\lambda < 30$ 时取 30，$\lambda > 100$ 时取 100。

6）框架柱设计

柱的承载力应为耗能梁段塑性屈服承载力的 1.5 倍，即 $N_{eu} = 1.5 \sum V_{1p} + (1.2\sum 恒载轴力 + 1.4\sum 活载轴力)$，其中，$V_{1p}$ 为耗能梁段塑性抗剪力。

柱的设计端弯矩 $M_{eu} = 1.5 \dfrac{V_{1p}}{V}M_{ee}$，$M_{ee}$ 原文未注明，分析为非耗能梁端弯矩。角柱应考虑双向地震作用。

7）构造要求

(1)耗能梁段不能加贴板提高强度，贴板不能发挥作用，违背剪切屈服原则。

(2)耗能梁段腹板不能开洞，以免受力性能更复杂。

(3)偏心支撑轴线与耗能梁段轴线交点应在耗能梁段外，以免梁段端部弯矩增大。

(4)耗能梁是否破坏与腹板厚密切相关，腹板宽厚比应严格遵守上述局部稳定的要求

(5)耗能梁应在上下翼缘处提供侧向支撑，侧向支撑间距不小于 $13b_1\sqrt{\dfrac{235}{f_y}}$，侧向支撑轴力不小于耗能梁段翼缘轴向力设计值（翼缘宽、厚和钢材受压承载力之和）的 6%，即 $0.06b_1t_f$，b_1 为翼缘宽，t_f 为翼缘厚，非耗能段上下翼缘也要侧向支撑，但侧向支撑轴力可以用 2%，侧向支撑主要用来防止梁受扭，降低耗能能力，也防止偏心支撑偏离框架平面。

(6)耗能梁段应布置加劲肋，防止过早屈曲，反复屈曲会使刚度退化。

如图 8-11 所示，$e < 1.6M_p/V_p$ 时，加劲肋间距大于 $(30t_w - h/5)$；$1.6M_p/V_p < e < 5M_p/V_p$ 时，在端部 $1.5b_1$ 处配置中间加劲肋；$e > 5M_p/V_p$ 时，可不布置加劲

肋,梁高小于640mm,布置单面加劲肋,梁高大于640mm,布置双面加劲肋,加肋宽大于($b_1/2-t_w$)。

厚度小于t_w或10mm较大值,可用角焊缝。

(7)耗能梁与柱翼缘用坡口全焊透,腹板可用角焊缝,但不得小于腹板的轴力、剪力、弯矩。

(8)支撑与耗能梁连接可用铰接与刚接,铰接即用节点与支撑焊,刚接即支撑直接与梁满焊。

(9)耗能梁直接与柱连接,只能用于剪切型,因为节点难以承受弯曲型梁端塑性铰的转动,即使采用此形式,也不允许梁与柱之间用栓接,在循环剪力下,螺栓相对滑移,使翼缘与柱焊缝局部高应变而开裂,如图8-12所示。

图 8-11   图 8-12

3. 钢板剪力墙如何设计?

据文献[10]介绍,抗震设防烈度大于等于7度,即应设纵向加劲肋与横向加劲肋。

不加纵、横向加劲肋时承载力及稳定性计算:

$\tau \leqslant f_v$(钢材抗剪设计值应除以γ_{RE})

$$\tau \leqslant \tau_{cr} = \left[123 + \frac{93}{(l_1/l_2)^2}\right]\left(\frac{100t}{l_2}\right)^2 \qquad (8\text{-}3)$$

式中:τ——剪应力;

f_v——抗剪强度设计值;

l_1,l_2——所计算的柱和楼层梁的长、短边尺寸。

设纵、横向加劲肋,其强度及局部稳定性计算:

$$\gamma \leqslant \alpha f_c$$
$$\gamma \leqslant \alpha \tau_{crp}$$

$$\tau_{crp} = \left[100 + 75\left(\frac{c_2}{c_1}\right)^2\right]\left(\frac{100t}{c_2}\right)^2 \qquad (8\text{-}4)$$

式中:α——非抗震时取1.0,抗震时取0.9;

τ_{crp}——纵、横加劲肋分割区域临界应力;

t——钢板厚。

设有纵、横向加劲肋，当不承受重力荷载或柱压缩引起应力时，整体稳定性计算：

$h < b$ 时 $\qquad \tau_{crt} = \dfrac{3.5\pi^2}{h_1^2}\sqrt[4]{D_1 D_2} \geqslant \tau_{crp}$

式中：τ_{crt}——整体临界应力。

$D_1 = EI_1/c_1$，$D_2 = EI_2/c_2$，数值大者为 D_1，小者为 D_2，非地震区时，可利用其屈曲后强度，按张力场算。

据文献[149]介绍，钢板剪力墙受力特性如下：

（1）除钢板高厚比外，描述加劲肋钢板墙的力学性能的另外两个无量纲参数为加劲肋与钢板的刚度比（简称肋板刚度比）μ 及周边的弹性刚度 β，它的表达式是 $\mu = EI_s/Db$，$\beta = \sigma_E/\sigma_y = \pi^2 E_c I_c/(l_c^2 A_c A_y)$，$D$ 为钢板柱面刚度，I_s 为加劲肋惯性矩。

钢板墙的力学性质（初始刚度、屈曲形式、极限承载力等）随 λ 及 μ 的改变而发生明显变化，柱的弹性刚度 β 仅对钢板墙的弹性屈曲荷载和极限承载力有影响，而不改变其屈曲形式。

宽度比 $\lambda = \min(b,h)/c$，$\lambda < 250$ 为厚板剪力墙，弹性初始面内刚度较大，$\lambda \geqslant 250$ 为薄板剪力墙，侧向力在轴中易发生局部屈曲。

（2）非加肋钢板墙在单向受剪情况下，厚壁钢板非线性特性表现为材料屈服，薄壁表现为先行屈曲，而后对角线方向拉力带形成材料屈服，具有几何和材料双重非线性。

非加劲肋在水平力剪切下，弹性屈曲强度非常低，而且随 λ 增加而迅速降低。$\lambda > 250$ 时其弹性屈曲强度可忽略，主要为拉力带屈曲后强度，拉力带发挥程度与周边柱的弹性刚度紧密相连，非加劲板加载初期面外变形大，结构初始刚度较加劲肋板小。

对十字加劲肋，纵横加劲肋直接降低钢板墙宽厚比，有效地提高了弹性屈曲强度，屈曲后拉力带拉应力小，降低了剪力墙对柱刚度的依赖，提高了初始屈曲承载力，十字加劲肋限制了面外变形量，但小区格仍有明显拉力带，而外变形稍小于非加劲肋，抗侧刚度增大。

十字加劲肋受剪屈曲的三种形式：①整体屈曲，钢板厚时，加劲肋弱，y 小时，加劲肋仅起增大板刚度的作用，不能有效约束面外变形，从而整体屈曲，弹性屈曲强度随加劲肋刚度增加而提高；②局部屈曲，钢板薄，η 大，小区格屈曲,加劲肋不发生变形,起刚性边界作用,$\eta = 40$ 时可保证不发生局部屈曲,继续加大加劲肋刚度,不会提高屈曲强度反而浪费;③相关屈曲,既有整体屈曲,又有区格中局部屈曲,η 介于两者之间,属于临界屈曲。

介于非加劲肋与十字的特点之间,陈国栋提出了对角加劲肋,在拉力带面外,变形量最大处设对角加劲肋,阻止侧向变形,提高板面刚度,说明初始刚度和抗剪承载力均提高。

(3)我国 JGJ 99—1998,是以弹性屈曲强度作为设计极限,未利用屈曲后强度,使板很厚,加劲肋很密,不轻巧且不经济,应加以改进。

💡 4. 内藏钢板剪力墙如何设计?

据文献[10]介绍:

(1)内藏钢板作为支撑杆(图 8-13),然后以外包混凝土墙板来稳定钢板支撑杆,钢支撑的节点处与框架相连,而墙板则与框架留有缝隙,混凝土墙并不抗剪,只是提高钢支撑抗侧移能力,避免钢支撑一旦屈服后,抗侧刚度急剧下降,延性好,罕遇地震作用下缝隙挤紧,墙板再参加抗震,抗震能力大于计算,层间位移改为 0.8% 层高,大于钢筋混凝土墙。

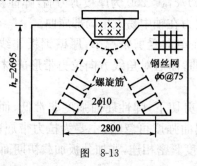

图 8-13

(2)构造墙板厚计算。有公式 $V \leqslant 0.1 f_c d_w l_w$,其中,内墙板厚 $d_w = 140$mm,不小于 $h_w/20$,h_w 为墙板高度;$d_w \geqslant 8t$,t 为支撑钢板厚度;f_c 为墙板混凝土轴压强度(混凝土不小于 C 20)。

支撑钢板宜于框架相同钢板,宽厚比约 15,选较小宽厚比。提高抗屈曲能力,支撑厚度不小于 16m。

混凝土墙板内设双向配筋,最小配筋率 β_{min} 为 0.4%,不小于 $\phi 6@100 \times 100$,双层钢筋网之间适当配连系钢筋,在支撑端部离墙边缘 1.5 倍支撑钢板宽度范围应加构造钢筋,如用麻花形钢筋或螺旋形加密钢箍(图 8-14 和图 8-15)正确的钢箍应该由根部逐步转动，也可提高钢板端抗屈曲能力，在端部长度等于其宽度内设构造加劲肋。

图 8-14　　　　　　　　图 8-15

（3）强度、刚度计算。受剪承载力 $V = nA_{br}f\cos\theta$。其中，n 为支撑斜杆数，单斜撑 $n=1$，人字、交叉斜撑 $n=2$；θ 为支撑杆倾角；f 为支撑杆拉压强度，支撑杆屈曲前。

钢板剪力墙刚度 $K_1 = 0.8(A_s + md_w^2/\alpha_E)E_s$。其中，$E_s$ 为钢材弹性模量；α_E 为钢材与混凝土 E 之比；d_w 为墙板厚度。m 为墙板有效宽度系数，单斜杆 $m=1.0$，人字、交叉杆 $m=1.7$。支撑杆屈服后，刚度 $K_2 = 0.1K_1$。

💡 5. 屈曲约束支撑 UBB

屈曲约束支撑又称无黏结结构支撑，是一种耗能支撑，也是一种机敏的减震支撑，成为体现"损伤控制"设计概念很好的方法，也在一定程度上解决了抗侧刚度的问题，因为普通支撑存在受压屈曲，抗震滞回曲线明显不对称，大震作用时支撑重复荷载造成失效破坏，滞回曲线耗能差，不能有效消耗地震能量，而 UBB 拉压一样，获得饱满滞回曲线，提高了支撑耗能能力和支撑的延性，比传统支撑具有更稳定的力学行为，提供了抗侧刚度，又减少了振动。

1）屈曲约束支撑的构成

据文献[25]介绍，UBB 构造上为内核单元和外围约束单元两个基本件。

如图 8-16 所示，约束屈服段，因延性要求好，采用中等屈服强度或低屈服强度钢，基本分两大类，低碳钢和低屈服强度钢。低碳钢价格低，但屈服强度范围较大，滞回性能略差，芯材做成十字形、一字形或其他形状，外用橡胶、聚乙烯、硅酸、乳胶材料消除芯材与约束段砂浆之间剪力，约束屈服段可能会在高阶模态发生微幅屈曲，所以需要空隙。此外，还需要足够的空间容许芯材在压缩时膨胀，否则会引起摩擦力使约束机构承受压力，而空隙过大，约束屈服段的屈曲变形和相关曲率非常大，减少屈服段低周疲劳寿命，太小则使横向膨胀变形受到约束，套箱作用使内核单元屈服滞后，影响耗能。文献[26]间隙结构对应于 1.5 倍的设计最大层间弹塑性位移，其受压支撑内外核间隙接近于 0。

一般 $\theta=30°\sim60°$, $\delta/h=1/50$(图 8-17),泊松比 $\mu<0.3$,计算得内核单元钢板在截面两个方向的胀缩量约为该方向截面边长的 0.4%,据此可得空隙具体数量,Δ 变形引起的压缩膨胀即为空隙值。

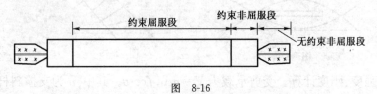

约束屈服段　约束非屈服段　无约束非屈服段

图 8-16

据文献[25]介绍,外围约束单元则由钢管内填砂浆或混凝土组成,要有足够的抗弯刚度,给内核单元必要的约束,只要构造合适,不产生摩擦力,外围约束单元不受轴力,约束非屈服段也包在钢管和砂浆内,但并无黏结构层和空隙隔开,为确保其在弹性阶段工作,因此应增加材料截面积,一般采用截面宽度加强或设加劲肋,截面加强应该平缓过度,以免应力集中。

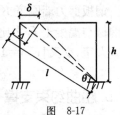

图 8-17

无约束非屈服段,是约束非屈服段的延伸部分,穿出钢套管与砂浆与框架相连,通常为螺栓连接和焊接,主要是便于安装与防止局部屈曲。

2)UBB 的基本原理及与普通支撑的对比

据文献[27]介绍,UBB 是一种耗能支撑,低屈服钢材在轴向力作用下允许有较大塑性变形,通过这个变形可以达到耗能的目的,使支撑受压承载力与受拉一样,克服了传统支撑的缺点,改善了承载力,使滞回曲线饱满。在地震作用下,UBB 进入塑性耗能状态,保证其主体结构保持弹性或部分塑性变形。

据文献[28]介绍,UBB 通过饱满滞回曲线吸能,而普通支撑由于支持失稳,使耗能及抗侧刚度、承载力大大降低,地震作用加大,而 UBB 则由于受到约束,不易屈曲,外包约束单元又不受轴力,不会整体屈曲,使内核达到屈服,进入塑性铰状态,拉压刚度一致,滞回曲线饱满,耗能能力更强。试验表明,在拉压荷载下,产生较大应变强化,其最大延性与累计延性达 13.5 及 73.5,滞回曲线在支撑处于较大受压变形或较大受拉变形时,荷载值可提高 5%,抗压刚度也较抗拉刚度略有提高,外包单元对内核的套箍效应由于无黏结构材料,影响并不大。

在较大地震水平作用下,普通支撑进入非线性阶段,由于屈曲 p-Δ 效应显著,压弯构件的刚度迅速退化,承载力急剧下降,再反复受拉时,残余的塑性变形使构件首先要被拉直，此时受拉刚度很小，刚度发生收缩，支撑继续受拉，直至形成反向塑性发展后，抗拉刚度才逐渐恢复，最终全截面受拉屈服进入弹塑性阶段，长细比愈增加，受压屈曲变形越大，滞回曲线劣化现象越严重，支撑受拉承载力在循环下也退化，长细比大的滞回环所包面积非常狭窄，耗能能力差，其受压承载力与 UBB 相比差 8 倍，而 UBB 耗能能力比普通支撑大 3.54 倍。

与钢框架抗侧能力相比，普通支撑滞回曲线明显捏缩。如前所述，首先受压的支撑失稳退出工作，刚度很低，反向加载时，由于首先受压支撑弯曲变形，残余塑性变形，重新受拉刚度很小，在没有重新拉直前不能工作，刚度主要由钢框架提供，刚度很低，首先受压一肢拉直压杆开始提供刚度，但在往复荷载下，抗拉承载力下降，受压承载力也下降，弯曲挠度也严重，拉压刚度均退化，因此普遍支撑的框架体系滞回曲线所包围面积比 UBB 框架体系小 2.31 倍，而两者的最大承载力（普通支撑框架体系）相差 1.43 倍。

由上所述，普通支撑由于失稳，地震作用基本上由框架承担，支撑拉直后才可以承担部分地震力，而 UBB 在屈服前始终承担约 80% 的地震力。

UBB 对钢框架的后期刚度和极限承载力均有提高，最大层间位移可降低 14%～61%。

总之，UBB 在小震作用时，使支撑与主体结构均处于弹性变形；中震作用时 UBB 产生塑性耗能，主体结构保持弹性；大震作用时，UBB 仍为塑性耗能，但仍能保持主体的弹性或部分塑性变形，因此大震作用后只要检查 UBB，取下更换后不影响建筑物继续使用，是"可更换的保险丝"。经计算，地震下两种支撑受压承载力差 4 倍，因为周期加长，地震作用减少，有的认为地震作用降低 15%，有的认为普通支撑在地震常遇情况下大 24%～30%，尤其在抽柱的过渡层，如果加普通支撑弥补，则抽柱刚度加大，地震作用加大，但加了 UBB，刚度接近设有薄弱层。

3）UBB 的缺点

如果控制不好，芯材的屈服强度变化范围会很宽，公差要求比一般普通支撑小，永久变形比较大，屈服后不能自动回到初始位置。

4）UBB 的计算

据文献[26]介绍，计算的目的是实现 UBB 正常工作，判别与消除可能发生的破坏形式，除了从强度方面满足内核单元的屈服荷载 F_y 外，还要使三种失稳形式的荷载均要大于 F_y，这是消除这几种失稳的准则。三种失稳形式分别是内核单元的单独失稳、构件整体失稳、内核单元端部无约束连接区扭转失稳。

经推导,构件整体失稳荷载 $P_{crg}=\dfrac{\pi^2(E_1I_1+E_2I_2)}{(kl)^2}$。其中,$k$ 为两端约束的计算长度系数,$k=0.5\sim1.0$,实际情况介于二者之间,工程中尽量处理成铰接,$k=1.0$,使计算与构造模型符合,由于内核刚度远小于外核,可忽略。如图 8-18 所示。

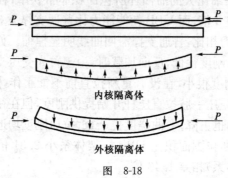

内核隔离体

外核隔离体

图 8-18

$P_{cr}=\dfrac{\pi^2(E_0I_0)}{(kl)^2}$,$E_0I_0$ 为外围单元 EI。由于物理及几何缺陷非线性影响,$P_{cr}>F_y$ 是下限,定义约束比 $\zeta=P_{crg}/F_y$,其值至少为 1.27,即使 $\zeta=2.0$ 也不能保证核单元全截面受压。即使间隙适当仍有内核单元产生单个或多个半波弯曲屈曲,即内圈单元的单独失稳。

根据推导,内圈单独失稳的屈曲荷载近似值 $P_{crl}=2\sqrt{CE_1I_1}$,$C=\dfrac{E(1-\mu)}{(1+\mu)(1-2\mu)}$,$\mu$ 为泊松比,C 为弹簧常数。

$P_{crl}\geqslant F_y$ 可防止单独失稳。

关于内核单元端部无约束连接区扭转失稳,根据推导后,提出十字板宽厚比要求:

$$\frac{b}{l}\leqslant15\sqrt{\frac{235}{f_y}} \tag{8-5}$$

从构造上分析,为了使 UBB 塑性变形来耗散能量,框架梁柱连接应设计成刚性,才能使塑性变形后有一定复位能力。

从整个结构上分析,可根据不同的阶段分析,弹性阶段用振型分解,弹塑性阶段用弹塑性时程分析法。

5)耗能支撑的危险截面

据文献[151]介绍,通过有限元分析及单调加载方式进行静力分析,钢芯与混凝土之间的间隙为 1mm,结论是构件应力的大值应在防屈曲支撑钢芯反面截面削弱处，也即加载端过渡段与工作段的连接处，因此建议改进，采用弧线过渡段，弧线要与工作段边缘相切，避免应力集中，加强薄弱位置。

6）防屈曲支撑的数量及能量计算。

据文献[162]介绍，防屈曲支撑数量预估，使用能量法初步确定所需数量，再用时程分析进一步分析防屈曲支撑任意时刻的能量方程。

$$E_{in} = E_e + E_k + E_c + E_h + E_d$$

式中：E_{in}——地震过程中输入结构总能量，可根据地震能量反应谱确定；

E_e——结构体系弹性应变能；

E_k——结构体系动能；

E_c——结构体系黏滞阻尼耗能；

E_h——结构体系滞回耗能的能量；

E_d——防屈曲支撑吸收的耗能。

E_e 和 E_k 仅是能量转换，不能驱散，E_c 只占很少，E_h 在采用普通设防时也较小，采用防屈曲支撑设防准则时为 0，可以认为全部被防屈曲支撑耗能吸收。

$$E_{in} \leqslant E_d = n\varphi m E_{di}$$

式中：E_{di}——单个防屈曲支撑循环一周可耗能能量，等于滞回曲线所包围面积；

m——防屈曲支撑滞回循环数，一般为 $200 \sim 600$ 次，偏于安全取 50 次；

φ——防屈曲支撑同时工作系数，取 $0.4 \sim 0.5$；

n——耗能器总数。

所以 $n \geqslant \dfrac{E_{in}}{\varphi m E_{di}}$。但由于非线性，阻尼比加大，地震能量减小，而且说明了主体结构消耗作用，这样可能不经济，因此 n 可打 4 折，但同时要控制层间位移比及小震作用下芯材应力比。

另外，要满足：

$$\Delta_y / \Delta_{xy} \leqslant 2/3 ; k_0 / k_s (\Delta_y / \Delta_{xy}) \geqslant 0.8$$

式中：k_0——防屈曲支撑在水平方向初始刚度；

Δ_y——防屈曲支撑屈服位移；

k_s——设防屈曲支撑按层侧向刚度；

Δ_{xy}——设防屈曲支撑结构层位移。

6. UBB 在上海世博会工程中的应用

文献[105]介绍了 UBB 在上海世博会工程中的应用实例。

1)抗震性能目标

UBB在多道设防裂度(中震)均为弹性变形,大震作用时为塑性变形,但可更换UBB参数,即刚度、承载力和延性要求。

为保证更换,大震作用下连接必须完好。

2)芯材选择

因为UBB要求屈服点变化幅度在$-20\sim120$MPa之间,一般低碳钢即普通钢材远小于此值,延伸率也不大于40%,因此应用低屈服钢。

采用低屈服钢也不能过早屈服,因为累积延性要求过高可能引起钢材疲劳,因此对于小震和中震要求的弹性支撑,抗侧刚度要求较高时,均用LY225,如要求较早进入塑性,则要求LY100,但LY100的价格比LY225高出很多。芯材化学成分、力学性能及其参数见表8-3和表8-4。

芯材化学成分 表8-3

芯材	C	Si	Mn	P	S	N
LY160	≤0.05	≤0.10	≤0.40	≤0.025	≤0.015	≤0.006
LY225	≤0.10	≤0.10	≤0.50	≤0.025	≤0.015	≤0.006

芯材力学性能 表8-4

芯材	屈服强度(MPa)	拉力强度(MPa)	屈强比(%)	伸长率(%)	0℃冲击功(J)
LY160	100×20	220～320	≤80	≥45	≥27
LY225	225×25	300～400	≤80	≥40	≥27

3)综合刚度

N作用下总变形Δ为:

$$\Delta = NL_c/EA_c + 2NL_j/EA_j$$

式中,A_c为约束区段截面积,A_j为节点区段截面积。其他字母含义见图8-19。

综合刚度$k = \dfrac{N}{\Delta} = \dfrac{1}{a+\alpha b}k_c = \beta k_c$

$a = L_c/L, b = 2L_j/L, \alpha = A_c/A_j, k_c = EA_c/L$(不考虑节点区影响)

$a \approx 2\sim3, b \approx 0.3\sim0.4, \beta \approx 1.18\sim1.37$,支撑刚度应采取综合刚度结构分析。

UBB 刚度必须足够大，保证侧向刚度满足规范，但也要在合理范围内，减小地震作用，上海世博中心要求多道地震层面位移角小于 $\frac{1}{300}$，未要求 UBB 刚度。

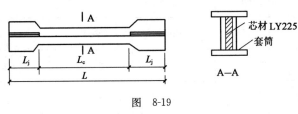

图 8-19

4）UBB 变形能力要求

$$变形极限能力 \rightarrow \begin{cases} 单方向位移下变形 \\ 循环位移下变形 \end{cases}$$

层间位移 $\Delta_h = L'\cos\varphi = \varepsilon L/\cos\varphi$ 而 $\varepsilon = \Delta_h\cos\varphi/L = \Delta_h\cos\varphi\sin\varphi/h = \frac{1}{2}\theta\sin2\varphi$，如图 8-20 所示。

大震作用下节点要求弹性，节点变形可忽略，$\varepsilon_c = \varepsilon L/L_c = \varepsilon/a$。

位移角越大，对延性要求就越高，世博中心按大震作用下层间位移要求为 $\frac{1}{50}$，框架梁与支撑水平夹角为 40°，根据 $\varepsilon = \frac{1}{2}\theta\sin2\varphi$ 得变形要求约为 $\frac{1}{100}a \approx 0.6 \sim 0.7$，根据 $\varepsilon_c = \varepsilon/a$ 得约束段单方向变形要求为 1/15。

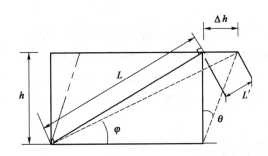

图 8-20

累积塑性变形值，参照美国钢结构规范 ANSI/AISO 341-2005，要求 UBB 累积塑性变形值（倍率）应大于 200。

支撑的主要产品参数见表 8-5。

支撑的主要产品参数   表 8-5

承载力(kN)	钢号	芯材截面	芯材截面尺寸	外观最大尺寸(mm)
900	LY160	一字形	—	—
900	LY225	一字形	22×182	300×300
1300	LY225	一字形	22×263	300×300
1800	LY225	一字形	28×286	300×420
2100	LY225	一字形	28×334	300×420
2500	LY225	一字形	28×397	300×445

5)节点设计

节点应减小转动刚度,减小二次弯矩,注意节点板稳定节点承载力 P_j = μP_y,P_y 为 UBB 的屈服强度,μ 为支撑强度增大系数。

$$\mu = \mu_s \mu_y \mu_c$$

式中,μ_s 为钢材应变强化系数,ε_c=0.1 时,LY225 厂家提供 $\mu_s \approx 1.52$;μ_y 为屈服强度变异系数,取 1.1;μ_c 为受压承载力提高系数,取 1.2。经计算 μ=1.87。

6)检验

取 2%试件,拉伸压缩往复各 3 次,试验结果:①不断裂;②累积塑性变形不得小于 200 倍初始屈服时总变形;③滞回曲线具有正的增量刚度,并饱满;④UBB拉压最大承载力不超过连接极限承载力/1.1;⑤最大受压承载力不小于受拉承载力,但又不超过受拉最大承载力的1.3倍。

💡 7. 何为"蒙皮作用"?

蒙皮效应是利用覆盖材料本身的强度刚度,对结构强度刚度的加强作用,概念来自于飞机、轮船。

板类似于深梁中的腹板,而板四周连接的墙梁、檩条类似于深梁的翼缘,国外如英国规范第九部分即是应力蒙皮设计的条文,美国就允许应力蒙皮设计,其他澳、加、德等国均有蒙皮设计规定或标准，蒙皮设计约可节约 10%。

而我国由于只做了少量试验，未得出具体数据，因此尚处于理论研究阶段，尤其是我国施工企业良莠不齐，连接构造和工艺没有可靠规定，因此我国规范只能有限制的利用蒙皮效应。

《冷弯薄壁型钢结构技术规范》（GB 50018—2002）在单层厂房中考虑蒙皮作用，应满足下列条件：

①试验与分析得蒙皮组合体强度刚度参数；

②边柱构件应进行整体分析求附加内力；

③不得拆除。

门刚规程中一般不考虑蒙皮作用，如有条件时只是风及吊车荷载考虑，其他外荷载不能考虑，其可采用条件与薄钢规范差不多，但矛盾的是门架柱列抽去柱间支撑却考虑了蒙皮作用，而没有试验分析资料。

但不采用蒙皮作用不等于蒙皮效应不存在[3]P157，如门刚规程其实也考虑了檩条下弦平面外稳定的蒙皮作用，如板对檩条的侧向弯曲和扭转变形的限制作用。

但条件是板厚大于 0.62，实际上很少用这么厚的板，详见第十四章。

对于檩条上翼缘的侧面稳定不得不靠屋面板的蒙皮作用，但可惜屋面板产品并未提出蒙皮作用可以允许的侧向跨度，所以并不是很科学，只好要求檩条拉条不大于 4m，否则必须另加拉条，以防出问题。

💡 8. 抗震的支撑与节点板如何提高延性？

据文献[166]有关介绍如下。

1）节点板延性性能

（1）栓接节点板防止了净截面断裂，由于螺栓滑移，因此比焊接节点板延性好。

（2）节点板延性与支撑板件的屈曲方向密切相关，如果支撑杆件平面外屈曲，则节点板构造应保持支撑构件在距节点板嵌固线 $2t$ 距离处终止，以延性方式适应支撑构件末端转动的需求，支撑杆件在平面内屈曲，节点板会保持弹性，不需上述延性构造。

（3）节点板的屈曲不仅使受压能力降低，而且使弹性屈曲，会引起脆性破坏。一定要加厚节点板，加强屈曲能力。

（4）防止节点板边缘屈曲，可以在边缘加小角钢或板。

2）规范说明

国外规范 ANSI/AISC341—2002 和 UBC 1997 将中心支撑分为特殊中心支撑和普通中心支撑两种，特殊中心支撑（SCBF）有较高延性，能承受多次弹塑性循环变形而不断裂，强度刚度降低很少，增加了阻尼，减少了结构刚度，导致耗能，减小地震作用，AISC 和 UBC 允许 SCBF 比普通（OCBF）按较小地震作用设计。

3）SCBF 的要求

（1）支撑杆件长细比应满足 $kl/r \leqslant 5.87\sqrt{E_s/f_y}$。式中，$k$ 为有效长度系数，f_y 为最小屈服应力。

支撑强度小于等于 $\varphi_c p_n$，受压抗力系数 $\varphi_c = 0.85$，p_n 是杆件轴压强度。

平行支撑方向至少 30%～70% 的水平力由受拉支撑承担。

支撑受压部分宽厚比应满足 LRFO 规范表 B5.1 的要求。

支撑如果是组合杆件，则缀板之间 $l/r < 0.4$，组合杆件控制细长比，组合件的连接域应位于中部 1/4 范围，且不少于 2ξ。

（2）支撑连接，在支撑屈曲方向连接需求弯曲强度应等于支撑对临界屈曲轴的 $1.1R$。节点板也考虑屈曲。

（3）特殊的 V 形和反 V 形支撑连接的梁在柱之间应连接，连接的梁应假定支撑不存在，来进行荷载设计，支撑受力最小为 $R_y p_y$，受压为 $0.3\varphi \varphi_c p_n$，在支撑连接处梁上下翼缘应按支撑侧力考虑，该力等于梁翼缘名义强度 $f_y b_t t_{bt}$ 的 2%，p_y 为构件轴向屈服力，$p_y = f_y A_g$，b_t 为翼缘宽，t_{bt} 为梁翼缘厚度，k 形支撑不能用于 SCBF。

（4）SCBF 的柱，拼接应按较弱杆件的名义剪切强度和相连断面较小者的名义弯曲强度的 50% 设计，拼接应位于柱净高度 1/3 区间内。

4）具有延性节点板设计

（1）杆件平面外屈曲时，节点板应是延性，满足构件末端转动要求，破坏应是流塑形式不是断裂模式，钢材的实际屈服点不能远离于设计规定值，以防止脆性破坏。

为了支撑构件在拉力下毛截面流塑，压下整体屈曲，因此支撑构件平面外及平面内有效计算长度分别为 1.0 和 0.65。

（2）螺栓和焊缝强度应为 $1.1R_f f_y$，要按螺栓达到 $0.8R_f f_y$ 才发生滑移计算，防止螺栓在地震作用下滑移，但它并不能阻止其在强震作用下滑移，因为在强震作用下滑移，有有益效应，增加阻尼，减少刚度，提高延性。

（3）节点板 Whifmore 区的流塑与屈曲：

如图 8-21 所示，在 Whifemore 范围内产生流塑屈服力 $= p_y = A_g f_y$。

节点板如有弯矩和剪力，则：

$$\left(\frac{N}{\varphi N_y}\right)^2 + \frac{M}{\varphi M_p} + \left(\frac{V}{\varphi V_y}\right)^4 \leqslant 1.0$$

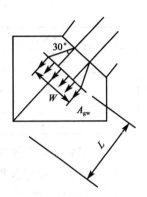

图 8-21
W-Whifmore 的宽度；
L-节点板柱长度

$N_y = A f_y$，A 为横截面面积，$V_y = 0.6 f A_y$，φ 为压服破坏模式抗力系数，取 0.90，因为节点托出横截面通常为矩形，N 与 M 为相互关联的抛物线，V 与 M 为接近四次幂的多项式。

节点板屈曲，$P_{gw} = A_{gw} F_{cr}$，F_{cr} 为有效宽度为 1in (25.4mm) 的节点板条上的临界应力，按柱处理，节点板有效长度系数为 AISC-LRFD 的 1.2。

（4）节点板边缘屈曲，$L_{fg}/t \leqslant 0.75\sqrt{E/f_y}$，$L_{fg}$ 为自由板长度，t 为节点板厚度。

（5）必须防止在流塑之前节点板净截面断裂。

💡 9. 屈曲约束支撑抗震效果如何？

屈曲约束支撑是高效抗侧结构和高耗能的减震体系，因其约束了压杆屈曲，因此在中震作用下能达到塑性耗能，而一般支撑则有可能屈曲，大震作用下，约束支撑仍能塑性耗能，而一般支撑则肯定屈曲失效。

据文献[91]介绍，TJ1 型屈曲约束支撑由同济大学研究，为专利产品，根据使用，其效果如下。

（1）框架跨度 8m，层高 3.6m，抗震设防烈度为 8 度，框架梁 HW646×299，柱边柱 HW458×417，中柱 HW502×470，普通支撑断面 H300×220×14×14，屈曲约束支撑芯板面积 160×6，普通支撑基本周期 1.68s，屈曲约束的基本周期为 2.06s，对于较高层建筑用普通支撑则要按抗震规范 8.2.6 条采用，循环荷载强度降低系数，从计算结果看支撑的抗压承载力比抗拉承载力差 4 倍，要满足支撑不屈服，需加大支撑截面抗侧强度，周期减小，地震作用却加大，如周期由 1.6855

增加到 2.06s,地震作用可减少 15％。

由上海世博中心计算可知,普通支撑比屈曲约束支撑地震作用增大24％～34％,如表 8-6 所示。

表 8-6

支撑形式		防屈曲耗能支撑	普通支撑
结构自振同期 （s）	T_1	2.23	1.92
	T_2	1.93	1.32
	T_3	1.75	1.24
总用钢量		7794t	8808t

(2)屈曲约束支撑加强薄弱层是好的解决方案。有的薄弱层,如用普通支撑,则往往由于稳定及循环荷载折减不得不加强断面,结果断面加得太大,反而使薄弱层转到下面一层,形成新的薄弱层,如果由约束屈曲支撑来解决薄弱层的问题,往往造成框架底层破坏,只有一道防线。如果用约束屈曲支撑形成耗能,就能保护上部结构。

(3)约束屈曲支撑塑性耗能易修复,大震作用时其他结构才进入塑性状态,而约束屈曲支撑不会屈曲,而会产生较大塑性变形,有很高承载力,结构更加可靠。

九、
钢材与焊接

文献[1]中第九章钢材与焊接和第十一章焊接已作了详细介绍,本书再补充。

1. 如何从晶格来了解钢材性能?

据文献[28]介绍,金属属于晶体原子,呈一定规则排列的物体称晶体,原子排列规律性的空间格子称结晶格子,通过原子中心可以画出许多原子平面(图 9-1),这些平面称晶面,晶体的性能是各向异性,一般常用的低碳组(碳含量不大于0.15%),包含有铁素体、渗碳体和珠光体,碳熔于铁中形成铁素体,提高屈服强度、极限和硬度,其冲击韧性和塑性不如奥氏体,但仍是可塑钢。

图 9-1

碳不仅熔于铁中,还发生化合作用形成化合物,该化合物即为渗碳体。渗碳体晶体结构复杂,对晶体相对滑移阻力很大,硬度很大,塑性很小,脆性很大。

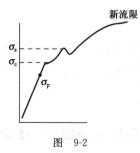

图 9-2

珠光体是由铁素体和渗碳体组成的共析体,力学性能介于二者之间,钢材强度的提高主要由于金属结晶体之间滑移,晶格随滑移量的增加而强度提高,建筑钢一般为中低碳钢,碳均熔于铁素体内,所以容易滑移,也即屈服点低到了滑移后,滑移的晶粒破碎,晶格扭曲转动使晶面上凹凸不平,又因产生碎片,因而不易滑动,形成了新流限(图 9-2),使强度提高,高强钢材渗碳体包于晶体之外,晶格不易滑移,因此没有明显的流限。

晶体的大小对力学性能有影响,细晶格增加了晶格歪扭的晶界体积,从而增加对位错移动的阻力,使屈服及强度极限提高,细化使变形更加均匀,使延伸率、冲击韧性、面积缩减率均提高,因此要求具有细小晶格组织的金属。

弹性极限 σ_p 不会出现残余塑性变形的应力,而 σ_e 是出现残余变形 $0.001\%\sim0.003\%$,称条件弹性极限,由于 σ_e 不易测量,所以设计中以下屈服点 σ_s 为屈服指标。

💡 2. 什么叫常存杂质?

据文献[28]介绍,某些经常的或不可避免地存在元素称常存杂质,一般常存杂质含量控制在 Mn0.25%~0.8%,Si≤0.35%,P≤0.09%,S≤0.07%,O≤0.05%,常存杂质在碳素体中一般有益,存在于渗碳体中也几乎无影响,只有以非金属杂质形式出现,才是有害的。

💡 3. 能否根据经验估计疲劳强度?

据文献[28]介绍,疲劳强度主要与极限强度 σ_b 有关,可粗略的估计。

$$\left.\begin{array}{l}\sigma_{-1}(\text{拉压疲劳强度})=0.32\sigma_b \\ \sigma_{-1}(\text{受弯疲劳强度})=0.97\sigma_b\end{array}\right\}\begin{array}{l}\text{疲劳次数}\ 10\times10^6 \\ \text{误差在}\ 20\%\sim30\%\end{array}$$

钢结构规范规定疲劳次数为 2×10^6 时,Q235 母材疲劳强度为 $176\mathrm{kN/cm^2}$,$\frac{176}{280}=0.63\sigma_b$,不分拉压与受弯,说明以上估计是偏于安全的,问题是疲劳强度关键还是节点,不易估计。

💡 4. 化学成分对钢的性能有哪些影响?

据文献[28]介绍,化学成分对钢的力学性能及工艺性能、腐蚀稳定性均有很大影响,如表 9-1 所示。因此,设计者只有对钢的化学成分的影响有详细了解,才能正确处理问题。

1)碳

含碳量增加,提高强度极限及屈服强度、塑性、冲击韧性,抗腐蚀性下降,焊接性能和冷变性变差。

强度提高,塑性降低,是由于含碳量增加使珠光体增加,沿珠光体周围的网状形式析出二次渗碳体引起的,但含碳量 $0.8\% \sim 0.9\%$,强度不再提高反而下降,含碳量提高使疲劳强度降低,这是由于残余内应力及组织不均匀引起的。

元素增加 0.01% 引起力学性能变化　　　　　　　　　　表 9-1

0.01%	屈服强度(kg/m²)	强度提高(kg/m²)	延伸率(%)$l_0 = 4d$
碳	+0.299	+0.702	−0.43
硅	+0.037	+0.083	−0.05
锰	+0.099	+0.143	−0.04
磷	+0.832	+1.287	−1.05
经验公式 $\sigma_b = 28 + 0.7C + 0.75P + 0.15Si + 0.03Mn + K$			

注:表中"+"指增加,"−"指降低。

碳不溶于铁中的渗碳体,碳增加,腐蚀稳定性降低。

焊接是由于碳含量大使奥氏体晶界上形成低熔点薄膜,增加热裂纹,由于奥氏体在低温下分解,造成更大内应力,使冷裂纹增加,也会引起热影响区组织和性能更大变化而引起脆化。

2)磷

既有不利作用,又起有益作用。

有益作用是屈服点极限强度提高,对腐蚀稳定性有限,但增加冷脆,焊接变坏,降低塑性和冷弯性能。

主要是由于磷是一种易于偏析的元素。偏析是指成分的不一致性或不均匀性。在不同区域内偏析,称区域偏析。在一个晶粒内偏析,称晶内偏析,因此磷常在细小区域内形成区域偏析,冷脆也是由于偏析,高磷区铁素体严重歪扭,对冷弯性能也不利。焊接时,不仅有冷裂纹,还有热裂纹,而且脆化倾向大,特别是冷裂纹的形成和扩展。但磷对腐蚀性有利,特别与铜同时存在更好。

3)硫

大部分起有害作用,破坏焊接,降低冲击韧性,特别是横向冲击韧性和塑性,降低疲劳强度,降低腐蚀稳定性。

硫的热脆性使硫在 $800 \sim 1200℃$ 变脆开裂,硫化物及其晶体在 $800 \sim 1000℃$ 时屈服,很快地使铁的晶粒间相互结合变弱,晶界部分变脆断裂,$1000℃$ 晶体溶化。解决热脆的办法就是加入锰,锰对硫的亲和力大于铁,提高熔点到 $1620℃$。

硫对焊接具有热脆性,使熔化层及热影响区产生热裂纹,降低焊接金属质量,是有显著破坏性能的元素之一,所以要用碱性焊条,使焊接熔化金属脱硫,减少硫增浓程度,加工时条状硫化物,沿加工方向伸长,强度明显降低,冲击韧性明显降低,冲击韧性更明显降低。

由于硫化物及夹杂物,起于内部切口作用,尖角引起应力集中,对疲劳不利,硫是严重偏析杂质,有害作用较大,对腐蚀稳定性不利。

4)氧

氧化物杂质,使纵向性能降低,更显著的横向力学性能也降低,粗大的夹杂物使疲劳降低、脆性增加,热加工性能、焊接、冷弯均变坏。

较小颗粒的氧化物在脱氧过程中,由于浮力较小,残留于钢中,所以钢中含氧量取决于脱氧程度和脱氧剂。氧化物基本上是脆性而不能塑性变形的夹杂物,氧化物使强度略降低,塑性显著下降,引起应力集中,沿加工方向的氧化物降低横向塑性和冲击韧性,粗大夹杂物会降低疲劳,大块夹渣则对力学危害很大,焊接中与 FeS 形成熔点更低的共晶体,增加热脆,塑性冷弯变坏。

5)锰

锰量加大,使钢脱氧和去硫。锰对氧和硫亲和力大于铁,因此在杂质含量范围内(小于 0.8%),锰对钢是益多害少。有害作用是延伸率略降低,而对面积缩减冲击韧性不降反而略有提高,含量高时,焊接变坏,一般对提高屈服极限、消除热脆性、降低冷脆性,是有益杂质,因此不允许低于标准规定的下限,但不是越低越好。

溶解于铁素体的少量锰(小于 0.8%)强度提高,可改善塑性和冲击韧性。锰使晶体歪扭,阻止位错及滑移,可消除热脆性,有益焊接。如超过消除热脆性所需太多时,会增加奥氏体过冷能力,产生冷裂纹,锰含量小于 0.8%时对冷弯无影响。总之,锰的含量小于 0.8%是益多害少。

6)硅

含量小于 0.8%～1.0%强度屈服提高,塑性冲击韧性下降不明显,大于 0.8%～1.0%塑性冲击降低冷脆,因此限于含量小于 1.0%。硅对氧亲和力大,加入硅后,氧不再有害。硅使晶格歪扭,阻碍滑移,提高硬度及强度。含量介于 0.5%～0.8%不会影响冲击韧性及塑性,硅使冷弯性能有所降低。硅含量小于 0.6%焊接不困难,大于 0.2%会开始破坏可焊性。含硅越低,焊接性能越好。

7)氮

氮显著使钢强化,使冲击韧性、塑性降低,增加时效性、冷脆性、热脆性,降低焊接性能。冷弯应尽量减少,与碳、磷影响相似。

5. 碳及常存杂质对钢性能的综合影响有哪些?

(1)对强度的影响,见表 9-1。

(2)对冲击韧性、冷脆性的影响:只有 Mn 不降低冲击韧性和冷脆性,其余 C、P、S、O、N 均降低冲击韧性和冷脆性。

(3)对热脆性的影响:S、O、N 对热脆性的影响是叠加,加 Mn 可减少其影响。

(4)对焊接的影响:取决于钢的热裂纹倾向、冷裂、影响区脆化,绝大部分元素均降低焊接性能,从焊接讲,这些元素是愈低愈好,只有锰含量小时,对焊接有利,含量大时,对冷弯焊接不利,不仅是叠加,且相互加强不利。

6. Q235 与 Q345 分别合适哪种情况?[3]P8

Q345 比 Q235 价格略高但强度可提高 45%,可节约钢材 15%~25%,因此强度控制的结构应尽量用 Q345,但可惜直缝焊接钢管,Q345 只能做到厚度 7mm,限制其作用,如果不同 Q235 的焊接钢管,用 Q345 无缝钢管,那价格就不合算了,如因变形和稳定控制,应作比较,如 Q345 局部稳定,翼缘挑出长度比 Q235 差 85%,低温下 Q345 韧性较好,在疲劳下 Q235 脆性增加快,从施焊条件讲,现场焊接 Q345 比 Q235 难些。

7. 焊接结构是否不能用 Q235A?[3]P9

由于 Q235A 价格比 Q235B 便宜,因此工地经常有争议,焊接结构能否用 Q235A,有的根据门刚规程 3.3.1-2 条,焊接结构宜用 Q235B,"宜"说明最好用,不用也可以,有的还提出《钢制压力容器》(GB 150—1998)4.2.3条提出可使用 Q235A,焊接只要保证碳当量小于 0.45% 即可。

但钢结构规范 3.3.3 条文说明焊接结构要求碳含量合格的保证,并是黑体字,而 Q235A 恰恰是碳含量不能保证。GB/T 700 就规定 Q235A 碳含量不作为交货条件,如果发生事故,钢材生产厂在法律上是不负责任的。有的提出能不能像过去甲、乙、丙钢的要求,甲级钢再附加碳、硫、磷保证。事实上,过去甲、乙、丙的钢锭是一样的,然后选出甲、乙,而现在从钢锭起即按化学成分分 Q235A 与

钢结构设计误区与释义百问百答

Q235B,因此仅凭抽样检查保证碳含量是不可靠的,因此设计应该坚持焊接结构用 Q235B。

8. 20 号钢能否代替 Q345?[3]P10

无缝钢管的国家标准只有 20 号钢,没有 Q345,20 号钢为优质钢,质量比 Q235、Q345 好,但要注意 20 号钢强度达不到 Q345,只能当 Q235 用。

对于 45 号钢,Cr 热处理代替 20 号钢,强度没有问题,但要注意韧性不如 20 号钢。

9. 热影响区宽度取多少?

热影响区分区如图 9-3 所示,不同的焊接方法热影响区各区宽度见表 9-2。

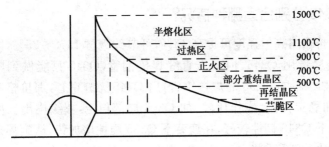

图 9-3

不同焊接方法热影响区各区宽度　　　　　　　　　　　表 9-2

焊接方法	热影响区总长 (mm)	各区尺寸(mm)		
		过热区	正火区	部分重结晶区
光焊条	2.5	1.2	0.6	0.7
厚皮焊条	6.0	2.2	1.6	2.2
自动焊	2.5	0.8~1.2	0.8~1.7	0.7
气焊	27.0	21.0	4.0	2.0
电渣焊接	25.0	18	5.0	2.0

再结晶区只有经过冷加工金属才有再结晶影响,一般低碳钢在显微镜下只能观察到过热区、正火区及部分重结晶区。热影响区小,焊接应力大,易裂纹;热影响区大,内应力小,但易翘曲和变形。总之,在不产生裂纹的条件下,热影响区愈小愈好。

10. 有的设计院要求 H 型钢腹板与翼缘一级焊,实际中,可否不用一级焊[3]P205

腹板与翼缘的剪力不大,与弯曲应力根本不是一个数量级,国外很多用单面焊,门刚规程 7.1.1-2 条文说明腹板厚度不大于 8mm 不要求全熔透,在条件具备时,可以单面角焊缝,半熔透。角焊缝均不存在一级焊缝要求。关于翼缘与端部板的连接,门刚规程 7.2.11 条要求全熔透,对接焊。现在通过试验,也要求不全熔透,已放宽,因此设计院要求不合理。

11. 焊缝分哪些等级,要求如何?[3]P205

规范 GB 50205—2001 规定,缺陷分级按国家钢焊缝手工超声波探伤方法及探伤结果分级,见表 9-3。

表 9-3

| 焊缝一级 | 超声波评定 II 级 | 检验等级为 B 级 | 探伤比例 100% |
| 焊缝二级 | 超声波评定 III 级 | 检验等级为 B 级 | 探伤比例 20% |

以上等级只针对全熔透的焊缝,而对于半熔透、角焊缝并无超声波探伤标准。设计中对半熔透、角焊有要求时,则可以提出参照 I、II 级要求,一般 III 级焊缝即无探伤要求。

12. 焊缝质量等级的确定原则是什么?[3]P208

以前对焊缝等级没有规定,有的设计院全要求一级,以免造成不必要的损失,现在焊缝等级在规范中已有反映,但尚不够全面,归纳一下原则仅供参考。

(1)疲劳计算中,对接焊(T 形、角接组合),受拉区横向焊缝为一级,受压区为二级。

(2)不需要进行疲劳计算,与母材等强的对接焊缝,受拉区不低于二级,受压区二级。钢结构规范规定受拉拼接焊为二级,主要是由于 II 级超声波一般现场都过不了关。我们的现场也普遍发生此情况,其气孔、夹渣的百分比超标,但我们担心规范的放宽,主要是检验范围由 100% 放宽到 20%,很不安全。因为受拉对接焊,尤其是拼接焊,焊缝一般不能加厚,如为美观还要打平,因此等强只能靠焊缝强度比母材大 5%,但焊接如质量不好,很易在此处出问题,只检查 20% 是

否少了？另外，我们做了很多试验，气孔、夹渣对静载危害并不大，因为钢材本身就有很多微裂纹，受力后，微裂纹扩展，往往遇到气孔反而使微裂缝不扩展，所以宁可不对气孔等限制，由超声波Ⅰ级放宽到Ⅲ级，但超声检查仍坚持100%，这样比较可靠，我们现场都是这样做的，工地也能接受。

（3）A6~A8和不小于30t的A4、A5级吊车梁腹板与上翼缘之间的T形焊缝不低于二级。

（4）腹板与翼缘不要求焊透的，焊缝为三级。

💡 13. 16mm板，不开坡口，施工认为自动焊电流大，可以焊透，是否这样？[3]P210

一般16mm板不开坡口不易焊接，但也有16mm自动焊机焊透的情况，不过还是要慎重对待，一般应按《建筑钢结构焊接技术规程》的规定执行。

💡 14. 直缝焊管在拼接时，直缝焊与对接焊成十字形如何办？

直缝焊管价格比无缝钢管便宜很多，对于受拉和受压，直缝焊管完全满足要求，因此应优先考虑直缝焊管。直缝焊管如果对焊，一般施工单位都应有此经验，使两段钢管的直焊缝错开50mm以上（图9-4）即可，不会形成十字焊接，设计者如果担心，可以说明。直缝焊管的相贯节点，呈十字形焊缝的情况不可避免，由于相贯焊缝不可能所有焊缝都坡口45°且质量很好，但相贯焊缝长度都比对焊长，因此个别薄弱处并不会造成危害，因此相贯节点仍允许用直缝焊管。

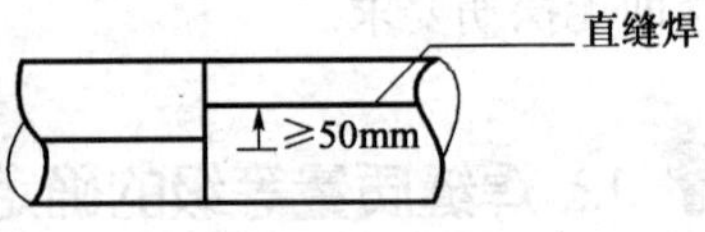

直缝焊

$\geq 50mm$

图 9-4

💡 15. 组合梁柱的尺寸如何配合钢板尺寸设计？[4]P390

目前组合梁柱所设计的尺寸均为50或100的倍数，这样对施工裁剪不利，因为钢板宽度多为3800mm、1900mm、2000mm，而一般去了边就不可能是50或100的倍数，浪费较大，设计梁取宽为1780mm反而不浪费，目前这还是值得探讨的问题。

16. 平开板是否有 Q345，能否用?[4]P9

平开板有 Q345。平开板不是卷板，一般的钢厂出厂标志在钢卷上，因此容易混淆。要防止以次代优，平开板是由卷筒板平整后裁剪得来，内部应力很大，会造成焊接后变形大甚至超标无法修复等隐患，因此使用前，应进行材料复验及焊接工艺试验做到心中有数。

17. 45 号钢能否焊接?

目前 45 号钢能否与 Q235 或 Q345 焊接有两种倾向：一种认为受拉焊接不可以，这样的教训如内蒙古电厂将 45 号钢球与锥头焊接代替螺栓而造成整个倒塌，导致 6 死 8 伤，其他类似事故也不少；另一种倾向认为 45 号钢与Q235 受压焊接也不行。因此使有些可以加支撑即可加固的厂房也大面积拆除。目前正确的做法应该是不允许受拉，但允许受压，45 号钢球与钢管受压在所有网架支座上均已采用，使用中未出现过任何问题，不用担心焊接后会开裂及影响高强螺栓强度，这些都经过试验证明的，可以详见文献[1]P133 调查与试验分析。

18. 三块钢板焊工字型钢，腹板厚 20mm，剪应力不大，能否用贴角焊?

工字型钢虽然剪力不大，即使是梁受弯，剪应力与弯应力也不是一个量级，但考虑工字钢是一个整体，腹板又比较厚，因此不允许采用贴角焊，一定要求用剖口半焊透两面焊。

也有观点认为主要看熔透如何，如果贴角钢焊接时加大电流，放慢速度，使熔透达 4mm，经过计算贴角钢强度已很富裕，也可以腹板用贴角焊，澳大利亚焊接规范即放宽，但一般是允许厚度在 16mm 内，而且是不重要的结构。

19. 冷热弯曲后钢管材料性能如何?

文献[117]分别对 $\phi219\times8$、$\phi219\times14$，曲率半径为 300m、200m、100m 的钢管材料进行冷热弯曲后，试验性能如下：

(1)屈服点的平均值比 Q235B 标准值高 5.93%～6.67%，但试验中 Q345B 的平均值却比未弯曲的低 12.82%～13.62%，而试验的最小值，屈服点 Q235、Q345

均低于未弯曲组合，Q235 为 73、253、158，Q345 为 199、167、107。

（2）根据强度和延伸率，弯管与未弯的变化不大。

（3）曲率半径随弯曲程度增加，屈服点有提高趋势，但由于曲率半径变化范围较小，试件加工精度不理想，因此可以认为曲率半径在此范围内影响材性不大。

（4）弹性模量，到达屈服时，低至 $100\sim120GPa$，只有弹性模量达 205GPa 的一半，设计中应考虑这部分的刚度损失，大致降低系数如下：

	热弯	冷弯
Q235B	0.48	0.49
Q345B	0.39	0.30

（5）建议弯曲方法，多采用热弯，少采用冷弯。

💡 20. 圆钢管相贯节点能全焊透吗？

焊接规范 JGJ 81—2002 中表 4.3.6-1 为全焊透的表，虽然其根部未注明坡口角度、支管端部斜削角度和根部间隙等，但也未说明根部可以不全焊透，并提出厚度不小于 $2t_b$，指示不明确。

实践中，相关节点除根部外，可以全焊透，但根部一般无法焊透，为盲区，但并不影响整条焊缝的承载力。据有经验专家介绍，规范实际上放宽了该部位的焊接要求，考虑到该部位实际操作的难度，采用了一个焊缝替代形式，焊缝厚度 $2t_b$ 是以量补质的措施。并要求该部分采用细焊条打底，再用粗焊条施焊，且对根部 $1\sim2mm$ 范围内不作探伤要求。

具体根部的范围，规范上未作说明，主要根据 $\varphi=15°\sim40°$ 其大致范围，可参考图 9-5 估计。

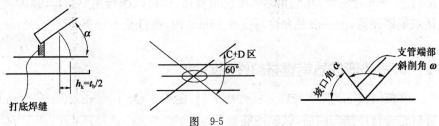

图 9-5

φ 为局部两面角，即两根杆切线角，是影响焊接质量与是否焊透的关键。

关于规范上部分焊透用得很少，图形也不明确。

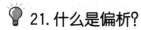

21. 什么是偏析?

有些化学元素不可避免地会存在于钢体中,称常存杂质,如果杂质多了,最危险的就是偏析,即杂质成堆,将破坏其力学性能,尤其是对焊接造成很严重影响。

22. 为什么我国钢结构规范只在考虑疲劳时才考虑钢结构冲击韧性,而高强度螺栓连疲劳也未提?

据文献[167]介绍,钢材破坏分塑性破坏与脆性断裂,脆性断裂主要与温度、加荷速率、厚度和名义应力、焊接缺陷及残余应力有关,依据断裂力学,是裂纹扩展到临界尺寸而导致的破坏。

我国钢结构规范中仅提出疲劳焊接结构的要求,而对于其他温度厚度和名义应力均未考虑,但我国大跨度结构已达 300m,高层到 630m,最大厚度 140mm,温度−50~50℃,因此仅考虑疲劳焊接有些不适应。

部分国外规范则考虑得比较细致。欧洲规范中断裂的参考温度为 T_{Ed}:

$$T_{Ed} = T_{md} + \Delta T_r + \Delta T_\sigma + \Delta T_R + \Delta T_E + \Delta T_{Ecl}$$

式中,T_{md} 为设计使用年限最低气温;ΔT_r 为辐射损失调整;ΔT_σ 为材料屈服强度与裂纹不完整性及构件形状与尺寸的调整温度;ΔT_R 为不同可靠度水平在需要时安全补偿温度;ΔT_E 为参考应变率的调整温度;ΔT_{Ed} 为冷成型度调整温度。

最后体现在各种 T_{Ed} 下各种钢材板的最大厚度,不太好使用。

英国规范,则根据厚度限制,反映各种因素。

$$t \leqslant kt_1$$

k 和 t_1 的取值可见表 9-4 和表 9-5。

k 值

表 9-4

细节或位置类别	极限荷载下受拉构件		不承受外拉力构件
	$\sigma \geqslant 0.3 y_{nom}$	$\sigma < 0.3 y_{nom}$	
碳素钢	2.0	3.0	4
钻孔或铰孔	1.0	1.50	2
火焰切割边	1.0	1.50	2
冲孔(非铰)	1.0	1.50	2
一般的焊接	1.0	1.50	2
横截面两端焊接盖板	0.5	0.75	1
翼缘设有加劲板的焊接连接	0.5	0.75	1

注:y_{nom} 为名义屈服强度。

钢结构设计误区与释义百问百答

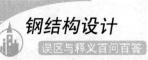

参考国外资料,除疲劳外,低温下也应考虑脆性问题。对冲击韧性有一定要求,在−20℃以外,因为同 Q235B 和 Q345B,基本上满足要求,超过−20℃时应适当提高冲击韧性要求,有的寒冷地区,已采用 Q235C 和 Q345C,但目前厚度较薄的钢材,Q345C 很难买到。

板、扁钢和轧制截面厚度 t_1 表 9-5

产　品	钢　材	常 规 温 度		最 低 温 度		
		−5℃	−15℃	−25℃	−35℃	−45℃
		室内	室外			
BSEN 10026	S275(相当于国内 Q235)	25	0	0	0	0
	S275JR	30	0	0	0	0
	S275JO	65	54	30	0	0
	S275JZ	94	78	65	54	0
	S355(相当于国内 Q345)	16	0	0	0	0
	S355JR	21	0	0	0	0
	355JO	46	38	21	0	0
	S355JZ	66	55	46	38	21
	S355KZ	79	66	55	46	38
BSEN 10113	S275M 或 S275N	113	94	78	65	54
	S275ML 或 S275NL	163	135	113	94	78
	S355M 或 S355N	79	66	65	46	38
	S355ML 或 S355NL	114	95	59	66	55
	S460M 或 S450N	55	46	38	32	26
	S460ML 或 S450NL	79	66	55	46	38
BSEN 10137	S460Q	46	38	32	26	15
	S460QL	66	55	46	38	21
	S460QL$_1$	79	66	55	46	38

关于高强螺栓在低温时的情况,上海金马厂的试验结果为,螺栓在−30℃以内,可以按 0℃冲击韧性无问题,−50℃时降低 3.4%,−80℃降低 23%,100℃降低 46%,140℃降低 56%。

因此,只要达到 0℃冲击韧性,−30℃以内无问题,以上试验为 10.9 级,如果材料为 8.8 级,则 0°冲击韧性要比 10.9 级提高 20%左右。

目前 0°冲击韧性为 27J,有的介绍以后可能会将 27J 改为 34J。

23. 不同壁厚的钢管,直径相同如何用?

钢结构规范 8.2.4 条提出了不同直径、内径相同的不等厚钢管的拼接,而对于外径相同,而厚度不同的钢管有的建议加梯形垫圈(图 9-6)。

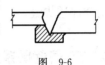

图 9-6

但最大壁厚之差为 12mm。

24. 相贯搭接节点(K 节点)不能在相叠处焊接如何解决?

这种内隐藏焊缝,可以参考 CIEDCT 要求。

(1)明确在搭接 50%,腹杆内力在垂直主管方向的分量不超过 20%,搭接部分可不补焊接。

(2)腹杆在垂直于主管方向荷载的不平衡系数超过 1.5 时,隐藏部分必须焊接。

(3)根据国外经验,常用几何范围为 $d_1/t_0=20\sim40,\beta=d_0/d_1=0.4\sim0.75,t_1/t_0=0.5\sim0.8,d_1$ 为主管直径,d_0 为腹杆直径,t_1 为主管厚,t_0 为腹杆管厚。

我国钢结构规范对此提出了要求,亦提出隐藏处焊与不焊的影响。

25. 门架翼缘连接能否用单面直焊缝?

CECS 102:2002 的 7.1.1 条,T 形接头腹板厚度不大于 8mm,不要求全焊透,可用半自动单面角焊缝。

文献[168]提出根据试验,小于 8mm 的短柱试件,未发现单面焊缝对承载力明显不利。

单面焊缝未降低,腹板屈曲后承载力在单调加载下,有良好塑性性能。

CECS 102:2002 附录 F 提出了技术要求。

26. 是否一定要依据 CECS 102:2002 的 7.2.11 条,将门架翼缘与端板全焊透?

据文献[168]介绍,同济大学做了试验,有深熔焊缝、双面焊缝、外侧焊缝、内侧角焊缝、全面焊缝。试验结果表明,破坏模式由板件宽厚比决定,焊缝无破坏,

可用于宽厚比较大的情况,局部屈曲先行发生或宽厚比较小,截面塑性得到完成发展的构件,虽然试验未表现对抗震不利,但仍建议 8 度以上(包括 8 度)优先采用全焊透焊缝。

27. 薄壁檩条的钢材如何取?

据文献[168]介绍,镀锌檩条和墙梁用热浸锌钢板为结构 250 级及 350 级,符合《连续热镀锌薄钢板及钢带》(GB/T 2518)双面镀锌量不小于 220g/m²,厚度不小于 1.5mm 的规定。

高频焊接薄壁 H 型钢,符合《结构用高频焊接薄壁 H 型钢》(JG/T 137),带卷边的符合《通用冷弯开口型钢尺寸、外形、重量及允许偏差》(GB/T 6723),强度符合冷弯薄壁规范,并要验算翼缘与腹板的规范要求。

28. 屋面板的钢材及厚度如何取?

据文献[168]介绍,屋面板、墙板牌号为 TS250($\sigma_s \geqslant 250MPa$)、TS280 或 TS350,强度不宜再高,不应选用 Q235、Q345,扣合式扣合应力高,不产生残余变形,用不低于 TS550 或 S550 镀铝锌板。

板厚不小于 0.6mm 或 0.5mm,屋面板下内板为 0.4mm。

镀铝锌板,S250、S300、S350、S550 的镀层厚度为(双面)30/30、40/40、50/50、60/60、75/75、90/90,强度不宜大于 S350(扣合板除外)。

一般使用多件(工业、沿海、轻度腐化介质):镀层为 60/60 或 75/75(g/m²)。

29. 焊缝之间的缝隙最大允许多少?

规范上要求 2~6mm,实际上我们遇到过 40mm。工地认为只要超声波检查合格即行了。问题在于金相很难检查,超声波不能检查金相,晶粒粒度影响强度及韧性。根据专家意见,缝隙不允许超过 20mm。

十、

构件及构件节点（空心球，螺栓球，相贯节点，高强螺栓节点）

文献[1]P104～126对构件拉、压、弯作了介绍，尤其是梁的整体稳定及屈曲后强度。

文献[1]P136～147对空心球的承载力扩大的措施，双肋球、贯通球、钢板节点球、空心球直贯等作了详细介绍，并附试验结果。

文献[1]P148～158对螺栓球的特点、伸入长度、锥头计算、马蹄缝、假拧、起拱等作了详细介绍。

文献[1]P159～163对高强螺栓节点及孔误差对预应力的影响等作了介绍。

文献[1]P166～184对相贯节点作了系统介绍，并对混合节点也作了介绍。

由于以上介绍比较详尽，本书不作重复，仅做一些补充。

1. 钢结构规范 3.2.8 条二阶计算假想力，其 Q_i 为第 i 层总重力荷载设计值，如何取？

Q_i 值规范未加以说明，抗震规范 5.1.3 条取为自重标准和各可变荷载组合值之和，用来计算地震作用，高钢规取 $N=1.2\times(N_G+0.5N_Q)$，N_Q 为永久荷载，N_Q 为等效均布荷载计算的楼面活载。

据文献[66]介绍，钢结构规范中 Q_i 应与抗震无关，概念上看，假想水平力是将缺陷等效为柱子倾斜。Q_i 应理解为第 i 层竖向荷载组合值，如果与风作用组合，Q_1 应为 1.2 恒载加（1.4×0.7）倍的活载，若不考虑风作用，$Q_2=1.2$ 恒载 $+1.4$ 活载。

💡 2. 钢结构规范5.4.6条文说明受压构件其腹板不符合高厚比要求时可按有效截面计算强度,压弯构件该如何?

据文献[66]介绍,门刚规程6.1.1条文说明考虑屈服后强度时,按有效截面计算截面特性,计算比较复杂,主要考虑腹板高厚比大时,腹板在近翼板外与中央处应力差太远,欧洲规范EC3也有此规定,因此,有效截面的利用同样应可用于压弯构件,规范未作规定,应参照门刚规程计算。

💡 3. 二阶效应的弯矩用到梁的平面内稳定验算时如何取?

钢结构规范二阶分析算出来3.2.8条的端弯矩M_{II},如何在5.2条压弯计算时衔接没有交代,文献[70]则建议将M_{II}直接用到5.2.2条的M_x,而N就近似的用一阶结果,β_{max}也按规范,柱计算长度$\mu=1.0$,文献[66]则认为上述做法在无横向荷载的有侧移时是可以的,而在有横向荷载时,端弯矩M_{II}未必是最大弯矩,最大弯矩可能是横向荷载在最大弯矩处与该处端弯矩引起的弯矩和才是对的,澳大利亚规范是按此计算的。

二阶计算框架时发现并不是平面外稳定控制,而是强度控制,这样二阶分析反而可能比一阶宽松,钢结构规范也未规定"放大系数"不小于1.0导致稳定不控制,澳大利亚规范则说明了此问题。

💡 4. 钢结构规范规定了弱支撑框架柱稳定系数 φ 的计算,但验算稳定时 N_{Er} 还要用到长细比 λ_x,如何求规范未说明?

规范弱支撑框架依据侧移刚度用内插法求φ,见钢结构规范公式(5.3.2-2),如何求稳定计算时长细比λ_x,有两种意见,文献[66]介绍的一种是定计算长度后依据侧移刚度用内插法求出μ,进而反求λ。第二种是由规范中公式(5.3.2-2)求出φ,再反求λ_x,从概念上讲第二种算法合理些,但手工计算困难需用计算机。

💡 5. 新的钢结构设计规范应改进哪些?

据文献[71]陈绍蕃教授介绍1954年我国即进行了钢结构设计规范编制,由于前苏联推出了HNTY 121—1955新规范,因此该规范转为正式规范,TJ 17—1974规范是从无到有的创举,虽然形式上是容许应力表达方法,但通过大量试验,进行系数分析,实际上半概率半理论的极限状态设计法,1988 年和 2003 年都进行了规范修订。

1988 年修订内容主要是轴压稳定曲线由一根曲线改为三根,压弯稳定计算由单项式改为双项式。

2003 年修订内容主要增加了 Q420 钢、Z 向钢,增加二阶分析、腹板屈曲后强度、厚壁压杆的 d 类曲线、支撑力计算、焊缝质量级别、大跨层盖、方管,除二阶屈服后强度是从国外引进的,其他均为自主创新。

(1)新规范修订建议的内容有:

①Q460 钢应列入《建筑结构用钢板》(GB/T 19879—2005),已升为国家标准。

②半刚性节点已趋成熟,应具体化(参考本书第十章 101 题)。

③截面形心与剪心不重合者必须考虑扭转对稳定的影响,应列入强制性条文。

过去轴压对于弯扭的扭转存在不利影响,采用较低的稳定系数,而将扭转效应掩盖起来,不利于设计者掌握构件的真实性,2003 年版已加以解决,但单面连接的单角钢强度计算,其剪切滞后的概念被掩盖了,应解决。

④端部用螺栓的拉杆,应按净截面拉断和平截面屈服计算,仅按净截面屈服计算过于保守。

⑤轴压强度计算与稳定计算性质截然不同,稳定计算宜改为 $N \leqslant \varphi A f$,否则两种计算采用类似的表达方式易引起认识上的混淆。

⑥梁整体稳定的计算公式简化过程中以轧制工形梁为对象,对焊接偏于不安全,从规范 2003 年版条文说明图 5 看,采用的梁稳定曲线不仅高于焊接梁包络线的下限而且也高于轧制梁的下限,不符合可靠度要求。

⑦腹板局部压应力效应是非弹性的压跛,2003 规范仍按前苏联规范弹性分析结果,欧美各国无需弯曲压应力及剪应力引起的屈曲同时组合,如不组合,吊车梁的腹板厚度可减少。

⑧塑性设计中框架柱计算长度系数采用非塑性设计相同数值,不能真实反映框架出现一个或多个塑性铰的状态。

⑨抗拉螺栓强度一直采用降低承载力 20%来补偿撬力,办法粗糙,应考虑撬力计算公式(参考本书第十一章 101 题)。

⑩单面角钢的稳定计算,计算公式应抛弃强度设计值折减,应采用换算长细比方法。

⑪桁架的受拉杆要提供受压腹杆的侧面支撑,应该防止下弦杆平面细长比过大(参考本书第三章 29 题)。

⑫轻型厂房的框架柱用牛腿支撑吊车梁,属于变压力的常截面柱,如何确定其计算长度,需要作出规定(参考本书第十一章 97 题)。

⑬受压杆分为长度不等的两段,短段对长段有约束作用,如以较长 l_2 作计算长度,则低估承载力,如果梁分三段,中段受到两端段约束(图 10-1),而且弯矩也有区别,因此如何验算其稳定,应加以规定,目前规范仅对多个不同的柱基相互约束作用作出了规定。

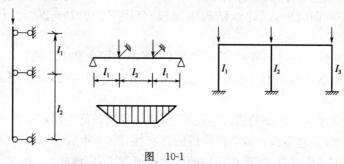

图 10-1

⑭梁强度计入截面塑性发展时,宽厚比有限制,但腹板缺少相应限制。

⑮强度及稳定计算,次弯矩计算。

(2)据文献[145]介绍,我国钢结构规范与国外规范比较结果如下。

(1)我国钢结构规范,从 1988 年即将压弯构件改为双项式,并把平面内、外稳定计算分开,并不像美国规范那样把两种不同的物理现象混同在一起。

(2)可靠度在实际设计工作中以两个分项系数代替,即抗力分项 r_R 与作用分项系数 R_G。另外,有时还有重要性及组合系数,我国规范 r_R,Q235 用 1.087,低含金用 1.111,这些数值与国外规范在同一水平上,但 r_R 则为恒载时取 1.2,活载时取 1.4,低于国外水平,欧盟为 1.35 和 1.5,美国为 1.2 和 1.6,因此我国可靠度比国外低。

(3)角焊缝的计算有的认为我国安全储备比美国 CrFD—2001、欧盟 EC3—1993 低,LRFD 中 $R=0.6\phi f_{EXX}(1.0+0.5\sin^{1.5}\theta)$,$\phi=0.75$,抗力分项的倒数,$\theta=0°$ 时,$R=0.45 f_{EAX}$,正焊缝 90°$R=1.0+0.5\sin^{1.5}\theta=1.5$,而我国 E42 型,$160/420=0.38$,E50 型,$200/490=0.19$,均小于 LRFD 的 0.45,90°时,我国 1.22 也小于 1.5,所以侧面、正面角焊缝我国比美国安全。

6. 柱上带悬臂压杆的计算长度如何确定?

据文献[36]介绍,柱上带悬臂压杆柱(图 10-2)的计算长度 μ,这种结构在管道支架中用得较多,根据有限元分析,并与简化公式对比,建议可参考表 10-1。

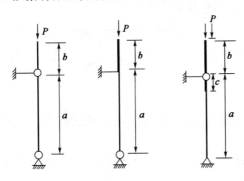

图 10-2

柱上带悬臂压杆柱的计算长度 μ 表 10-1

c/a	b/a								
	0.3	0.4	0.5	0.6	0.7	0.8	1	1.2	1.5
0.1	1.282	1.386	1.491	1.595	1.700	1.801	2.013	2.223	2.536
	—	—	1.534	—	—	—	2.030	—	2.511
0.2	1.239	1.340	1.441	1.543	1.644	1.745	1.947	2.140	2.452
	—	—	1.487	—	—	—	1.958	—	2.409
0.3	1.197	1.295	1.392	1.490	1.387	1.685	1.880	2.076	2.368
	—	—	1.437	—	—	—	1.878	—	2.310
0.4	1.155	1.249	1.343	1.437	1.531	1.625	1.814	2.002	2.285
	—	—	1.384	—	—	—	1.798	—	2.215
0.5	1.112	1.203	1.294	1.384	1.475	1.566	1.747	1.929	2.201
	1.180	1.255	1.330	1.406	1.484	1.512	1.720	1.880	2.123

表中第一行为简化公式计算值,第二行为数值计算结果,说明相吻合,两个数字均可采用。

钢结构设计误区与释义百问百答

💡 7. 变轴力轴压杆计算长度如何定？

（1）钢结构规范 5.3.1 条提出 $l_0 = l_1 \left(0.75 + 0.25 \dfrac{N_2}{N_1}\right)$，$N_1$ 为较大压力，N_2 为较小的压力或拉力，如图 10-3 所示。

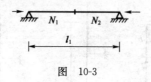

图　10-3

当拉力较大时，规范对拉杆、压杆的约束比较保守。因此文献[73]提出 $\dfrac{N_2}{N_1}$ $\geqslant -1$ 和 $\dfrac{N_2}{N_1} < -1$ 两种情况，$m = \dfrac{N_2}{N_1}$，根据 m 的大小 μ 可按表 10-2 取值。

表 10-2

m	−3.0	−2.0	−1.0	0	0.3	0.5	0.7	1.0
μ	0.413	0.434	0.5	0.727	0.813	0.869	0.923	1.0

（2）变轴力变化时（图 10-4），计算长度如下[74]：

$$l_k = l\sqrt{\frac{1+0.85N_2/N_1}{1.88}} \quad l_k \geqslant 0.66l \qquad (10\text{-}1)$$

$$l_k = l\sqrt{\frac{1+2.18N_2/N_1}{3.18}} \quad l_k \geqslant 0.42l \qquad (10\text{-}2)$$

$$l_k = l\sqrt{\frac{1+1.09N_2/N_1}{2.09}} \quad l_k \geqslant 0.62l \qquad (10\text{-}3)$$

图　10-4

💡 8. 立体桁架平面外稳定如何掌握？

浙江大学罗尧治教授提出便于设计应用的数据，根据非线性分析缺陷及大变形响应，用弧长法跟踪，用下式，设计从严参考，如图 10-5 所示。

跨度 $l<80\text{m}$ $a/h=1/4$

    $l=80\sim150\text{m}$ $a/h=1/3$

    $l=150\sim200\text{m}$ $a/h=1/2$

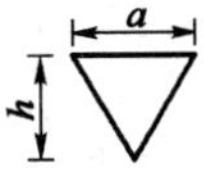

图 10-5

据文献[76]介绍，空间三角形圆管桁架的平面外计算长度，规范中没有规定，而一般设计中不区分平面内和平面外，取节间为计算长度，从分析看，其计算长度远大于 1.0，取节间长度是不安全的，通过将结构的稳定问题转化为求解数学特征值和特征向量的问题，利用有限元进行特征值屈曲分析，利用弧长法跟踪后屈曲阶段，得到影响计算长度的因素，受压杆长细比和受压杆与腹杆的线刚度比 I_x/I_f，因此得：

$$\mu=1.4+0.3e^{-9\times10^{-4}}\times(\lambda-95)^2-\frac{0.4}{\sqrt{I_x/I_f}} \tag{10-4}$$

根据 λ 的大小求出 μ，见表 10-3。

表 10-3

λ \ μ	I_x/I_f			
	1	10	20	30
60	—	1.37	1.41	1.43
80	1.25	1.52	1.56	1.57
100	1.29	1.57	1.60	1.62
120	1.17	1.44	1.48	1.50
140	1.05	1.32	1.36	1.38
160	1.01	1.28	1.32	1.33

我们认为，以上分析将使三角形空间桁架压杆加大，一般推理，三角形空间桁架平面外的侧向支撑会对压杆平面外计算长度会有影响，如何在计算中反映，尚须进一步确定。

💡 9. 变截面受压杆的屈曲如何考虑？

截面形心与剪力中心沿杆件长度的变化而变化，公式推导复杂，对于双轴对称 H 形截面，弯曲与扭转不耦连，较简单，两端简支变截面弹性屈曲荷载见式 (10-5)[74]，如图 10-6 所示。

$$N_0=\mu\pi^2EI_{max}/l^2=\pi^2EI_{max}/(rl)^2 \tag{10-5}$$

式中：I_{max}——最大截面惯性矩；

r——等效计算长度系数；

μ——等效截面惯性矩系数。

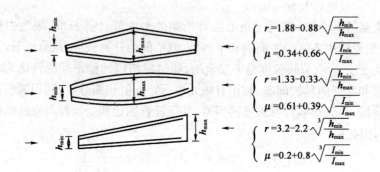

图 10-6

适用范围：$h_{min}>0.2h_{max}$，$I_{min}>0.04I_{max}$。

10. 宽翼缘 H 型钢梁整体稳定验算采用钢结构规范表 4.2.1 是否保守?

据文献[75]介绍，目前国内生产新的 H 型钢有宽翼缘 H 型钢（HW），中翼缘（HM）、窄翼缘（HN）和薄壁（HT）H 型钢，而钢结构规范中表 4.2.1 所提 H 型钢与现在的 H 型钢是不同的，规范是借用了轧制普通工字钢和三板焊接的工字钢。因此，没有体现 H 型的良好的截面特性对整体稳定性的良好贡献，因此重庆大学试验，建议用表 10-4 代替规范中的 4.2.1 表。

H 型钢或等截面工字钢简支梁不需要计算整体稳定性最大 l_1/b_1 值　　表 10-4

规　　格	跨中无侧向支承点的梁		跨中受压翼缘有侧向支点的梁
	荷载作用在上翼缘	荷载作用在下翼缘	（不论荷载作用于何处）
Q235 工字钢	13	20	16
HT	13	21	17
HN	13	20	17
HM	14	22	18
HW	16	24	20

其他钢号需乘$\sqrt{235/f_y}$。

11. 框架柱带摇摆柱时，弹塑性稳定如何考虑？

门刚规程 6.1.3-2 中式（6.1.3-6）框架柱带摇摆柱时要考虑计算长度放大系数，而此放大系数是按弹性失稳的框架取得，文献[77]介绍了对框架柱弹塑性稳定的研究，并参照 EC-3 规范，认为稳定仅考虑放大系数是不够的，还要考虑到缺陷也放大了，缺陷放大系数为$\sqrt{1+a_N}$倍，$a_N=\dfrac{N}{p}$，式中 N 为摇摆柱轴力，p 为框架柱上轴力，当 $a_N=1$ 时，即相当于柱子曲线由 b 改为 c，所以在弹塑性稳定时，不仅要考虑计算长度放大系数，还要考虑缺陷放大系数，相当于柱子曲线由 b 改为 c。

另外，研究还提出，摇摆柱的承载力是由框架柱提供的，而在框架柱长细比较小时，摇摆柱的承载力是由框架柱抗侧刚度提供的，只要框架柱抗侧刚度达到$(EI)_{\text{reg}}/L^2$，即是为摇摆柱提供支撑，这是以刚度换取承载力的极佳例子。

12. 竖向荷载对人字支撑有什么不利影响？

人字支撑在横梁承受竖向荷载时有不利影响，这是因为即使人字支撑不加竖向荷载，在长细比较大时，其屈曲强度也有较大幅度降低，其抗侧刚度似乎就不太理想，高钢规中 6.4.4 条即要求承受十字、人形、V 形支撑的竖向荷载时，应计入柱在重力下，弹性压缩在斜杆中引起的附加应力，对于人字、V 形还应考虑支撑跨梁传来的楼面垂直荷载，抗震规范 8.2.6-2 条即人字形的横梁应承受支撑斜杆约束的内力并应计入支撑支点作用的简支梁验算重力荷载和受压支撑屈曲后产生的不平衡力。文献[28]介绍了人字支撑加了竖向荷载后的不利影响。

①竖向荷载分量可能导致受压支撑提前破坏，从而降低支撑系统抗侧性能，因为受压支撑破坏时，为了保证支撑与梁相交节点处的竖向力平衡，受拉支撑尽管还处于弹性状态，其内力也会被迫减小，导致整个结构荷载的快速下降，因此在这种情况下，结构抗侧能力不能仅按照受拉支撑的承载力考虑。

②竖向荷载影响的程度与双重抗侧力中支撑与框架的抗侧能力相对大小密切相关，6、7 度支撑水平力之和与框架相比相差不大，8、9 度支撑中水平力明显

大于框架,此时抗侧能力由支撑主导,受压支撑屈曲后,体系抗侧能力会快速下降。

③竖向荷载分量对支撑体系后期的抗侧刚度和承载力基本没有影响。

13. 如何解决人字支撑受竖向荷载的不利影响?

据文献[79]介绍,本来多层和高层的抗侧力主要是由左右柱的拉压轴力组成的力偶,抵抗侧面力引起的弯矩,而支撑斜腹杆的水平分力抵抗抗侧力水平剪力,使弯矩结构转变为轴力结构,抗侧刚度增长几十倍,但由于斜支撑与梁柱组成的三角形几何不可变结构,在上部竖向荷载作用下柱子压缩变形会同时导致斜支撑的压缩变形,人字形、V形斜支撑还由于楼层梁下挠导致压缩变形,根据变形协调分析,斜支撑的轴压力可能达柱子的70%,使本来用于抵抗侧向力的斜支撑承载力大大降低,大部分承载力和刚度被竖向荷载消耗掉了,其他如带竖缝剪力墙、钢板支撑剪力墙、钢板剪力墙均有此问题。

目前的解决办法是等重力荷载传到柱子后,再回过头来安装斜支撑,但这样不方便施工。

免承重力钢框架支撑体系,其原理是在水平力作用下,框架与支撑共同工作,但在竖向位移下却基本独立,斜支撑不承受竖向荷载。

钢梁牛腿与支撑牛腿之间用螺栓开长圆孔,只承受水平力,不传递竖向力。如图10-7所示。

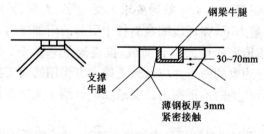

钢梁牛腿

30~70mm

支撑牛腿

薄钢板厚3mm
紧密接触

图 10-7

目前经过分析,纯框架与三角桁架之间竖向变形基本相互独立,三角形顶点与钢梁钢柱一起侧移,三角桁架抗侧刚度大,将承担主要水平荷载。

因为目前仅进行线弹性分析,下一步进行弹塑性分析及延性与滞回性能分析,但可以提供解决上述问题的路径。

14. 什么是防结构倒塌的拉结力法？

据文献[81]介绍，结构在偶然荷载下，局部结构破坏引起大面积破坏和一系列倒塌，这是我们面临的急需解决的问题，英国是第一个起草制定防止倒塌规定的国家，并提出拉结力法，其原则是：

(1)将现有构件进行"捆绑"，提高整体性和冗余度。

(2)连续构件应保证在破坏后能横跨两个开间而不完全失去承载力。

(3)关键构件应设计为关键构件，该构件在各个方向均能承受 $34kN/m^2$ 的均布荷载。

但分析认为这个规定的最大缺陷是没有考虑结构延性，经分析得以下几点：

(1)结构在遭受破坏后，梁板形成悬链作用，所需拉结力远远大于规定节点所能提供的。

(2)按分析，半刚度节点能有效提高结构整体性，合理刚度为 $0.7EI/L$；

(3)梁柱连接节点延性不足是抵抗倒塌安全度低的主要原因；

(4)组合楼板具有一定延性，对形成悬链线作用有一定贡献。

以上只是作为思考的概念。

15. 什么是钢结构高等分析？

据文献[82]介绍，目前大多数国家对钢框架采用计算长度法，首先采用一阶弹性分析求出内力，按弹性稳定理论确定各压杆的计算长度，然后将各杆隔离出来，按单独压弯构件进行稳定承载力验算，验算中考虑了弹塑性，残余应力和几何缺陷。

然而结构达到极限承载力时，往往处于非弹性内力重分布阶段，这与一阶内力计算结果有很大区别，也得不到失稳时框架的准确位移，无法精确考虑二阶效应的影响，计算长度法不能精确地考虑结构体系和它的构件之间的相互影响，无法在给定荷载下预测结构体系的破坏模式，因此大型复杂结构常给出保守设计，结构体系可靠度常高于构件可靠度，高等分析即是以整个结构体系为对象的二阶弹塑性分析。

目前各国规范都包含了结构二阶及高等分析及设计方案的相关规定，各规范的可操作程度不一样，但基本上还都很不完善。

我国钢结构规范增加了 3.2.8 条的二阶弹性内力分析,当侧移大时,$\sum N \cdot \Delta w > 0.1$,用二阶弹性分析,并推荐了二阶弹性分析近似方法,$M_{\text{II}} = M_{1b} + \alpha_{E1} M_{1S}$,还提出了用等效假想水平力来考虑柱子初倾斜、初弯曲、残余应力、塑性变形等初始缺陷影响的计算方法。

16. 梁既承受横向均布荷载又承受端弯矩时整体稳定如何算?

钢结构规范对侧向支点将梁分割成多段,既承受横向均布荷载又承受端弯矩的小梁段的整体稳定没有给出相应的计算公式。

文献[83]参考了国外资料推出以下公式:

$$M_{cr} = \beta_1 \pi^2 \frac{EI_y}{e^2} \left[\beta_2 \alpha + \beta_3 \beta_y + \sqrt{(\beta_2 \alpha + \beta_3 \beta_y)^2 + \frac{I_w}{I_y} \left(1 + \frac{GI_i l^2}{\pi^2 EI_w}\right)} \right] \quad (10\text{-}6)$$

$$\beta_1 = \frac{1.561/|\alpha|}{\sqrt{0.649 + 0.649\beta^2 - \beta + 0.027\gamma^2 + 0.250\gamma - 0.250\gamma\beta}} \quad (10\text{-}7)$$

$$\beta_2 = \frac{-0.0768r}{\sqrt{0.649 + 0.649\beta^2 - \beta + 0.027\gamma^2 + 0.250\gamma - 0.250\gamma\beta}} \quad (10\text{-}8)$$

$$\beta_3 = \frac{0.0879\gamma + 0.758 - 0.758\beta}{\sqrt{0.649 + 0.649\beta^2 - \beta + 0.0271\gamma^2 + 0.250\gamma - 0.250\gamma\beta}} \quad (10\text{-}9)$$

式中:I_w——梁翘曲惯性矩;

I_y——截面绕弱轴惯性矩;

β_y——截面不对称常数;

I_i——原文未注明,分析为与扭转有关的系数。

(1)当梁端只承受同向端弯矩时,$\gamma = 0$,$\beta = -1$。$\alpha = 1$,代入得 $\beta_1 = 1.03$,$\beta_2 = 0$,$\beta_3 = 1$。

(2)当梁段只承受反对称弯矩时,$\gamma = 0$,$\beta = -1$,$\alpha \leq 1$,代入得 $\beta_1 = 2.86$,$\beta_2 = 0$,$\beta_3 = 0$。

(3)当梁段只承受横向均布荷载时,$\gamma \to \infty$,$M_{\max} = \frac{ql^2}{8}$,$q = \frac{8M_{\max}}{l^2}$,$\alpha_1 = 8$,$\beta = 1$,代入得 $\beta_1 = 1.19$,$\beta_2 = -0.467$,$\beta_3 = 0.535$。

以上说明,各系数与纯弯简支梁、端弯矩简支梁、横向均匀荷载均吻合。

结论:

(1)横向均布荷载及端弯矩共同作用的梁,横向均布荷载作用在剪心时,按上述公式计算与有限元分析吻合较好。

（2）横向均布荷载在梁上翼缘时，也与有限元分析吻合。

（3）横向均布荷载作用在梁下翼缘时，与有限元分析相差较大，可能过高估计了作用在下翼缘对整体稳定的有利影响，尚待研究。

💡 17. 箱型柱工字梁节点承载力如何分析？

据文献[84]介绍，箱型柱工字梁节点是抗震第一道防线，非常重要，现在做法都认为工字梁达全截面塑性铰即是节点开始失效，而实际上柱隔板间的壁板（即箱形柱的板）在梁腹板弯矩作用下，由于平面上变形，只能在隔板附近的一定高度内具有抗弯能力，当箱形柱壁板屈服线和梁端腹板屈服区同时出现时，达到破坏。

我们理解，箱形柱与工字梁腹板连接部分由于腹板只在柱隔板（即箱形柱横向加劲肋，图 10-8）一定高度内承受弯矩，受力不均匀，而使这部分的箱形柱隔板先于工字梁全截面达塑性铰而破坏。

根据有限元分析，利用内力功＝外力功，得出以下计算公式如图 10-9 所示。

$$M_{wu} = \frac{b_j^2 d_j + (2d_j^2 - b_j^2)h_m - 4d_j h_m^2}{2b_j h_m} t_{ec}^2 f_{yc} \tag{10-10}$$

$$M'_{wu} = h_b(d_j + t_{ef})t_{bf}f_y + \frac{b_j^2 d_j + (2d_j^2 - b_j^2)h_{tn} - 4d_j h_m^2}{2b_j h_m} t_d^2 f_{yc} \tag{10-11}$$

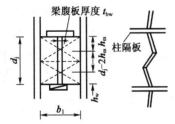

图 10-8

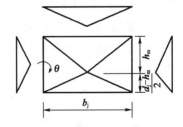

图 10-9 半块箱形柱板的屈服铰线

式中：b_j——柱子壁板净宽（mm），$b_j = B_c - 2t_{ef}$；

B_c——柱子宽（mm）；

d_j——钢梁腹板的高度；

f_y——翼缘屈服强度（MPa）；

f_{yc}——箱形柱屈服强度（MPa）；

h_b——钢梁翼缘宽度（mm）；

h_m——钢梁腹板受弯部分高度，近似假定为 $\frac{1}{4}d_1$；

M_{wu}——柱壁板屈服弯矩；

M'_{wu}——该节点极限弯矩；

t_{ef}——梁翼缘厚度。

t_{bf}——箱形柱隔板厚度。

经过分析，按上式计算与梁全截面塑性承载力比较见表 10-5。

表 10-5

钢梁截面 （mm）	钢柱截面 （mm）	梁全截面塑性承载力 （kN·m）	本公式计算	有限元计算
600×300×12×18	550×550×16	1403.91	1023.63	1073
	650×650×18		1051.36	1700
	700×700×20		1086.68	1120
700×300×12×18	650×650×18	1702.82	1275.16	1394

💡 18.框架节点中问题的探讨。

据文献[85]介绍，钢结构规范中有以下问题值得探讨。

钢结构规范 7.4.1-3 条规定了柱节点在梁受拉翼缘处不设横向加劲肋，对柱翼缘厚的低限要求为 $0.4\sqrt{A_{ft}\times f_b/f_c}$。

公式假定中值得探讨的是公式反映了拉压轴力的关系，并未反映柱翼缘的受弯情况，$m=0.15b_h$（图 10-10），按照受弯验算，弯应力将超过计算值的 7 倍，在承担翼缘拉力时，视为三边固定一边自由也是依据不足，只能是一边固定。

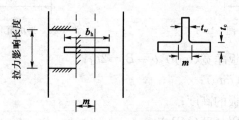

图 10-10

对以上假定，文中认为实际柱翼缘由于与梁翼缘焊接一体，在力学上应是 T

形截面,如果是 T 形截面属性,对柱翼缘的强度计算可以忽略,只要能防止梁翼缘施拉时发生脆断即可。

💡 19. 梁柱框架塑性铰外移尺寸如何确定?

据文献[86]介绍,两种塑性铰外移尺寸的有限元分析可供参考,如图 10-11所示。

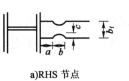 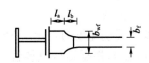

a)RHS 节点
$a=(0.5\sim0.75)b_f$, $b=(0.65\sim0.85)h_b$,
$c=(0.2\sim0.25)b_t$

b)WRS 节点
$l_a=(0.7\sim0.9)b_f$, $l_b=(0.4\sim0.5)h$
$b_{wf}=(1.35\sim1.45)b_f$

图 10-11

💡 20. 半刚性节点研究得如何?

据文献[87]介绍,半刚性节点有良好动静力性能,做了很多试验和理论分析,但到目前,对半刚性连接的理论和设计方法还有大量研究课题,这是由于影响半刚性节点连接性能的因素非常多,连接性能对钢框架结构性能影响复杂,结构分析与设计非常复杂,归纳有以下方面。

(1)半刚性节点分析要有节点连接 M-Q 曲线作依据,但各国规范均回避了节点刚度及 M-Q 曲线应怎样计算这一根本问题,目前有一些计算 M-Q 曲线的方法,但设计操作性较差。

(2)抗震性能仍在初步探讨阶段,难度很大。

(3)抗火性能未进行试验研究。

(4)半刚性节点类型非常多,现国内外均集中在端板连接、T 型钢连接、角钢连接,对其他类型未广泛开展。

💡 21. 空间网格结构抗连续倒塌如何设计?

据文献[88]介绍,参照医学上"免疫力"的概念,将空间网格结构在损伤发生后剩余结构抵抗连续倒塌的能力用一个定量的指标表示,即网格结构的"损伤免

疫力",部分构件或节点破坏,原结构上的荷载在剩余结构上进行荷载重分布,剩余结构不得不找一个新的荷载传递路径,导致剩余构件内力变化,进而引发新的构件超载失效,引发新的重分布,把这种防止破坏过程延续,抵抗结构整体性倒塌的能力定义为"损伤免疫力",GBA 和 DOD 即损伤后的免疫力,$\xi_{d_1} = 1/r'_{\max}$,式中 $r'_{\max}$ 为损伤发生后剩余结构中构件最大应力比(计算应力与设计强度的比值),ξ_{d_1} 反映了某个杆件或节点失效后剩余杆件的应力水平,若 $\xi_{d_1} \leqslant 1$,说明杆件或节点失效使得整体结构的某些杆件应力超限,反之说明杆件或节点失效不会引起其他杆件失效。

结构整体损伤免疫力可定义为各种损伤下的损伤免疫力的最小值。

$\xi \leqslant \min(\xi_{d_1})$,根据结构重要性、安全等级、荷载变异性、损伤出现概率等给出了该值,由设计人员人为拟定,见表 10-6。

不同网架类型免疫力性能比较   表 10-6

网架类型	结构损伤免疫力
正交正放四角锥	0.920
星形四角锥	0.789
正交斜放四角锥	0.686
正交正放抽空四角锥	0.657
正交正放桁架系网架	0.287

我们认为本文对各种类型网架提出的免疫力数据很值得选择网架类型时参考,所提 $\xi_{d_1} = 1$ 即说明个别杆件或节点失效后,不会引起其他杆件失效,这将是最保守的,因为个别杆件失效重分布后,其他杆件达到原设计要求,当然不会连续倒塌。而实际上重分布后,其他杆件应可降低原设计要求。

该文中虽然提了 ξ_{d_1} 可以由设计人员确定,但未定量,难以掌握,无实际操作性,根据 Mero 规程规定,个别杆件失效重分布后,其他杆件只要安全度等于 1,即认为安全,考虑了个别杆件破坏时,是遭遇到最不利的情况,而这些情况在重分布后,不会再出现在其他杆件,不利情况会得到改善,这是基本道理,如果 $k = 1$,相当于 $\xi = \dfrac{1}{1.6} = 0.6$,除了正交正放外,其他网格结构都是非常安全的。

💡 22.普钢厂房屋面钢梁挠度应取多大?

据文献[89]介绍,按门刚规程条件的轻型屋盖外墙、50t 吊车 A5、3t 悬挂外,其余均是普钢,普钢规范中梁的挠度限值为 1/400,没有根据屋面围护材料不同而区分是不合理的,所以现在都倾向于用 1/180,基本参照门架轻屋面,本文认为如果梁刚度比较弱，梁对柱约束减低，对于有吊车大吨位时，屋面梁挠度控制应严些，虽然上下段柱的计算长度，在钢结构规范中仅与各自的截面惯性矩、实际长度、轴力及与梁的连接有关，与梁线刚度无关，但实际上梁对柱的约束是有影响的，程序 PKPM 在柱计算长度上并未完全按照钢结构规范，仍按梁截面变化对上阶柱计算长度影响大于下阶柱来考虑，因此建议，普钢屋面梁挠度在吊车吨位较大时，应按 1/250 控制。

23. 门架梁柱节点抗震性能如何？

据文献[56]介绍，门刚规程要求地震作用大于 7 度按抗震规范采用，但抗震规范又规定，单层厂房钢结构抗震规定不适用于单层轻型钢结构厂房。因此设计者缺乏可循的技术规程，目前门架节点试验都为单调荷载，而反复荷载试验较少。

本文对端板竖板的外伸式螺栓端板连接节点做了试验研究，试验结果与有限元分析吻合较好，结果如下：

①节点延性较好，$\theta_u/\theta_y = 4.03 \sim 4.88$；

②节点域带有加劲肋时柱截面屈曲，属于杆件破坏，无加劲肋时，节点域屈曲属于节点破坏；

③试件承载力接近按门刚规程计算的柱截面局部屈曲承载力，节点域斜向加劲肋可以有效防止节点域屈曲；

④节点转角主要由节点域剪切变形引起。

24. 柱脚处外包混凝土能否不做？

据文献[55]介绍，钢结构规范 8.9.3 条为强制性条文，柱脚应在高出地面不小于 150mm 处采用强度较低的混凝土包裹（厚度不小于 50mm），这主要是为了防止地下土壤中水和生活用水的侵蚀，因为柱脚是关键部位，但目前不少工程，做了设计，但由于这个混凝土礅子影响内部观感和使用功能，施工中不执行，国内最早的钢结构设计手册，也提出用 2‰ 水泥重量的 $NaNO_2$ 的水泥砂浆，再以 C10 混凝土包 100～150mm 厚 50mm，文中鉴于柱脚包混凝土的重要性及强制性条文，建议混凝土不低于 C20，而且对混凝土开裂表示担心，我们认为柱脚包混凝土有其必要性，但影响美观也确是事实，希望研究提出第二套措施，如在 150mm 高度处加锌加保护或喷锌处理再加油漆，以解决矛盾。

25.螺栓球节点能承受多少弯矩?

据文献[54]介绍,如图 10-12 和图 10-13 所示。

试验结果:

(1)螺栓球节点具有一定转动刚度,是半刚性节点。

(2)利用接触元模拟螺栓球节点中的接触面,模拟弯矩作用的受力性能。

我们认为螺栓球承受弯矩的试验效果很好,但希望今后试验中能加上拉力,因为实际工程中杆件还一定有拉力。

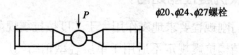

图 10-12

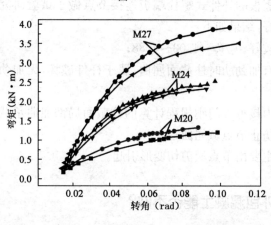

图 10-13

26.空心球杆件与肋平面成一定角度时,强度如何算?

依据网(壳)架规程,空心球杆件对准肋平面时,抗压强度提高 1.4,抗拉强度提高 1.1,但我们现均发现杆件不对准肋平面时也提高 1.4,可能影响安全,罗尧治教授对此作了分析。

据文献[53]介绍,受压受拉杆件与加劲肋成一定角度时,提高系数如图 10-14 所示。

图 10-14 中:序号 1 $D=300\times8$ $d=114$ 序号 2 $D=350\times12$ $d=133$

序号 3 $D=350\times20$ $d=219$ 序号 4 $D=900\times40$ $d=351$

D 为球直径,mm;d 为杆件直径,mm。

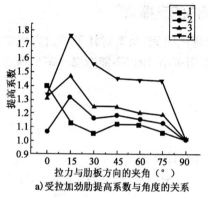 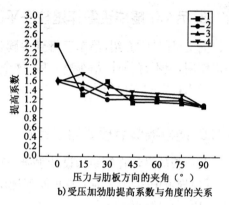

a)受拉加劲肋提高系数与角度的关系   b)受压加劲肋提高系数与角度的关系

图 10-14

结论:

(1)垂直于肋板的受力杆,球的提高系数为 0,与无肋球一样。

(2)杆件的方向与肋板处于不同角度时,破坏形态不同,当肋板方向受压时,杆件与肋板交界处最先出现破坏,为局部剪切。当夹角大于 15°时,为弹塑性弯曲破坏。随角度加大,肋板作用不明显,见图 10-14。

(3)与肋板方向平行受力时,规范公式是合理,偏于安全。

💡 27.C 级普通螺栓抗拉强度是否考虑了撬力?

据文献[93]介绍,根据钢结构规范 3.4.1 条,C 级螺栓抗拉强度设计值的换算关系为 $f_t^b=0.42f_u^b$,而 f_u^b 均为 400MPa,$f_t^b=0.42\times400=168$MPa,最后规范表 3.4.1-4,$f_t^b=170$,而对于是否考虑了撬力看法不一,《钢结构设计规范理解与应用》认为将抗拉强度设计值降低 20% 是考虑了撬力影响,$f_t^b=0.8\times215=172$MPa,最后取 170,两者的不同是采用不同的换算办法来解释螺栓抗拉强度设计值,钢结构规范条文说明是按连接的换算关系来解释的,书中是按钢材换算并考虑撬力来解释的。

经钢结构规范组确认,2007 年版规范组回复 f_t^b 已考虑了撬力影响,但只是一般情况下的撬力,取 $0.42f_u^b$ 的根据是国外标准及国内使用经验而定,在特定节点,设计人员认为不能包含实际撬力影响,可以调整,所以设计时,对于连接件过于单薄、工作条件较不利或螺栓断了等将造成严重影响的特殊情况,可加以调整。

对用于悬挂吊车的螺栓,要考虑在连接节点一侧的螺栓乘以增大系数1.2。

28.吊车牛腿能否看作是柱子平面内的支撑点?

据文献[100]介绍,吊车运行到牛腿位置的瞬间,吊车对柱子平面内稳定起一定作用,但不好估计,吊车离开后,这个作用更小,所以不能考虑吊车牛腿对柱子平面内稳定的支撑作用。

29.钢桁架节点板如何设计?

节点板的设计在钢结构设计手册中有详细计算。

(1)规范中表10-7为节点板厚度选用表,仅根据过去经验提出参考,非常粗糙,仅用于一般钢桁架。

(2)强度计算,见图10-15、图10-16。

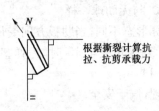

根据撕裂计算抗拉、抗剪承载力

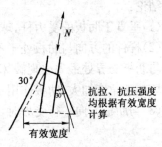

抗拉、抗压强度均根据有效宽度计算

图 10-15　腹板的拉、剪、撕裂线　　　　　图 10-16　板件拉、压有效宽度

(3)稳定计算,见图10-17,仅用于压腹杆

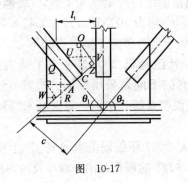

图　10-17

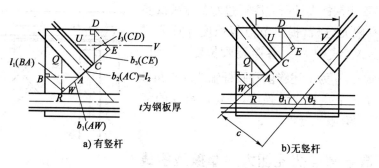

a) 有竖杆　　　　　　　　　　　b) 无竖杆

图 10-17　节点稳定计算

稳定计算

有竖腹杆
$$\begin{cases} c/t \leqslant 15\sqrt{235/f_y}, \text{可与拉杆一样不算稳定} \\ c/t \geqslant 15\sqrt{235/f_y}, \text{任何情况下 } c/t \leqslant 22\sqrt{235/t} \end{cases}$$

$$\left(\frac{b_1}{b_1+b_2+b_3}\right)N\sin\theta_1 \leqslant l_1 t\varphi_1 f$$

φ_1、φ_2、φ_3 根据相应的长细比 $\lambda_1 = 2.77\dfrac{QR}{t}$，$\lambda_2 = 2.77\dfrac{ST}{t}$，$\lambda_3 = 2.77\dfrac{UV}{t}$

按 b 类截面查取

N 根据 b_1、b_2、b_3 的取值，折算分配，或沿 QR、UV 及沿 N 方向的力验算稳定

$$\left(\frac{b_2}{b_1+b_2+b_3}\right)N \leqslant l_2 t\varphi_2 f$$

$$\left(\frac{b_3}{b_1+b_2+b_3}\right)N\cos\theta_1 \leqslant l_3 t\varphi_3 f$$

压杆区长细比参数

$$\lambda_t = 0.8c/\sqrt{t^2/12} = 2.77c/t$$

无竖腹杆
$$\begin{cases} c/t \leqslant 10\sqrt{235/f_y} \\ c/t > 10\sqrt{235/f_y} \end{cases}$$

可与拉杆一样不算稳定

稳定计算方法如上，仅是 UV 加长

任何情况下 $c/t \leqslant 17.5\sqrt{235/t}$

自由边无加劲肋的，应验算 $l_t/t \leqslant 60\sqrt{235/t}$，否则要设加劲肋。

（4）据文献[101]介绍，节点板与弦杆之间的焊缝应进行验算，因为腹杆交点在上弦中心线上，因此节点板与弦杆交界处会产生弯矩 M。由于腹杆交点会产生不平衡的拉力，焊缝应验算垂直作用于焊缝的 σ_f 及平行于焊缝之力 τ_1，

$$\sqrt{\left(\frac{\sigma_f}{\beta_f}\right)^2 + \tau_1^2} \leqslant f_f^w，\text{如图 10-18 所示。}$$

钢结构设计误区与释义百问百答

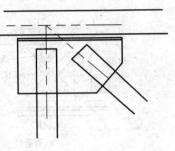

（5）重庆钢铁设计研究院通过对节点板试验研究及有限元分析，提出节点板强度计算公式 $\sum l_i \mu_i t f \geqslant N_i$，式中 l_i 为各撕裂段长度，$y_i = 1/\sqrt{1+2\cos^2\alpha_i}$，$\alpha_i$ 为上述线段和腹杆轴线间夹角，t 为板厚，f 为节点板设计强度，并建议重要的节点板应采用有限元分析。

图 10-18

💡 30. 高强螺栓孔径加大对摩擦型承载力影响如何？

高强螺栓孔径的加大和孔型对摩擦型的影响有两部分，一是预应力损失值，二是抗滑移系数。目前工地上经常出现摩擦型高强螺栓孔超标的情况，而根据经验，钢结构规范中规定的摩擦系数经常达不到，如除锈 ST$\frac{1}{2}$，Q345，只达到 $\mu = 0.45$，规范为 0.5，条文说明并说 0.55 还有富裕，因此文献[103]介绍了，螺栓孔径加大的大圆孔及模型孔的试验。

试件为标准的 $\phi20$，孔径为 21.5，加大的螺孔为 23、25、27，槽形孔为 21.5×26.5、21.5×10、21.5×40、21.5×50。

$\phi24$，孔径 25.5，加大的为 27、30、34，槽型孔为 25.5×32、25.5×35.5、25.5×45.5、25.5×60。

试验结果：

（1）预应力损失值影响，除个别外，80%以上预应力损失值都发生在终凝后 24h 内，预应力损失值由开孔面积与标准孔的比值 X_1，按下列线性回归曲线求得，槽形孔与大圆孔一致，Y_1（预应力损失影响）$= -0.0195X_1 + 1.024$。

（2）抗滑移试验，对大圆孔孔径增大 1.5～5.5m，影响基本一致，只是槽形孔时，滑移系数降低较明显，达到 13%，与槽形孔长度方向与荷载方向垂直或平行无关，滑移系数对槽形孔影响可按 X_1 根据线性回归曲线计算 Y_2（滑移系数降低）$= -0.105X_1 + 1.0581$。

💡 31. 抗震的高强螺栓连接如何计算？

文献[104]介绍如下。

（1）钢结构规范 7.2.3 条只规定承压型连接不应直接承受动力荷载，但未规定不能用于抗震，而抗震规范 8.2.8-6 条，高强螺栓极限受剪承载力却是用的承压型，所以普遍认为螺栓孔仅 1.5～2mm。滑移并不大，抗震设计中用承压型是可以的，从抗震设计连接设计分两个阶段：第一阶段，按弹性设计，要求摩擦面不滑移；第二阶段，滑移，但极限承载力要大于塑性承载力，保证大震不倒。如果用承压型，设计荷载下承载力已用尽，大地震作用下，连接要破坏，结构按弹性设计时允许滑移，是不合理的。编者从灾害分析看，虽然连接反映在焊缝破坏，但焊缝破坏的原因，除焊缝缺陷外，主要是由于螺栓滑移，引起焊缝连接处变形及应力集中，因此目前有经验的设计单位在抗震时不用承压型。

也有的建议抗震规范式(8.2.8-6)中应参考日本钢结构连接设计指南引入抗震调整系数 γ_{RE}，并与梁的系数相同为 0.75。

$$N_{vu}^b=0.58nn_f A_c^b f_u^b,\ N_{cu}^b=ndt f_{cm}^b,\ n=0.75。$$

总之，抗震区高强螺栓抗剪承载力应加强至大于构件塑性承载力。

(2)钢结构规范 7.5.1 条提出螺栓连接的破坏段，1994 美国北岭及日本 1995 年兵库地震后，美国和日本都提出了设计时需要验算新的破坏形式。

美国 FeMA300 螺栓连接破坏形式如图 10-19 所示。

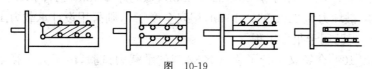

图 10-19

日本新标准钢结构极限状态设计指南提出，弯矩由翼缘连接板及腹板连接的上下各一部分承受，剪力由腹板连接的中间部分承受，这种算法是偏于安全的。

(3)连接板材挤穿和拉脱时的承载力(图 10-20)。

$$N_{cu}^b=(0.5A_{us}+A_{ut})f_u$$

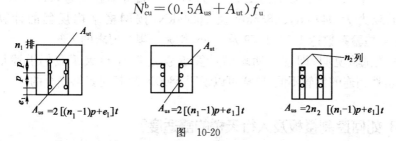

图 10-20

式中：A_{us}——平行于拉脱方向板材受剪净面积；

A_{ut}——垂直于拉脱方向板件受拉净面积。

钢结构设计误区与释义百问百答

（4）高强螺栓连接极限抗拉承载力 N_u^b 计算

α 根据表 10-7 取值，N 为螺栓连接的设计承载力。

$$N_u^b \geqslant \alpha N$$

α 表 10-7

钢材	梁端连接		支撑连接，构件拼接	
	焊缝，母材	螺栓受剪	焊缝，母材	螺栓受剪
Q235	1.40	1.45	1.25	1.30
Q345	1.30	1.35	1.20	1.25
GJ 钢材多段	1.25	1.30	1.15	1.20

日本螺栓连接系数比焊缝的高，因为日本螺栓强屈比低于母材。

国外剪切破坏线与钢结构规范不同，国外是与孔边相切的，我国是沿孔中的，显然是近似的。

💡 32.ϕ800 时空心球如何设计？

文献[1]P139 介绍了 $\phi 800 \times 32(16\text{mm})$，双肋厚 20mm，钢管 $\phi 219 \times 16$，三个试件试验，破坏力为 940t、990t、1040t，用安全度 3.0，则采用设计承载力 $1000/3 \times 13 = 430$t，现已用于很多工程。

文献[109]介绍又进行了 $\phi 800 \times 32$ 球的承载力试验，由于大直径空心球试验数量不多，再进行试验完全必要。

试件为三件，$\phi 800 \times 32$，单肋，肋厚为球厚，Q345，连接钢管为 $\phi 300 \times 35$，有限元分析结果与试验吻合，荷载为 6000kN 时，空心球与圆管相交区进入塑性，荷载为 9770kN 时，多点侧点应力超过 385MPa，继续加荷则不再上升，圆管壁明显向外凸出，塑性区占球面的 1/2，空心球材料实际屈服强度为 385MPa，修正后极限承载力为 9445kN、9865kN 及 10244kN，按网格结构规程的计算结果 5518kN，检验系数达 1.71、1.79 及 1.86，均大于规范要求的 1.6。

上述试验说明，即使单肋球的计算承载力 551t 也大于我们上述估计的 430t，虽然相连的钢管不同，同样可以说明 $\phi 800 \times 32$ 球是足够安全的。

💡 33.如何控制楼板及人行天桥的舒适度？

据文献[2]介绍，人体质量上下运动幅度在 50mm 左右，上下加速度变化为 3m/s^2，频率为 $1.4 \sim 2.5\text{Hz}$，作用于楼盖上的动态力为 $0.1 \sim 0.3\text{kN}$。如果梁自振频率在 2Hz 左右，则可能发生共振，由于能激发高阶振型，因此仅考虑 I 振型是不够的。

根据美国 ATC(Applied Technology Council)《减小楼板振动指南》提出以下意见。

(1)一般楼盖自振频率为 4～8Hz。

楼盖和人行天桥振动加速限制如表 10-8 所示。

楼盖和人行天桥振动加速限制 表 10-8

人员活动范围	可以接受楼盖振动峰值加速度	人员活动范围	可以接受楼盖振动峰值加速度
手术室	$0.0025g$	商业，餐饮，舞厅，走道	$0.015g$
住宅办公	$0.005g$	室外人行天桥	$0.05g$

(2)楼盖振动模型，简化为三种：

①共振模型(用于频率低于 8Hz 的楼盖)。人步行一般频率小于 3Hz，舞蹈共频率为 3～10Hz，人齐步走频率为 2Hz。此种模型，即要求楼盖频率大于人与舞蹈的步频率。

②变形模型。轻型房屋质量轻、跨度小，频率可能大于 10Hz，由于人及家具阻尼，振动衰减，共振模型不合适，此时，计算中的重要指标是控制楼盖在集中荷载下的变形，因为变形过大，也会引起不舒适的感觉。

③脉冲振动模型。楼盖自振频率为 8～15Hz。行走脉冲指脚后跟重复地快速落地的行走动作。按牛顿定律，速度＝脉冲/质量，由于必须考虑高阶振型，因此这种模型没有被用来计算楼盖舒适度，因为②中共振振型已包含这种脉冲作用。

(3)变形控制与计算。共振模型即通过楼盖自振频率不大于人与舞蹈的步频来控制，变形模型即通过楼盖集中荷载下变形来控制，脉冲模型也是利用变形模型的变形来控制。即使活载下挠度控制在 $\frac{1}{360}$，仍有可能因振动而不舒适，因此楼盖自振频率在 8Hz 以上，即可通过变形控制舒适度。

$$\Delta \leqslant [\Delta_{\mathrm{p}}] = 0.61 + 2.54 e^{-0.59}(L - 1.951) \leqslant 2\mathrm{mm}$$

式中，L 为梁跨度；$[\Delta_{\mathrm{p}}]$ 为跨中集中力 1kN 作用下允许最大变位，单位是 mm；Δ 为单位集中力下跨中位移。

$$\Delta = \frac{\alpha p L^3}{48 n_{\mathrm{eff}} EI} \qquad (p = 1\mathrm{kN})$$

式中，EI 为次梁截面的抗弯刚度，如果为次桁架，则乘以 0.7～0.9 的折减系数;α 为次梁的连续性影响系数,根据次梁两端支承条件不同,次梁纵向连续可取 0.7,否则为 1.0;n_{eff} 为参与抵抗这个荷载的次梁的片数,它依赖于楼盖体系横向与纵向的相对刚度。

次梁间距为 s,楼板单位宽度的抗弯刚度是 B_p,相邻次梁之间没有下一级的次梁,则楼盖横向刚度设计为 $\dfrac{48 \times 0.5(\alpha L)B_p}{(Zs)^3}$,推导得 $n_{\text{eff}} = 1 + \dfrac{1}{0.5 + \lambda}$,$\lambda = \dfrac{16s^3}{(\alpha L)^3 B_p} \dfrac{EI}{\alpha L}$。

💡 34. 带悬臂段柱的柱计算长度如何分析?

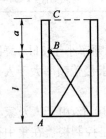

图 10-21

据文献[114]介绍,这种结构在平台上经常遇到,而计算长度的方法规范没有提供。经分析,柱端 A(图 10-21)为铰接与刚接对计算长度的影响,即仅 $\dfrac{a}{l} = 0.5$,相差也仅 23%,而刚接一般构造复杂,因此不区分铰接还是刚接,均按表 10-9 计算。

表 10-9

$\alpha = a/l$	0	0.1	0.2	0.3	0.4	0.5	0.6	0.7	0.8	0.9
μ	0.70	0.83	0.98	1.15	1.34	1.53	1.72	1.92	2.11	2.31
$\alpha = a/l$	1.0	1.2	1.4	1.6	1.8	2.0	3.0	4.0	5.0	10.0
μ	2.51	2.91	3.31	3.7	4.1	4.6	6.5	8.5	10.5	20.5

💡 35. 销钉节点如何设计?

文献[118]提出柱脚销钉节点计算(图 10-22)。

支座受拉时,钢管与插入肋板一起与端板连接,但要满足钢管与端板的焊接强度不小于钢管截面抗拉承载力的 50%。不能全靠加肋板传力,当然全部由钢管传力更好。

端板抗弯强度 $\sigma = \alpha \dfrac{N}{t_p^2} \leqslant f$。

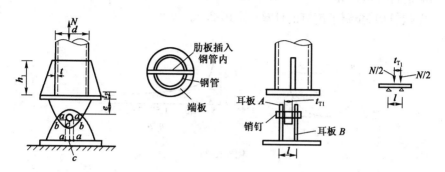

图 10-22

构造上要求 $h_1 > d$，α 为四边简支圆板承受沿一直径均布荷载时的弯矩系数，与 d/t_p 和 t_{T1}/t_p 有关，见表 10-10。

表 10-10

$\dfrac{t_{T1}}{t_p}$ ＼ $\dfrac{d}{t_p}$	0.75	1.0	1.5	2.0	2.5	3.0	3.5	4.0
0.5	0.786	0.800	0.812	0.818	0.822	0.824	0.826	0.828
1.0	0.742	0.766	0.788	0.802	0.808	0.814	0.816	0.820
1.5	0.696	0.730	0.764	0.782	0.794	0.800	0.806	0.810
2.0	0.654	0.698	0.742	0.766	0.780	0.790	0.796	0.802

板中最大挠度 $\delta = 0.08\dfrac{N_k}{E}，\dfrac{d^2}{t_p^3} \leqslant [\delta]$。

其中，N 为钢管柱设计值；N_k 为标准值；$[\delta]$ 为允许变形，一般取不小于 2mm 或 $\dfrac{d}{200}$。

端板不够时，也可加纵向加劲肋。

销钉应验算抗弯与局部承压：耳板 A、B 间间隙较大时，应验算销轴抗弯，见图 10-19 简支梁。钢管柱受压时，耳板 A 上销轴孔边至端部距离 $e \leqslant 15t_{T1}$ $\sqrt{235/f_y}$，避免局部失稳。受拉时，验算 a-a（两面）、c-c 抗剪和 b-b 净截面抗拉，并应按插销验算。如果销钉支座,有平行于销钉轴线的水平力时,验算上下耳板时均应进行抗弯计算。

文献[119]介绍了销钉的计算(图10-23)。

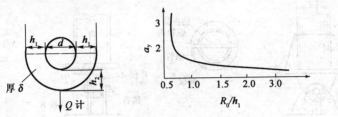

图 10-23

$$\sigma_{拉}=Q_{计}/4h_1\delta, M=0.164Q_{计}R_0/2, R_0=\frac{d+h_1}{2}$$

$$\sigma_{合力}=\sigma_{拉}+\frac{M}{W}a_y\leqslant\frac{\sigma_s}{1.7}, W\geqslant\frac{\delta h_1^2}{6}$$

式中,a_y 为应力换算系数,σ_s 为屈服强度。

目前销钉计算,仅有少许国外资料,国内研究并不多,无统一标准。

文献[120]介绍了有关资料,当销钉的计算跨径大于直径的2倍时,可按承受弯曲的销钉为简支梁,也有的按弹性基础给出沿销钉向的荷载分布公式,推导销钉弯矩。总之分析方法都不理想。

本文采用 ABAQUS 有限元分析软件进行参数分析,因为该软件具有优越的接触问题模拟功能和非线性分析功能,并由此对试验结果对比,提出计算方法。

假定销钉的屈服强度为 300MPa,其销钉上点1、点2两处应力最大。点2为上下耳板的交点,点1为销轴跨中处,如图10-24和图10-25所示。

图 10-24   图 10-25

当点 1 或点 2 最大 Mises 应力达到屈服强度时，即认为销钉承载力达到极限。

计算分上下耳板无间距 d 和有间距 d 两种情况。

上下耳板无间隙，点 2 处达屈服强度时，其承载能力为 F_2：$F_2 = \pi (D/2) \delta L_2 f_d$

f_d 为钢材设计强度。

$$\delta = 0.1(2.2D/L_2 + 0.2L_1/L_2) + 0.1$$

$$F_1 = \frac{f_y \pi D^3}{16\left\{\dfrac{3\delta L_2}{4} + \left[1 - \dfrac{3(\lambda_3 + 1)}{4(\lambda_3 + 2)}\right]\dfrac{L_1}{2}\right\}}$$

如图 10-26 所示：

$$\lambda_3 = \frac{\sigma_{max}}{\sigma_{min}} = 6.4552(L_1/D)^3 - 1243(L_1/D)^2 + 7.270(L_1/D) + 1$$

f_y 为钢材折算设计强度，$f_y = \gamma f_d$，主要是 F_1 与有限元分析结果有差别，原因是忽略了 N_3 的作用力及作用位置影响，因此要根据 L_1 和 L_2 的尺寸确定调整系数 γ。

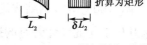

$$\gamma = 0.5 L_1 L_2 / D^2 + 0.9$$

上下耳板间存在间距 d。F_1 应考虑间距 d 的影响，改为 F_d。

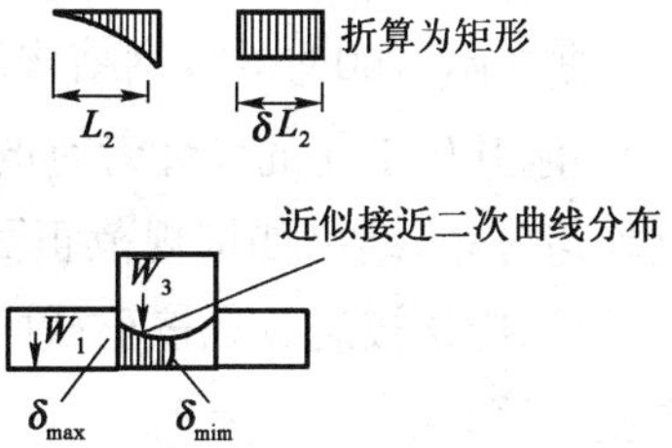

$$F_d = \frac{\gamma_d \gamma f_d \pi D^3}{16\left\{\dfrac{3\delta L_2}{4} + \left[1 - \dfrac{3(\lambda_3 + 1)}{4(\lambda_3 + 2)}\right]\dfrac{L_1}{2} + d\right\}}$$

图 10-26

$$\gamma_d = 0.326 d / D + 1$$

以上公式与《公路桥涵钢结构及木结构设计规范》比较，规范公式偏于保守，当 $L_1/D > 2$ 时，接近于销轴结构，按照简支结构计算，结果与 JTJ 025—1986 及有限元分析接近，而本文公式则偏离有限元较大。

💡 36. 檩条达到什么条件才能作为压弯构件的平面外支点？

据文献[129]介绍，当檩条达一定面积后，即可作为压弯构件平面外的支点，但千万不能与轴心压杆所需平面外特定要求相混，如日本建筑学会要求，侧面集中力 $F = 0.02 F_c$，F_c 为弯曲压力，在塑性铰处为 $F_c = \dfrac{\sigma_s A}{2}$，同时具有刚度 $K \geqslant$

$5.0\dfrac{F_c}{L_b}$，L_b 为侧面支承杆的间距。但以上计算模型是具有弹簧常数为 K_0 的轴心受压柱压屈得出，与压弯构件的侧向稳定问题有较大差异。

当檩条作用于构件受压翼缘时，对于压弯构件平面外计算长度的减小程度

$$l_0=\frac{l}{h}\ ;h^2=\frac{4l^2A}{3d\pi^4I_y}+1$$

式中，d 为檩条跨度；l 为构件长度；I_y 为绕 y 轴的截面惯性矩；A 为檩条截面积。

当檩条作用于构件受拉翼缘时，也能起一定的稳定作用，但效果减少。

$$h^2=\frac{4l^2A}{9d\pi^2I_y}+1$$

如果有隅撑，则可以认为是作用于构件受压翼缘。

💡 37. 正面角焊缝连接应注意什么？

据文献[130]介绍，钢结构规范 7.1.3 条规定正面角焊缝强度增大系数 $\beta_f=1.22$，刚开始工作的设计者有的按钢结构教科书，则将正侧面其有效面积上应力是均匀分布，结果如按规范正面和侧面分别算，则正面即不满足要求，其原因显而易见，应该按规范先按正截面强度极限承受荷载，余下的荷载再由两条侧面角焊缝计算。

💡 38. 如何快速测量螺栓球螺栓的就位，防止"假拧"？

目前要保证螺栓就位，就必须保证销钉落在定位孔中，这就要求制作时保证销轴不被拧断，保证定位孔相关尺寸准确，而且保证销钉落位后顶部齐平，这样可以识别是否到位。由于螺栓伸入是否就位关系到受拉螺栓是否起受拉作用，万一未伸入，而定位孔又失效，则检查非常困难，补救乏术，危害将引起结构倒塌，所以有的单位做成双保险，即在螺帽处开槽，而在螺栓处以醒目的颜色线条画成一圈，这样将位置调整好后，即可通过槽口看是否与一圈线相符，这个措施已申请专利。

现在也提出将销钉固定在螺栓上，而螺帽开长孔，可以直接观察螺栓是否到位。

39. 空间网格规程中为何螺栓 M52×5 改用 M56×4?

螺栓分粗牙和细牙，受力角度粗牙削减面积大些，剪切咬合力比较小，但由于加工精度误差，小直径的很难做细牙，M20×1.5 是细牙，M20×2.5 是粗牙，1.5 螺栓因为螺栓均用丝锥加工，1.5 精度达不到，因此国家螺栓标准都用的粗牙，但 M56×6 是粗牙标准，而螺距 5 以上加工也有困难，细牙受力又比较好，因此 M56 以上就改用细牙 M56×4。

40. 两根梁交，其应力互相交组合，怎么办?

两根梁交时（图 10-27），形成复合应力，此节点应采用有限元分析，接第四强度理论计算复合应力，即将节点处两根梁的受力情况等输入 SAP2000，Mise 进行复合应力计算时，不超过允许应力即可，此处应力比 σ_1、σ_2 均会大。两根梁必须是同样高度，如果高度不等，则节点计算非常复杂，应力求避免。

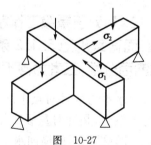

图 10-27

41. 螺帽放在上面与放在下面有何区别?

工程中螺帽只能放在下面（图 10-28）。螺帽放上面和放下面没有本质区别，为防止松落都要将螺纹凿毁。如果放两个螺帽，即一个是反向螺帽，则螺纹可以不凿毁。

螺帽

图 10-28

钢结构设计误区与释义百问百答

42. 空间桁架能否承受扭矩?

空间桁架承受扭矩的条件是必须四片是完整的桁架,而且支座处至少有两个铰支座,支座必须加斜杆(图 10-29)。如果有条件,每个节点处也有同样的斜杆,则内力会小些。

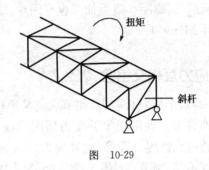

图 10-29

43. 钢结构规范 3.2.12 条,对于重级工作制吊车,其横向水平力为最大轮压乘以相应系数,而荷载规范 5.1.2 条,横向水平力是横向小车重与额定起重量之和的百分数,二者为何不同?[8]P31

主要是两本规范计算横向水平力的针对点不同,钢结构规范横向水平力主要算大车运行过程中产生的卡轨力,是针对重级工作制吊车梁及制动设备验算卡轨力的,而荷载规范则用于计算框架时的横向水平力。

44. 什么情况下必须用摩擦型高强螺栓,一般放置位置如何考虑,预拉力受哪些限制?

据文献[139]介绍,虽然理论上承压型螺栓可以节约 50%,但由于其整体性和刚度较差、剪切变形大、动力性能差,因此下列情况必须用摩擦型:①抗疲劳;②大孔径长圆孔长轴方向与外力一致时;③有显著反向荷载;④与焊缝共同受外力时;⑤结构不允许有大的滑移。

高强度螺栓在摩擦开始滑移前都具有一定的弯矩传递能力,这种弯矩传递能力与螺栓位置有关。试验分析,有明显转动中心的连接和节点,传递弯矩能力较差。因此尽量避免高强螺栓在转动中心处,以免削弱该项螺栓作用。

摩擦型高强螺栓的预应力有一定限制,是由初始拉力和初始扭矩决定。

控制预拉力的准则是 $\eta p \leqslant f_c$，$\eta = 1.2$，$f_c = 0.9 f_{ub}$，匀质 0.9，超张拉 10%。

预拉力：

$$\sigma_0 = \frac{0.9 \times 0.9 \times 0.9}{1.2} f_{ab} = 0.61 f_{ub}$$

式中：f_{ub} 为抗拉强度。

45. 螺栓孔径与杆径之间的差别应限制在多大范围？[139]

根据研究，孔径大小影响预应力。孔径增大，抗滑移系数降低，产生较大滑动。因此槽孔不论是长槽还是短槽，都应以长边垂直于受力方向，这样短槽孔和放大孔摩擦连接都打折 0.85，长槽孔则打折 0.7。

46. 空间结构连续倒塌的问题。

文献[160]比较全面地分析了空间结构连续倒塌的问题。

美国公共事务局 GSA 规范、国防部 VFC 标准及日本高冗余度钢结构倒塌控制设计指南主要针对高层钢结构。

结构倒塌与结构破坏是两个不同的概念，破坏是指杆件，倒塌是整个结构在发生倒塌过程中伴随塑性耗能与累积损伤，因此较多应用能量准则判定连续倒塌，尤其是地震作用下动力强度问题，我国学者沈世钊、支旭东对网壳提出了 $\frac{1}{100}$ 作为大变形控制位移准则。

国外学者 Murtha-Smith 提出任何一个潜在的关键构件失效都可能导致连续倒塌。Sheidaii Parke 认为网架关键受压杆突然降低承载力，可能导致跃越失稳。Gioncu 认为传统的观点即具有高度静定冗余度的结构不会发生连续倒塌的观念是错误的。

1）连续倒塌的分析方法

连续倒塌分析是非常复杂的非线性动力过程，分析有三个难点：不连续位移场的描述、接触—碰撞分析，以及倒塌的大位移、大转动等。

分析方法：一是针对意外荷载分析；二是局部破坏分析，即改变体力路径法。

由于倒塌在很短时间内完成，要考虑应变率效应、火灾，还有温度率效应。

2）大跨空间结构连续倒塌设计

①事件控制法，消除引起倒塌的原因；②间接设计法，加强整体性、延性、提

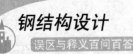
高冗余度及坚固性,实质为概念设计;③直接设计法,加强设计是移除一根或几根模拟初步破坏,然后对剩余结构进行连续倒塌分析。

综上所述,连续倒塌还有很多问题要研究,我们认为最为关键的是要研究第一根杆件破坏后,紧跟着破坏的杆件,失效杆件应多少,以往研究都没有提这个问题。另外,倒塌中是不是都有大变形、大转动及应变率的问题,应研究出一套设计方法。

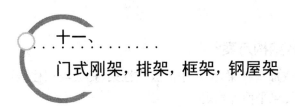

门式刚架，排架，框架，钢屋架

门架、框架、拱在文献[1]P197～217作了介绍，本书再作补充。

1. 门式刚架采用了轻质混凝土板（63kg/m²），能否仍采用门刚规程？[8]P3

有的建议以蒙皮效应来判断，门架允许有条件的蒙皮效应，钢结构规范不计算蒙皮作用，实际上这个问题与蒙皮效应根本无关。

有的认为两本规范风载体型系数不一样，因此不好办，这是一种误解。门架体型系数用的 MBMA 低层房屋风载体型系数，在美国很明确这是 18m 高以下房屋的风载，而 18m 高以上房屋的风载另有规范。实际上，我国门刚规程就适用于 18m 以下的房屋，18m 以上的房屋即用荷载规范，因此风载体型系数很明确的是以 18m 高为界，与屋面无关。

门刚规程 4.1.1 条"屋盖应采用压型钢板"，因此已经明确适用于轻型屋面，当然轻钢的条件是：①屋盖轻；②侧移放宽；③构造放宽宽厚比、细长比、屈曲后强度。我国用了几十年大型板、单槽板、加气板、加筋石棉瓦等，走了那么长的路才引进了压型板，到日前为止还找不到比这更好的屋面，现在又回到轻质混凝土板，相当于以前的加气混凝土板，走回去没有必要。

从技术上看，采用轻质混凝土板，内力分析、截面计算、屈曲后强度都可以用门刚规程，宽厚比、长细比适当严一些即可，关键是侧移如何掌握，门刚规程无吊车时侧移为 $\frac{1}{50}$，那是针对柔性屋面，轻质混凝土的材料与节点能否受得了这样宽松的侧移，目前还没有合适的规定。地震时重屋盖地震作用加大很多，门架的地震措施显然不适应，实质上不能完全按门刚规程控制。

本来轻钢与普钢并无明确分界,在设计方法上也无太大的差异,因此,作为设计者只能搞清不同结构形式的特点,明白什么样的结构应采用什么样的规范,灵活运用即可。

2. 12m 柱距应该采用什么结构方案?[8]P15

一般可做 12m 桁架式檩条或加一托梁,然后中间放刚性梁,托梁与钢柱最好铰接,托梁中应加隅撑以保证托梁平面外稳定。

3. 轻钢结构屋面坡度多大合适?[8]P16

门刚规程 4.1.5 条文说明轻钢结构屋面坡度为 1/8~1/20,在雨水多时取较大坡度,门刚规程 3.4 条规定,由于构件挠度产生的屋面坡度改变值不应大于坡度设计值的 1/3,根据我们的经验,在坡度比较采用较小值时,应把设计挠度改变值单独附加在坡度要求内。

有的介绍屋面坡度可做到 1/35,这是不恰当的,不能用太小的坡度。

4. 多跨屋顶风载体型系数如何取?[8]P19

风载体型系数是根据结构外形确定的,与结构跨数并无关系,因此规定中不可能有多跨屋顶风载资料,只有单坡和多坡屋顶风载体型系数。

5. 现有一厂房,甲方要求 15t 悬挂吊车,能否用门刚规程吊车节点设计?[8]P21

目前机库中网架悬挂 15t 吊车相当普遍,门刚规程中只适用挂 2t 吊车的情况,网架规程只适用于挂 3t 吊车的情况,但网架悬挂吨位已大大超过规程,按门刚规程挂 15t 吊车是太大了,建议改变结构形式,悬挂吊车节点详见文献[1]P79。

6. 门架最经济合理的柱距是多少? 一般用钢量是多少?[8]P36

对于门架柱距,跨度 9~18m 的柱距为 6m,跨度 18~36m 的柱距为 6~7.5m,跨度 36~45m 的柱距为 7.5~9m。

从目前经验看，无吊车时柱距取 7.5m 最经济，有吊车时取 6m 最经济。

对于门架用钢量，一般 30～35m 为 11～13kg/m² (Q435B)，24～30m 为 10～11kg/m²，18～24m 用钢量小于 11kg/m²，仅供参考。

影响用钢量的因素很多，离开具体条件讲用钢量是毫无意义的，结构形式及布置对其有很大影响，应进行多方案比较。

💡7. 以下常用做法是否有问题?[4]P38,P149

常用做法有：

①螺栓伸入地坪 300mm 即作为刚接；

②柱脚从来不设抗剪键；

③平面外计算长度只要有檩条即取 3m，不管檩条是否刚性连接；

④栓条用 φ12 圆钢设置拉条，端头不放置斜拉杆与压杆；

⑤跨度不大于 18m 时通常只设置水平支撑和柱间支撑，从来不设置钢梁间系杆。

以上问题涉及一些基本概念，需要阐述清楚。

(1)柱脚能否视为刚性需要具备以下两个条件：

①门刚规程 7.2.18 条文说明锚栓有足够强度，符合国家标准《建筑地基基础设计规范》(GB 50007)，但这不包括锚栓受剪力，仅指拉力，刚性节点的拉力。

②门刚规程 7.2.17 图 c)、d)，这些构造可保证将螺栓拉力传到柱脚钢柱上，因为刚性柱拉力比较大。图 a)、b)是靠一片钢板仅是承受不大的弯矩，因此按 c)、d)必须采用加肋或带靴梁抵抗弯矩及通过焊缝将拉力传到钢板上，地坪的厚度并不是刚接的条件，当然柱脚埋入地坪 300mm，靠地坪抵抗水平力的做法很少，施工也不方便。

(2)柱脚要不要抗剪键取决于以下两个条件：

①门刚规程 7.2.20 条文说明锚栓不能受剪，有的介绍国外用锚栓受剪，从道理上讲，锚栓不能受剪，因为锚栓在受剪时会弯曲，承担不了大的剪力，因此水平力首先靠摩擦力承担，当水平力大于 0.4 倍的摩擦力时，就需要加抗剪键。

②门刚规程 3.1.4 条文说明抗震应采取构造措施，3.1.4 条说明中提出抗震构造措施之一即是采用抗剪键。

(3)只要有檩条，平面外计算长度即可取 3m，这是没有根据的，而且这与檩条刚接无关,因为檩条节点即使是刚接,仍然是平行四边形,是没有刚度的,不能作为梁平面外的支点,门刚规程很明确的在 6.1.6 条中提出刚架斜梁的平面外计算长度应该取侧向支撑的支点距离,而侧向支撑即水平支撑,侧向支撑的支点即节间距 a,当然这是指斜梁上翼缘平面外稳定,还要加柔性系杆,保证每片斜梁稳定,为了安装时平面外稳定,檐口及屋脊处还要求加刚性系杆,如图 11-1 所示。

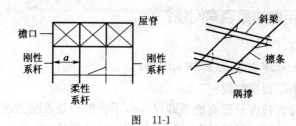

图 11-1

但斜梁的梁柱处与屋脊处往往有负弯矩,这样斜梁下翼缘即受压,下翼缘的平面外稳定则靠隅撑来维持,将下翼缘稳定的力靠檩条传到上翼缘稳定的平面。

有的认为上翼缘平面外的计算长度即是隅撑的间距也是不对的,隅撑仅能作为下翼缘的支点,但力要传到上翼缘,要靠上翼缘平面外稳定系统。因为隅撑与檩条仍为平行四边形,起不了稳定作用。

(4)檩条的平面外稳定也分上翼缘与下翼缘。

①上翼缘的稳定一般只能靠屋面板的蒙皮效应,国外有的就给出了屋面板的蒙皮作用,能提出檩条上翼缘的拉条距离,而我国屋面板未提这个数据,所以门刚规程 6.3.5 条规定檩条跨度大于 4m 时,应在中间加一个上翼缘檩条,我们依据 BHP 屋面板要求,檩条跨度 5m,中间即未加拉条。

②下翼缘稳定是由风吸力使下翼缘受压。

门刚规程附录三 E01 是参考欧洲规定考虑屋面板蒙皮作用约束了下翼缘失稳的公式,但所限制的条件是屋面板厚度不小于 0.62mm,而实际上屋面板厚度均小于 0.62mm,因此无法应用,所以下翼缘稳定均按冷弯薄壁型钢规范不考虑屋面板蒙皮作用的公式,决定上翼缘稳定的拉条间距。

门刚规程 6.3.7-3 条文说明,必须把两端檩条做成斜拉条(图 11-2),使力传到门架端部,否则单靠直拉条起不了保持檩条上下翼缘稳定的作用。

屋脊处如果直拉条可以互相平衡,则屋脊处斜拉条可以取消。

(5)光靠水平支撑、柱间支撑不能保持钢架平面外的稳定,而且这个与跨度

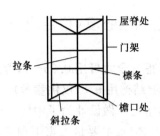

图 11-2

是无关的,关键如上所述,光靠水平支撑只能稳定与水平支撑相连的门架,而中间没有水平支撑的门架自己是不能稳定的,因此门架之间在支撑节点处加应柔性拉杆,因为两端均有水平支撑,拉杆即可以根据力向任何方向传力,所以设拉杆即行,但为了安装稳定,不可能两个水平支撑同时装好,所以屋脊及檐口处要求加刚性系杆。

💡 8. 在工程中遇到以下实用问题怎么解决?[8]P46

工程中常遇到的实用问题有:

(1)抗震缝、沉降缝两边用双柱式基础如何设计;

(2)墙面隔撑能否减小柱计算长度;

(3)抗风柱做铰接还是刚接;

(4)有吊车门式刚架的山墙是否设插入距600mm。

以下是解决这些问题的建议:

(1)抗震缝、沉降缝柱两边地耐力相差不大时,尽可能设计成一体的基础,如果差别太大时基础应分开,但考虑不均匀沉降对钢结构的影响不大,只要两个基础不重叠即行。

(2)理论上墙面隔撑可减小柱计算长度,但考虑到地震作用时墙先震坏,而柱平面外稳定又依靠墙,根本靠不住,很不安全,一般不用,隔撑应作用于钢连系梁。

(3)抗风柱可以在底部做成铰接或刚接,一般做成铰接,有的建议只有山墙特别高时才用刚接,使风可以多些传到地面。

(4)插入距600mm是从钢筋混凝土工业厂房中引用的,钢结构应该减小些,但要满足抗风柱与弹簧板之间的方便放置,还要考虑有吊车时放车挡,使吊车运行不与抗风柱相碰。

💡 9.设计门架时,控制钢架强度(稳定应力)为允许应力的多少为最佳?[8]P52

根据经验,如各因素考虑齐全时可用0.95~1,考虑不齐全时用0.9~0.95,有吊车时用0.85~0.9,重要结构用0.8(仅供参考)。

这个问题很好,目前很多工厂做设计为了中标将应力比定为1,这是目前灾害中大面积门架倒塌的原因之一,主要是大家不理解规范规定的值是最低值和下限值,但实际工程中复杂变化因素很多,如结构超载、施工不良,因此应留有余地,不能用应力比1。重要的工程应多留些余地,复杂、特殊且无经验的工程更要多留些,国外的设计很少扣得与规范一样。

💡 10.变截面梁腹板高度变化60mm/m,如何理解门刚规程规定的不超过60mm/m可采用屈曲后强度,不满足又怎么办?[8]P52

考虑屈曲后强度分三个阶段(图11-3):

第一阶段是屈服前阶段,τ小于临界剪应力τ_{cr},出现主拉应力、主压应力45°。第二阶段是屈服后阶段,形成拉力场,拉力场锚固于上下翼缘和两旁加劲肋上,因此考虑拉力场必须设置横向加劲肋。第三阶段形成机构,翼缘中还出现塑性变形,成随时变形的机构。门刚规程6.1.1-6条要求考虑屈曲后强度,坡度要小于60mm/m,因为拉力场是近似的假定,坡度大则刚度突变,与拉力场假定有出入,应力易集中,尤其三向应力限制塑性变形,形不成屈曲后强度,超过60mm/m即不按屈曲后强度验算,当然门刚规程只有屈曲后强度验算,这样只能按钢结构规范、钢结构设计手册的有加劲肋后屈曲前强度验算,如果没有加劲肋,以上规范手册均无此计算,则可按两端固定的无限长板的弹性稳定计算。

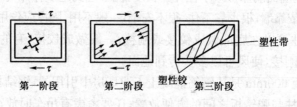

第一阶段　　　　　第二阶段　　　塑性铰　第三阶段

图　11-3

11. 门架厂房按门刚规程与钢结构规范验算，结果钢结构规范能满足要求，门刚规程反而不满足，似乎不符合道理，应该用哪本规定?[8]P58

主要是两本规范有许多不同假定，造成上述结果。

(1)门刚规程考虑了轴力，按压弯算，钢结构规范中梁不考虑轴力，斜梁一般长细比比较大，因此考不考虑轴力影响不小。

(2)门刚规程按变截面算稳定，而钢结构规范没有这种算法。

(3)钢结构规范按全截面计算，门刚规程 6.1.2-2 条引入有效截面，是考虑腹板高厚比大时，腹板在靠近翼缘板处与腹板中央处的应力差太远，因此引入有效截面，而钢结构高厚比限制比较严格，因此按全截面计算，二者有差别。

(4)门刚规程梁截面完全按弹性计算，钢结构规范则考虑截面部分塑性开展。

(5)两本规范平面外稳定"等效弯矩系数"也有出入。

(6)有的认为两本规范风载体型系数不同，门刚规程按 MBMA 采用，钢结构规范用荷载规范，这种理解是不对的，这个问题已经一再说明，风载 18m 以下的房屋用 MBMA，18m 以上用荷载规范，根本与什么结构毫无关系。

现在由于程序版本不完善，正在改善和解决，PKPM-STS 对同一模型中的不同构件可以采用不同规范验算，作为设计者了解其差异原因是必要的。

12.50t 吊车能否用于轻型钢屋架?[8]P66

所谓轻普钢屋架，就是由于屋面轻、钢屋架截面小，成为轻型钢屋架，但轻型与普通型钢结构(除非薄壁结构)理论基础并未改变，设计方法也是相通的，因此从原理上是可以采用的，而且吊车重主要影响下部结构，对上部结构影响小，只要计算考虑周到，安全性大些，是可以采用的，但要注意控制厂房的振动，要采取必要措施加强整体结构的刚度。

13.24m 跨屋架能否用三角形屋架?[8]P67 轻型屋面梯形钢屋架 05SG515 5C×G 详图中均标有 7、8、9 度地震角钢两端与节点板三面围焊，三角形屋架要不要也采用三面围焊?

三角形屋架一般适用于屋面坡度大的房屋，与跨度并无直接关系，三角形屋架受力并不合理，不如梯形钢屋架截面利用充分，经济合理，但三角形屋架仍然

可以用,24m跨屋架当然也可以,7、8、9度地震要求角钢与节点板三面围焊,是为了避免应力集中承载力大,对地震有利,三角形屋架两端角钢力大,当然更需要三面围焊。

14.五连跨屋架计算的柱顶水平力很大,如何解决?[8]P68

有的建议用橡胶垫释放水平力,这是不对的,这样就不是排架而是悬臂柱,而且屋盖受力无法传到下部结构,根本行不通。

有的建议梁柱连接用长圆孔,施工阶段不拧紧,上完杆件再拧紧,钢板间也用润滑剂,这样做也只是释放了屋架下弦伸长的水平力,施工后,柱顶水平力还很大,靠长圆孔拧紧螺丝根本受不了多少水平力,不能将力传到柱子,而且一般36m的屋架下弦伸长水平力根本不需要释放,力不大。

现在的问题是水平力为何这么大,风力地震在柱顶仅5.2m时,水平力不可能很大,如果真是那么大,只能按计算加大柱子。

15.四根20m托梁上面加主梁,主梁下垂很大,超过无托梁的主梁是何原因?[8]P69

下垂的含义,如果讲绝对值,由于一边有托梁,托梁的下垂又带动主梁下垂,因此有托梁的主梁下垂绝对值一定超过没有托梁的主梁。

如果从相对值来讲,主梁的挠度(即下垂值)仍是 f(图11-4),与没有托梁的主梁应该差不多,观感上也是这样的,主梁的挠度按钢结构为 $\frac{l}{400}$,那是没有考虑轻屋面的情况,仍然搬重屋盖一套,所以主梁(轻屋盖)挠度不必那么严格,$\frac{l}{180}$~$\frac{l}{200}$ 即行了,所以挠度不是问题。

图 11-4

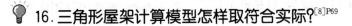

16. 三角形屋架计算模型怎样取符合实际?[8]P69

节点板很大，上下弦腹杆按铰接不符合实际。

这是所有屋架都存在的问题，节点板刚性不小，却假定为铰接，就产生了附加弯矩，即次弯矩。次弯矩是由变形而不是力产生的。钢结构规范 8.4.5 条对 H 形箱形截面及 10.4.21 条对管形截面都给出了不考虑次弯矩的条件，这是依据在这样截面的条件下，产生的次弯矩不会超过应力的 20%，可以不考虑次弯矩影响，因为次弯矩还可以考虑塑性重分布，得到缓解。

对于节点板刚度影响，规范在平面内稳定计算长度上也加以考虑，即节点板对杆件失稳有约束作用，钢结构规范表 5.3.1 中腹杆取 $0.8L$ 即是考虑了上弦刚度大，通过刚性大的节点板使腹杆失稳受约束。下弦是直的，两个方向受拉力对腹杆失稳起约束作用，但端部有斜腹杆和支座腹杆，上弦虽有些约束，但只是单方向的，而下弦在支座处已无法约束，因此 $l_0=l$，即不考虑失稳约束，屋架平面外由于节点板在平面外很弱，不能将上下弦约束传递到腹杆中去，因此计算长度均为 $l_0=l$。

17. 檩条下翼缘是否满足 1.5m 的间距即可不计算其稳定性?[8]P148

门刚规程 6.2.7-3 条文说明，当设计拉杆或撑杆防止下翼缘失稳时，其间距一般不大于 1.5m，目前这一条基本上很少遵守，因为下翼缘失稳需要加拉杆的间距应该用下翼缘失稳的计算来决定，硬性定 1.5m 是没有根据的，1.5m 也太密。

18. 墙面是否也要设拉杆并设斜向拉条?[8]P150

墙面一般在檐口处加一斜拉条，最多五道墙梁要加一个斜拉条(图 11-5)，这样可以防止墙梁的下垂。

墙下面一般不设反面斜拉条，因为由于自重墙梁不会向上。

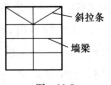

斜拉条
墙梁

图 11-5

ABC 公司一般不设斜拉条,只是窗上另设一卷边角钢,平面内外刚度都比较大,不会下垂。

💡 19. 隔撑是否一定要按压杆计算,拉杆是否太弱,不能有效限制变形,隔撑能否单向放置?[8]P153

隔撑应该是可以受压也可以受拉的,从概念讲,隔撑受拉按受足力估计变形小于 1.5m,而隔撑可限制下翼缘失稳,根据"充分支撑"原理,并不要求隔撑一点变形没有才可稳定下翼缘,即下翼缘平面外在一定变形下也不会失稳,一般 1.5m 可满足要求,因此隔撑用拉杆是可以的。很多工程中采用了单面隔撑,隔撑必然一拉一压,对称放隔撑也是一拉一压(图 11-6),门刚规程 6.16-4 条规定当隔撑成对放置时,隔撑受力由 $\frac{1}{85}$ 改为 $\frac{1}{60}$,又放大了。根据文献[30]分析,即使考虑放大的螺孔及缺陷,所得隔撑受力只需要规程的一半,而根据文献[31],美国隔撑受压对于简支结构取 2% 压力,连续结构取 4% 压力,由于隔撑所受的稳定力不会很大,单面放隔撑的力仍可按规程即可,必须增加 1 倍。

有的担心隔撑受拉后,不能防止扭转,其实隔撑拉力即转化为檩条上弯矩,不存在扭转问题,其实边跨隔撑一定是单面放置,很早就有用的。但要注意,单面隔撑增加了檩条附加应力,应能满足,并要求考虑檩条的刚度能否使隔撑有效。对于较新的檩条,应验算以扭转对檩条的受力及檩条刚度,见本章 113 题。

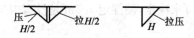

图 11-6

💡 20. 隔撑布置是根据弯矩包络图布置还是每隔一根檩条放一个,支座处要不要加密改为每个檩条放一个?[8]P157

隔撑布置理论上应根据包络图适当安全放置,但现在多用每隔一根檩条全长放置,这样就很方便,但并不一定非这样不可,有的建议支座处每根檩条都放,其实并不必要,因为梁下翼缘失稳的力并不是很大,不必要那么密,当然必须满足门刚规程 7.2.14 条宽厚比 $16\sqrt{235/f}$ 要求,有的建议支座 1/4 范围及跨中 1/2 范围内加隔撑,实际上这种做法与全长放置出入并不大,所以可以灵活处置。

21. 平面桁架中下弦杆比上弦杆截面大，最主要的是平面外是否不易保证?[8]P159

没有规定下弦杆截面要比上弦杆截面大，应凭计算定截面。

关于平面外稳定问题，上弦杆则靠系杆水平支撑保证平面外稳定，而下弦杆则由拉杆的向心力而不失稳，所谓向心力即拉杆向平面外变形一个角度时，水平拉力即产生垂直方向的分力，保证下弦杆不会平面外失稳。

但下弦杆除了向心力保证本身平面外不失稳外，还要保证腹杆平面外不失稳，根据"充分支撑"原理，下弦杆水平拉力产生向心力 T（图 11-7），而腹杆受力 V，$Th \geqslant V\Delta$ 平面外即不失稳，如果 Δ 等于单位变形，即单位变形下向心力 $T \geqslant \dfrac{V}{h}$，即能保证腹杆平面外不失稳。

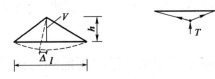

图 11-7

22. 隅撑与梁连接处用圆长孔（14×40），监理与质检都提出问题，长圆孔能起隅撑作用吗? 门刚规程 7.2.14 为何一定要求螺栓连接?[8]P160 门架与檩条能否用自攻螺丝?

长圆孔由于变形过大，起不了隅撑作用，用螺栓主要是为了施工方便，避免大量现场焊接，不等于不允许焊接，门架与檩条不能用自攻螺丝，因为时间久了，自攻螺丝可能会脱落，不可靠。

23. 隅撑能否作为柱平面外稳定支点?[8]P162

一般柱平面外要加支撑连系杆，其轴力可依据钢结构规范 5.1.7 公式计算，也可简单参照澳大利亚规范 AS-4100—1990。单根柱的支撑按柱最大压力 2.5%，柱列中除第一根外，其余柱按 1.25%，全部叠加，但总数不超过 8 根。

隅撑作为柱平面外稳定作用只能解决柱翼缘受压平面外稳定，而整个柱截

面均受压,因此其他部分的柱要靠连系杆(图 11-8),这样整个柱的平面外稳定靠连系杆,而隅撑解决受压翼缘的稳定传到连系杆上,也防止了扭转作用,因此不能认为仅是隅撑就是柱平面外稳定支点。门刚规程 6.1.4-1 条文说明"应设置侧向支点(隅撑)",容易误会隅撑即是平面外支点,隅撑只有与连系杆一起才能起作用,由于连系杆一般不是很强,这一般是轻钢做法,而普钢较少用此做法。

连系杆

图　11-8

💡 24. 屋面为双层板时,隅撑如何穿过下层压型板?[8]P164

有的先打底板后加隅撑,在隅撑通过底板时,刻三角口,基本上不留缝隙。

有的在檩条侧面加焊钢板,伸出板然后与隅撑相连,比上述办法方便些,这些都是用于檩条在上下板中间时,如板全在檩条上面就不存在此问题了。

💡 25. 刚性系杆只要满足长细比,符合规范即可,是否这样?[8]P164

一般系杆力不是很大,满足长细比即达要求,但不能一概而论,有时风力大,跨度、高度大,没有把握时,应进行验算受力。

💡 26. 水平支撑风力如何分配,平均分配对不对,有的端部增大 1.2~1.5 倍?[8]P166

多道水平支撑风力分配,如果手算,一般即按端部直接承受风力的水平支撑承担,如果计算机整体计算,中间的水平支撑也会起一定作用,但不能采用直接计算结果,因为计算机不可能按假定考虑节点传力滞后效应。

💡 27. 门刚规程 4.5.2-5 条钢架打折处(屋脊边柱)及多距的(屋脊中柱)均要加刚性系杆,是否必要?[8]P168

加刚性系杆的目的是为了安装时保证各行门架的稳定,不会翻转、倾斜,因为安装时只可能一端加水平支撑,另一端水平支撑还未加,安装时门架要求两方向保证稳定,柔性系杆只能受拉力,不能保证两方向受力,当然安装时,门架稳定支点等于加大了，由于安装时荷载小，仅受自重，一般即满足了，至于单坡时，不是每跨都有屋脊，一般中柱处也应放刚性支撑，当然除上述必须放刚性系杆处，还要根据安装经验，根据跨度大小来考虑。

28. 屋脊处双檩加缀条能否当刚性系杆，天沟能否作刚性系杆？[8]P169

双檩加缀条应该可以作刚性系杆，目前已有用的，但还是要对长细比及构造进行验算且满足刚性系杆要求，现在有的天沟一边弯成檩条状，刚度强度都有了加强，但从大多数使用情况看，都不以天沟作刚性系杆，主要原因是天沟与门架很多是点焊，节点不可靠，天沟板又很薄，易积水，且腐蚀耐久性差，拆除维修后，将影响传力，天沟的位置作系杆往往存在偏心，所以不宜作刚性系杆。

29. 抗风柱与斜梁如何连接？[8]P176

一般用以下三种方案（图 11-9），方案一为弹簧板适应斜梁与抗风柱之间变形差别，但却能传递抗风柱水平力到斜梁，受力明确，弹簧板的竖向高度应小于斜梁挠度，弹簧板要整体弯成不能拼焊而成，方案二与方案一基本一样。方案三，抗风柱用连接板与斜梁相连加长孔螺栓，可以适应二者变形差别，但目前用得较多的是方案一。

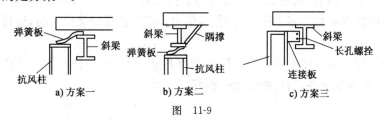

a) 方案一　　　　b) 方案二　　　　c) 方案三

图　11-9

目前由于屋盖很轻，基础沉降影响较小，也有将抗风柱直接连在斜梁上的。

30. 门架轴中柱用托梁，是平接好还是叠接好？[3]P110

叠接（图 11-10a）的优点：屋面比较完整，刚度好，斜梁与柱梁采用铰接，斜梁弯矩不传到托梁，托梁不受扭。

有的认为屋面两边荷载不相等引起的扭矩,隔撑不起作用,这种看法不对,即使荷载引起的扭矩,隔撑也起作用,另外隔撑也可保持托梁下翼缘的稳定。

平接(图 11-10b)的优点:省净空,斜梁作为托梁的支撑顶住了托梁上翼缘,减少了托梁扭矩,竖向荷载引起的扭矩转化为斜梁的弯矩。

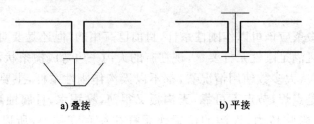

a) 叠接   b) 平接

图 11-10

叠接、平接都是可行的,但在不影响净空的情况下,还是叠接好,受力较简单,托梁受力计算方法中可以当托梁为摇摆柱或虚柱,并假定托梁的竖向刚度与虚柱的竖向刚度接近。

💡 **31. 对称放置的隔撑能否当拉杆设计?为何门刚规程 6.1.6-4 条文说明隔撑应按受压计算?**[3]P123

从力学观点看,对称设置的隔撑是能按拉杆设计的,作用如同受拉系杆,事实上单向放置隔撑许多工程已经用了,单向设置当然要按又拉又压,应传两个方向的稳定力。

门刚规程提出按受压计算是因为隔撑很短,设计成压杆或仅为拉杆材料影响很小,作为稳定件,当然刚度大一些好。

💡 **32. 门架单跨 21m,双坡,有吊顶,最大挠度 85,如果 $\frac{85}{2100} = \frac{1}{247}$,**

$\frac{85}{10500} = \frac{1}{124}$ 不符合吊顶要求,应用哪个?[3]P135

门刚规程表 3.4.2-2 说明有吊顶时,挠度要求 $\frac{l}{240}$,但门刚规程对跨度用 l 还是 l_1,没有明确,使设计产生疑惑,用 l_1 即超过规范。

门架的挠度限制，主要是为了屋面防水，若有吊顶则使吊顶不开裂，屋面很轻时，挠度并不敏感。

从防止吊顶开裂理解，挠度应该用 $\dfrac{f_1}{l_1} < \dfrac{1}{240}$ 即可，作为防水，则应综合考虑 f 及 f_1 为防水坡度影响，如图 11-11 所示。

图 11-11

33. 多层钢结构框架是否一定要设置柱间支撑？[3]P124

多层钢结构框架，设置支撑对增加结构侧向刚度、减少侧向位移、改善抗震性能、减小用钢量、增加抗震多道防线起保险丝作用，没有支撑即没有保险丝，而且抗震希望整体型破坏模式，加了支撑，即不因局部破坏而整体倒塌，纯框架即是局部破坏引起整体倒塌，框架跨数愈少愈不利，单跨框架是最不利结构，因此框架结构应千方百计地多加支撑。

但建筑往往不能单纯从结构考虑问题，而是一个综合问题，很多工程加支撑受到限制。

下面讨论可以不加支撑的情况。

文献[10]提到 20 层以下可以不加支撑的体系，抗震规范 8.1.6 条文说明不超过 12 层的房屋可以采用框架结构（即不加支撑）。

根据有经验的单位，非地震区 15 层以下可以不加柱间支撑，但单跨框架不允许，对于地震区限制在 10～12 层以下，且一定要保证侧移、层间位移，强柱弱梁等必须慎重处理，不仅要增加结构延性，还要提高结构抗地震能力，不加支撑是没有办法的办法。有的认为延性达到 6 的框架整体安全不如延性为 3 的剪力墙。

34. 如何判别框架有侧移与无侧移？

文献[2]介绍，钢结构规范 5.3.3-2 条文说明支撑结构侧向刚度 $S_b \geq 3(1.2\sum N_{si} - \sum N_{oi})$ 可判别框架为无侧移，反之为有侧移，公式中的 1.2 是将无侧移刚架刚度加大，使之偏于安全，系数 3 是考虑到各种缺陷影响和对支撑架刚度要求放大。

纯框架（即无支撑）当然为有侧移失稳，但在双重侧力结构中，框架部分有无侧移取决于支撑结构，有侧移失稳为一种整体失稳，无侧移失稳为一种杆件失稳。

有的将双重侧力结构按以下指标分类：

无侧移框架——框架承受的总水平力小于总剪力的20%；

有侧移框架——框架承受的总水平力大于总剪力的20%。

有无侧移在没有计算机的时代，可在计算上简化，而在计算机整体计算时代，必要性不大，以上分类使对受力特性有所了解，知道程序中如何制定采用计算方法。

有侧移框架是自己承担水平力，无侧移框架则靠其他刚度大的子结构承担水平力，更重要的是可以根据侧移敏感性来判别是否要进行二阶分析。

35. 没有柱间支撑的柱如何判断其有无侧移？

门刚规程4.5.2-3条文说明建筑物宽度大于60m，内柱列必须增加柱间支撑（图11-12），这条本来是参照美国蒙皮效应的，美国有一套蒙皮效应的措施，而我国根本没有。现在工程中大面积采用这一条是缺乏依据的，所以安全可靠的方法是60mm内柱列不加，柱间支撑依靠水平支撑的刚度将力传到两边柱间支撑，并保证柱列中间的柱无侧移，因为我们所有柱在计算时，上端都是不动铰。尤其在有吊车时，纵向柱侧移限制很严。

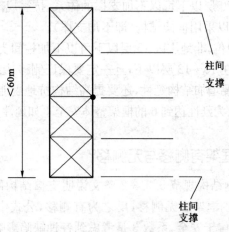

图 11-12

采用钢结构规范中 S_b 来计算，对于多排柱列计算不明确，因此我们建议采用钢结构旧规范，计算水平支撑重心的刚度大于有侧移排架中心的刚度5倍，即认为60m以内柱列均是无侧移，水平力能够通过水平支撑传到两侧柱间支撑，如果不进行这样的验算，不加强水平支撑，而取消 60mm 内柱间支撑是缺乏依据的，除非能提出蒙皮作用的措施。

文献[153]提到门架整体倒塌的原因之一就是没有柱间支撑。

文献[154]分析无柱间支撑时，侧向变形值将为有柱间支撑的 5~10 倍。

💡 36. 框架的支撑分为弯曲型、剪切型、弯剪型起什么作用？

目前规范中并没有这样分，但文献[2]将支撑进行了分类。$\dfrac{\pi^2 EI_{B0.3}}{4H^2 S_{B0.3} h_{0.3}} \leqslant 1$ 为弯曲型，不小于 10 剪切型，介于 1~10 之间为弯剪型。

$S_{B0.3}$ 是离地面 $0.3H$ 处楼层（称为刚度代表层）的层抗侧刚度，如图11-13所示。

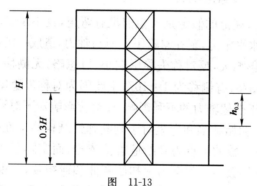

图 11-13

一般框架支撑结构由两个组成，框架为剪切型，支撑为弯曲型，多层结构往往是上层是弯曲型下层是剪切型，最后是比较复杂的剪切型。

将支撑架分类后，由于支撑架将对整体结构的屈曲模式产生影响，支撑剪切型结构失稳表现为薄弱层有侧移失稳，即某个层的失稳，而弯曲型支撑结构则是整体侧向弯曲失稳，因此使我们对整个结构失稳的特性有所了解，有所掌握。

一般框架柱即是有侧移失稳，但双重侧力结构，框架——支撑有侧移与无侧移就取决于支撑架的是剪切，弯切，弯剪，强支撑、弱支撑是用于判断双重侧力结构中框架的失稳模式的。

💡 37. 为何计算长度是框架稳定性设计的传统方法？

文献[2]提出，从欧拉公式 P_{cr} 看出稳定性是刚度问题，结构处于弹性阶段，

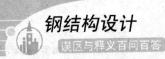

稳定性与 f_y 无关,但为什么仍将稳定性与 f_y 联系,这是因为弹性屈服后,弹性的临界荷载将成为切线模量荷载,切线模量荷载与应力大小有关,因此稳定性又与 f_y 有了关系,实质上,框架柱稳定性计算是一个刚度问题。

传统的计算长度系数有明确的物理意义,因此可以用于稳定性设计,因为稳定性验算就是刚度验算。

钢结构规范附录 D 中,计算长度系数实质上是线刚度之间关系,可以根据无侧移与有侧移来定,当然传统的计算长度方法也存在一些缺陷。

38. 钢结构规范 5.2.3 条文说明,计算长度系数法基本假定框架为承受作用在节点上的竖向荷载,而实际上框架是有弯矩的,且荷载也不在节点上,附录 D 能否用?

文献[32]提出,规范的假定是失稳前没有弯矩,且不承受轴力。实际上,钢梁上有荷载,且有水平轴力,现在忽略了弯矩与轴力,造成一定误差,单跨框架对称失稳,梁上荷载影响大,反对称失稳影响小,可忽略,无侧移不能忽略,无侧移时,其影响达 1:5.78,有侧移为 1:107,主要因为对称失稳模式与屈曲后变形十分接近,同时由于框架轴力的不利影响,反对称影响对不对称失稳不利。

文献[2]提出,初始缺陷和弯矩对于判断弹性结构稳定性的条件没有影响,因为总势能与二阶导数的正负为判断危害性依据,而实际框架的小变形稳定理论的总势能的二阶导数中并不会出现初始弯曲和弯矩项,这说明弯矩与初始倾斜对于框架弹性稳定没有影响,如果说弯矩有影响也是反映在轴力上,如果单跨轴力较大,可能有影响,但也估计不大,只有双层单跨的框架,下层是混凝土楼板,上层为轻屋面,上层可能轴力大,因此要注意。

总之,主要根据轴力大小判断其影响,附录 D 有轴力修正。

39. 钢结构规范 5.3.6-2 条文说明当与计算柱同层的其他柱或与计算柱相连的上下层柱的稳定承载力有潜力时,可利用其支持作用,对计算柱的计算长度进行折减,支撑柱应相应加大,这是原则性条文,该怎么办?

条文是原则性条文,但没有提办法,文献[2]介绍,这是对计算长度系数法的批评之一,即是不考虑同层与其他层的影响,问题主要是计算长度系数法采用的

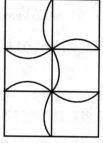

是模型 T 杆(图 11-14)，在理想化的假定下得到的，这个假定与实际情况相差甚远，明显的不考虑柱之间的相互作用，即是假定同层所有柱有相同的失稳趋势互相不起作用，实际情况是一个柱不可能发生单独侧移失稳，而只能整层有侧移失稳时，同时计算长度系数法是按弹性的，实际上为弹塑性的，这也是不足。

根据分析，对同层各柱的相互作用可以用修正计算长度系数。

图 11-14 T 杆图

$$\mu_k' = \sqrt{\frac{\pi^2 EI_{ck}}{p_k h_1^3} \cdot \frac{\sum\limits_{i=1}^{n}(a_j p_j)}{k_i}}，上述修正已在门刚规程 6.1.3-2 中采用。$$

关于层与层之间相互作用，由于框架是剪切型的，层与层间作用不可能大，经分析，可以不考虑这种修正系数也遇到一些困难，如某些较大受力的柱受到受力小柱的支撑，支撑力大得使得受支撑的柱计算长度会小于无侧移的计算长度，这时仍应按无侧移失稳来考虑，这点规范也未明确。

如果轴向力小的柱为其他柱提供了约束，计算长度非常大，这时长细比该如何确定，如梁仍按计算长度的长细比，甚至稳定系数都查不到了，这是否表明承载力已经消耗掉，这就会出现异常。

40. 有的资料介绍，一个结构存在两种破坏形式，两者极限荷载接近时，就会有不利影响，使得极限荷载远小于任何一种破坏形式的极限荷载，是否这样？

文献[2]介绍，如果一个框架，受力较大的柱得到其他轴力较小柱的支撑，其计算长度可能小于 1，接近无侧移屈曲，对这根柱而言，可能存在框架整层有侧移屈曲及本身无侧移柱屈曲的两种破坏形式，相互两种破坏形式降低极限荷载如何估计。本来会影响很大，但由于以下因素，分析这种相互作用对承载力影响不过 15%。

(1)最不利的柱中轴力并不因框架侧移增加而明显增加。

(2)无侧移失稳时，中部形成塑性铰，而侧移失稳时上下两端形成塑性铰，塑性铰形成位置不同。

(3)上下柱的相互作用，在最薄弱层的最不利柱是有利的。

因此上述影响仅在单层框架中才明显。

💡 41.钢结构规范 3.2.8-2 条文中为何 $\dfrac{\sum N \cdot \Delta u}{\sum H \cdot h} > 0.1$ 就要对框架进行二阶弹性分析？

文献[32]指出，二阶不同于一阶的特点，首先是 $p\text{-}\Delta$ 效应，其次是轴线压力对构件刚度的影响，$p\text{-}\Delta$ 具有增大侧移、使弯矩增大的影响，影响是全面的，对层数多而侧移刚度不大的影响十分明显，不可忽视，而对一、二层影响很小，如果双层框架或单层门式刚架，柱子有 $\dfrac{1}{500}$ 初斜率，$\dfrac{1}{1000}$ 初弯曲，不考虑残余应力，比没有缺陷的下降甚微。

EC3 判断无侧移框架的准则就是 $\dfrac{\sum p\Delta}{Hh} \leqslant 0.1$，也即 $p\text{-}\Delta$ 效应不超过 10%，关于轴线压力对弯曲刚度降低，这一效应已在计算长度中有所考虑。

文献[2]则分析了用二阶效应大小来划分侧移敏感性和侧移不敏感性，并认为根据剪切型、弯曲型、弯剪型应用不同判别式，选择一阶还是二阶分析。

文献[32]指出 $p\text{-}\Delta$ 曲线形成 OB 曲线(图 11-15)，得到一个弹性屈曲荷载 P_E 即二阶弹性分析，但实际上塑性发展刚度下降，荷载与侧移曲线为 OHG，得到二阶弹塑性极限值，文献[2]指出，按照目前设计规范广泛用的公式 $\dfrac{V_i S_i}{Q h_i} < 0.1$，是从悬臂柱推导对于弯曲型结构，是不合适的，因为弯曲型截面剪切刚度大，因此弯曲型结构顶部极易判断为侧移敏感，底部判断为侧移不敏感，因此建议用离地 $0.7H$ 的轴力和离地 $0.3H$ 的截面抗弯刚度计算比较适合弯曲型。即用 $\dfrac{4V_{0.7} H^2}{\sum \pi^2 EI_{B0.3}} \leqslant 0.1$ 来判断。至于弯剪型则有难度，因为要兼顾弯曲型整体很强、层与层之间影响较大等因素，而剪切型层与层之间影响可忽略，二阶分析也可以用弹塑性计算，但计算很复杂，因此一般即用弹性分类，即几何非线性，不考虑材料非线性。

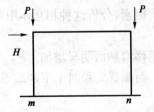
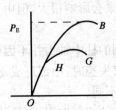

图 11-15

文献[5]提出，一阶分析是近似的，而二阶分析应考虑杆端内力的 $p\text{-}\Delta$ 效应，而杆件本身变形又引起杆中内力 $p\text{-}\delta$ 效应(图 11-16)。

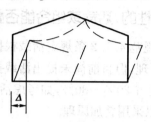

图　11-16

钢结构规范提出 $\dfrac{\sum N \cdot \Delta u}{\sum H \cdot h} < 0.05$，精确度较高误差在 7% 以内，如大于 0.05 则误差较大，另外，设计前尚未得到 Δu，可以用层间侧移容许值 $[\Delta u]$ 代替。

💡 42. 二阶分析为何要考虑假想荷载？

钢结构规范 3.2.8-2 条附加考虑假想水平力 H(假想水平力即假想荷载)。

文献[2]假想荷载法是最简单的二阶分析法，其优点是简化了柱计算长度的确定，梁端弯矩可能更加准确。假想荷载法是近似的弹性分析，不能体现柱与柱之间相互作用。对弯矩较小的框架假想弯矩法可能偏不安全，大部分正常的框架柱计算长度系数在 1.1～1.5 之间，如果 1.3 已经与二阶分析的 1.0 接近了，二阶分析的弯矩加大了，则偏于安全。

美国研究，假想荷载法与框架抗侧刚度有关，刚度愈大，假想荷载愈小，目前各国规范均未反映，这个近似也不少，因此由于强扶弱的影响，截面愈小，整体安全度下降，考虑初始缺陷变形、残余应力等，用假想荷载(即概念荷载)来综合体现，如层数愈多，缺陷影响愈小，因此即二阶弹性分析的结果与实际的差距由假想荷载法来弥补。

💡 43. 二阶分析既然已包括了稳定计算，为何钢结构规范 5.3.3-1 的 2)仍要求计算长度 1.0？

据文献[2]介绍，从理论上讲，二阶分析即稳定分析，不存在计算长度的问题，但由于二阶分析的近似性，完全不考虑杆件本身的稳定偏于不安全，因此仍将构件本身要求按计算长度系数 1.0 来验算。我们也猜测二阶分析是整体稳定

分析,不能代替柱杆件的局部稳定分析。

44. 二阶分析是非线性的,活载或组合能否叠加?

据文献[2]介绍,荷载规范 4.1.2 条规定活载根据楼层可以折减,而二阶分析是非线性,不能用叠加原理,但目前尚未提出活载按楼层折减的办法,但考虑荷载主要还是恒载,活载只占 20%～30%,如考虑活载准永久部分占百分比更小,影响很小,所以勉强可以采用叠加原理。

45. 钢梁与混凝土柱顶是按排架计算还是门架计算?[3]P194

钢梁与混凝土柱做成铰当然是排架,现有些工程将钢梁与混凝土柱做成刚接,按门架设计,有的文章还加以推荐。事实上,在灾害中这种结构基本倒塌,原因是钢梁与混凝土柱做成刚接非常困难,两种材料刚度也不同,受力复杂,受拉、受剪切的能力都很差,达不到计算的假定。

46. 梁柱节点用等强设计是否浪费?[3]P176

强节点是我们设计的原则,等强往往反映在翼缘腹板上,但用什么手段达到等强是一个问题,如国外地震灾害,洛杉矶大地震中往往是梁翼缘与柱连接处焊缝破坏,而焊接是按等强或者加强设计的,因此抗震不完全是强度问题,延性更重要,等强节点不如塑性铰外移安全,因此是否等强,要综合分析。

47. 吊车牛腿处能否作柱子平面内的支撑点?[4]P43

吊车经过的瞬间,吊车可能对柱平面内起一定支撑作用,但很难定量,吊车走后不可能在柱子平面内作支撑点。

48. 系杆隅撑能否作为平面外的支撑?

这个问题多处都提到,说明兴趣比较大,概括的解释是一定要将平面内、平面外稳定加以区别,梁上翼缘受压平面外稳定与梁下翼缘平面外稳定也要加以区别。

梁是受弯构件，受弯时翼缘受压，存在整体失稳问题，而这个整体失稳需要平面外的支撑，以防止侧弯和扭转，而这个支撑就是上弦水平支撑、系杆系统，如果梁还受轴力，那还存在平面内失稳问题，支撑应支在轴力线上防止扭转，这个情况很少，上弦水平支撑的位置应该放在梁的上翼缘处，也即梁的受压中心（即剪力中心），如果不放在受压中心，将会引起扭矩。

隔撑仅是在梁受负弯矩时，引起下翼缘受压，隔撑即作为稳定的支撑，防止扭转并将此力传到檩条，由檩条再传到上弦水平支撑系统，如果没有上弦水平支撑，隔撑将起不了支撑下翼缘受压的作用，因为单靠隔撑与檩条，只能部分地阻止扭转，但不能防止梁平面外弯曲变形，所以不能笼统地讲隔撑能作为平面外支撑。

💡 49. 轴心受压的计算长度设计中心如何用？[4]P49

由于端部构造及约束条件与现实情况有出入，实际工作中应考虑留有余地，见表 11-1。

计 算 长 度 系 数

表 11-1

项　目	两端简支	一端铰支，一端嵌固	两端嵌固	悬臂柱
理论值	1.0	0.7	0.5	2.0
建议值	1.0	0.8	0.65	2.1
理论值	一端铰支，另一端不转动但能侧移		一端嵌固，另一端能转动能侧移	
建议值	2.0		1.0	
	2.0		1.2	

💡 50. 纵向加劲肋对平面外稳定起不起作用？[4]P51

纵向加劲肋只起局部稳定作用，但可以增加 I_y，减少 i_y，对平面外稳定反而不利，对增加 W 可能有利，因此总的不能对考虑平面外稳定起作用。

💡 51. 门架的计算长度是否当屋面坡度大于 1/6 时，计算长度取折线段长度，小于 1/6 时取门架跨度？[4]P51

门架计算长度的采用并不是由坡度决定。

门刚规程5.2.1条文说明侧移计算时所用计算长度$L_0=2s$用门架全长,因为中间的摇摆柱对侧移没有贡献,不能考虑摇摆柱存在,如图11-17所示。

门刚规程6.1.3-4条文则是构件设计时用的计算长度,摇摆柱仍是一个约束作用,影响梁的线刚度,因此计算长度用$s=l_0$,如图11-18所示。

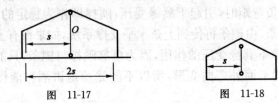

图 11-17   图 11-18

关于坡度问题,在计算平面内稳定时,梁与柱是按整体考虑的,现在的计算长度都是考虑屋面坡度小于1/5,即考虑梁的轴力很小,不存在梁的平面内稳定问题,如果坡度大于1/5应按山形门架的计算长度,见文献[1]P200。

💡 52. 普钢、轻钢、重钢如何区别?[3]P127

规范中未提及重钢,因此应没有重钢的称呼,轻钢与普钢国外没有这样的区分,只有低层钢结构与高层钢结构,过去概念是18m以下,吊车小于5t用圆钢,小型钢的结构为轻钢,但现在早已打破,有的规程如上海轻钢结构设计规范则以材料划分,冷弯型钢、轻型型钢及圆管、方管均为轻钢,由于轻钢本身不确切、不科学,没有必要过分认真,按现在使用情况,以规程划分,门架、冷弯薄壁型钢均为轻钢,网架网壳规程、钢结构规范范围应为普钢。

💡 53. 两层结构,上层为40m门架,下层为荷载很大的钢结构,跨度小些,应按轻钢还是普钢?[3]P132

一般上层可按门架,下层可按钢结构规范,如上下层不是铰接而是刚接,则要进行整体分析,注意上下层相互影响。

💡 54. 门架结构具有夹层结构,即上层门架,下层两层框架,楼板是混凝土,应用哪本规范?[3]P160

本题与52是一个问题,整体分析比较理想,但整体分析的困难是门架柱的计算长度如何取，有的程序将计算长度定为 h 是偏小的，所以有的仍按门架查出计算长度大于1，再按钢结构规范，梁柱线刚度查出，哪个大取哪个。h 值可根据图11-19取。

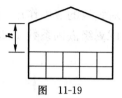

图 11-19

55. 混凝土柱加门架梁厂房，目前用得很多，应用哪本规范？[3]P174

这种结构首先是钢梁与柱铰接（图 11-20），那么就是一个排架，按钢结构规范，如果像一些文章所推荐的，梁柱用刚接已在灾害中证明基本倒塌，原因是刚性连接困难，施工保证不了质量。

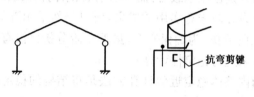

抗弯剪键

图 11-20

这种结构即使是铰接也要注意斜梁的推力，对于单跨推力会影响大些，只一种办法是支座滑动，按曲梁计算，最好的办法是先争取钢梁做变截面消除推力。

56. 钢筋混凝土柱上加半截门架结构（图 11-21），梁与钢筋混凝土柱是铰接还是刚接？[3]P178

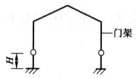

门架

图 11-21

这种结构争议很多，做刚接由于构造复杂，施工难以保证，是不能采用的，如果是铰接，门架柱计算长度如何取。

采用这种结构的目的是为了省点钢，但非常有限，却带来很复杂的问题，结构是愈能分析清楚愈好，不是问题愈复杂愈好，建议不采用此类结构。

57. 为何门刚规程 6.1.1-7 条中屈曲后强度参数 $\lambda_w = \dfrac{h_w/t_w}{37\sqrt{k_t}\sqrt{235/f_y}}$ 取 37，而钢结构规范 4.3.3-2 条用 41？

据文献[5]介绍，门架端部剪力最大处也是负弯矩最大处，因而不考虑翼缘

对腹板的嵌固作用,而钢结构规范的对象是简支梁,剪力大时,弯矩很小,因而考虑翼缘嵌固系数1.23。

$$37/\sqrt{1.23}=41$$

💡 58.门架的平面内稳定是否是二阶弹塑性分析?

据文献[33]介绍,稳定的较精确分析理论是二阶弹塑性分析,但由于二阶弹塑性分析需要较深专业知识,费时且工作量大,需要考虑构件塑性开展,另外二阶弹塑性分析结果只是极限承载力,而分项系数、结构初始缺陷等随机变量涉及可靠度理论的稳定设计尚未有实用的成果,所以仍然采用近似公式设计结构整体稳定即简化的二阶分析,为确保安全,虽然二阶分析已没有稳定问题,但仍按计算长度系数1.0来进行稳定性计算。

主斜梁的平面内整体稳定近似计算方法是将结构的稳定问题分解,然后等效为梁和柱的构件稳定问题。

梁采用弯矩不均匀系数,规范给出的基本构件是两端具有相同端弯矩的情况,即弯矩沿构件均匀分布,此时弯矩不均匀系数 $\beta_m=1$,显然分布愈不饱满,β_m 应愈小,这样梁上实际荷载的分布情况可以查表得出 β_m,同时也分荷载作用在上翼缘还是下翼缘,若作用在下翼缘则对弯扭变形是一个反向作用(图11-22)。

图 11-22

柱的稳定则根据梁与柱的边界条件而定,根据等效原则可以得到柱的计算长度来考虑柱的稳定。

💡 59.门刚规程 6.1.1-6 条中的屈曲后强度受剪承载力如何求?

据文献[33]介绍,门刚规程利用简化公式将临界应力 τ_{cr} 用一个只与加劲肋间距 a 有关的换算高厚比 λ_w 代替,腹板抗剪承载力 $V_w=S_w \cdot f(\lambda_w)$,$S_w$ 为腹板截面积,$\lambda_w=k_v \dfrac{h_w}{t_w}$,$\dfrac{h_w}{t_w}$ 为高厚比,$K_v=k(a)$,当不设置加劲肋时 $K_v=5.34$,λ_w 按门刚规程 6.1.1-7 查出。

💡 60.门架腹板不需要设置横向加劲肋的条件是什么？

据文献[33]介绍，腹板不需设置横向加劲肋的条件可参考表 11-2。

表 11-2

h_0/t_w	170	160	150	140	130	120	110	100
τ/f_y	0.116	0.131	0.140	0.171	0.190	0.233	0.278	0.336

据文献[162]介绍，该表按 Q235 计，其他钢种乘以 $235/f_{yc}$，表按 CECS 102:2004 的 6.1.2-6 条计算 $f_{vp}=0.8f_r/\sqrt{3}$，与美国规范 AIO 接轨，本表也可用于柱。

💡 61.门架斜梁上翼缘受集中力处不加加劲肋时应进行哪些验算？

文献[5]除了按钢结构规范验算腹板上边缘正应力、剪应力及局部压应力及共同作用下折算应力外，还应考虑腹板在集中力下的屈曲。

$$F \leqslant 15a_m t_w^2 f \sqrt{\frac{t_f 235}{t_w f_y}}$$
$$\alpha_m = 1.5 - M/W_e f$$

式中：F——上翼缘集中力；

t_f、t_w——翼缘和腹板厚度；

M——集中力处弯矩；

W_e——有效截面最大受压纤维截面模量。

$\alpha_m \leqslant 1$ 时，负弯矩处为 0。

💡 62.门刚规程 6.1.1-2 条中利用屈曲后强度，腹板受弯怎样计算？

文献[33]介绍，规程利用有效面积法，将应力分布为图 11-23a)转化为图 11-23b)，折算成有效面积引入换算高厚比 λ_p 来算受弯、承载力。

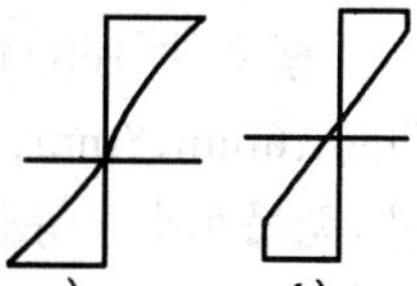

而弯矩与剪力共同作用下，薄腹构件截面受力情况比较复杂，即把剪力作为弯矩承载力的一个削弱因素进行考虑，从而得到修正后的抗弯承载力 M。

一般认为利用屈曲后强度，受弯承载力应降低 5% 左右。

图 11-23

💡 63.门架梁端加腋梁的尺寸和梁高如何估计？

工字形截面的高宽比 $h/b \approx 2 \sim 5$，有桥吊的取小值，梁端与柱连接为端板竖放可以取 $h/b \leqslant 6.5$，变截面工字形构件截面初值见表 11-3。

表 11-3

有无吊车	单跨			多跨				
	h_{c1}	h_{b1}	h_{b0}	h_{c1}	h_{c2}	h_{b1}	h_{b2}	h_{b0}
无吊车 $Q<5t$	$H/(10\sim15)$ $L/(30\sim40)$	$L/(30\sim35)$	$L/(55\sim65)$	$H/(10\sim15)$ $L/(30\sim40)$	$H/(12\sim18)$ $L/(35\sim45)$	$L/(30\sim40)$	$L/(30\sim45)$	$L/(45\sim55)$
$Q\geqslant5t$	$H/(12\sim18)$ $L/(40\sim50)$	$L/(25\sim30)$	$L/(50\sim55)$	$H/(12\sim18)$ $L/(40\sim50)$	$H/(16\sim20)$ $L/(45\sim55)$	$L/(30\sim35)$	$L/(25\sim30)$	$L/(40\sim50)$

文献[5]提出图 11-24 中尺寸仅作参考，括号内为有桥吊时的值。

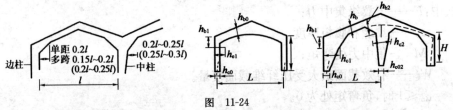

图 11-24

承受不小 5t 吊车的等截面柱 $h_{c1}=h_{c0}$，$h_{c2}=h_{c02}$ 柱两端均刚接。

中柱为摇摆柱时，可取 $\lambda=120$，$h_{c0}\geqslant200$。

楔形柱楔率取 $2\sim3$ 合适。

据文献[168]介绍，高度 $b>10mm$ 为模数，截面 $b>5mm$，腹板厚为 4mm、5mm、6mm、8mm，翼缘厚度大于等于 6mm，以 2mm 为模数，腹板高厚比，钢架柱，无吊车小于等于 160，有吊车约为 140。

💡 64.梁柱节点如何分铰接、刚性、半刚性？

文献[2]根据 EC3(1973 年版)规定：

转动刚度不大于 1/2 连接梁线刚度即为铰接，$K_z \leqslant 0.5 i_b$，K_z 为转动刚度，i_b 为梁线刚度。

有侧移时，$\bar{m} = \dfrac{M}{M_p} \leqslant \dfrac{2}{3}$，$\dfrac{M}{M_p} = \dfrac{25 i_b}{M_p} \phi$，$K_z \geqslant 25 i_b$ 即为刚性，切线刚度 $K_t = \dfrac{25 i_b}{7}$，$\varphi = \dfrac{\varphi i_b}{M_p}$。

有侧移时，从侧移增大百分比不超过 20％作为分类条件，$K_z \geqslant \dfrac{30 i_b}{1 + i_b / 2 i_c}$，$i_c$ 为柱线刚度如图 11-25a)所示。

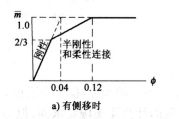
a) 有侧移时

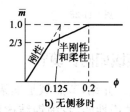
b) 无侧移时

图 11-25

无侧移时，$\bar{m} = \dfrac{M}{M_p} \leqslant \dfrac{2}{3}$，$\dfrac{M}{M_p} = \dfrac{8 i_b}{M_p} \phi$，$K_z \geqslant 8 i_b$ 即为刚性，切线刚度 $K_t = \dfrac{20 i_b}{7}$，如图 11-25b)所示。

EC3 对于无侧移情况的刚性标准是从无侧移屈曲计算长度确定角度来进行的，节点转动的影响使得梁端弯矩减少刚接的 80％作分界标准。

$$\dfrac{M'A}{MA} = 0.8，K_z \geqslant \dfrac{8 i_b}{1 + i_b / 6 i_c}，一般要求 \dfrac{i_c}{i_b} \leqslant 10，即 \dfrac{i_b}{i_c} \geqslant 0.1。$$

关于半刚性，有侧移时，梁柱半刚性作用等效于梁对柱约束降低，以梁线刚度折减来考虑此效应；无侧移时，相当于柱对梁约束降低，以柱线刚度折减来考虑。但半刚性节点难度在梁柱上述折减系数难以确定，影响因素太多，因此目前研究很多，提出建议很多，但工程中尚未列入规范应用。

💡 65. 梁柱节点何时要设横向加劲肋？

文献[2]根据钢结构规范 7.4.1 条，按梁翼缘受压及梁翼缘受拉分别按公式计算 t_w，满足条件即可不加横向加劲肋，如图 11-26 所示。

而美国 FEMA350 则不分梁翼缘受压与受拉，如果 $t_{ct} \approx \dfrac{b_t}{b}$，即可不设加劲肋,$t_{ct}$为柱翼缘厚度,$b_t$为梁翼缘厚度,比较简单。

文献[10]则按力的扩散验算(图 11-27),$A_t f_y \leqslant t_{wc}(t_{fb}+5K_c)f_y$。

但根据一般设计院经验,横向加劲肋均不省去。

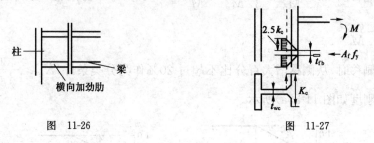

图 11-26   图 11-27

💡 66.节点域如何计算?

据文献[2]介绍,节点域是框架中较薄弱的部分,框架强度很大程度上取决于节点域的抗震性能,我国钢结构规范的计算比美国要求高,但与美国 FEMA(美国联邦突发事件管理局)比较接近,但 FEMA 却比我国抗震规范又要严格些,因为我国抗震规范与钢结构规范不同,一个用塑性弯矩,一个用设计弯矩,抗震规范又乘以折减系数,所以 FEMA 比抗震规范严格。钢结构规范是验算弹性状态节点域,抗震规范是验算大震作用。

美国 FEMA 是按两个思路设计,一为节点域屈服与梁形成塑性铰同时产生:

$$t_{rep}(节点域厚度)=\frac{0.75C_R(M_{bL}+M_{bR})}{f_{vy}R_{yc}(h_t-t_{fc})(h_b-t_{fb})}(\frac{h-h_b}{h}) \tag{11-1}$$

式中,R_{yc}为超强系数,即实际强度超过规范;M_{bL}、M_{bR}为节点左弯矩和右弯矩;C_R在非地震区取 1.0,抗震区按表 11-4 取值;h为层高,可取上下层平均值;h_b为梁截面高度;f_{vy}为抗剪设计强度,当轴压比大于 0.3 时,应用 $f'_{vy}=f_{vy}\sqrt{1-(\frac{N}{N_y})^2}$;$t_{fc}$为柱翼缘厚度;$t_{fb}$为梁翼缘厚度。

表 11-4

钢梁材料	钢柱材料	C_R	钢梁材料	钢柱材料	C_R
Q345	Q235	1.0	Q345	Q345	1.05
Q235	Q235	1.1	Q235	Q345	1.15

$t_{reg} > t_{wc}$时要贴板加强，加强板厚度为$t_{reg} - t_{wc}$，但不能随便加大，贴板厚不小于6mm。

如果贴板厚大于$1.4t_{reg} - t_{wc}$，则认为采取了不允许节点域屈服的思路，加强贴板则用圈柱塞焊，塞焊距离不大于$21t_p$（t_p是加强板厚度），高度要上下伸出水平加劲肋各150mm。

节点域的稳定公式，钢结构规范7.4.2-2条、抗震规范8.2.5-2条、高层钢结构规范6.3.5条一致用$\frac{1}{90}$控制，但从我国及国外研究知$\frac{1}{90}$应为$\frac{1}{70}$，从稳定讲应将腹板加厚些，抗震规范也提到如为$\frac{1}{70}$时，可不验算节点域稳定性，但未明确一定为$\frac{1}{70}$。

我国规范均未考虑柱腹板轴力影响，因为轴力相对于弯矩较小，可不计。

💡 67. 节点域什么情况要设斜加劲肋？

据文献[2]介绍，没有斜加劲肋的腹板受力后向外膨胀，形成一条拉力带，两个半坡翘曲；有斜加劲肋，则拉力带与斜加劲肋分成4个平板凸面，最后形成"揉皱"破坏（图11-28）。

斜加劲肋的计算规范未明确，计算时可以假定为斜腹杆。

斜加劲肋承受剪力$V = 2b_1 t_1 f \cos\alpha + f_v h_c t_c \geqslant \dfrac{M}{h_b}$。

b_1为斜加劲肋的宽度，等于$20t_1$，t_1为加劲肋厚度，2为左右两个加劲肋。其他字母含义如图11-29所示。

  拉力带
 斜加劲肋
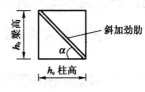

图 11-28　　　　　　　　　　　　图 11-29

斜加劲肋计算未考虑残余应力，应留有余地。斜加劲肋对抗震耗能不利。

抗震规范未提斜加劲肋，地震区应注意。

文献[165]介绍了节点域斜加劲肋的计算。

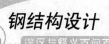

节点域的抗剪强度,由于周边有翼缘和柱加劲肋的约束,钢结构规范提高到 $4f_y/3$,而门刚规程约用 f_y 是偏于保守的,虽然门架柱轴力可能较小,但约束作用仍然存在。

设斜加劲肋,形成四个半波,最后腹板"揉皱",随着荷载增加,拉力带逐渐加宽,将节点域分成三份,中间部分约占节点域的 1/2,腹板也分为 6 块向两侧凸曲,无斜加劲肋的节点域变形远大于有斜加劲肋的节点(图 11-30)。

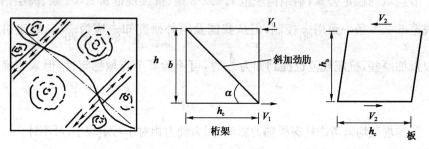

图 11-30

斜加劲肋计算等效为桁架+板模型,腹板剪力与无加劲肋在形式上一致,$V_2=f_v h_c t_c$,桁架部分按静力平衡,$V_1=N_y\cos\alpha$,$N_y=fA=2fb_i t_i$,f 为斜加劲肋抗压强度,N_y 为斜肋板屈服轴力,A 为斜肋板截面,b_1 为斜肋板宽度比,不超过 20 倍斜肋板厚度,$b_1 \leqslant 20t_i$,t_i 为斜肋板厚度。

有斜加劲肋的节点域剪力设计值 $V_d \geqslant M/h_b = V_1+V_2$,所能承受的极限弯矩 $M_w=V_d h_b$,斜加劲肋要注意两个问题,一是未顾及复杂的残余应力分布影响,二是抗震规范条文说明中提出斜加劲肋对抗震耗能不利,应进行研究及补强。

💡 68. 节点域不能加斜加劲肋怎么办?

文献[2]指出抗震区不能设斜加劲肋,就加贴板,详细做法见本章 67。

💡 69. 节点域加贴板在有垂直方向梁时怎么办?

据文献[2]介绍垂直方向梁的腹板将贴板分成两半,此时需注意留出焊接空间,但不需要伸出柱横向水平加劲肋 1500mm,也不存在稳定问题,空出 30mm 是为了避免焊缝集中(图 11-31)。

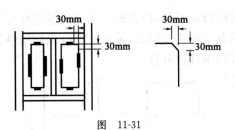

图 11-31

70. 梁柱节点焊接的两种工艺孔有何区别?

据文献[2]介绍,工艺孔是为了防止交叉焊缝,引起三向应力及集中应力,美国、日本及我国有两种工艺孔做法,其区别是美国 FEMA350 要求下翼缘垫块要去掉,并要求磨平,这样就可彻底防止焊接缺陷及应力集中,地震时不易断裂,但这样工作量太大,上翼缘垫板仍可保留,因为上翼缘有屋面板等加强,不易损坏,美国这样做是因为他们认为钢框架延性很好,所以地震作用取得比较小,而日本与我国地震作用取得比较大,所以都不要求取消下翼缘垫板(图 11-32)。

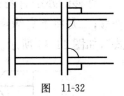

图 11-32

但抗震规范 8.3.4-2 的 1 条文说明 8 度乙类、9 度应检验 V 形切口,冲击韧性要求-20℃不低于 27J,这样如何达到? 现在都先做焊缝评定用焊接试样进行冲击韧性,合格后才允许施焊。

71. 梁柱的强柱弱梁能否保证抗震安全?

据文献[2]介绍强柱弱梁是抗震结构的重要要求,如果梁出现塑性铰破坏,整个结构还是连续悬臂结构,还有一定刚度,如果柱塑性铰破坏,则是一个机动结构(图 11-33),是倒塌的机构,抗震规范 8.2.8-1 条对梁柱节点,按弹性时 $M_w \geqslant 1.2 M_p$,M_w 是上下翼缘焊缝全焊透极限受弯承载力,M_p 为梁(梁贯通时为柱)全塑性受弯承载力,此条是保证焊缝承载力大于 1.2 倍塑性受弯力,即保证焊接不先坏。

依据抗震规范 8.2.5-1 条,按式(8.2.5-1)即可满足强柱弱梁要求,此时考虑梁进入塑性状态。

但问题是,梁柱连接在梁下翼缘的工艺孔处是地震破坏的薄弱环节,国外的灾害证明此点,即焊接将破坏在前。另外,即使焊接不破坏,梁由于屋面板的加

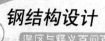

强或梁采用的材料实际强度提高,因此强柱弱梁的预想往往不能实现,国外即常采用将塑性铰外移的办法解决此问题,使梁先于柱出现塑性铰,而我国目前也有建议 7.5 度以上地震将塑性铰外移。

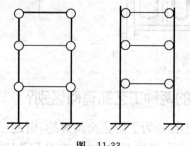

图 11-33

外移的办法有两种:一种是将梁下翼缘加宽,加强梁节点处强度,将塑性铰外移;二是将下翼缘离开节点处切成弧形,使翼缘削弱将塑性铰外移,俗称"狗骨式",如图 11-34 所示。

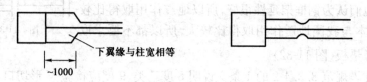

下翼缘与柱宽相等

~1000

图 11-34

目前国内设计单位,有的在重要结构已将塑性铰外移,而抗震规范8.2.5-1条也提出柱轴压比小于 0.4 时,柱延性非常好,即使破坏也是塑性破坏或当柱稳定承载力 2 倍于地震作用时,即安全度较大时也可以不要求强柱弱梁,满足抗震要求。

💡 72. 狗骨式节点梁翼缘削弱深度与位置的尺寸如何采用? 设侧板如何加强?

据文献[102]介绍:

(1)1994 年美国诺斯里奇和日本 1995 阪神地震中,梁翼缘与柱之间全焊缝及腹板与柱通过高强螺栓的设计达不到抗震要求,焊缝脱开始于下翼缘与柱交界处扩展到柱翼缘,主要原因一是焊缝缺陷,二是坡口焊缝应力过高,三是节点板过大剪力和变形不利影响,四是冲击韧性低。

加强节点办法,一是加强梁柱节点,使塑性往外移;二是削弱梁翼缘使截面受损，达到塑性化外移，为狗骨式连接(RBS)比较之下，后者具有很大延性，更能改善抗震性能。

从以下六种节点梁端弯矩与塑性化弯矩对比，可以得出狗骨式对梁端弯矩要求，最低使 $M_c < M_p$(图 11-35)。M_c 为梁端弯矩 M_p 为狗骨式的削弱截面弯矩。

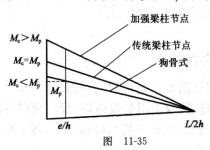

图 11-35

(2)狗骨式尺寸 e 及 a，如图 11-36 所示。

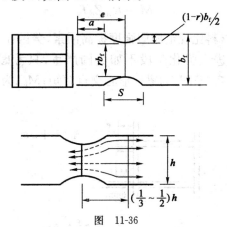

图 11-36

a 取 $0.5b_f$，e 取 $0.75h\sim1.0h$。

试验研究表明，塑性化形成可以有效减少梁由于地震作用而在梁端部产生应力集中现象，可用圣维南原理证实。

削弱深度：

$$(1-r)\frac{b_f}{2} \geqslant \frac{Z-2}{Z_f} \cdot \frac{b_f}{2}$$

式中：Z——梁削弱前塑性截面模量，$Z=\dfrac{C_f S L'}{\beta(L'-C_v M_p e)}$，$L'=L-2e$；

Z_f——翼缘的塑性截面模量；

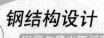
r——梁翼缘完成减少系数，$r \leqslant 1.0$；

C_f——梁端屈服应力系数，$0.9 \leqslant C_f \leqslant 1.0$；

C_v——量力系数，$C_v = 2.0$；

S——原始梁弹性截面模量；

β——材料应变增强系数，$1.0 \leqslant \beta \leqslant 1.1$。

💡 73. 梁柱的栓焊如何设计？

据文献[2]介绍，抗震规范 8.3.4-3 条推荐的是这种栓焊节点。

栓焊节点即梁翼缘与柱翼缘采用全熔透焊，腹板利用高强螺栓与剪切板相连，梁腹板与剪切板不宜栓焊混合，只能用高强螺栓，剪切板要求比梁腹板加厚 2mm（非地震区）或 4mm（地震区）。

$$M_p = R_{yb} Z_p f_y \tag{11-2}$$

R_{yb} 即考虑实际材料比规定屈服强度提高因素，美国在 R_{yb} 的基础上还要乘以 1.2，我国则由于进入强化阶段不如美国严重，只考虑 Q345 用 1.1，Q235 用 1.2；M_p 为塑性铰弯矩；M_c 为梁柱形心交点弯矩；M_{face} 为梁柱接触面处弯矩。如图 11-37 所示。

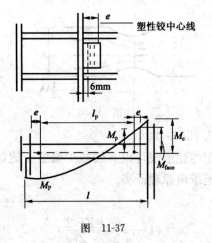

图 11-37

塑性铰部分剪力：

$$V_p = \frac{2M_p}{l_p} + \frac{1}{2} q l_p$$

$$M_{face} \approx M_p + V_{pe}$$

$$M_c \approx M_p + V_p(e + 0.5h_c)$$

梁柱接触面上剪力 $V_f = \dfrac{M_p + M_p}{l_p} + \dfrac{1}{2}ql_p$，$l_p$ 为两塑性铰距离，e 为塑性铰到柱翼缘距离。

根据 V_f 和 M_{face} 即可算剪切板与梁腹板连接的螺栓，螺栓可按承压型设计强度取标准值，考虑 R_{yb}，M_{face} 验算上下翼缘连接，也考虑 R_{yb}。

经过 1994 年美国诺斯里奇地震，栓焊混合连接抗震不是非常好。

抗震不好的原因是梁柱连接处弯矩和剪力均最大，工艺孔削弱了断面，未得补强，且应力集中在断面，梁下翼缘与柱焊，焊工艺在梁上翼缘焊，处于"野猫俯焊"不利位置，另外下翼缘焊缝在腹板位置要中断，垫板也阻碍了超声波检查，翼缘一般在弹性阶段就受剪力，与假定只承受弯矩不符，而且承受因泊松比效应而产生的横向拉应力，双向拉应力使塑性变形受阻，腹板高强螺栓向下滑移时将能力卸到上下翼缘，使焊缝过载和裂纹开展，工艺孔根部存在很大应力集中，塑形变形被分布在较长区域，容易低周疲劳，节点域我国采用弱节点域设计思想，抗震规范节点域剪切屈服后节点域夹角由直角变为钝角，增加焊缝横向变形要求，使横向产生很大焊接拉应力，易开裂。

据文献[10]介绍，国内在栓焊节点时，梁翼缘抗弯承载力大于整个截面抗弯承载力 70% 时受弯由翼缘承受，受剪由高强螺栓承受，小于 70% 时应考虑梁全截面均承受弯矩。

💡 74. 梁柱栓焊节点抗震性能不好，应该用什么节点？

据文献[2]介绍，一般刚性节点要求高的均用全焊接。

上翼缘垫板焊脚高度为 6mm，下翼缘垫板应全焊透。上下翼缘垫板与柱翼缘全焊透。剪切板焊接必须等强，必须与梁腹板等厚，如果完全靠剪切板传力，剪切板应比梁腹板厚 2～4mm。

国外有的采用处伸段，使塑性铰外移，拼接铰作为塑性铰，外伸部分加宽加强，拼接处用高强螺栓或全焊透。

如图 11-38 所示。

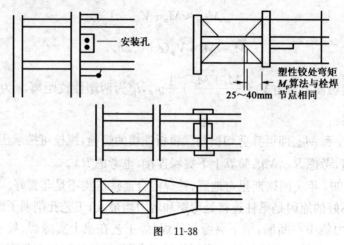

图 11-38

75.门架端板节点如何设计?

所文献[2]介绍,门刚规程 7.2.9 条文说明端板设计,其端板厚度由塑性铰线理论求得,伸臂类端板其塑性铰线分布如图 11-39 所示,塑性铰线理论外力功小于或等于内力功。

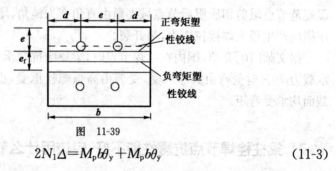

图 11-39

$$2N_1\Delta=M_pb\theta_y+M_pb\theta_y \tag{11-3}$$

Δ 为梁翼缘离柱表面距离;$\theta_y=\dfrac{\Delta}{C_f}$,为塑性铰线塑性转角;塑性铰的塑性弯矩 $M_p=\dfrac{t_p^2f_y}{4}$,t_p 为端板厚度;N_1 为一个螺栓拉力,$N_1=\dfrac{bt_p^2f_y}{4e_f}$。端板设计是塑性铰线理论的弹性代为塑性极限弯矩,即以钢材设计值代标准值,6 改为 4。$t_p=\sqrt{\dfrac{6e_fN_f}{b_f}}$,即为门架伸臂类端板公式。

根据虚功原理,右边为 N 对虚位移 Δ 做外力功,左边是构件形成支承边及给定的角点间塑性铰线塑性弯矩 $M=M_p l_p$，l_p 即塑性线长，为内力功。

两端邻近支座的板，螺栓处弯曲虚位移为 Δ。如图 11-40、图 11-41 所示。

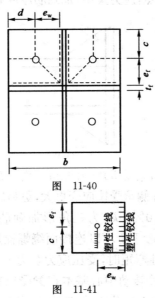

图 11-40

图 11-41

$$\frac{\Delta}{e_w}M_p(e_f+c+c)+\frac{\Delta}{e_f}\left(\frac{1}{2}b+d\right)M_p+M_p\Delta\frac{e_c^2+e_w^2}{e_we_f}=N_1\Delta \tag{11-4}$$

$$t_p=\sqrt{\frac{4N_1e_we_f}{2(ce_f+de_w+e_f^2+e_w^2)f_y}} \tag{11-5}$$

门刚规程中假定 $c=e_w$，$d=0.5b-e_w$，弹性弯矩代替塑性弯矩，即 4 改为 6，f_y 为 f。

即得门刚规程公式：

$$t_{p2}=\sqrt{\frac{6e_fe_wN_1}{[e_wb+2e_f(e_f+e_w)]f}} \tag{11-6}$$

一般门刚规程规定端板厚大于 16mm，但一般经验认为厚度大于 20mm，即不考虑撬力，撬力计算可见文献[1]P162，也有的只要厚度大于 $2t$ 即不考虑撬力。端板板薄则使刚度降低 $10\%\sim24\%$。

端板节点用于受力不大的框架节点，有条件时外伸加劲肋也可用于端部节点，根据 $\frac{t_{p2}}{t_{p1}}=\frac{1}{\sqrt{2}}$，即加了加劲肋后板厚约为 0.7，无加劲肋厚。

外伸部分为三面自由，一边固定或为两端相邻固定，根据 FEMA350 要求高长比为 1∶2(一个角为 63.4%)(图 11-42),如低于 60°,则应力向加劲肋传递的起点处主应力轨迹转折激烈,应力集中,加劲肋厚度 $t_s = \dfrac{0.85\sum N_i}{0.704 h_s f_y} = \dfrac{1.2\sum N_i}{h_s f_y}$。

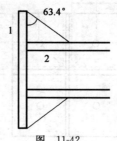

图 11-42

从塑性铰线看,加劲肋只要 50%力即可。由于加劲肋是三角形,纵向刚度小于翼缘,三角形加劲肋外侧承受拉应变更大,更易屈服,焊缝更易拉断,因此通过加劲肋的拉力要大于 50%。k_y 为三角形加劲肋抗拉与矩形受拉力比,取 0.704。螺栓拉力计算,一般手册均以连接面绕螺栓形心转动,但有限元分析表明,当弯矩增加到 1/3 塑性弯矩时,受压应力合力汇集在下翼缘形心附近,因此当弯矩等于 $2/3 M_p$ 时,螺栓转动中心基本在梁受压翼缘中心线处,在受压侧无端板加劲肋时,如果设计端板加劲肋,转动中心可取为梁下翼缘与加劲肋组成 T 形截面形心,保守的则取下翼缘中线到螺栓中心线的 1/4～1/3 处。

💡 76. 柔性节点如何计算?

据文献[34]介绍柔性节点一般留有空隙 q 以便转动,$q = \dfrac{l_1}{33}$。

柔性节点的支点在柱翼缘表面,因此给柱截面造成偏心,柱及螺栓计算时应予考虑。

随着荷载增大,螺栓愈少,延性愈好,为保证转动延性,连接处破坏应先于焊缝屈服和螺栓失效。因此连接板厚 $t_p \approx \dfrac{d_0}{2} + 1.5$,$d_0$ 为螺孔,$h_t \geqslant 0.75 t_p$,h_t 为连接板焊缝,焊接尺寸反弯点与连接焊缝之间仍有一段距离 a_w,$a_w = 25(n-1)$ mm,n 为螺栓数,如图 11-43 所示。

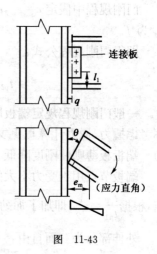

图 11-43

77. 箱形柱上是否能做工字形牛腿？[4]P350

箱形柱上可以加工字形牛腿，只要箱形柱上加上横向加劲肋，加劲肋厚度与牛腿下翼缘等厚，施工困难并不存在，因为牛腿部位的柱是单独制作再与上下柱拼接的，如图 11-44 所示。

78. 牛腿的加劲肋是否是要按赵熙元《钢结构设计手册》计算牛腿腹板与加劲肋连接焊缝强度？[4]P363

加劲肋与牛腿腹板连接的焊缝应力应为 $\tau_m = \dfrac{6M}{2 \times 0.7 h_t t_w^2}$，$\tau_v = \dfrac{V}{2 \times 0.7 h_t t_w^2}$，

$\tau_{mx} = \sqrt{\left(\dfrac{\tau_m}{\beta_t}\right)^2 + \tau_v^2} \leqslant f_t^w$。

上述是钢结构设计手册最精确的方法，但实际上 e_1 很小，$M = F \cdot e_1$ 也很小，$e_1 = 10/2 + 16/2 - 12/2 = 7\text{mm}$（图 11-45），$M$ 很小，而 $\beta_t = 1.22$ 就更小，所示实际计算中只要计算 V 即可。

图 11-44

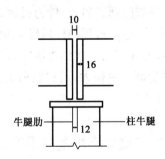

图 11-45 （尺寸单位：mm）

79. 门架柱端板做成斜的放天沟不方便，是否应改？[4]P364

PKPM 门架有三种端板节点，如图 11-46a)、b)、c)所示，三方案各有优缺点，但从施工方便性来看，普遍用图 a)方案，柱端板 PKPM 取为斜的，在内天沟时，天沟如做成斜的则易积水、积灰，因此可以建议将端板改成平的（图11-46d），放天沟有利。

钢结构设计误区与释义百问百答

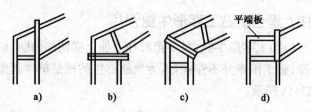

图 11-46

💡 80. 梁柱连接中柱翼缘厚度是否必须大于梁翼缘厚度?[4]P369 节点构造详图有此要求

有的认为是梁翼缘较大,本身焊缝脆,会影响柱翼缘变脆,从而增加柱翼缘层状撕裂危险性,因此要求梁上下翼缘厚度不超过柱翼缘厚度。

有的认为柱翼缘厚度小于梁翼缘厚则不能视节点域为等强,柱翼缘不能先于梁翼缘坏。

这些理由都不充分。因为目前柱梁翼缘厚度均在正常焊接范围内,不存在变脆、撕裂问题。另外,传力过程是梁翼缘通过焊缝传到柱翼缘及加劲肋,最后到节点域,这个过程与柱翼缘必须大于梁翼缘厚无关。

目前我们尚未找到此规定,这样做不必要,也是做不到的,因为多层房屋顶部,梁受荷仍然很大,而柱负荷大大减小,还要求柱翼缘厚大于梁翼缘厚将是很大浪费。

💡 81. 次梁算不算是主梁的侧向支承?[3]P128

次梁作为主梁侧向支承的一个先决条件就是次梁必须形成不变体系,如果次梁是平行体系,就不能成为侧向支撑,AISC(美国)认为次梁与主梁受压翼缘焊接,高度大于主梁2/3的即可认为是侧向支承。

但我国的一般做法即是次梁腹板与主梁加劲肋用高强螺栓连接,螺栓除剪力外,还要考虑 $M=V_e$ 的弯矩。

如果次梁高 $h<\dfrac{H}{2}$,则要加隅撑或将主梁加劲肋加宽,以保证主梁下翼缘也得到支撑,如果肯定主梁下翼缘不受压,则只要次梁能顶住主梁受压上翼缘即认为是侧向支承,如图 11-47 所示。

次梁与主梁做成刚接，缺点是次梁受弯将引起主梁受扭，而且刚接接头也非常复杂，因此刚接基本不做，如果楼盖是刚性铺板，已能保证主梁侧向支承，就不存在次梁作侧向支承的问题。

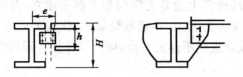

图　11-47

82. 在抗震区，混凝土柱嵌入砖墙，并有多道钢筋混凝土圈梁，已形成框架结构，是否可不加柱间支撑？[3]P196

如果砖墙外砌，只能认为是荷载，砖墙内砌也不能认为有几道圈梁即框架结构，仍然应该有柱间支撑，地震中砖墙一定开裂，开裂后，力则全靠混凝土柱承受，柱是双向受弯，地震作用总的大40％，双向受弯混凝土柱承载力会降低15％～20％，双向受弯混凝土柱倪克勤公式也不安全，所以地震必须靠柱间支撑。

抗震规范9.1.8附录J还要求将嵌砌、贴砌的墙的刚度考虑其对地震的不利影响。

83. 为何腹板要利用其屈曲后强度？[3]P15

因为腹板是分岔形失稳，屈曲以后在新的平衡位置能承受更大的荷载，这样可以节约材料，屈曲后强度在反复荷载下反复失稳，反复凸凹，可能因此"呼吸作用"而疲劳，所以有的不宜用于动力荷载，但意见也未统一，而在地震区，由于反复次数不多，不会疲劳，所以地震区可以用其屈曲后强度。

84. 铰接节点为何能用多排高强螺栓？[3]P20

铰接原则上讲应允许转动，多排高强螺栓可能限制转动，钢结构设计手册铰接节点也采用高强螺栓，这是因为目前设计的假定经常与构造上实际情况出现矛盾，如桁架节点假定铰接，高强螺栓板节点刚性就限制了转动，但我们仍按铰接计算。

💡 **85. 梁的荷载很小,梁柱节点能否由梁翼缘与柱连接,腹板不连接,算铰接还是刚接?**[8]P184

这种节点无论从构造上还是力学模型上都不成立,首先翼缘与柱连接不能承受大的剪力,不能承受剪力,哪来的弯矩,形不成梁,如果必须设计腹板不连的节点,则要翼缘加⊥形构件相连(图 11-48)。

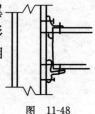

图 11-48

💡 **86. 钢箱形梁如何计算?**[3]P140

箱形梁有两种算法:一种是按常规算法,看作是两个[形梁,构造上加横向加劲肋;第二种算法是桥梁算法,按有限元计算,要考虑第一体系应力,甚至第二、第三体系应力,一般只考虑第二体系。由于轴力弯矩引起剪力滞后效应,要考虑上下翼缘有效宽度,加劲肋要考虑多向应力下横隔板和腹板的稳定性,流线型扁平箱梁是超静定结构,结构行为接近于板,弯曲剪力流和扭转剪力流计算非常复杂。

目前关键是两种算法分界线在哪里,这方面也未见研究,根据我们机库设计经验 900×80 的箱形钢梁都按第一种方法设计,多大尺寸应按第二种方法,值得探讨。

💡 **87. 如何理解多高层民用建筑钢结构节点构造详图 01SG519 说明三,非抗震设计中,梁柱翼板之间连接宜按等强原则,节点间等强是否浪费?**[3]P176

节点是否需要按等强原则不能一概而论,如抗震的原则是强柱弱梁、强剪弱弯、强节点弱构件强锚固等,因此抗震规范又考虑了 γ_{RE},$M_u \geqslant 1.2M_p$ 都是加强节点。

日本的"侧板工法"即是强化节点,但抗震只有节点强化是不够的,还要考虑延性,防止脆性,地震中只是强化节点焊接,结果仍会焊接断裂,只能增加延性,将塑性铰外移,如"狗骨工法"(RBS),在非地震区还未见到规范有等强节点要求,而国标 01SG519 的等强也不完全,仅是翼缘之间要求等强,腹板采用高强螺栓连接,这些要求不一定称为等强原则。

88. 如何理解国标 01SG519 2004 局部修改版中说明 1.3.3 条,当梁应力比大于 0.83 时,梁端未加强时应采用狗骨式连接,将塑性铰外移?

据文献[35]介绍。

(1)梁柱节点是非常重要的节点,是钢结构区别于混凝土结构的显著特征之一,钢结构借助焊接与螺栓将梁柱支撑形成空间骨架,目前一般为加强翼缘与柱焊接,腹板高强螺栓或焊接,另一种则将塑性铰外移。

强烈地震作用时,本希望梁端形成塑性铰吸收与耗散地震能量,使节点不发生断裂破坏,但事实不是如此,如 1994 年美国北岭地震,少见塑性铰而大量梁柱连接断裂破损称"北岭"恐慌,1995 年日本阪神地震同样如此,但由于构造差异,北岭裂纹向柱段发展,阪神反而向梁发展,缺陷都是连接焊缝。

(2)目前抗震加强连接,国内外都在采用 $M_u \geqslant \alpha M_p$,α 为连接系数。我国 α 为两部分,一部分为 γ_{RE},节点为 0.9,构件为 0.7 基本上 $\frac{0.9}{0.7} \approx 1.2$,而公式 $M_u \geqslant 1.2 M_p$,又加强了 1.2,这样 $1.2 \times 1.2 = \alpha = 1.44$,$\gamma_{RE}$ 的含义与 $M_u \geqslant 1.2 M_p$ 含义有许多重复的,如考虑瞬时影响、应变硬化、实际屈服点超过规范等等,国标 01SG519 2004 补充,即当梁应力比只用到 0.83,相当于已经考虑了 1.2 系数,即不需要将塑性铰外移,不满足时,要将塑性铰外移,反过来说,即塑性铰不外移,必须满足规范 γ_{RE},$M_u \geqslant 1.2 M_p$ 的要求。

但国内其他规定如《冶金建筑抗震设计规范》(YB 9081—97)并未陈述 M_u 如何计算,《全国民用建筑工程设计技术措施》则为柱贯通时,梁翼缘会熔透焊缝连接,采用引弧板时,极限受弯承载力将自行满足,有这样意见,不强调 $M_u \geqslant 1.2 M_p$。

(3)我国规范与各国规范比较。欧洲 EC8,$R_d \geqslant 1.1 \gamma_{ov} R_{fy}$,考虑限制塑性应变局部化,高残余应力,防止加工缺陷。

γ_{ov} 为超强系数,取 1.25;$R_d = 1.1 \times 1.25 R_{fy} = 1.375 R_{fy}$。

美国	A_{36}	A_{572}	A_{qv3}	(此为北岭地震后修改)
α	1.15	1.47	1.27	

日本	AIS-OC	BCJ	
α	1.25~1.4	1.2~1.3	

比较结果,我国不低于欧洲,而欧洲是考虑角焊连接,我国为熔透焊,我国 M_u 仅考虑翼缘,而其他国家是全截面,我国目前钢材性能施工技术不比日本低,

如截面较高,而钢材强度高时,更高于日本。

(4)我国规范之不足,工程中如何应用

我国规范目前无屈服强度离散性统计资料,因此不分钢种,采用统一的 α 是不合理的,国外则强度高 α 就小些,因此参考日本,可将 α 分级,当梁塑性铰外移时,α 也可降低。

建议 α 可采用表 11-5。

表 11-5

项　目	梁柱直接连接		梁塑性铰外移梁与梁拼接	
	母材断裂	高强螺栓断裂	母材断裂	高强螺栓断裂
Q235	1.4	1.45	1.25	1.3
Q345	1.3	1.35	1.15	1.2

目前我国规范并无达不到 α 塑性铰外移要求,而在 01SG519 则提出应力比大于 0.83,也即 α 少了 1.2 时,塑性铰要外移。

实际工程中,吸收国外灾害经验,一些重要工程达到要求时,已将塑性铰外移,有的提 7.5 度以上。

关于《全国民用建筑工程设计技术措施》提到全熔透采用引弧板时,极限受弯承载力自行满足,EC8 也认为对于耗能构件的非耗能连接,全熔透对焊即认为达到超强要求,但我国焊接规范中,只认为全熔透仅为等强,所以现在 α 还应按规范满足 $M_u = 1.2 M_p$。

对于栓焊混合节点,根据国外灾害,其损坏率比全熔透焊的节点损坏率大 3 倍,因此工程中建议不用。

(5)关于塑性铰向外移的尺寸。一种是"狗骨工法"(RBS),国标 01SG519 狗骨式削弱深度 c 可根据3.1.3条,梁端调整后剪力计算值 V 乘以承载力抗震调整系数 $r_{RA} = 0.75$,再乘以梁端到塑性铰到梁端水平距离,即可得到削弱处所需截面的抗弯承载力、设计值与梁端截面来加强时最大抗弯承载力之差,进而求 c,如图11-49所示。

图 11-49

第二种不用"狗骨工法",用梁与梁拼接的塑性铰外移,其外移尺寸应避开潜在的塑性区域,离梁端的塑性区长度估计 $L_{bp} = \dfrac{L}{2}\left(1 - \dfrac{f_y}{f_u}\right)$,$\dfrac{f_y}{f_u}$ 不大于 $\dfrac{1}{1.2}$,塑性区域长度为 $\dfrac{1}{10}$ 梁净跨,L 为梁净跨,塑性区域长约为 $1.5 \sim 2.0$ 倍梁高,一般倾向

L_{bp}取大些,有助于连接设计偏于安全,如果避不开落在塑性区时,则应按极限受弯受剪承载力计算,为避开塑性区而落在弹性区时,可按所拼接的梁截面等强设计。

89. 梁柱刚性节点剪力为何由01SG519 中的 $V_u \geqslant 1.3\left(\dfrac{2M_p}{l_n}\right)$改为 01SG519 2004 的$\dfrac{2M_p}{l_n}+V_{G6}$?

据文献[36]介绍高钢规编制时,当时国内钢结构设计规定尚不完善,也缺乏设计经验,因此采用$V_u \geqslant 1.3(2M_p/l_n)$,且$V_u \geqslant 0.58 h_w t_w f_y$,当时将连接系数1.3看作安全系数,其中 0.1 是考虑竖向荷载的效应,设计表明,当竖向荷载大时,$V_u \geqslant 1.3(2M_p/l_n)$不能满足要求,从力学上也难以解释,如按$V_u \geqslant 0.58 h_w t_w f_y$ 则偏于保守,因此改为$V_u \geqslant 1.2(2M_p/l_n)+V_{Gb}$,$V_{Gb}$是竖向荷载在简支梁中引起的梁端剪力,这个表达式没有考虑超强系数和应变硬化系数,因为国外研究表明,梁两端同时出现全塑性铰可能性很小,因此 1.3 改 1.2。M_p、l_n 如图 11-50 所示。

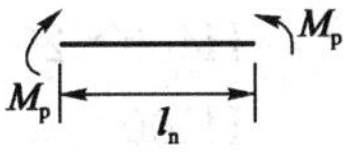

图 11-50

目前国内外连接系数(即安全系数)取 1.2~1.3(日本 1.2~1.3,美国 1.2,欧洲 1.2,我国 1.2),应变硬化系数一般取 1.1,日本往往将硬化系数反映在连接系数内。

90. 多跨门式刚架,一个柱子轴力很大,而轴力小的柱子计算长度就很大,超过了怎么办?[4]P394

根据钢结构权威教授陈绍蕃意见,只要轴向力大的柱子满足了容许细长比等要求后,轴力小柱子长细比就不必考虑了,满足构造要求。

91. 门架如梁坡很大,考虑轴力后计算长度能否取半跨?[4]P394

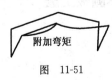

图 11-51

有几个地方都提了这个问题,关键是对计算长度的概念不很理解,并不是那么简单的取一段长度,计算长度的实质是反映二阶分析后的结构变形,力线变化而引起了附加弯矩(图 11-51)与一阶弯矩不同,只要能算得出附加弯矩与

原有弯矩之比,即不需要计算长度概念,但为了近似的求出此附加弯矩,即引进了计算长度概念,将其与简支的计算长度等于1来对比,得到计算长度,坡度大时计算长度见文献[1]P200。

92. 端板螺栓连接是否即半刚性节点?[4]P394

根据陈绍蕃教授意见,不能一概而论,端板螺栓如果设计得当也能达到刚性节点,如端板加厚、加劲肋加强、预应力适当,可以当刚性节点。

93. 狗骨式钢梁侧向支承应如何布置,具体构造如何?

据文献[37]介绍,狗骨式构造推荐以下尺寸作参考,如图 11-52 所示。

	b_1	a	b	c	R
H400×200	200	150	173	62.5	31.3
H500×250	250	180	450	75	37.5
H600×300	300	210	525	87.5	43.5

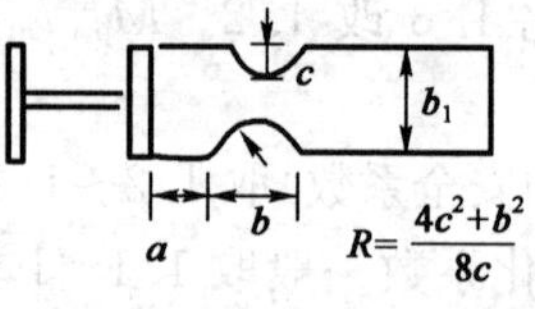

$$R=\frac{4c^2+b^2}{8c}$$

图 11-52

根据两端固定跨度 8m 的 H400×200、H500×250 的集中荷载和均布荷载试验,试验结果为:在翼缘削弱处加侧向支撑效果很小,支撑数量也不是愈多愈好,有时加一道与加三道相差不多,一般均匀布荷载下设三道支撑较为合适。

侧向支撑间距可按钢结构规范 4.2.1 条中 $\frac{l_1}{b_1}$ 来确定。

94. 国外关于侧板加强及狗骨式的设计可参考日本侧板工法[144]。

如图 11-53 所示,此种接头梁端塑性能力等提高 1 倍以上。

$$c=\frac{Z}{2b_f(d-t_f)}\left(1-\frac{l_0-a-0.5b}{1.1l_0}\right) \tag{11-7}$$

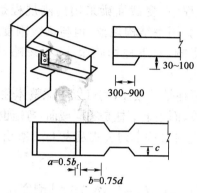

图 11-53(尺寸单位:mm)

式中:Z——梁塑性截面模量;

t_f——梁翼缘线厚度;

b_f——梁翼缘线宽度;

d——梁截面高度;

l_0——梁反弯点至目标弯矩处长度。

95. 门架有吊车牛腿的单阶段柱如何确定其计算长度与长细比?[4]P393

钢结构专家陈绍蕃教授意见,这个问题门刚规程及 2002 年版都未提及,是一个空白,这个问题很难用同一规范,用钢结构规范则不能用变截面,门架梁用门式刚架规程,计算长度是根据线刚度,而线刚度没有单阶式多阶柱算法,所以无法用同一规范计算。

有的则变截面梁用门刚规程,用钢结构规范表 D-4 柱上节点刚性,因此节点必须是刚性,表 D-4 没有铰接的规格。

钢结构规范计算长度与梁线刚度无关,只与梁柱节点有关,有的解释为柱脚(尤其是格构式)刚度很大,因此与梁刚度无关,有的解释是梁刚度仅对柱上段有些影响对下柱影响很小,而上柱恰在多阶柱中不起控制作用,也有的解释为梁约束作用是通过上下柱之间传递,上下柱刚度比较小,梁的作用也越小。

关于采用两本规范在一个结构中用,有的提到编规范时,有的部分弱一些,但在另外部分弥补,如果仅用某一部分,会造成失误,所以还是用一本规

范比较好,但在以上工程中,变截面梁采用门刚规程是合理的,梁无轴力也无计算长度问题,柱计算用钢结构规范,但与梁线刚度无关,柱端刚度大(尤其格构式),对上柱有影响,对下柱影响很小,可忽略,因此取不同的规范还是安全的。

上述工程,柱子上下柱是常截面,则可以考虑整体性失稳,上下柱看作一个整根构件,不必分段验算,而当上下柱是不同截面,弯矩也是变化的,导致单阶柱要分两段来计算稳定,此时可按下列公式及表 11-6 查出 μ_2,此公式得到陈绍蕃教授推荐。

$$k_1 = \frac{i_{c_1}}{i_{c_2}} = \frac{I_1 H_2}{I_2 H_1}(\text{图 11-54}), k_b = \frac{i_b}{l_{c_1}}, i_b \text{ 为梁线刚度}, i_{c_1} \text{ 为上柱线刚度}, i_{c_2} \text{ 为下柱线刚度。}$$

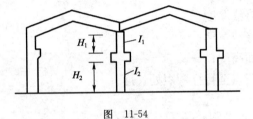

图 11-54

$$\mu_1 = \frac{H_1}{H_2}\sqrt{\frac{N_1}{N_2}\frac{I_2}{I_1}} \tag{11-8}$$

式中,N_1 为上段柱轴力,N_2 为下段柱轴力。

μ_1 的取值见表 11-6。

下柱计算长度系数 μ_1 表 11-6

k_1	0.1					0.5					1.0				
μ_1 \ k_b	0	0.10	1.0	3	∞	0	0.1	1.0	3	∞	0	0.1	1.0	3	∞
0.2	2.0083	1.976	1.938	1.931	1.928	2.041	1.89	1.76	1.732	1.72	2.084	1.80	1.61	1.57	1.56
0.5	2.0625	2.008	1.954	1.946	1.99	2.294	2.04	1.82	1.789	1.77	2.55	2.06	1.71	1.67	1.64
1.0	2.4849	2.225	2.03	2.01	2.00	3.29	2.68	2.11	2.04	2.00	4.00	2.00	2.16	2.06	2.00

关于长细比,当刚架中一根柱轴力小时,计算长度就会很大,只要轴力大的柱满足长细比要求后,轴力小的柱不必再考虑长细比,满足构造即可。

96.门刚规程 7.2.14 条为何要求斜梁与柱内翼缘交接点附近需加隅撑?[4]P347

该处受弯矩比较大,是受压较大区域,为了防止梁失稳,应有垂直方向的隅撑。为了防止柱失稳,应有水平方向的隅撑,因此交接点应有两个方向隅撑(图 11-55)。

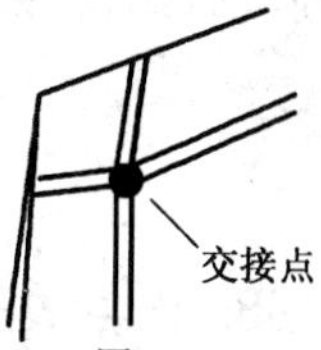

交接点

图 11-55

97.二阶分析在分析侧移敏感性时也分为剪切型、弯曲型、弯剪型,为何?

据文献[2]介绍,根据二阶效应大小来划分侧移敏感不敏感。

剪切型结构 $\dfrac{V_i}{S_i h_i} < 0.1$　　　V_i 为第 i 层以上竖向荷载总和;S_i 为第 i 层侧向刚度,是各片剪切型结构抗剪刚度之和,不包括弯曲与弯剪型层抗侧刚度。

弯曲型结构 $\dfrac{4V_{0.7}H^2}{\sum \pi^2 EI_{B0.3}} \leqslant 0.1$　　　h_i 为第 i 层层高;$V_{0.7}$ 为离地面 0.7 处楼层总竖向荷载;$EI_{B0.3}$ 为各片弯曲型支撑截面抗弯刚度。

侧移敏感性可帮助选择内力分析方法,用一阶还是二阶,对侧移是否敏感,与竖向荷载有关,失稳代表刚度消失,轴力引起侧移失稳时,框架线性分析得到的抗侧刚度被轴力负刚度效应抵消掉,使侧移刚度消失。

侧移敏感性分类,BS5950 英国规范与 EC3 均有此分类,但国内只有 $\dfrac{V_i}{S_i h_i} <$ 0.1 作为判断侧移敏感的依据。实际上,从悬臂柱推导,对于弯曲型结构是不适合的,弯曲型剪切刚度大,目前各国广泛使用 $\dfrac{V_i S_i}{Q_i h_i} < 0.1$,$Q_i$ 是第 i 层总剪力,S_i 是 Q_i 下第 i 层层间位移。按此式子,弯曲型结构顶部较多判断为侧移敏感,底部层间侧移小,易被判为侧移不敏感,所以经过分析,用0.7H的轴力和 0.3H 抗弯刚度计算比较合适。

弯剪型另有公式 $\dfrac{V_{0.7}}{\sum \dfrac{\pi^2 EI_{B0.3}}{4H^2(1+\pi^2 EI_{B0.3}/4H^2 S_{B0.3})} + h_{0.3}S_{0.7}} \leqslant 0.1$ 因为弯曲型整体性很强,层与层影响很大,剪切型层与层影响忽略,上式兼顾这两个性质。

钢结构设计误区与释义百问百答

侧移敏感性分类与支撑架分类是不同的,因为支撑架本身仅是结构一部分,而框架支撑或剪力墙结构是弯曲型支撑与框架的混合,与支撑架是不同的,但目前对混合结构如何分类尚没有清楚的理解,所以规范仍用 $\dfrac{\sum N \cdot \Delta u}{\sum H \cdot h} > 0.1$ 来判断。

💡 98. 节点板的厚度与撬力的关系如何?

钢结构规范只是规定了节点板高强螺栓设计值小于 $0.8P$,是根据试验结果,未提撬力计算,却提出撬力大时螺栓将松弛,这种松弛是与撬力有关的,也没有节点板厚度计算。

门刚规程也没有明确提出考虑撬力作用的设计方法,仅提供了没有撬力作用下节点板厚度的计算。

一般工程经验,节点板厚大于 $20mm$,即不考虑撬力。

文献[1]P162 提到了撬力计算,但与厚度无关。

文献[38]比较详细与准确的提出撬力计算和撬力与厚度的关系,并提出了新钢结构规范 TGJ 82—2008 报批稿的计算方法,介绍了撬力与节点厚度的计算方法,其计算原理参照了美国 AISC,但做了大量有限元分析及计算方法的理论分析,为设计应用解决了问题。其原理是,T形连接节点板有三种可能的破坏机制(图 11-56):①端板强度大于螺栓,高强螺栓失效破坏;②端板与螺栓强度接近,端板产生塑性变形,板边缘产生撬力,端板在根部和螺栓位置屈服而破坏;③端板强度弱于螺栓,端板在根部和螺栓位置处屈服破坏。

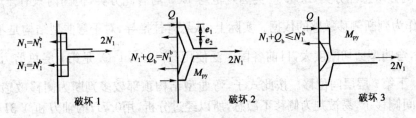

图 11-56

工程中应保证螺栓强度大于端板,避免螺栓脆性破坏,最好利用钢材屈服产生延性破坏,因此破坏②极限承载力临界状态为理想,因此端板厚度应大于等于破坏②节点板厚度。

如图 11-57 所示，Q 为撬力；M_2' 为扣去螺栓孔的弯矩，即 $\delta M_2=\left(1-\dfrac{nd_0}{b}\right)M_2$；$n$ 为螺栓孔数。

$$\alpha=\frac{M_2}{M_1}\,;\,\alpha\delta M_1=Qe_1$$

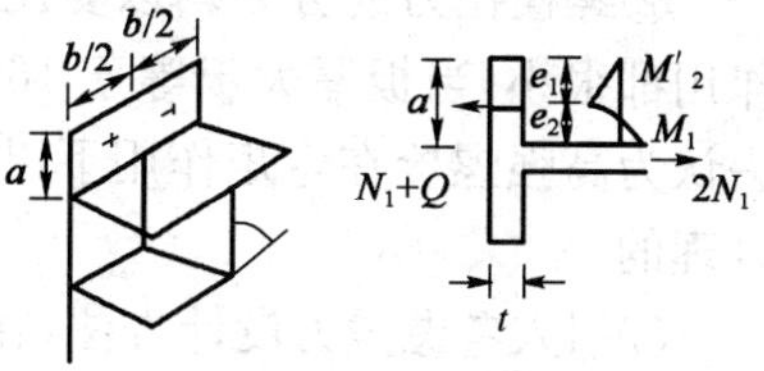

d_0 是螺栓孔径。

图 11-57

$$M_1+\delta M_2-N_1 e_2=0$$

$$Q=\frac{\alpha\delta}{1+\alpha\delta}\cdot\frac{e_2}{e_1}N_1$$

螺栓极限承载力：
$$B=\left(1+\frac{\alpha\delta}{1+\alpha\delta}\frac{e_2}{e_1}\right)N_1$$

$$M_1=bt^2 f_y/8$$
$$Q=\alpha\delta\rho(t_p/t_c)^2 N_1^b$$

$$\rho=\frac{e_2}{e_1}$$

N_1^b 为一个高强螺栓抗拉极限力。

$$t_p(\text{考虑撬力影响的节点板厚度})=\sqrt{\frac{8N_1 e_2}{bf_y(1+\alpha\delta)}}$$

$$t_c(\text{不考虑撬力的节点板厚度})=\sqrt{8N_1^b e_2/bf_y}$$

由于撬力影响，高强螺栓极限承载力应满足：

$$N_1+Q\leqslant N_1^b$$

$$N_1^b\leqslant 0.8P$$

式中，P 为预应力。

分析中也提出三点意见：

①由于撬力使螺栓拉力加大，第二排螺栓拉力大于第一排，但板厚大于 16mm 后增加拉力显著下降，撬力基本分布在螺栓孔至板边缘长度 1/2 矩形范围内，当板厚大于 20mm 时，撬力应力分布在板边缘，以上说明，在板厚大于 20mm 后撬力将大为减少。

②螺栓拉力的分布均以受压翼缘为转动中心呈现梯形分布,第二排螺栓作用都很小,当板厚大于等于 16mm 时,两排螺栓拉力非常接近,因此说明过去认为高强螺栓在弯矩作用下以螺栓群形心为转动中心的传统计算方法是不合理的。

③引入考虑撬力设计方法,在端板及受拉连接接头中,允许端板或 T 形板产生一定变形,将撬力计入可减小节点板厚度。

99. 半刚性节点目前能否设计?

目前关于半刚性节点的文章很多,欧洲规范节点分类的界限是大家可接受的,刚性节点 $25EI/L_b$,EI/L_b 为梁的线刚度值,铰接为 $0.5EI/L_b$。从理论分析与试验看,绝对刚性节点是没有的,刚性节点也是相对刚性。

对半刚性节点比较有兴趣主要是因为其对抗震有利。大量地震灾害表明,许多焊接刚性节点,由于延性较差,发生脆性破坏,而螺栓连接的半刚性节点破坏程度较轻,目前半刚性节点研究很多,英、美、欧洲已将半刚性节点列为规范,可采纳,但实际工程中半刚性节点设计仍有限,国内则由于规范没有非常清晰而简单的分析与设计方法,因此无法应用,半刚性节点仍按刚性节点分析,不可避免的带来误差,即高估了由梁传到柱内的负弯矩,而低估了梁中的弯矩。

文献[39]用比较清晰的分类,简单实用的计算方法,提供了半刚性节点的设计方法。现在常用的翼缘焊接、腹杆高强螺栓连接的节点认为是刚性节占,而所有使用螺栓连接的节点则视为半刚性节点,正确的判断可用界限判别式。

目前半刚性节点要解决的关键问题是半刚性节点的初始刚度,给出四种半刚性节点的初始刚度(图 11-58),半刚性节点初始刚度采用适合于结构分析的三种参数模型。

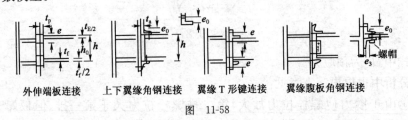

外伸端板连接　　上下翼缘角钢连接　　翼缘 T 形键连接　　翼缘腹板角钢连接

图 11-58

$$M = \frac{R_{ki}\theta}{[1+(\theta/\theta_0)^n]^{1/n}}$$,参考塑性角 $\theta_0 = M_u/R_{ki}$,R_{ki} 为初始刚度(见表11-7),

M_u 为极限抗弯承载力。n 为与连接初始刚度有关的形状系数。

半刚性连接的初始刚度   表 11-7

连接类型	高强螺栓外伸端板连接	翼缘角钢连接	翼缘 T 型键连接	翼缘腹板角钢连接
初始刚度 R_{ki}	$\dfrac{192EI_p}{1+\dfrac{12.48t_p^2}{e^2}}\dfrac{h_0^2}{e_0^3}$	$\dfrac{3EI_a}{1+\dfrac{0.78t_t^2}{e_0^2}}\dfrac{h_t^2}{e_0^3}$	$\dfrac{192EI_T}{1+\dfrac{12.48t_T^2}{e^2}}\dfrac{h_0^2}{e_0^3}$	$\dfrac{3EI_a h_t^2}{e_0(t_t^2+0.78t_a^2)}+\dfrac{6EI_{wa}(h_t/2)^2}{e_3(e_3^2+0.78t_{wa}^2)}$

注：t_{wa} 是腹板角钢厚度，EI_T、EI_{wa} 分别为翼缘 T 形键与腹板角钢的抗弯刚度，t_T 是 T 形键厚度。

半刚性节点有了初始刚度即可根据力学求出弯矩与侧移。

文献[40]提出由于连接的非线性特征，采用初始刚度不宜，实际连接刚度低于初始刚度，因此需提更合理安全的切线刚度，但计算较困难，因此采用割线刚度 R_{ks}。

$$R_{ks}=\mu_1 R_{ki}$$

$$a_0=EI/(R_{ki}L);\beta=EI/(K_iL)$$

节点上下柱综合线刚度 $k_i=\dfrac{a_1EI_{c1}}{h_1}+\dfrac{a_2EI_{c2}}{h_2}$

a_i 为第 i 层柱刚度系数，对于底层柱，当柱固接和铰接时，a_i 分别为 4 与 3，对于其他层柱 a_i 为 4。I_{ci} 为柱惯性距。h_i 为层高。

由于半刚性节点因素很多，割线刚度 $\mu_1 R_{ki}$ 仅用于组合结构（μ_1 取值见表 11-8），对于非组合结构尚未找到类似的表，所以对钢框架只能作参考，也可以仍用初始刚度适当减少刚度还是偏于安全，对于组合框架半刚性节点（即钢梁与混凝土现浇板组合梁）则问题复杂得多，要考虑钢筋的伸长变形、螺栓的伸长变形、栓钉的滑移变形、混凝土楼板的压缩变形等因素，由于组合梁考虑了全塑性计

μ_1 值   表 11-8

	μ_1			
β	a_0			
	0	0.1	1	10
0	0.75	0.6	0.46	0.43
1	0.75	0.7	0.5	0.44
10	0.75	0.74	0.67	0.48

钢结构设计误区与释义百问百答

算,因此必须经验算其转动能力以满足塑性要求,目前研究很多,尚无简单设计方法,研究资料可参考文献[41]~[44]。

💡 **100. 为什么钢结构规范在二阶分析时要考虑假想水平力,而门刚规程二阶分析时却不考虑假想水平力?**

钢结构规范 3.2.8 条用假想水平力来弥补二阶分析中很多未考虑的因素,使二阶的力加大,达到安全,而门刚规程 6.1.3-2(3)则将假想水平力的效应反映在计算长度系数 μ_y 上,因为既然是二阶分析,就是稳定分析,不应存在计算长度问题,而现在却引进计算长度来弥补假想水平力,二者的手法不同。

💡 **101. 120m 跨的煤库,根据介绍煤库的书,采用了高 35m 混凝土格构柱,跨度 120m 平板网架,计算结果是材料非常费,网架螺栓球节点螺栓直径也超规程,还坚持这个方案合适吗?**

经过大量工程实践,120m 煤库最经济合理的方案是三心圆(图11-59),这已经是公认的结论,但介绍煤库的书确实提到门架的方案,但写书的一般均把各方案写到,不愿意否定某一方案,因此方案选择不是靠书,而是靠设计者参考书来对比得出正确的方案,120m 三心圆方案已建了几个,外形能满足工艺要求,结构又是整体性好的网壳,受力合理,材料很节省,多次超静定,地震作用时冗余结构可靠安全,而且是整体型破坏模式。

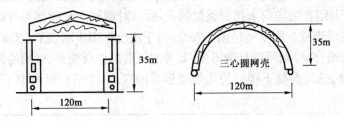

35m

三心圆网壳

35m

120m

120m

图 11-59

反之,门架方案不仅受力不合理,材料费,更主要的在地震作用时,属于单跨排架,必然因局部破坏面整体倒塌,而单跨又是最不利的局部破坏模式,根本没有第二道防线和"保险丝",是在地震区必须避免采用这种结构形式,因此修改方案是明智之举。

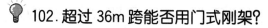

102. 超过 36m 跨能否用门式刚架？

据文献[168]介绍，目前国内门架跨度已用到 72m，如北京西部机库、大连南关岭粮库，节点已达 240～350t，檐口高度达 27～32m。但柱子多采用格构柱式型钢组合的实腹柱。跨度大的门架应注意以下几点。

（1）有大吨位吊车或吊车大于 20t，不宜采用柱上牛腿支承吊车梁，宜用肩梁支承吊车梁，大吨位吊车及厂房较高时宜用格构柱。

（2）门架跨度及高度较大时，应考虑竖向地震作用，柱脚基础应刚接，靴梁式柱脚插入柱基。

（3）跨度大的门架，梁高度较大，翼缘宽度不大，侧向刚度较小时，为防止平面外失稳，受压下翼缘应设置纵向通长系杆。

（4）宜采用 Q345B。

（5）门架的高厚比、宽厚比，如梁采用钢结构规范则用钢量比较大，文献[162]即建议采用钢结构规范，但大连粮库则采用门刚规程。因此，应由设计师自行考虑，地震区肯定要从严，最好的解决办法是门架斜梁采用桁架形式。

（6）门架间距以 8m 为宜，采用薄壁檩条比较经济合理。

103. 摇摆柱有什么限制？

文献[168]提出，摇摆柱本身不能自立，主要是为了减小斜梁负弯矩，但又减少了斜梁挠度，却增加了其他柱的负担，因此与梁刚接的柱之间只能有少于三根的摇摆柱，由于摇摆柱两端不是绝对铰接，可能有嵌固弯矩，因此摇摆柱轴力应乘以 1.5，以考虑弯矩应力。

104. 门架单坡长度有无限制？

文献[168]提出，单坡的长度一决定伸缩性，二决定屋面排水。伸缩性在门刚规程为 150m 以内不考虑湿度影响，300m 不考虑伸缩性，但以目前经验，也有450m，对于有吊车的，由于吊车梁截面较大，弯形较大，连接处释放温度应力有限，因此应严格些。

单坡长时，屋面坡度应大些，一般应大于 5%。

💡 105. 变截面刚性柱整体稳定性两项式,为何分别取大小头的内力和截面特性?

文献[168]指出,刚架稳定分析从本质上说是刚架整体问题,但目前还是简化为立柱稳定计算,由于不利用塑性发展,因此用柱稳定代替刚架稳定是适宜的。

验算公式见门刚规程 6.1.3 条的公式(6.1.3-1),完全弹性的理想直杆 φA 对大头和小头相同,但由于钢材是弹塑性体,考虑残余应力与几何缺陷及二阶效应,长细比越小,板大头计算承力降低时越多,目前第一项(即轴力项)按小头计算安全,第二项则取最大弯矩及所在截面有效截面模量,总之用公式偏于安全,有的认为过于保守。

💡 106. 门架梁与柱连接必须用高强螺栓,焊接变形使连接的端板间留有缝隙如何办?

据文献[168]介绍,CECS 102:2004 的 7.2.3 条规定必须用高强螺栓,这是因为端板的厚度计算是按照"塑性分析,弹性设计",不用高强度螺栓就不可能出现屈服线,在这样端板的设计下,必须用预应力螺栓。

由于焊接引起端板间留有一定缝隙,在此,均用涂醇酸铁红或聚氯富锌防腐,经济有效,但这在规范中未交代,经研究,SO_2 涂料的滑移系数可取 0.15,目前门架端板滑移系数对连接承载力影响不大,所以设计时摩擦滑移系数仍可用0.3。

💡 107. 门架端板螺栓应如何计算?

据文献[168]介绍,MBMA 对端板螺栓认为确保设计荷载下处于弹性受力,不宜绕边排螺栓进行抗弯计算,因为一般认为应绕形心转动,而文献[169]则认为螺栓拉力的分布与端板的柔性有密切关系,端板较厚连接变形很小,螺栓拉力呈线性分布,转动中心可以认为位于梁受压翼缘厚度中央处,现在端板厚一般大于螺栓直径。

因此,即假定弯矩拉力由 1、2 两排螺栓承担,$N_1 = \dfrac{M}{4b_1}$,1、2 排为 4 个螺栓,

N_1 为每一螺栓受力，$e = \dfrac{M}{h_1 \times 2b}$，如图 11-60 所示，$b$ 为端板宽度。

如果螺栓较大，则梁翼内侧要加一排螺栓。

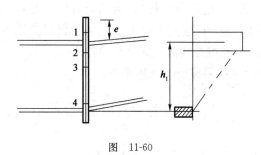

图 11-60

108. 门架端板外伸加劲肋的计算？

文献[168]提出，CECS 102:2002 的 7.2.9 条图中伸臂端板有加劲肋的做法，根据文献[2]设计方法为避免应力集中，加劲肋的高长比为 1:2，加劲肋厚度 $t_0 = 1.2 \sum N_1 / (h_s f)$。$N_1$ 为一个高强螺栓的承载力，$\sum N_1$ 为外伸部分全部高强螺栓力，t_s 和 h_s 分别为外伸端板厚度和高度（图 11-61）。

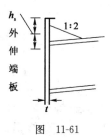

按内、外侧拉力均衡 $t_{wb} \leqslant t_s \leqslant 1.42 t_{wb}$，$t_{wb}$ 为梁腹板厚度。

图 11-61

109. 门架支撑与一般结构支撑有何区别？

据文献[168]介绍，一般结构的柱间支撑均加在柱顶上，因为屋盖下弦均有水平支撑，但门架如果柱间支撑也设计在柱顶上，则水平力将通过梁柱连接来传递，螺栓受到一个杠杆撬力作用，附加拉力特别大，而变成可变体系，因此门架的柱间支撑一定要顶在屋盖梁上翼缘处。

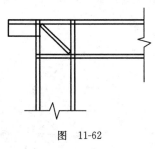

图 11-62

一般结构边柱柱间支撑均在柱截面中心处，而门架往往是将檐口处檩条加强，成为纵向水平力的传递点，因此边柱柱间支撑应尽量移到此点，减少偏心（图 11-62）。

💡 110. 使用门架隅撑有什么限制?

据文献[168]和[170]介绍,门架隅撑作为斜梁下翼缘的侧向支撑,将力传到檩条上,当侧向力不大时,是完全可行的,当侧向力很大时,檩条则弯曲,隅撑—檩条体系将起不到支撑作用,这完全取决于檩条与斜梁受压翼缘之间的刚度大小,也即 $M_{cr1} > M_{cr2}$ 时,隅撑才能满足完全支撑作用。

主梁弹性临界弯矩在隅撑—檩条体系下:

$$M_{cr1} = \frac{GJ + 2e\sqrt{k_b(EI_y e_1^2 + EI_w)}}{2(e_1 - \beta_2)} \tag{11-9}$$

主梁在无隅撑时,纯弯作用下弹性临界弯矩:

$$M_{cr2} = \frac{\pi E}{L}\sqrt{I_y\left(GJ + \frac{\pi^2 I_w}{l^2}\right)} \tag{11-10}$$

$$k_b = k'_b/l$$

$$k'_b = \left[\frac{(1-2\beta)l_p}{2EA_p} + \frac{e(3-4\beta)\beta l_p^2 \tan\theta}{6EI_{px}} + \frac{l_k^2}{\beta l_p^2 EA_k \cos\theta}\right]^{-1} \tag{11-11}$$

式中:l——隅撑间距;

A_p——檩条截面面积;

I_{px}——檩条绕强轴的惯性矩;

A_k——隅撑截面积;

β——被支撑构件的截面不对称系数,对轴对称 H 形截面 $\beta = 0$。

L——主梁计算稳定平面外计算长度;

J——主梁柱的惯性矩;

I_y——主梁绕弦轴惯性矩;

I_w——主梁扇性惯性,H 形构件 $I_w = I_y\left(\frac{h_0^2}{4}\right)$;

h_0——主梁上下翼缘中心间距;

G——剪变模量,$G = E/2.6$;

e_1——檩条至被支撑构件中心的距离。

如图 11-63 所示。

隔撑受力 CECS 102:2004 中式(6.6-5),式中 $\sqrt{\dfrac{f_y}{235}}$ 应去掉,因为隔撑受力是由满足支撑的临界刚度条件确定的,取决于轴压及初始挠度,完全支撑下支撑受力 $N=\dfrac{1.56}{1.0}N_{cr}$。

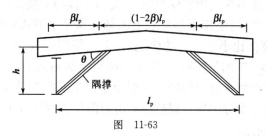

图 11-63

主梁用受压翼缘强度 A_f 代替 N_{cr},隔撑受力应为 $N=\dfrac{A_f}{60\cos\theta}$。

如果檩条椭圆孔使支撑松动,刚度减小,隔撑受力会增加,但因主梁设有多道隔撑,多道支撑下内力会低些,因此用上式是安全的。

单侧双侧隔撑的选用见表 11-9。

111. 高强螺栓可靠度指标至少为多少?

据文献[146]介绍,高强栓有优先延迟断裂现象,在这低于屈服点,突然发生脆断。另外,高强度螺栓热处理等工艺也不稳定,因此可靠度指标至少用4.5,一般结构为3.2。

112. 钢柱,钢梁 18m 五连跨有吊车,采用轻质混凝土板(6.5kN/m²)能否按门刚规程设计,算不算轻钢 C115J?

轻钢与普钢的讨论很多,而新的结构形式新材料的出现,两者之间更加模糊,事实上现在争论的是用钢结构规范还是用门刚规程的问题。我们认为首先应弄清规范与规程的区别,本来都是钢结构,用一本规范可行,但因为钢结构规范脱胎于前苏联规范,对象是重工业厂房,虽经几次修改,但仍满足不了需要,最典型的例子是钢结构规范梁的挠度要求是1/400,这是怕钢筋混凝土屋面板开裂,现在是压型钢板,当然不需要 1/400,所以针对一些轻型房屋要求,编制了门刚规程,本书钢结构规范应该涵盖所有工业与民用建筑,由于满足不了要求,才

有高层和门刚等规程出现，因此不能限于某种结构一定用什么规范，设计者应该用知识与经验选择与运用规范。

隔撑—檩条体系支撑下的临界弯矩值比较如表 11-9 所示。

根据我们不成熟的意见提出以下几点。

（1）两本规范都不建议用蒙皮效应，因此该工程与蒙皮效应无关。

（2）屋面风荷载，门刚规程是参照美国低层房屋 MBMA 的规定，美国低层是指 18m 以下，宽高比小于 1.0 的建筑，并不仅指门架，仅是我国用于门架，只要 18m 以下建筑均应用门刚规程，美国 18m 以上另有规范，因此该工程应用门刚规程风载，没有选哪本规范问题。雪载由于门架和框架体系对于局部破坏比较敏感，因此雪载应参考国外。规范中不均匀荷载、雪堆等，从灾害看，我国荷载规范在这方面有缺点。

（3）内力分析与断面计算，可以取两本规范中适合结构形式的计算，该工程为排架计算，内力计算应以钢结构规范为主。

（4）构件计算，关于屈曲后强度两本规范都允许采用，地震区的呼吸作用也得到认可，因此高厚比应可按门刚规程，宽厚比也基本用门刚规程，地震区可适当严一些。

（5）用轻质混凝土板（ALC）主要会影响刚度，由于屋面较重梁的挠度应考虑门架为 1/180，钢结构规范为 1/400，目前尚无轻质混凝土的规定，既不能按压型板，也不能按大型板，折中用 1/300，柱顶侧移，如果吊车是 A5，20t 以内，既不能用门刚规程，又不能用钢结构规范，因为门刚规程 3.4.2 条文说明吊车无驾驶室时侧移 1/180，这适用于压型钢板，轻质混凝土应取多少，找不到根据。根据文献[115]介绍，轻质混凝土板试验允许位移 1/500 无问题，但如何将此数据与侧移结合，毕竟尚无工程经验，因此偏安全要求也严格些用 1/300，用钢结构规范也有问题，A5 以下吊车，钢结构规范只控制在风载下为 1/400，如果风载很小时，实际上比门架的 1/400 还宽，门架 1/400 是包括吊车风力的，如果吊车超过 A5 当然就很明确，应该用钢结构规范 A.2.2 条。因为钢结构规范要求算吊车梁外侧移，当然会满足 ALC 的要求。

（6）支撑系统可以采用门刚规程，但不应采用圆钢支撑，门刚规程 4.5.2-2 条文说明宽度大于 60m 时才加柱间支撑，这条是照抄美国规范，实际上是利用蒙皮效应，而美国有屋面抗蒙皮试验，还有规范，而我国并不具备这些条件，而且门刚规程 5.1.2 条又明确不用蒙皮效应，只有条件时才考虑，而实际上并无条件，这是门刚规程自相矛盾的地方，而采用 ALC 时更不可能提供蒙皮效应试验，因此应该在每个柱列间加柱间支撑或验算水平支撑强度和刚度。

表 11-9

隅撑—檩条体系支撑下的临界弯矩值比较

檩条跨度 (m)	檩条，隅撑规格	主梁截面	设有隅撑梁 M_{xcr_1} (kN·m)				无隅撑 3.0m 的纯弯梁 M_{xcr_0} (kN·m)	隅撑 3.0m 间距时梁计算长度系数 μ		支撑条件判断	
			隅撑 1.5m 间距		隅撑 3m 间距						
			双侧隅撑	单侧隅撑	双侧隅撑	单侧隅撑		双侧隅撑	单侧隅撑	双侧隅撑	单侧隅撑
6.0	C150×60×20×1.5 L50×3	H300×150×4×6	383	272	272	192	118	1.0	1.0	△	△
		H400×160×4×6	441	313	313	222	187	1.0	1.0	△	△
		H500×180×5×8	633	450	450	320	442	1.0	1.17	△	□
7.5	C200×70×20×2.0 L50×3	H600×180×5×8	937	664	664	471	528	1.0	1.06	△	□
		H700×180×6×10	1079	766	766	544	771	1.0	1.20	△□	□※
		H800×200×6×10	1292	916	916	651	1200	1.15	1.38	□	※
9.0	C250×80×20×3.0 L70×4	H900×200×8×10	1940	1374	1370	974	1350	1.0	1.18	△	□
		H1000×220×8×10	2280	1615	1615	1145	2000	1.12	1.33	□	※
		H1100×250×8×12	3082	2184	2184	1549	3860	1.33	1.60	□※	※
12.0	H300×150×4×6 L90×6	H1200×300×8×12	4116	2916	2916	2067	7269	1.59	1.89	※	※
		H1300×300×10×12	6759	4784	4784	3388	7878	1.29	1.53	※	※
		H1400×300×10×14	7400	5241	5241	3713	9894	1.38	1.64	※	※
		H1500×350×10×16	10100	7154	7154	5071	19220	1.65	1.97	※	※

注：△——可按隅撑间距作为主梁平面外计算长度；

□——隅撑间距 1.5m，但可按 2 倍间距作为主梁平面外计算长度；

※——隅撑—檩条体系不宜作为向支撑侧向主梁平面外计算长度；或专门计算后确定主梁平面外计算长度。

💡 113.门架高强螺栓要求与大桥大跨结构一样是否合理?

大桥与大跨结构要求高强螺栓做摩擦系数,扭矩并用电动侧力拔手一系列工序,门刚规程开始因译文不明,还要求承压型高强螺栓,后各方反映,2002年也定为摩擦型高强螺栓,滑移系数改0.3,其他不变,也未明确不需做摩擦系数,施工要求基本与大桥大跨结构一样。

美国MA235规定门架可用回转法,即l/d(4转1/3圈,8)、l/d(4转1/2圈,8)、l/d(12转2/3圈)即可,d为螺栓直径,l为螺栓长。门架对高强螺栓要求摩擦系数0.3很容易达到,因为受剪力不大,要求并不高,主要要求预拉力,避免撬力及侧移加大,刚度变小,而美国做了试验,扭矩与预拉力没有直接关系,预拉力主要靠螺栓螺矩转动中变形。按上述回转法,门架预拉力即可达到。最初美国在中国公司用回转法非常方便,后因中国规范必须遵守,才不得不改高强螺栓一套工序。我们认为门刚规程应考虑修改,门架与大桥一样工序是不合理的,如果不放心,可以做回转法预拉力试验。

💡 114. 为何钢结构规范7.4.2-1条的节点域计算与抗震规范GB 50011—2001 8.2.5.2条中的不同。

据文献[113]介绍,主要是两本规范验算的状态不一样,作用也不一样,抗震规范是验算在大震作用下的节点域,用的是全塑性弯矩,采用折减系数ψ为安全和必要的耗能能力,钢结构规范是验算非地震弹性状态下节点域抗剪强度。

💡 115. 节点域的厚度及稳定如何考虑?

据文献[113]介绍,节点域厚度一般来说是由屈服承载力控制的,但柱两侧的梁端弯矩设计值大小相等、方向相反,不能产生剪应力,只是边柱不利一些。但从发生的灾害损害来看,如北岭和神户,要求很好的延性,而节点域厚度是关键,厚一些,延性及耗能会差一些,但从强度讲,节点域要厚一些,这是互相矛盾的。因此,抗震规范8.2.5-2.4条采用0.6和0.7,实际上减小了厚度,关于稳定性见文献[1]P20。

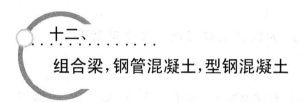

十二、

组合梁，钢管混凝土，型钢混凝土

文献[1]P222～251，介绍了组合板、圆钢管混凝土、矩（方）钢管混凝土，本书作以下补充。

1. 组合梁能否用于直接动力荷载？

文献[2]钢结构规范11.1.1条文说明，组合梁不用于直接动力荷载，但目前城市立交桥用了组合梁，这是因为汽车是一种动力系数不大的疲劳荷载，所以仍可采用。

2. 组合梁如何了解其滑移影响及内力传递重要部分抗剪连接缝的承载力？

文献[2]带头栓钉是最常用的抗剪缝形式，属于柔性连接，会产生较大的变形，而不会引起混凝土突然压碎和剪切破坏，所产生的变形导致组合梁中内力在截面重分配，滑移导致的挠度比完全组合作用计算的挠度偏大。

直径在13～15mm，高度在65～150mm的栓钉，强度不低于450MPa，伸长率不低于15％，栓钉直径≥20mm，保证质量难度加大，所以ϕ19使用最多，超过22mm使用很少。焊接栓钉的钢板厚度d与钢板厚度之比小于等于2.7，现在限制较严，动载时小于等于1.5，即使采用ϕ25，其承载力也不超过150kN。栓钉破坏形式有两种：一是混凝土压坏，栓钉根部局部承压，承载力达6～10倍混凝土强度；另一种是抗剪破坏，由于受混凝土密实度和骨料分布影响极大，栓钉直径又小，因此离散性很大，如图12-1所示。

广泛应用的公式为$N_v^s = 0.5 A_s \sqrt{f_c E_c} \leqslant A_s f_{tf}$，$A_s$为栓钉直径，$f_c$为150mm×

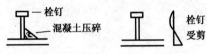

图 12-1

300mm 圆柱体混凝土强度，f_{tf} 为栓钉抗拉强度。欧洲规范 EC4，$N_v^s \leqslant$ $\dfrac{0.37A_s\sqrt{f_{ck}E_{cm}}}{\gamma_s}$，$\gamma_s$ 为抗力分项系数，建议取 1.25。

我国规范 150mm×300mm 圆柱体混凝土强度 $f_{ck}=(0.8\sim0.85)f_{cua}$。我国取 $\gamma_s=1.4$，考虑破坏模式之一为混凝土压碎，所以我国采用 $N_v^s=\dfrac{0.37A_s\sqrt{f_{ck}E}}{\gamma_s}$ $=0.30A_s\sqrt{f_{cua}E}$，与国外接近。

一般认为正常使用极限状态，栓钉承受的剪力为极限荷载的 50%，界面上滑移 0.5mm，这样计算栓钉滑移刚度等于栓钉极限承载力。但栓钉滑移刚度离散性很大，而且采用推出试验所谓刚度过于保守，因为推出试验与组合梁实际受力不同，实际上栓钉受约束很多，因此偏于保守，所以应乘以放大系数 1.08，取栓钉抗剪刚度为 $K_s=0.66A_s\sqrt{f_cE_c}$，是承载力的 1.535 倍，与国外也接近。

栓钉头部有凹槽，内装填焊药，焊接时提供合金元素，提供保护，焊接时又提供瓷柄，外在保护。栓钉顶部有一个圆柱帽，防止受压混凝土楼板整体上拱与钢梁分离。

由于周围混凝土破坏要求一定条件，因此栓钉总长大于等于 $4d$，最大长度为楼板厚度减去 15mm。由于混凝土压应力大，变形也大，破坏时，栓钉变形也大，进入强化阶段，因此用极限强度。栓钉在连续梁中负弯矩要折减 0.9，在悬臂梁中负弯矩折减 0.8。栓钉由于根部混凝土局部承压锚固不足，如图 12-2a）承载力小于图 12-2b），如果槽小于 100mm，应对承载力和滑移刚度进行试验。当压型板肋垂直于钢梁布置时，栓钉承载力应按钢结构规范 11.3.2-2 条折减。

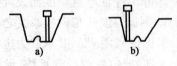

图 12-2

💡 3. 组合梁如何计算受弯承载力？

组合梁受弯承载力可以按钢结构规范 11.2.1-2 条进行计算。

(1)组合梁受弯可以分弹性分析和塑性分析两种。

文献[2]自重组合梁即采用临时支承,钢梁应力小,非自重组合梁即无支撑,钢梁要承受施工的荷载,包括湿混凝土重,受弯承载力一般按弹性分析。

根据栓钉数量多少,又可分为完全抗剪组合梁和非完全抗剪组合梁两种。

完全抗剪组合梁即栓钉数量与分布能够承担组合梁混凝土受压区的总应力,也就是栓钉数量大于 $n_{shill\,1}$ 和 $n_{shill\,2}$ 中的较小值,即为完全抗剪组合梁,即混凝土与梁可靠连接,充分发挥组合截面抗弯能力,一般用塑性设计。

$n_{shill\,1} = A_f / N_v^s$(塑性中和轴在混凝土楼板中)

$n_{shill\,2} = b_c h_{c1} f_c / N_v^s$(塑性中和轴在钢梁内,如图 12-3 所示)

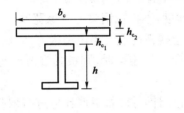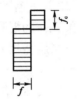

图 12-3

n_s 为反弯点到最大弯矩截面栓钉数量。

$n_s \geqslant n_{shill}$,n_{shill} 取 $n_{shill}1$、$n_{shill}2$ 中较小者。

$n_s \geqslant 0.5 n_{shill}$,即为非完全抗剪组合梁。

$n_s < 0.5 n_{shill}$,不能考虑组合作用。

由于在非完全组合梁中,钢筋与混凝土界面将产生较大滑移,必然非线性,不符合平截面假定,一般不应用弹性设计,但规范却用简化塑性理论假定进行。

另外一种判断是当钢与混凝土界面滑移,使挠度增大但不超过 10% 可以认为是完全抗剪组合。

非完全抗剪组合梁或部分抗剪连接组合梁由于构造原因,抗剪连接件不能全部配置。

完全与非完全组合梁的最大区别,是非完全组合梁先确定栓钉构造要求再进行栓钉布置,然后照栓钉的极限承载力确定混凝土受弯高度再进行计算。

(2)旧钢结构规范 GB 517—1988 的 12.1.3 条,钢梁的强度设计值要乘以折减系数 0.9,当时是考虑塑性抵抗矩远大于弹性,因此要折减,新规范则考虑塑性设计宽厚比限制较严,强度再折减则大为打折,因此取消了 0.9。

(3)混凝土楼板参与组合梁共同工作的有效宽度。钢结构规范 11.1.2 条作

了详细规定,有效宽度主要考虑作用到楼板的应力不均匀,取其平均值折减为有效宽度。均布荷载下跨中截面有效宽度大、两端小,集中荷载下跨中截面有效宽度小、两端大,主要因为跨中作用集中力时,剪力沿长度均匀分布,剪力大,剪力滞后效应也大的缘故,如图12-4所示。

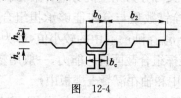

图 12-4

b_2 宽度(图12-4)可见钢结构规范11.1.2条,而 ECA 及 AISC (2005)则考虑比我国小,均取 $2×L/8$ 有效宽度,不再加钢梁上翼缘宽度。

(4)参加组合梁工作的混凝土楼板高度。当压型板方向垂直于梁轴线时,楼板参与高度取 h_{c_1}。当压型板方向平行于梁时,则板内混凝土也会参加工作,近似也取 h_{c_1}(图12-5)。

(5)钢梁由于翼缘受压,塑性设计开展时,宽厚比应进行限制,主要根据截面承载力设计方法的塑性设计截面宽厚比,并符合钢结构规范9.1.4条的规定。

(6)栓钉的布置则按钢结构规范11.3.4条,取弯矩绝对值最大点及零弯矩点为界限,划分为若干剪跨区逐段进行,并均匀放置。

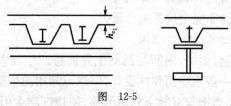

图 12-5

4. 组合梁考虑滑移影响后的折算抗剪刚度如何计算?

据文献[2]介绍,组合梁的刚度要考虑抗剪栓钉的剪切变形影响,称剪切面滑移。滑移后材料力学平截面假定不再成立,挠度增大,整体抵抗变形能力减小,这种影响采用平截面假定的刚度进行折减,见钢结构规范11.4.2条。

要注意的是抗剪栓钉的抗滑移刚度 $K=N_v^s$,这个量纲是 N/mm,N_v^s 本身是力的单位,这里化成 N/mm。对于压型钢板组合楼板,栓钉抗剪承载力要考虑折减 β_v,按钢结构规范11.3.2条取值。

5. 组合梁混凝土楼板的纵向抗剪如何计算?

混凝土纵向界面的抗剪承载力要求:

$$V_h = 0.7A_{sv}f_{sy} + 0.9S_s f_{ev} \leqslant 0.25S_s f_c \tag{12-1}$$

$$A_{sv}f_{sy} \geqslant 0.75S_s f_{cv} \tag{12-2}$$

A_{sv}是混凝土楼板内纵向单位长度上与计算截面相交的截面横向钢筋面积。压型板板肋与钢梁垂直,如图 12-6a)所示。

a-a 截面　$A_{sv} = A_{t1} + A_{b1}$

b-b 截面　$A_{sv} = 2A_{b1}$

压型板板肋与钢梁平行,如图 12-6b)所示。

a-a 截面　$A_{sv} = A_{t2} + A_{b2}$

b-b 截面　$A_{sv} = 2A_{b2}$

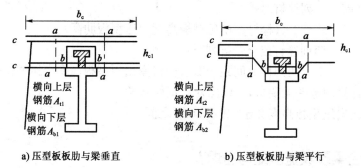

a) 压型板板肋与梁垂直　　　b) 压型板板肋与梁平行

图　12-6

在有压型钢板情况下 $A_{b2} = 0$,因为 b-b 截面无横向钢筋问题,纵向受剪不能考虑压型板抗剪,因为在 b-b 截面压型板往往中断,纵向抗剪经常不足,只要上皮钢筋位于栓钉头下部即能满足,因此混凝土保护层厚 20mm,栓钉上部也要求15mm,栓钉应尽可能长。

f_{sy}是横向钢筋设计强度,f_{cv}是混凝土抗剪强度,通常取 1.0MPa,S_s是计算截面高度,分别有以下两种情况。

1)压型板板肋与钢梁垂直

a-a 截面　$S_s = h_{c1} +$压型板槽内混凝土平均厚度(即槽内混凝土面积除以
　　　　　肋间距)

b-b 截面　一列栓钉时：

$S_s = 2 \times$（栓钉露出压型板高度＋压型板槽内混凝土平均厚度）

两列栓钉或交错排列时（图 12-7）：

$S_s =$ 两列栓钉间距 $+2 \times$（栓钉露出压型板高度＋压型板槽内混
凝土平均厚度）

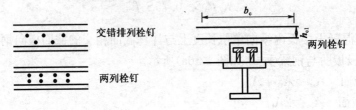

图　12-7

2）压型板板肋与钢梁平行

a-a 截面　$S_s = h_{cl}$

b-b 截面　一列栓钉时：

$S_s = 2 \times$（栓钉露出压型板高度＋压型板肋高）

两列栓钉或交错排列时：

$S_s =$ 两列栓钉间距 $+2 \times$（栓钉露出压型板高度＋压型板肋高）

以上计算规范并无要求，仅以国外规定作参考。

栓钉露出压型板高度介于 30～75mm 之间。

6. 组合梁裂纹宽度如何考虑？

据文献[2]介绍，我国对组合梁裂纹的规定完全按钢筋混凝土规范，而欧洲规范 EC8 认为在室内正常使用情况下，裂纹不会对混凝土塑性产生影响，只要不影响外观，裂缝不开裂，无须进行裂纹宽度计算，但在受弯矩区仍要配置抗裂筋。

7. 栓钉数量如何计算？

据文献[2]介绍，均布荷载半跨内栓钉数量（图 12-8a）：$n_s = \dfrac{q_{max}L}{4N_v^s}$

集中荷载半跨内栓钉数量（图 12-8b）：$n_s = \dfrac{q_{max}L}{2N_v^s}$

三分点荷载邻近支座 1/3 跨栓钉数量(图 12-8c):

$$n_s = \frac{q_{max} L}{3N_v^s}$$

栓钉间距 $\qquad d = \frac{N_v^s}{q_{max}}$

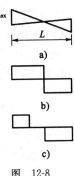

图 12-8

根据剪力包络图按比例增大栓钉间距,但栓钉间距变化次数不宜超过 2 次。

有的资料不要求根据剪力大小来进行间距的确定,从极限承载力角度是对的,但从使用阶段的刚度来考虑,应采用不同的间距,有效减小界面的滑移变形影响。

💡 8. 组合梁设计成纯钢梁,但仍布置栓钉,是否更安全了?

据文献[2]介绍,目前这种做法不少,实际上是一个误区,因为这样与计算模型偏差甚远,使得强节点弱构件实现不了,强柱弱梁也落空了,对整个结构不利,反而更不安全。

💡 9. 框架主梁采用组合梁会存在什么问题?

据文献[2]介绍,针对框架主梁采用组合梁所存在的问题可采取以下措施:

(1)负弯矩区开裂,使梁刚度沿长度变化,因此应对措施为:一是采用三段变刚度模型;二是采用等截面模型,侧移指标适当加严或侧移值放大 10% 以后与规范侧移值比较,这是因为水平力作用下按等截面模型抗侧移刚度比实际的大。

(2)负弯矩区段长度存在不确定性,水平力作用下,裂纹在梁的一侧可能闭合,增加柱端弯矩不确定性,经分析认为水平力对负弯矩处开裂影响很小,可以不考虑,但对柱端弯矩,如果按变截面模型,可能会小 10%,对等截面模型可能要小 15%～30%。

💡 10. 组合框架在梁柱节点处如何加强?

据文献[2]介绍:

(1)梁柱节点非常重要,楼板内配筋过多时,地震作用下钢梁则首先屈服,配筋过少则混凝土首先被压碎,为了防止节点部位混凝土可能被压碎,因此要加横向分布约束钢筋,第一根横向约束钢筋离柱表面30mm,其长度是柱宽加4倍柱高,再加上两端钢筋锚固长度(图12-9)。

横向分布约束钢筋数量 $N=0.2b_{c01}h_{c \cdot slab}\dfrac{f_c}{f_{ys}T}$,$h_{c \cdot slab}$ 是楼板厚度或压型楼板肋以上混凝土厚度。

(2)地震作用下,左侧的楼板受压、右侧楼板受拉,楼板内压力传递到柱的压力面,$F_{c1}=b_ch_{c \cdot slab}f_c$。

左侧的压力与右侧的拉力是同一方向的(图12-10),主要靠横向梁上的栓钉来平衡,栓钉承载力决定两端楼板能传递的力,$F_{c2}=n_{s \cdot cansv}N_v^s$,$n_{s \cdot fcansv}$ 为有效宽度。

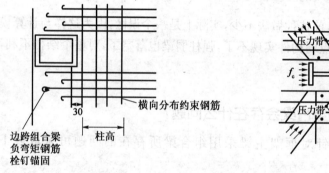

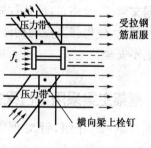

图 12-9   图 12-10

栓钉属于柔性抗剪键,变形大,混凝土以45°角斜压到钢柱侧面。

梁柱节点两侧楼板传递纵向力:

$$F=F_{c1}+F_{c2}+F_{c3}$$

其纵向分力:

$$F_{c3}=0.707h_{c \cdot column}h_{c \cdot slab}0.707f_c \times 0.707 \times 2=0.7h_{c \cdot column}h_{c \cdot slab}f_c$$

F 不要超过 $f_{ys}\sum a_s+b_eh_{c \cdot slab}f_c$,$b_c$ 为内栓钉数。否则形成塑性铰,混凝土压碎将影响塑性铰延性。因此在控制受压的高度布置横向分布约束钢筋,塑性中性轴在楼板内。

如为边柱的梁柱节点,则公式 $f_{ys}\sum a_s+b_eh_{c \cdot slab}f_c$ 为 $b_eh_{c \cdot slab}f_c$。

如为角柱的梁柱节点,则公式 $f_{ys}\sum a_s+b_eh_{c \cdot slab}f_c$ 为 $F_{c3}=0.35b_{c \cdot column}h_{c \cdot slab}f_c$。

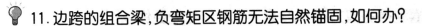

11. 边跨的组合梁，负弯矩区钢筋无法自然锚固，如何办？

据文献[2]介绍，要对楼板有效宽度内的负弯矩钢筋使用栓钉进行锚固（见图 12-10），板负弯矩钢筋面积为 a_s，$a_s f_{ys} = 0.9 N_v^s$，此时负弯矩钢筋建议直径不大于 10mm，这是附加栓钉，组合梁栓钉另行设置。

12. 当组合楼盖采用压型钢板作支撑时，次梁间距如何定，何时压型板起承力作用？[3]P385和[4]P384

利用压型板作支撑时，次梁间距不宜过大，常用 688 板型，一般为 0.8mm 厚，次梁间距小于 2.4m，若用 1.0mm 板，次梁间距小于 2.8m，要再加临时支撑，否则会引起共振。目前民用建筑中都不考虑压型板起承力作用，只是作为施工支撑，主要原因是防火。

高层钢结构规范 12.3.3 条规定，板肋上混凝土厚度大于等于 80mm，从底部算起大于等于 110mm，可不做防火处理，但民用建筑厚度达不到此要求，组合板也不适于放置电器，造价也高，工业建筑则有用的，但目前对于组合楼板耐久性能否达 50 年仍有争议。

13. 钢结构规范 4.3.1 和 4.4.1 条中所述组合梁是混凝土与钢梁组合，还是焊接的组合梁？是不是只有钢板焊接组合梁才验算局部稳定，是否钢板焊接组合梁一定要按 4.4.1 条验算强度，还是考虑屈曲后强度才按 4.4.1 条，不满足 4.4.1 条是否要纵向加劲肋？[4]P390

钢结构规范中对于组合梁这个词有两种含义：一种是钢板焊接的组合梁；另一种是混凝土与钢梁的组合梁。规范中对钢与混凝土的组合梁均统一在 11 章中说明，而 4.3.1 和 4.4.1 条所提的组合梁都是指钢板焊接的组合梁，局部稳定的问题只存在于钢板焊接的组合梁，而热轧的型钢或轧制钢在断面规格中已消除了局部稳定问题，4.4.1 条则适用于不考虑屈曲后强度的计算，4.4.4 条则适用于考虑屈曲后强度的计算，而型钢与轧制钢不存在屈曲后强度，因为已保证不局部失稳，4.4.4 条就不包括型钢与轧制梁，4.4.1 条要求设横向加劲肋已足够，因纵向加劲肋存在制作困难，所以很少用。

14. 喜利得的剪力件 HVB 是否比栓钉性能更优越?[4]P391

剪力件 HVB 是一种 L 形冷加工机件,机件身上有两个预制钉孔,要用专门击钉枪将定位好的两个高强度钢钉穿过金属浪板,把剪力件固定在钢梁与 DX 击钉系统,可以使固定力精确而集中。

优点是穿过金属浪板进入钢梁时,对金属浪板表面涂层、钢梁涂层没有损害,而栓钉热影响区会对涂层造成损伤。

击钉枪(DA750)使用连发钢钉和连发火药,无需电源,操作迅速。各种天气下如－20℃或雨天等都可使用,又有专门测试系统。

缺点是价格高。

15. 圆钢管混凝土长细比限制小于 20 能否放宽?

长细比不大于 20 是根据《钢管混凝土结构设计与施工规程》(CECS 28:90)制定的。在试验中 $\frac{l}{D} \geqslant 25$ 时,钢管混凝土环向应变与纵向应变比值已与钢材的泊松比相近,说明已无套箍作用,但根据欧洲资料,则可以放宽,所以现在一般认为可适当放宽一些,但不能超过 25。

16. 圆钢管混凝土的柱脚能否刚接?

圆钢管混凝土的柱脚一般不宜做成刚接。如按刚接考虑,其刚接弯矩不能考虑混凝土的作用,仅按钢管考虑,因为混凝土与基础已不连接,除非经验算,核心内放纵向钢筋锚入基础内,并伸入钢管混凝土一定长度(图 12-11)。

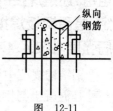

图 12-11

17. 方钢管混凝土如何考虑其黏结力?

规程中未提及圆钢管混凝土传递黏结力,但文献[1]P230 对其作了介绍。而目前对方钢管混凝土黏结力介绍极少,文献[45]提到方钢管对核心混凝土的约束作用比圆钢管混凝土要低,因此其钢管与混凝土界面上黏结摩擦力传递尤为重要,根据试验摩擦黏结力由混凝土胶体与钢管的化学黏结力,粗糙不平的机械咬合力和接触之间的摩擦力形成。试验中钢管对混凝土能提供约束作用,后期仍能保持黏结力,滑移量达到黏结破坏滑移量的 2.5 倍仍未破坏,这说明环箍还是对界面黏结力提高有作用的。根据试验,黏结力 $\tau = \dfrac{N}{S}$，S 即钢管与混凝土的接触面积,宽厚比 39～50,其黏结强度为 0.1～0.2MPa,这说明黏结力与宽厚比关系很大,但与长细比无关,如果黏结面加抗剪连接,将提高黏结力,则可以参考圆钢管的黏结计算来考虑黏结力。

18.《型钢混凝土组合结构技术规程》(JGJ 138—2001)与《钢骨混凝土技术设计规程》(YB 9082—99)的区别在哪里?[3]P394

这两本规范本身有一些矛盾,与抗震规范也有矛盾之处。YB 主要按日本及美国规范,基于叠加原理,不考虑钢与混凝土黏结效应和应力传递,计算偏小;JGJ 是我国二十多年的科研成果,中国建筑设计研究院及西安建筑科技大学等称型钢混凝土,符合中国国情,钢骨是日本叫法,劲性钢筋混凝土是前苏联叫法。

YB 主要由中冶建筑研究院及设计单位参加,因此方便实际应用,设计偏于保守,设计实用性较重;JGJ 是以研究单位及高校参加为主,以钢筋混凝土理论为基础,以试验新成果为依据,极限状态设计思路与钢筋混凝土规范相一致,学术性较强。

两本规范有以下区别:

1)受弯正截面

YB 应用叠加原理,钢的部分按钢结构规范,混凝土部分按混凝土规范,然后叠加,计算简单,偏保守,准确度不好;JGJ 把 f_{cm} 改为 f_c,降低承载力。新钢筋混凝土规范也将 f_{cm} 改为 f_c 以提高可靠度,这样在可靠度方面就比钢筋混凝土规范低,但要加以注意的是两本规范均针对比较规则的常见截面,特殊截面规范未考虑。

2)斜截面承载力

YB 应用叠加原理,钢筋部分按纯剪计算。

JGJ 按试验回归,将混凝土抗剪能力由 0.07 提高到 0.08,而箍筋使用降低型钢差别不大。

3)压弯构件区别较大

YB 仍为叠加原理,偏于保守。

JGJ 为受弯正截面相似假定,将腹板应力简化为拉压矩形应力图。采用极限平衡方法做出简化计算,计算比较麻烦,数字运算复杂需解三次方程。

4)剪力墙节点的区别

构造上 JGJ 较详细。对于纵筋,YB 为 $d \geqslant 12$mm,JGJ 为 $d \geqslant 16$mm。最小配筋率,梁为 0.3%,柱为 0.8%。对于含钢率,YB 的梁、柱含钢率为 2%~15%;JGJ 的柱含钢率为 4%~10%,对梁无规定。对于保护层厚度,YB 中最小不能小于 50mm,柱的保护层厚度为 150mm;JGJ 中梁的保护层厚度不能小于 100mm,柱的保护层厚度不能小于 150mm。

19. 型钢混凝土有什么特点?[10]

(1)型钢混凝土力学性能好,延性好。钢筋混凝土由于混凝土的脆性,尤其是在剪力不均衡或偏心扭转时,会产生剪切破坏,承载力下降;在重复荷载下,滞回性能小,轴压比大时,变形大。而型钢混凝土均可改善,轴压比能满足要求,徐变变形小,对结构稳定性也有利。

(2)下部为混凝土基础,上部为钢结构时,刚度相差很大,如用型钢混凝土作过渡层,则有利于结构传力。

(3)型钢混凝土使梁高降低,节约空间,并且防火性能好。

(4)可代替模板、骨架。

20. 型钢混凝土的裂纹宽度与挠度如何算?

YB 与 JGJ 有关裂纹宽度的计算方法,是把型钢作为纵向受力钢筋,然后按混凝土规范计算。型钢混凝土的挠度,在混凝土开裂前,构件处于弹性;达10%~15%破坏荷载时,出现裂纹,弯矩—挠度曲线出现弯折,然后保持直线;达75%~85%破坏荷载时,钢管及型钢下翼缘屈服。两本规范均考虑加载中截面平均应变符合平截面假定,型钢与混凝土截面变形平均曲线相同,因此截面挠度及刚度用钢筋混凝土截面与型钢截面挠弯刚度叠加原则处理。至于计算方法,YB 钢筋混凝土截面即完全与混凝土规范一样,JGJ 则通过试验,提出了与钢筋混凝土规范不同的抗弯刚度简化方法,见 JGJ 规程。

21. 型钢混凝土梁的受弯及斜截面剪力性能怎样?

由于钢材比例大,裂纹出现后并未见刚度下降,破坏是由于受压侧混凝土达到极限压应力,受压侧型钢也达屈服,形成局部屈曲。由于钢与混凝土黏结力较弱，在达到极限荷载 80％以后出现相对滑移，平截面假定即不成立，反复荷载作用下滞回曲线仍十分丰满。

由于黏结力差，剪力大时，可以认为混凝土与型钢各自独立地受弯，受弯承载力可以认为是钢筋混凝土与型钢两部分承载力之和。

💡 22. 型钢混凝土梁开孔与补强如何办？

据文献[10]介绍，圆孔(图 12-12a)受弯承载力与普通型钢混凝土相同，仅是扣除孔洞面积，受剪承载力为型钢受剪承载力与钢筋混凝土承载力之和(图 12-13)。

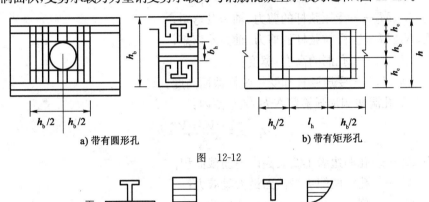

a) 带有圆形孔　　　　　　　　　b) 带有矩形孔

图 12-12

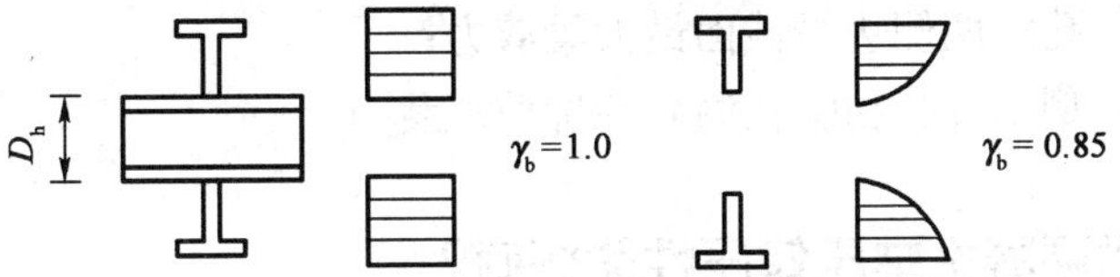

图 12-13

型钢：

$$V_{hy}^{ss} = \gamma_b t_w (h_w - D_h) f_{sav} \tag{12-3}$$

钢筋混凝土：

$$V_{bu}^{rc} = 0.07 f_c b_b h_{bc} \left(1 - 1.6 \frac{D_h}{h_b}\right) + 0.5 \sum f_{yv} A_{sv1} \tag{12-4}$$

式中：$\sum f_{yv} A_{sv1}$——孔中心至两侧 1/2 梁高范围内加强箍筋的抗剪承载力；

　　　　A_{sv1}——箍筋面积；

　　　　f_{yv}——箍筋设计强度。

带有矩形孔(如图 12-12b)的承载力计算。

受压弦杆：

$$V_c = 0.9 V_h \tag{12-5}$$

$$N_c = \frac{M_h}{0.5h_c + h_b + 0.55h_t} \qquad (12\text{-}6)$$

$$M_c = 0.5V_c l_h \qquad (12\text{-}7)$$

受拉弦杆：

$$V_t = 0.4V_h \qquad (12\text{-}8)$$

$$N_h = \frac{M_h}{0.5h_c + h_b + 0.55h_t} \qquad (12\text{-}9)$$

$$M_t = 0.75V_t l_h \qquad (12\text{-}10)$$

式中：M_h、V_h——孔洞中心截面弯矩及剪力；

V_c、N_c、M_c——受压弦杆的剪力、轴力及弯矩；

V_t、N_h、M_t——受拉弦杆的剪力、轴力及弯矩；

h_b、l_h——孔洞的高度、宽度；

h_c、h_t——受压弦杆和受拉弦杆截面高度。

矩形孔洞两侧加强箍筋在 $h_b/2$ 范围内：

$$A_{sv} \geqslant \frac{1.3V_1 - V_{hy}^{ss}}{f_{yv}}$$

式中：A_{sv}——孔洞边缘 1/2 梁高内箍筋截面积；

V_1——孔洞两侧边缘截面最大梁剪力；

V_{hy}^{ss}——型钢部分扣除孔洞后的抗剪承载力。

💡 23. 型钢混凝土轴压偏压性能如何？

据文献[10]介绍,受压时型钢与钢筋首先屈服,混凝土出现可见裂纹,变形加大,裂纹扩展,最后混凝土被压溃,未见外围混凝土剥离鼓胀,型钢也未屈服。承载力是简单叠加。

偏压时,以受压区混凝土破坏为特征,型钢受拉翼缘是否屈服是大小偏压的分界线。小偏压情况下破坏前混凝土裂纹出现很晚或不出现,破坏时,受压保护层突然压碎,纵向缝迅速上下发展,混凝土被压碎,承载力下降,破坏范围扩大;大偏压情况下受拉裂纹出现较早,型钢翼缘屈服后,承载力逐步提高,直至型钢腹板也屈服,承载力才降低。型钢混凝土与钢筋混凝土柱的不同之处在于保护层劈裂更严重,因此在丧失承载力时下降快,但由于腹板未屈服,型钢对混凝土核心仍有一定约束作用,所以仍有一定承载力,变形也较小。在达到破坏荷载 80% 前,型钢与混凝土变形协调;大于 80% 后,出现相对滑移,但基本符合平截面假定,曲率略有偏差。

24. 型钢混凝土柱的滞回曲线如何?

据文献[10]介绍,在型钢混凝土弯剪滞回曲线中,轴压比为 0 时,延性很好;轴压比为 0.3 时,位移角 $R>0.001$rad,承载力显著下降;当轴压比为 0.6 时,$R=0.005$rad,即脆性破坏。日本抗震标准以 $R=0.01$rad 变形时的轴压比作为轴压比极值。

型钢混凝土与钢筋混凝土在剪力下滞回曲线比较,如以处于 85% 极限荷载下的变形相比,型钢混凝土比钢筋混凝土延性大大提高。

25. 型钢混凝土斜截面性能如何?

据文献[10]介绍,在反复弯剪作用下,型钢混凝土可能发生斜压破坏、黏结力破坏和弯剪破坏三种破坏。

剪跨比 $\lambda \leqslant 1.5$ 时发生斜压破坏,斜裂纹发展,沿对角线方向形成斜压小柱体,小柱体压溃,混凝土剥落。

剪跨比为 $1.5<\lambda \leqslant 2.5$ 时发生黏结破坏,沿 H 型钢产生短的斜裂纹,沿型钢翼缘外表产生纵向裂纹,保护层脱离,发生剪切破坏。

剪跨比 $\lambda>2.5$ 时发生弯剪型破坏,出现水平弯曲,水平缝与斜裂纹交叉,受拉区首先屈服,剪切破坏。

影响斜截面受剪因素,混凝土等级高,抗剪能力强,黏结也好,型钢腹板承担大部分剪力,翼缘抗剪可不计,箍筋的约束可提高延性,但当混凝土三向应力 $\lambda \leqslant 2.5$ 时发生剪切黏结破坏;当 $2.5<\lambda<3$ 时,弯矩控制,弯剪破坏;当 $1.5<\lambda<2.5$ 时剪切开裂,荷载与受剪承载力随剪跨比增大降低。轴压比小于 0.5,轴压比加大,受剪承载力增加,轴压比很大则由剪切破坏转化为受压破坏。

26. 型钢混凝土柱轴压比限值如何取?

据文献[10]介绍,型钢混凝土延性得到改善,但当轴压比大于 0.5 时,延性明显降低。

YB 规范	6 度	7 度	8 度	9 度
轴压比限值	0.8	0.75	0.7	0.6

由于 YB 规范未对强柱弱梁提出要求,因而轴压比值应比上表严,当型钢面积小时,轴压比应比钢筋混凝土规范要求严,因为型钢混凝土含钢率低于钢筋混凝土柱。

27. 型钢混凝土柱剪压比限值如何取?

据文献[10]介绍,型钢混凝土柱与型钢混凝土梁一样,为防止斜压破坏,混凝土部分的承载力不能太低。

无地震作用时:

$$V \leqslant 0.4 f_c b_c h_{c0} \tag{12-11}$$

有地震作用时:

$$V \leqslant \frac{1}{\gamma_{RE}} 0.32 f_c b_c h_{c0} \tag{12-12}$$

也要符合混凝土规范 7.5.1 条及抗震规范 6.2.9 条的要求。

28. 型钢混凝土剪力墙如何设计?

据文献[10]介绍,型钢混凝土剪力墙带有型钢混凝土边框柱和边框梁,因此比钢筋混凝土剪力墙承载力大,延性明显改善,型钢混凝土剪力墙分无翼缘和带翼缘两种(图 12-14)。型钢承受剪力较大,对于高层建筑应有可靠结构,应使型钢端部有可靠锚固,至少从结构首层向下延伸一层。试验表明,无边柱剪力墙比普通剪力墙抗剪能力提高,主要表现为销键作用。

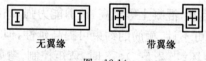

无翼缘　　　　　　带翼缘

图　12-14

随着剪跨比的增大,销键作用减弱,目前国内对有边框的剪力墙试验还很少。

无翼缘和带翼缘型钢混凝土剪力墙均属无边框,只有当周边有梁和型钢混凝土柱时才为有边框。

型钢混凝土剪力墙的计算,剪力墙在轴力 N 作用下弯矩 $M \leqslant M_{wu}$,M_{wu} 为型钢混凝土剪力墙的截面抗弯承载力,计算可参照《钢筋混凝土高层建筑结构设计与施工规程》(JGJ 3—1991)中的公式,该公式只是将型钢视为剪切墙端部纵向钢筋。

1)偏压计算(图 12-15)

$$N \leqslant (f'_{sy}A'_s + f_{ss}A_{ss}) - (\sigma_s A_s + \sigma_{ss} A_{ss}) - N_{sw} + N_c \qquad (12\text{-}13)$$

$$N\left(e_0 + h_{wo} - \frac{h_w}{2}\right) \leqslant (f'_{sy}A'_s + f_{ss}A_{ss})(h_{wo} - a'_s) - M_{sw} + M_c \qquad (12\text{-}14)$$

当 $x \leqslant h'_1$ 时：$N_c = f_c b'_f x$；$M_c = f_c b'_f \times \left(h_{wo} - \dfrac{x}{2}\right)$

当 $x > h'_1$ 时：$N_c = f_c b_w x + f_c(b'_f - b_w)h'_1$

$$M_c = f_c b_w x \left(h_{wo} - \frac{x}{2}\right) + f_c(b'_f - b_w)h'_1\left(h_{wo} - \frac{h'_f}{2}\right)$$

当 $x \leqslant \xi_b h_{wo}$ 时：$\sigma_s = f_{sy}$；$\sigma_{ss} = f_{ss}$

$$N_{sw} = (h_{wo} - 1.5x)b_w f_{sw}\rho_w ; \quad M_{sw} = \frac{1}{2}(h_{wo} - 1.5x)^2 b_w f_{sw}\rho_w$$

当 $x \geqslant \xi_b h_{wo}$ 时：$\sigma_s = \dfrac{f_s}{\xi_b - 0.8}\left(\dfrac{x}{h_{wo}} - 0.8\right)$；$e_{ss} = \dfrac{f_{ss}}{\xi_b - 0.8}\left(\dfrac{x_0}{h_{wo}} - 0.8\right)$

$$N_{sw} = 0 ; \quad M_{sw} = 0$$

式中：f_{sy}——剪力墙端部钢筋抗拉强度；

f'_{sy}——剪力墙端部钢筋抗压强度；

f_{ss}——型钢抗拉、抗压、抗弯强度；

f_{sw}——墙体竖向分布钢筋强度；

f_c——混凝土抗压强度；

e_0——偏心距，$e_0 = \dfrac{M}{N}$；

图 12-15

a'_s——剪力墙受压区端部钢筋与型钢合力点到受

压边缘距离；

ρ_w——剪力墙竖向分布钢筋配率；

ξ_b——界限相对受压区高度，$\xi_b = \dfrac{0.8}{1 + \dfrac{f_y}{0.0033E_s}}$，$f_y = \max(f_{sy}, f_{ys})$。

x 的长度见图 12-15。

考虑地震作用时，应乘以地震抗力修正系数。

2）偏拉计算

$$N \leqslant \frac{1}{\dfrac{1}{N_{ou}} + \dfrac{e_0}{M_{wo}}} \qquad (12\text{-}15)$$

$$N_{ou} = 2(f_{sy}A_s + f_{ss}A_{ss}) + f_{sw}A_{sw} \tag{12-16}$$

$$M_{ou} = (f_{sy}A_s + f_{ss}A_{ss})(h_{wo} - a'_s) + \frac{1}{2}f_{sw}A_{sw}(h_{wo} - a'_s) \tag{12-17}$$

式中：N_{ou}——剪力墙轴拉承载力。

3）斜截面承载力

无边框剪力墙：
$$V_w \leqslant V_{wu}^{rc} + V_{wu}^{ss} \tag{12-18}$$

有边框剪力墙：
$$V_w \leqslant V_{wu}^{rc} + \frac{1}{2}\sum V_{cu} \tag{12-19}$$

式中：V_w——型钢混凝土剪力墙承受剪力；

V_{wu}^{rc}——剪力墙中钢筋混凝土腹板部分剪力；

V_{wu}^{ss}——无边框剪力墙型钢部分受剪力；

V_{cu}——有边框剪力墙中型钢混凝土边框柱受剪力。

对于弯矩，剪力墙一侧边框柱处于偏压状态，另一侧处于偏拉状态，为安全只考虑单侧边框柱抗剪。

在非抗震区及 6～9 度地震作用下的剪力墙非塑性铰区，$V_w = V_{max}$。

7、8 度塑性铰区：
$$V_w = 1.1V_{max}$$

式中：V_{max}——各种荷载下的最大剪力。

9 度塑性铰区：
$$V_w = 1.1\frac{M_{um}}{M}V_{max}$$

式中：V_{max}、M——分别为荷载组合下的最大剪力和弯矩；

M_{um}——剪力墙考虑承载力调整系数，根据剪力墙实际配筋及型钢计算。

塑性铰区可取结构底部一倍剪力墙截面高度范围，8 度地震作用下较高建筑应按 9 度计算塑性铰区剪力及型钢混凝土斜截面承载力。

（1）腹板

无地震时：

$$V_{ww}^{rc} = \frac{1}{\lambda - 0.5}\left(0.05f_c b_w h_{wo} + 0.13N\frac{A_w}{A}\right) + f_{yh}\frac{A_{sh}}{s}h_{wo} \tag{12-20}$$

有地震时：

$$V_{ww}^{rc} = \frac{1}{\gamma_{RE}}\left[\frac{1}{\lambda - 0.5}\left(0.04f_c b_w h_{wo} + 0.1N\frac{A_w}{A}\right) + 0.8f_{yb}\frac{A_{sb}}{s}h_{wo}\right] \tag{12-21}$$

式中：N——剪力墙轴压力，$N>0.2f_cb_wh_{wo}$ 时取 $N=0.2f_cb_wh_{wo}$；

A_{sh}——剪力墙在同一水平截面内水平分布钢筋各肢面积之和；

A、A_w——剪力墙计算截面的全面积和腹板部分面积，无边框时取 $A=A_w$；

λ——计算截面处的剪矩比，$\lambda=\dfrac{M}{Vh_{wo}}$，$\lambda<1.5$ 时取 $\lambda=1.5$，$\lambda>2.5$ 时取 $\lambda=2.5$；

M——与 V 相应的弯矩。

为使斜压、剪压比验算符合要求，令混凝土腹板部分受剪，V_{wu}^{rc} 无地震作用时小于 $0.25f_cb_wh_{wc}$，有地震时小于 $\dfrac{1}{\gamma_{RE}}(0.2f_cb_wh_{wu})$。

（2）无边框剪力墙中型钢

无地震时：
$$V_{wu}^{ss}=0.15f_{ss}\sum A_{ss} \tag{12-22}$$

有地震时：
$$V_{wu}^{ss}=\frac{1}{\gamma_{RE}}(0.12f_{ss}\sum A_{ss}) \tag{12-23}$$

$\sum A_{ss}$ 为无边框两端型钢面积之和，为防止水平钢筋过少，按《钢骨混凝土结构技术规程》（YB 9082），W_{wu}^{ss} 取值小于 $0.25W_{wu}^{rc}$。

（3）有边框剪力墙中边框柱

无地震时：
$$V_{cw}=0.057f_cb_ch_{co}+1.25f_{yu}\frac{A_{su}}{s}h_{co}+0.07\eta N\frac{A_c}{A}+f_{ssv}\sum t_ih_i \tag{12-24}$$

有地震时：
$$V_{cw}=\frac{1}{\gamma_{RE}}\left(0.046f_cb_ch_{co}+f_{yv}\frac{A_{sv}}{s}h_{co}+0.056\eta N\frac{A_c}{A}+0.8f_{ssv}\sum t_ih_i\right) \tag{12-25}$$

式中：V_{cw}——钢筋混凝土部分与型钢腹板部分抗剪强度之和。

A_c——单根型钢混凝土柱截面面积；

A——型钢混凝土剪力墙腹板与边框柱截面面积之和；

η——边框柱内混凝土部分承载轴力比例系数，$\eta=\dfrac{f_cA_c}{f_cA_c+f_{ss}A_{ss}}$，当 $\eta N\dfrac{A_c}{A}>0.3f_cA_c$ 时，η 取 $0.3f_cA_c$；

$\sum t_i h_i$——与单根型钢混凝土边框柱内剪力墙受剪方向平行的所有型钢板材面积之和,当有孔洞时,应扣除孔洞面积。

💡 29. 型钢混凝土梁柱节点性能如何?

据文献[10]介绍,型钢混凝土节点核心区混凝土达抗拉强度后发生斜裂,型钢只承担剪力的10%,最后裂纹分割成菱形小块及主斜裂纹,型钢腹板承担大部分剪力,但由于咬合摩擦作用及箍筋约束,核心区混凝土仍能承担一部分剪力,型钢腹板进入屈服强化,承载力还可提高5%～20%,直到混凝土压碎即为破坏,其延性系数达到4,而钢筋混凝土受压达到极限变形时,承载力仍达80%滞回曲线。型钢混凝土介于钢与钢筋混凝土之间(图12-16),钢筋混凝土开裂严重,纵向筋滑移,滞回曲线"捏颈"现象严重;钢结构是"纺锤形",耗能很好,型钢混凝土大位移后裂纹开展,黏结破坏,但仍介于钢筋混凝土与钢之间。

钢筋混凝土　　　　钢结构　　　　型钢混凝土

图 12-16

💡 30. 型钢混凝土梁柱节点承载力受哪些因素影响?

据文献[10]介绍,型钢腹板抗剪刚度比翼缘大得多,钢框架节点腹板处于纯剪时会局部弯曲,而型钢混凝土节点腹板由于混凝土约束作用不会屈服,应力分布比较均匀,只要腹板不达屈服,混凝土就不会出现压碎破坏。

开裂前,混凝土起抗剪作用;开裂后,斜裂纹形成斜压碎,由于翼缘柱作用,其抗剪能力比钢筋混凝土大得多,中柱节点由于四周梁约束,斜压碎宽度大,承载力也大,箍筋也能承担一部分剪力。减少混凝土裂纹宽度,对延性也有效。

轴压力对抗剪不利,轴力对抗裂、承载力均不利,从试验看,轴力会降低抗剪能力,轴压比大时,节点从剪切破坏转为受压破坏。

翼缘柱由柱翼缘与梁翼缘形成,加强了核心区混凝土约束,减少了剪切变形,但翼缘仅承受腹板剪力的5%,可忽略。

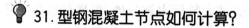

31. 型钢混凝土节点如何计算？

据文献[10]介绍，在考虑了抗震等级的剪力计算值 V_j，保证梁端塑性铰后，节点不发生剪切脆性破坏，其计算原理如下：

(1)核心区剪力设计值，如图 12-17 所示。

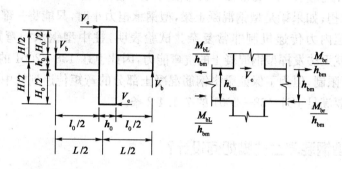

图 12-17

当 $\sum x = 0$ 时：
$$V_j = \frac{M_{bL}}{h_{bm}} + \frac{M_{br}}{h_{bm}} - V_c \qquad (12-26)$$

当 $\sum M = 0$ 时：
$$V_c = \frac{M_{bL} + M_{br}}{L_n} \cdot \frac{L}{H} \qquad (12-27)$$

最后
$$V_j = \frac{M_{bL} + M_{br}}{h_{bm}} \cdot \frac{1}{H}\left(H - h_{bm}\frac{L}{L_n}\right) \qquad (12-28)$$

由于 h_{bm} 与 $(h_0 - 2a_b)$ 及 $\frac{L}{L_0}$ 与 h_0 之间关系接近，$V_j = \frac{M_{bL} + M_{br}}{h_b - 2a_b} \cdot \frac{H_0}{H}$，其中 h_b、a_b 为框架梁高度和梁受拉主筋形心至截面受拉边缘的距离。

当框架梁为钢梁时，h_{bm} 与 h_0 接近，$V_j = \frac{M_{bL} + M_{br}}{h_0} \cdot \frac{H_0}{H}$，其中 M_{bL}、M_{br} 分别为节点左、右梁端弯矩设计值，应分别按顺时针与逆时针方向计算，取较大值。

V_j 在 7～9 度地震作用下，应乘以加大系数 1.1，计算可依据为 JGJ 138—2001 的 7.1.1.2 公式。

(2)核心区抗剪承载力。抗剪承载力是由混凝土箍筋及型钢提供，混凝土受剪由于型钢约束而加大，抗剪机理可视为斜压受力，其有利作用限制在 $0.5f_cb_ch_t$。大震作用下，轴力可能减少，甚至受拉，因此为安全起见，不考虑轴力有利影响，计算方法见 JGJ 138—2001 的 7.1.3 条。

限制节点截面是防止混凝土承受过大斜压力被压碎,根据试验按 JGJ 138—2001 的 7.1.2 条采用。

💡 32. 型钢混凝土梁柱节点核心区内力如何传递?

据文献[10]介绍,通常柱端抗弯能力与梁端相同。如果为钢梁,梁的弯矩全部由钢承担;如果梁是型钢混凝土梁,型钢承担力小时,只能将一部分弯矩传到混凝土,但内力传递机制非常复杂。试验表明,柱中型钢承担弯矩比例低于40%时,就无法发挥型钢混凝土的抗弯能力,因此 JGJ 138—2001 的 7.1.4-1 条对此作了限制,但为了保证梁中钢筋混凝土部分的弯矩传递到柱中钢筋混凝土部分,也要满足 JGJ 138—2001 的 7.1.4-2 条。

💡 33. 型钢混凝土柱脚如何设计?

据文献[10]介绍,型钢混凝土柱脚分两种:第一种是非埋入式,底板置于基础底面;第二种为埋入式。非埋入式的计算方法是将柱脚底板与锚栓作为核心区,周边钢筋混凝土作为箱形区域,并作为两部分分别计算其承载力叠加即可。由于非埋入式假定为铰接,工程中应用很少,因此详细计算可参考文献[10]与《钢骨混凝土结构技术规程》(YB 9082)。

1)内力计算

埋入式柱脚计算,内力传递分埋深较大与埋深较小两种情况,如图 12-18 所示。

为了提高柱脚抗弯能力,在混凝土开裂时,应提供约束作用,箍筋支承反力 σ(图 12-19):

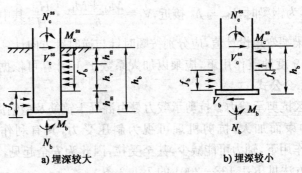

a) 埋深较大   b) 埋深较小

图 12-18

$$\sigma=\frac{A_{sv}f_{yv}}{b_{se}s}$$

式中：A_{sv}——柱埋入部分同一水平面上各肢箍筋面
积之和；

s——箍筋间距；

f_{yv}——箍筋抗拉强度；

b_{se}——型钢进入部分有效承压宽度。

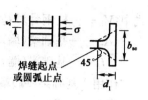

图 12-19

埋入式基础型钢的受剪承压高度 $h_v=\frac{V_c^{ss}}{f_bb_{se}}$，$f_b$
为混凝土抗压强度：

$$f_b=\min\left\{\sqrt{\frac{b_c}{b_{se}}}f_c,10f_c,\frac{A_{sv}f_{yv}}{b_{se}s}\right\} \tag{12-29}$$

式中，f_c 为混凝土抗压强度，b_c 为底层柱截面宽。不配置箍筋时，不计
$\frac{A_{sv}f_{yv}}{b_{se}s}$。当柱埋入深度 $h_b>h_v$ 时，弯矩平衡：

$$M_c^{ss}-M_b+\frac{V_c^{ss}h_b}{2}-b_{se}\frac{h_b-h_v}{2}f_b\left[h_b-\frac{1}{2}(h_b-h_v)\right]=0 \tag{12-30}$$

式中：M_b——柱型钢底部截面弯矩。

$$M_b=M_c^{ss}+\frac{V_e^{ss}h_b}{2}-\frac{b_{se}f_b}{4}\left[h_b^2-\left(\frac{V_c^{ss}}{b_{se}f_b}\right)^2\right]$$
$$N_b=N_c^{ss},V_b=0 \tag{12-31}$$

当基础顶面型钢部分弯矩 M_c^{ss} 等于型钢受弯矩 M_{ey}^{ss}，且柱脚底板处的弯矩
$M_b=0$ 时，最大埋置深度：

$$h_{bmax}=\frac{V_c^{ss}}{b_{se}f_b}+\sqrt{2\left(\frac{V_c^{ss}}{b_{se}f_b}\right)^2+\frac{4M_{cy}^{ss}}{b_{se}f_b}} \tag{12-32}$$

埋深大于 h_{bmax} 时，弯矩全部由混凝土的支承力平衡，柱脚不必验算，底部锚
栓由构造设置。

埋深小于 h_v 时，根据内力平衡条件：

$$M_b=M_c^{ss}+V_c^{ss}h_b-\frac{b_{se}f_b}{4}h_b^2,N_b=N_c^{ss},V_b=V_c^{ss} \tag{12-33}$$

2）埋入式承载力验算

$$N_b=N_{bu},M_b\leqslant M_{bu} \tag{12-34}$$

式中，N_{bu}、M_{bu} 为底板下混凝土与锚栓形成正截面承载力。

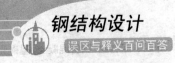

3)埋入式抗剪承载力

$$V_{bt} \leqslant f_t A_{es}$$

式中：V_{bt}——柱钢骨对基础梁端部混凝土的剪力；

A_{es}——基础梁(墙)端部的混凝土受剪面积；

f_t——基础梁(墙)端部混凝土抗拉强度。

作用于基础梁(墙)端部混凝土剪力值 V_{bt}：

当 $h_b > h_v$ 时： $\qquad V_{bt} = 0.5 f_b b_{st} (h_b + h_v)$

当 $h_b \leqslant h_v$ 时： $\qquad V_{bt} = 0.5 f_b b_{st} h_b$。

基础梁(墙)端部混凝土受剪面积(图 12-20)

$$A_{cb} = b_c \left(a + \frac{h_c^{ss}}{2} \right) - \frac{b_{st} h_c^{ss}}{2} \tag{12-35}$$

式中：h_c^{ss}——柱钢骨部分截面高度；

b_{st}——柱钢骨翼缘的宽度；

b_c——基础梁(墙)宽度；

a——型钢表面至基础梁(墙)端部距离。

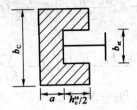

图 12-20

十三、

预应力钢结构,组合网架,索穹顶结构,局部

双层网壳,张弦梁结构

文献[1]P144 对预应力钢结构作了介绍,文献[1]P252 对张拉弦结构、索托结构、不锈钢结构和铝结构均作了介绍,本书作以下补充。

1. 预应力钢结构与预应力混凝土结构有什么不同。

二者最大的区别是预应力混凝土只要拉杆加预应力就总是起有利作用,因为混凝土抗压强度比钢大 10 倍。因此,受拉杆件加了高强钢材即起了很有利的预应力作用,其抗拉强度可以高出钢拉件很多,节约了钢材,提高了承载力,减少了挠度,提高了混凝土拉杆的抗裂性,总之有利而无害。

而预应力钢结构却不一样,受拉钢结构加了预应力后会失稳,高强钢材则用不上,即使加了预应力也仅使钢材应力增加一倍,作用有限,因此预应力的效果只能靠廓外加索体现,这样必须有增载杆和卸载杆,只有卸载杆大于增载杆才使预应力起有利作用,否则会起不利作用,所以在提倡预应力钢结构时,一定要巧妙地施加预应力,否则加了预应力反而不利。如有的结构(图 13-1),加了预应力相当于给上弦加载,预应力反而不利,这就是不巧妙地施加预应力。

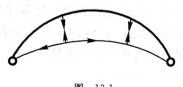

图 13-1

2. 预应力钢结构采用的材料应符合哪些规定,预应力钢结构如何计算?

索体材料:

钢丝应符合行业标准,如《建筑缆索用钢丝》(CJ 3077);

钢丝束应符合《塑料护套半平行钢丝拉索》(CJ 3058)；

钢丝束外包高强包带，带外有热挤高密度聚乙烯(HDPE)护套；

高温高腐蚀下用双层高密度聚乙烯技术性能应符合《建筑缆索用高密度聚乙烯塑料》(CJ/T 3078)；

钢丝绳应符合《一般用途钢丝绳》(GB/T 20118)；

密封钢丝绳应符合《密封钢丝绳》(GB/T 352)；

不锈钢钢丝绳应符合《不锈钢丝绳》(GB/T 9944)；

钢绞线应符合《预应力混凝土用钢绞线》(GB/T 5224)，《高强低松弛预应力热镀锌钢绞线》(YB/T 152)，《镀锌钢绞线》(YB/T 5004)；

不锈钢绞线应符合建筑用《建筑用不锈钢绞线》(JG/T 200)；

锚具：

锚具应符合《预应力筋用锚具、夹具和连接器》(GB/T 14370)；

浇灌锚具应符合《塑料护套半平行钢丝拉索》(CJ 3058)；

挤压锚具、夹片锚具应符合《预应力筋用锚具、夹具及连接件技术规范》(JGJ 85)；

钢拉件锚具应符合《钢拉杆》(GB/T 20934)；

有的资料预应力计算很复杂，根据我们的经验，建议预应力钢结构计算采用以下两种方法。

第一种为两阶段法。第一阶段假定不存在拉杆，而在拉杆端作用预应力 P，如图 13-2a)所示，在施工中反复张拉消除序次损失；第二阶段即拉杆存在，如图 13-2b)所示，后加载进行计算，两次叠加即为内力。这种方法比较简单，缺点是分两阶段进行计算中，两个阶段结构体系不同，增加了计算的复杂性，更主要的是预应力作外力存在概念上的不对，预应力与变形有关，外力与变形无关，但计算结果并无大出入。

第二种方法是计算机按温度应力计算，即假定预拉力 P，求出 P 产生的应

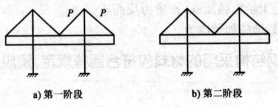

a) 第一阶段　　　　　　　　b) 第二阶段

图　13-2

变 ε 并折算成温度 $t\,\mathrm{^\circ C}$,按计算则求得力不是 P 而是 P',再由 P' 所产生的应变 ε' 及折算温度 $t'\,\mathrm{^\circ C}$,反复迭代求得 P'',最后使 P'' 接近 P' 即达到迭代目的。总之,预应力钢结构的计算可应用这种方法,关键是如何保证收敛。

关于多次张拉,目前几十个千斤顶同步张拉可控制到 3mm,满足力学要求。

理论上多次反复张拉可以达到经济效果,但由于构造原因会产生残余变形,使部分残余变形未被"泵"出达到全部卸载,因此多次重复张拉只能重复 3~4 次。

3. 组合网架优点是什么,应如何设计?

文献[46]组合网架是把网架上弦杆用钢筋混凝土平板(带肋板)代替,下弦腹板均为钢材,发挥不同材料各自的强度和刚度,节省钢材,目前主要用于大跨楼盖,因为屋盖都采用了轻屋面。组合网架关键问题:一是计算;二是节点。国内最大的屋盖结构是抚州体育馆 45.5m×58m,最大楼盖结构为新乡百货大楼 35m×35m,楼盖结构可降低造价 5%~25%。计算方法为有限元法即分板壳元、梁元和杆元,是比较精确的方法。拟壳法是将上弦板作夹层板上表面,腹板与下弦折算成下表面,由微分方程表达受力状态,用分析法求解。

简化计算法是等代空间桁架位移法,将夹层板的连续化用离散法,根据能量原理把上弦杆等代为上弦平面内的平面交叉杆系,使复杂的组合结构转化为一个等代的空间铰接体系。

一般设计单位均用简化计算法,上弦 $A_i = A_{0i} + A_0$,A_{0i} 为肋的截面面积(两片肋),A_0 为板的等代杆系截面积等于 $0.75\mu ts$,t 为平板厚,s 为与两个肋的间距,μ 根据混凝土平板泊松比修正值,修正系数取 $1/6$,$\mu = 0.825$。

刚度则按混凝土弹性模量折减取得,在短期下折减系数取 0.85,长期下取 0.5。

节点即用螺栓环用 45 号钢,但需用可靠的焊接方法焊一块 Q235 与屋面板连接。如图 13-3~图 13-5 所示。

组合网架节点
焊接十字形节点

图 13-3

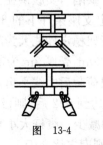

图 13-4

焊接球节点
半圆焊接球焊接

图 13-5

但由于腹板拉压平衡,一般以剪力为主,因此最好在螺栓环四周加焊挡板以传递剪力比较可靠(图13-6)。

图 13-6

4.空腹网壳结构及局部双层网壳的优点是什么?

据文献[46]介绍,单层网壳的稳定性问题非常突出,双层网壳虽然稳定好,但杆件繁多,影响建筑美观,局部双层网壳即在局部加腹杆与下弦形成不动体,而上弦节点只要有一个腹杆相连,即认为稳定,这就是局部双层网壳,这样既省钢又简洁。空腹网壳结构则是将单层网壳结构的杆件用格构式压杆代替,既保持了单层网壳的美观,又改善了单层网壳的稳定性能。

(1)空腹网壳受力比较复杂,先简化为空腹桁架分析其受力性能(图13-7)。

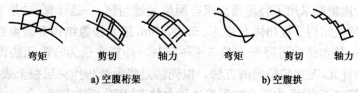

| 弯矩 | 剪切 | 轴力 | | 弯矩 | 剪切 | 轴力 |
| a) 空腹桁架 | | | | b) 空腹拱 | | |

图 13-7

空腹拱弯矩仅为实腹拱的14.3%,但仍以轴力为主,改善了刚度,轴力在空腹拱中表现为中间大两头小,实腹拱则为中间小两头大。空腹网壳最大弯矩及剪力远远小于空腹拱,最大限度地减小了杆件的弯矩,体现了空间结构利用杆件在空间分布实现"无弯矩"的理念。空腹拱仍表现为一个平面结构,"梁"的性质明显,空腹网架则是三维受力的空间结构。

(2)稳定性分析。空腹拱材料增加很少,然而非线性极限承载力却比实腹拱增加了8倍。空腹拱对缺陷不敏感,不管是空腹拱还是实腹拱,最大极限承载力均在矢跨比1/4～1/3之内。在半跨荷载下,空腹拱承载力比实腹拱提高很多,可以认为不对称荷载也是一种"缺陷",实腹拱在支座条件改变下,特征屈曲荷载下降明显,简支条件下只有固定支座条件下的30%～50%,而支座约束改变对空腹拱基本无影响,说明空腹桁架稳定性能大为改善。

(3)空腹网架以圆形直径120m,壳厚2m为例,当矢跨比增加,则刚度增加,极限荷载呈线性增加,达到极限荷载后曲线平坦,没有突然下降,是延性破坏,与单层网壳完全不同。当矢跨比达到0.2后,则极限荷载增加较慢,厚度增加,刚度增加,厚度大于2.5m后增加减少。腹杆大小直接影响结构刚度和极限荷载,但当腹杆截面刚度与弦杆截面刚度之比介于1.5～2.0之间时,则影响结构刚度和极限荷载;若比值大于2.0,影响就微乎其微了。

从结构变形来看,以结构整体失稳为主,变形与一阶屈曲模态一致。

(4)空腹网架的优点。建筑与结构和协统一,极限承载力比实腹单层网架高得多,三维受力特点,对初始缺陷、支座条件改善、不均匀荷载均不敏感,在小矢跨比情况下极限承载力比单层网壳提高3倍左右,屈曲变形以整体为主,单层网壳则以局部凹陷为主。

(5)地震作用必须考虑垂直及水平地震作用两种情况。

5.张弦梁结构特点是什么?

据文献[46]介绍:

(1)张弦梁的概念。有的说法是弦通过撑杆对梁进行张拉,有的说法是用撑杆连接抗弯的受压杆件和受拉杆件而形成的平衡体系,包括上弦刚性杆、下弦高强索以及连接两者的撑杆,因此从不同角度认为是双层悬索体系,上弦为刚性体;还有一种理念是平面桁架的下弦受拉体系或体外布索。张拉梁受力性能是以上各种理念的衍生,所以是一种新型结构体系。

(2)张弦梁的特点。只有竖腹杆,腹杆间距大,形成轻盈而富于建筑表现力的结构,内力可以自己平衡,对支承结构不造成水平推力,但却是一种风荷载敏感结构,风吸力大时应采取一定措施防下弦受压失稳。

(3)目前空间张弦梁可以成多向蜂窝形,这种结构拼成整体后再进行另一方向张拉成为空间结构(图13-8)。

(4)张弦梁的计算。符合线性弹性和小变形假定,可以用叠加原理。当跨度大时,在进行上弦杆放样尺寸分析时,应考虑几何非线性。

图 13-8

张弦梁是半刚性结构,杂交体系。其形态分零状态、初始态和荷载态。零状态是加工和放样状态,也称结构放样状态;初始态是预应力张拉完毕后状态;荷载态是结构加荷后的平衡状态。

虽然是半刚性结构但仍按线性分析,这是因为分析结果中线性与非线性非常接近,但跨度大的结构张拉到初始状态会产生较大变形,这样要采用迭代法,即检查初始状态是否符合设计所给定的状态,是否偏离初始形状,如果不符合建立的设计要求,则应用迭代法,此时应进行非线性分析。广州国际展览中心介绍,张拉梁反拱值比计算的大,因此曾归于弯曲钢管的E值降低,但试验结果分散,因此未弄清原因,现在则认为是非线性所致,是"半刚性"的反映,可用迭代法来调整上拱值。

结构变形不应计入拉索张拉的反拱。

过大预应力张拉会导致上弦杆弯矩急剧增加,带来明显不利效应,但预应力还是对结构性能改善有利,但要加以限制。

矢跨比可以削弱上弦弯矩,改善结构性能,但要做选型和抗震等综合考虑。

(5)张弦梁下弦的稳定。张弦梁下弦有向心力,因此除了可保证本身的稳定,也能保证竖腹杆端部平面外稳定,但要注意,并不是所有结构都能保证腹杆平面外稳定。如半月形上弦(图 13-9a),下弦受拉力,平面外失稳时,下弦杆 AB 转力,腹杆绕 BO 转动,下弦转动半径比腹杆短,如要协调转动,下弦必须伸长,而拉杆伸长必须会加大拉力,这必然会在水平方向出现一个向心力阻止失稳,所以张弦梁属于这种结构,下弦有向力心力阻止腹杆平面外失稳。反之,如向下的弯曲上弦(图 13-9b),下弦转动半径比腹杆大,因此不产生向心力,无法阻止腹杆平面外失稳,若要防止失稳,必须在下弦加支撑。如果上弦是直杆,则属于随遇平衡,不属于失稳,但也是工程中不宜采用的结构。

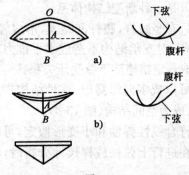

图 13-9

(6)张弦梁的节点。为缓和温度应力,支座应一端固定,一端滑动。支座节点为免去相贯节点切割焊接,可用铸钢节点,但造价较高;有的改用拉索连接,锚固在焊接球上,然后内塞高强度等级水泥砂浆,由于仅有竖腹杆,一般下弦索与腹杆之间不允许拉索滑动,上弦节点在平面内应可以转动(图 13-10)。

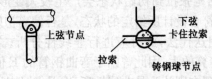

图 13-10

6.弦支网壳结构有什么特点？弦支网壳包括单层网壳椭圆面网壳和若干圈环索(相应的斜索和竖杆),是在索穹顶基础上发展而来的吗？

据文献[46]介绍,索穹顶是美国盖格(Geiger)推广富勒(Fuller)张拉整体思路时产生的张力集成体系,主要由受拉索和少量受压的杆件通过预应力形成的圆形、椭圆形或其他形式,是特殊的索膜结构,称为"压杆的孤岛存在于拉杆的海洋中",是一种结构效率极高的结构体系。目前国外已有工程实践,国内已具备能力,但尚没有在工程中应用。

弦支网壳在未加预应力前处于完全松弛状态,没有刚性,获得预应力后会形成基准态,是一种特殊构造的柔性结构,并要求对成形过程中内力分析追踪,这是区别于常规结构的主要方面。

其特点是:①连续强力状态,始终处于张力;②不找出成形的外形,不能工作,基于形态分析,即形状拓扑和状态的分析;③不存在自然刚度,刚度全靠预应力;④自支承体系,索支于桅杆上,索系与桅杆互锁;⑤自平衡,在成形过程中不断自平衡,在荷载态,桅杆下端环索和支承结构的钢筋混凝土环梁所形成的环形网架均是自平衡构件;⑥与施工方法无关,成型过程即施工过程,施工不好,可能面目全非;⑦非保守结构,在非对称荷载下,会产生变形,刚度变化,如荷载卸去后,不能恢复原有形状、位置、刚度;⑧造型优美,造价低,施工快。

其缺点是:①受压环梁比较笨重、庞大、制作复杂;②上层索易松弛退出工作;③节点复杂。

工作机理:

(1)初始几何态和预应力态——成形和刚化。预应力过程中逐步成型,作竖向刚体运动的桅杆对上凸的背索施加预应力,使背索或倒悬刚化的索网具有网壳力学性状,索穹顶的成形和刚化是逐步形成的,逐步累积的预应力提供了刚度(图 13-11)。

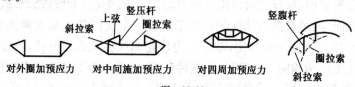

图 13-11

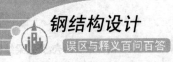
通过预应力刚化，主要原因是环索和斜索组成了预应力回路，不致使预应力"流失"。

（2）荷载态——刚化的脊梁发挥了拱的作用，环索和斜索体作为下悬的索系形成了主要的承重结构，由于非保守结构的特点，分析不对称荷载或特殊荷载时要格外注意，因为荷载类型也会影响刚度，改变传力机制，一般可以应用非线性有限元计算，徐国彬教授介绍，非保守结构即是有能量消耗的结构，而索穹顶，由于非线性大变形就必然消耗能量，所以是非保守结构，所谓非保守结构即非线性的结构。

成形分析——施加预应力前，形态是不稳定的，如果不能找出使之成形的外形，就不能工作，形态不合理，就没有良好的工作性能，成形分析主要是非线性分析，有的提出可以用动力松弛法或力密度法，但动力松弛法和力密度法主要用于膜结构，将膜转化为索，因此索穹顶不需要上述方法。

成形是传统力学问题的逆问题，应要求满足平衡条件的变形，而不是满足协调条件的平衡，因此采用非线性有限元法，即施加预应力后，初始位移不满足结构平衡条件，即节点产生不平衡力，即用迭代法计算，直至不平衡力等于零，即成形成功。

有的提出预应力可以用等效荷载法、初始缺陷法和初应变法。等效荷载法即把预应力当外力，拉索不参加工作，但等效荷载法将预应力当外力，将使概念模糊，预应力与变形有关，而外力与变形无关；初始缺陷法，即拉索几何长度与实际长度产生预应力；初应变法即用张拉应变描述预应力。

💡 7. 弦支网壳结构的特点是什么？

据文献[46]介绍，弦支网壳结构是日本川口卫教授的索穹顶，将张拉整体思路用于单层球壳而形成杂交结构，使两者优点互补。单层网壳稳定性差，对下部结构有较大水平推力，而网壳上弦可以做成刚性，承受膜以外的屋顶，如压型板，索穹顶可以设置成强大受压环梁，正好抵消了单层网壳水平推力产生的拉力，索穹顶只能用膜屋面，而球壳可以用其他屋面。弦支网壳一般做成圆形或椭圆形，对于矩形平面，通过径向和纬向的蜕变形成两向汇交网格。弦支网壳实际上是弦支结构刚性上弦的一种特例，基于应力优化非线性承载力分析，抗震、静动力稳定均与弦支结构相同，所以可以有两种理解：一是刚性上弦取代索穹顶的柔性上弦；二是整体张拉概念，加强单层网壳原理。弦支网壳是刚柔结合的新型复合空间结构,自重造价降低,索的预应力对单层网壳会产生反变形,内力变形减少,刚度加大,改善结构性能。

首先对索施加适当预应力,减小结构在荷载作用下单层网壳对支座的推力,降低结构对边界约束的要求,适当的优化,可以做到边界水平力等于零。由于撑杆作用,减少了单层网壳的竖向位移和变形,保证了稳定性,施工中单层网壳是几何不变体系,是施工中的支架,大大简化了张拉过程。

弦支网壳的设计步骤是:第一步,根据经验成型,如单层网壳结构的形状布置、矢高、竖腹杆的布置、斜索的坡角等;第二步,施加预应力,预应力应多点同步分批张拉,预应力可在斜索上或环索上施加,施加预应力计算可采用 SAP2000 或具有非压杆元几何非线性计算,预应力可采用温度应力的算法,即用应变法;第三步是加荷,即按几何非线性计算,第二步与第三步都是采用非线性法计算,相互叠加是不合理的,但由于非线性特性不明显,因此近似用叠加法是可以的。

💡 8. 弦支网壳的设计。

根据北京工业大学研究生论文和设计单位经验,有以下几点参考(一般适用于直径 100m 以下的建筑)。

(1)网壳矢跨比的确定。矢跨比指单层网壳矢跨比,取 1/8～1/16。比较适宜的矢跨比为 1/10～1/12。由于钢索使单层网壳轴力减少 90%,使径向内力减少 30%～40%。

矢跨比增大,将使内力减少,作用减弱,而矢跨比较小时,则使节点位移减少明显,斜撑的矢跨比根据斜撑角度适宜,基本上也用 1/10～1/12。

(2)矢跨特征值可采用 SAP2000 计算,矢跨比减小,特征值减小,特征值不能描述结构实际承载力,仅揭示薄弱部位,单层网壳的薄弱部位分布很大,而弦支网壳的薄弱部位主要在接近网壳的根部最外围环向索对应的位置,因此可以加强根部少量杆件,使整个结构得到加强,一般从特征值反映的稳定形态知道稳定的失稳薄弱部位。

(3)稳定承载力。弦支网壳稳定性也是采用 SAP2000 几何非线性的牛顿—拉斐逊方法计算,一般没有下屈曲点,只是按直线算不下去即为稳定承载力。关于材料非线性对稳定性的影响,单层风乘用 1/0.47 安全度,设计单位一般也是用与单层网壳—柱的安全度,但这是一个讨论的问题,一种看法认为是半柔性结构,安全度应大些,也有的意见是算不上半柔性结构,即按照几何非线性即可,根

据矢跨比 1/8～1/16,稳定性比单层网壳提高 100％～320％,对半柔性结构则提高 92％～330％。

（4）初始缺陷。一般设计单位仍采用单层网壳缺陷一致模态,用 1/1000 初始缺陷,北大认为 1/1000 对极限承载力几乎没有影响,应采用施工偏差概率法,即 1.645 倍施工位应控制值。

（5）预应力可以作用于径向索、环索及竖腹杆,有的设计则采用竖腹杆加预应力,预应力拉值据北大意见采用 1/3～1/4 拉断力,即相当预应力索安全度的 3～4 倍。

预应力必须在加荷载之前加。

（6）单层网壳的形式有很多种,如肋环型、联方型等。经比较,认为适合的是联方型。

（7）网格根据分析较稀疏时可加密,则稳定性提高,稠密到一定程度,稳定性反而降低,所以设计仍按网架经验,采用 3～4m 的网格即可。

十四、
围护结构

钢结构设计误区与释义百问百答

文献[1]二十章介绍了围护结构,本书再作补充。

1.低波纹板与高波纹板如何采用?

据文献[33]介绍,波高大于 70mm 为高波纹板,波高小于 70mm 为低波纹波。由于肋高不同,排水效果也不同,低波纹板用于排水坡 1:20～1:40,高波纹板用于 1:10 左右。横向搭接均采用半波,但高波纹板一般需设固定支架,纵向搭接低波纹板大于 250mm,高波纹板大于 350mm。

我国压型板早期学习日本采用高波纹板,板较厚,檩距为 4～5m,肋高70mm 以上。当时日本已采用角驰型 III,角驰是日本名的型号,后巴特勒等美国公司进入中国,我国才开始采用低波纹板,檩距为 1.5m 肋高小于 70mm,板厚0.57,墙板厚 0.47,最普通的是角驰 II。例如,YX-57-380-760(卷边 180),符号顺序为压型(拼音字首)、肋高、波距、有效覆盖宽度。但有些重工业厂房按习惯仍采用高波纹板。

2.压型板的搭接有哪几种?

压型板用较陡的坡度来泄水,称泄水性。而目前采用的是在不设计成完全密不透水的情况下,在最小坡度下不漏水,称水密性,最小坡度为 1:12,坡度愈大愈好,尤其是寒冷地区在内天沟、檐口、屋脊处往往都不是水密性的。因此,压型板的接头对防水起最关键作用。

据文献[33]介绍,压型板连接形式横向连接有暴露式和暗扣式两种。暴露式由自攻螺丝与檩条固定,螺栓暴露在外,其缺点是螺栓易生锈,密封圈老化,漏

水,国内已基本不用,但据弓晓云教授介绍,美国和澳洲自攻螺丝用得很多,并不漏水。不漏水的关键还是纵向搭接处一定要设双檩条才能保证,因此不能完全否定暴露式。

暗扣式是板与板及板与配件之间用夹具夹紧,消除漏水隐患。暗扣式也有很多种,平接连接现已不用,加固扣件连接主要用于复合板,即两板之间加一盖板,直立连接(图 14-1),这是目前用得最多的连接。一般用电动咬合机,因为担心人工咬合不均匀,这种节点必须精确加工、安装,并要求在同一直线上,否则易漏水。超过 30m 一定要求檩条上夹板在一直线上,否则容易卡住。30m 以上由于搬运困难,容易变形,应该现场制作,将板的成型设备压板机放在檐口平台上制作,高空成型,因此一般用到 80~90m。

图 14-1

直立缝高度 h 根据坡度不同,用 25mm、56mm、65mm,一般为 50~70mm。直立缝连接的咬口有 180°和 360°两种,360°即咬合双圈。

澳大利亚 BHP 板也是板之间互扣,是暗扣式,但澳大利亚 BHP 板是用 4900 高强材料制成,轧制成型保持不变,因此弹性很好,卡住后密封性好,不会漏水,长度长时,也将压板机放在屋面现场制作。国内已用到 70m,国外曾用到 100m。

💡 3. 在台风地区,如何加强压型板?[4]P184

直立缝连接在低波纹板时并未要求一定要加固定支架,但有的会加固定支架,因为固定支架会限制板的伸缩。文献[31]介绍美国采用在直立缝中间的固定架上安装个可以摆动的接头片(图 14-2),这种节点使直立缝缺陷更加明显,即可移动性,无法提供蒙皮效应。另外,在复杂平面时,使一端简单固定和一致伸长的假定很不适应,而且构造也很复杂,所以很难在工程中应用。

因此,直立缝即使加了固定支架也不是理想的防台风抗拉措施,暗扣式除板与板扣之外,还在板与檩条间做好扣件相连,靠卡紧防台风也不是理想的防台风抗拉措施,因为在边缘处台风最大。

因此目前台风地区,直立缝除加固支架外,支架厚度还要大于 3mm(卷180°)、1.5mm(卷 360°),与檩条连接螺丝大于 φ6.0,支架间距小于 1.5m。每个檩条加支架与暗扣式一样需要在檐口及屋脊处每个波峰上都加一圈防台风螺丝(图 14-3),这个螺丝是外露的,垫板要加大加厚,使受台风作用时,加大接触面,不会使螺丝孔穿孔，除了台风螺丝外，在檐口 1/6 建筑宽度范围内，檩条要加密，因为 75% 屋面损坏都在风力大的屋面边缘处。

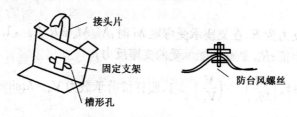

接头片

固定支架

槽形孔

防台风螺丝

图 14-2 图 14-3

由于有防台风螺丝，暗扣式卡板及直立缝固定支架都必须保证不会自由伸缩。所以实际上在防台风螺丝处，板会因伸缩而撕裂，但由于防台风螺丝的垫板加得足够大，使雨不会漏进去，另外在屋脊与檐口处，雨水情况也有所改善。

4. 压型板如何计算？[4]P183

据文献[5]介绍，板的承载力计算主要通过理论分析及试验取得，一般压型板产品均有计算结果，但设计者也应了解其原则。

集中力 F 可按一个波距计算，F 则折算成 q_{re} 来计算，如图 14-4 所示。$q_{re}=\mu\dfrac{F}{b_1}$，根据试验决定；无试验资料，可参考 $\mu=0.5$。剪应力应符合当 $\dfrac{h}{\pi}<100$ 时，$\tau\leqslant\tau_{cr}\dfrac{8550}{h/\pi}$，$\tau_{cr}\leqslant f_y$；当 $\dfrac{h}{\pi}\geqslant100$ 时，$\tau\leqslant\tau_{cr}\dfrac{85500}{(h/\pi)^2}$。$\tau$ 为腹板平均剪力，τ_{cr} 为腹板剪切屈曲临界剪力。

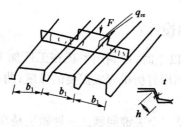

图 14-4

压板支座处腹板局部受压承载力 $R_w\geqslant R$，$R_w=at^2\sqrt{fE}(0.5+\sqrt{0.02\times l_c/t})\times[2.4+(\theta/90°)^2]$。$R$ 为支座反力；R_w 为一块腹板局部受压承载力；α 为系

数,中间支座处 $\alpha=0.12$,端部支座处 $\alpha=0.06$;t 是腹板厚度;l_c 为支座处支承长度,$10\text{mm}<l_c<200\text{mm}$,端部支座取处 $l_c=10\text{mm}$;θ 是腹板倾角,$45°<\theta<90°$。

连续板支座反力为 R,在支座承受弯矩 M 时,$M/M_u+R/R_w\leqslant1.25$。M_u 是截面能承受的弯矩值;R_w 是截面能承受的支座反力;

M 及 V 均大时,$\left(\dfrac{M}{M_u}\right)^2+\left(\dfrac{V}{V_a}\right)^2\leqslant1$,腹杆抗剪承载力 $V_u=ht\sin\theta\cdot\tau_{cr}$。

💡 5. 压型板屋面伸缩缝如何取定?[4]P189

压型板屋面的伸缩缝现在尚无规定。根据经验,直立缝板已做到 90m 长,而 BHP 板做到 70～100m 均无伸缩缝。无台风区,压型板均是放开的,伸缩不是问题;有台风区由于防台风螺丝两端卡住,对伸缩有影响,可能会使板挤裂,但防台风螺丝垫板比较大,也未见漏水。有的提出 60m 以上要做伸缩缝是没有根据的,因为屋面板本身是柔性的,伸缩可以微弯解决,即使加一段固定支架也可移动 30mm。

💡 6. 压型板上人与不上人如何采用?[4]P180

上人的板要考虑集中力 150kg;不上人的则在维修时,只允许人先走在檩条上或另加临时铺板。一般上人的屋面受压区大,不上人屋面的受拉区大,从板型中可看出。目前为了节约,多采用不上人的压型板,但很不方便施工。

💡 7. 弧形屋面板如何设计?

当曲率半径在 25m 以上时,可利用平板在工厂加工成曲形,只要曲率半径大于 500mm 均可加工,利用打折机弯成需要的弧度;曲率半径小于 25m 时则应采用专门的褶皱弧形板。

圆球形屋面的连接是一个关键问题。一种做法是在曲面的屋面板横向搭接处均用梯形背压在搭接边凹槽处弯折成防水堤。防水最困难的还是球的顶部,做法是三道防线,第一道是封口条,第二道氯丁胶,第三道是圆形顶部脊瓦,最顶上是将板向上弯折,如图 14-5 所示。

铝板可以加工成上大下小的弧形板,对于弧形屋面施工很方便。目前有很多单位也开始生产上大下小的弧形压型板,这样横向节点比较可靠,是顺着肋的,不易漏水,上大下小的弧形板宽度一般不超过600mm,肋宽不变,在压型板肋之间调整的,压机是可以跟着调整,因此弧形屋面尽可能采用弧形板。

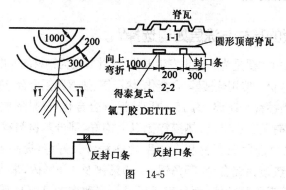

图 14-5

8. 复合板有哪几种?

复合板即夹芯板,是两层低波纹板,厚0.5mm以内,内堵有阻燃性材料,填充了聚苯乙烯泡沫、玻璃纤维和岩棉,重度12~20kg/m³,用高强黏合剂合成。横向搭接一般上翻25mm,然后再盖板(图14-6a),也有其他形式,但很少用(图14-6b);纵向搭接一般是上方复合板面板伸出钢板,搭接在下方复合板上(图14-7),过去用过工字缝现已淘汰。横向搭接屋面用盖板扣板,但墙面均用凹凸缝,复合板特别要重视的是黏结效果,规范要求黏结面积为95%,实际有的仅为70%,但目前这种现状还不普遍要加以注意。一般密度愈大黏结愈好,质量愈好,目前试验的复合板还能达到要求。

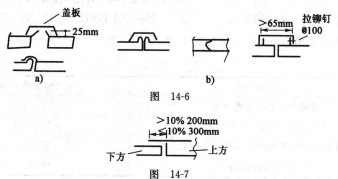

图 14-6

图 14-7

9. 如何保证压型板的延展性？[4]P208,P291

一般延展性是指钢板折成 180°后，即发生起皮裂纹是延展性不允许的。我国压型板均是低强钢材，一般不存在此问题，对于高强钢材则要求延展性。

10. 压型板的基材与涂层如何选择？

压型板的基材主要是为了防止发生电化学腐蚀，碳为钢材的原电池，遇水分即发生电化学腐蚀，基材一般用热镀锌、合金化、热浸锌、热镀锌铝合金、热镀铝锌合金。

热镀锌靠牺牲锌来防腐，为 15μ 厚；热镀锌合金化，仅是形成较厚的合金层，不溶于水，但粗糙又有小空洞；热浸锌比以上均好，部分基材与锌化合，能耐腐化 25 年；热镀锌铝合金含 95％锌和 5％铝，比热浸锌又好些，提高了锌镀层抗腐能力；而最好的是热镀铝锌合金，55％铝，43.5％锌及 1.5％矽，最大的优点是完全脱离了以牺牲锌来防腐功能，而是表面形成一层致密的 Al_2O_3 膜，铝不作为牺牲品，而成为 Al_2O_3 稳定的化学膜来隔绝防腐，耐腐蚀能力为热浸锌的 2～4 倍，富铝呈树枝状，富锌的稳定防腐物则在断面空隙中，因此能够提供持久防腐，尤其在切口处防腐效果优于锌铝合金，以前只有国外有进口铝锌产品，目前国内产板也已具有此种素材，应优先采用。涂层必须有化学转化膜，此膜是由基本金属原子参与化学钝化反应而形成的一种惰性金属绝缘膜，如磷化膜，此化学转化膜是基板与磷硫盐防锈底漆的产物，通过物理作用增进涂层与转化膜黏合作用，涂层主要起屏蔽作用，阻断电化学。

文献[168]提出不同意见，认为 55％铝含量板耐腐蚀性能力并不比 5％铝锌好，从室外暴晒结果看，含 5％铝锌的板耐腐蚀最好。

但我们从来实公司介绍的澳大利亚试验资料得出相反的结论（图 14-8）。
GF Galfan Zn−5％AL ZAL ZinCALUME 55％Al−Zn。
镀层腐蚀量测定与寿命结算如图 14-9 所示，不同环境中镀层寿命见表 14-1。

表 14-1

镀层所处环境	预计镀层寿命(年)
强海洋性气候(距海 30m)	15～18
中等海洋性气候(距海 300m)	61～153
工业海洋性气候(距海 500m＋工业污染)	27～164
乡村气候(距海 30km)	260～461

上述是控制试验条件下数据,不能简单套用为镀面钢板实际应用。

根据以上试验结果,来实公司建议屋面及墙面采用 ZA_L,当然这个问题还值得探讨。

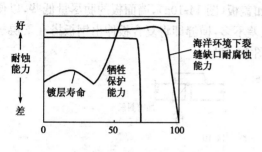

图 14-8　铝含量对镀层咬合腐蚀性能的影响

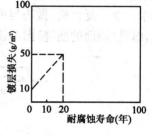

图　14-9

据文献[168]介绍,屋面板厚度在 $0.5 \sim 0.6mm$,基板厚度不小于 $0.4mm$,镀铝锌板级别为 $5250 \sim 5550$,而除机合板外,其余不宜大于 5350(即 350MPa)。镀层厚度双面用 $30/30 \sim 90/90$ 六个级别,一般采用 60/60 或 75/75。

涂层又分聚酯漆 PE、改良型聚酯漆 SMP(双性有机硅聚酯)和氟碳树脂(聚氧乙烯聚偏二氟乙烯)三种。

最好的涂层是氟碳树脂(PVDF),其他的聚酯性油漆均属可透水性的油漆,水分子易渗到钢基材,而产生膜下化学反应,因此整个板的寿命就依靠于基板的寿命。氟碳树脂是非透水性的,可以为防腐蚀提供屏蔽,聚酯类在紫外线下 7 年退色 50%,改良性聚酯 15 年达 40%,氟碳类 15 年达 6%,至少可达 20 年以上。一般年限,聚酯类 10 年,改良性聚酯可用 15 年,氟碳类为 $20 \sim 25$ 年。文献[31]介绍 PVDF 金属厚度为一个单位 0.025mm,对于中等腐蚀要求 2 个单位,特殊腐蚀要求 4 个单位,氟碳树脂(PVDF)应要求 kyNAR500 或 HyLAR500 树脂达 70%,如果仅为 50%,将与聚酯差不多。

特别要说明的是 PVDF(或 PVFZ)的化学键和化学键之间有很强的黏结力,因此涂料具有非常好的防蚀性和色泽保持性,其耐候性(光泽保持性、耐粉化性、颜色耐久性)也是所有涂料中出类拔萃的。PVDF 分子最大,美国称其为 kyNAR 500 体系,欧洲称 XSE 体系,户外常规及适当雨量下,$30 \sim 35$ 年内漆层不产生裂痕、剥落和变脆。PVDF 一次投资比较高,但在延长维修、保持长久外貌、耐久性等方面都是一种理想选择。

💡 11. 墙面板横排,如何处理?[8]P211

为了美观,墙面板经常要求横排。对于单层板,横缝变成纵缝,就不需要像屋面板那样直立缝或暗扣,只要上板压下板,简单多了;但纵缝变成横缝,一般即采用搭接方法,先加螺栓,然后再加盖板(图14-10a),墙面板的肋尽量低些,以便排水。至于复合板,做法与单层板差不多,横缝即将复合板伸出钢板搭在下层板上,纵缝(墙面的横缝)则加盖板(图14-10b)。

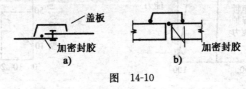

图 14-10

💡 12. 门架如何考虑砌砖墙的侧移?

门刚规程表3.4.2-1规定当采用砖砌时采用$\frac{H}{100}$侧移限值,这个前提是不能用嵌砌体,而是贴在门架外,用钢筋相连。门刚规程4.4.3仅能用于6度以内,如嵌砌墙侧移大时可能开裂,MBMA建议算侧移时,不需要50年一遇的风计算,按10年一遇的风即可,但这种说法尚有争论,但也说明侧移可多放宽些。

文献[31]介绍美国屋面侧移,金属墙板$\frac{H}{60}$～$\frac{H}{100}$,预制墙板$\frac{H}{100}$,配筋砖墙$\frac{H}{200}$(如节点相连合适,可放宽至$\frac{H}{100}$),若有内隔墙应为$\frac{H}{500}$。

对于墙梁或抗风柱水平位移,金属墙$\frac{H}{120}$,砖墙体$\frac{H}{240}$不大于5度。

关于侧移问题,一是有些手册建议采用10年一遇的风,但有争议;二是侧移应包括刚架侧移蒙皮侧移和柱间位移,除柱子位移外,也应包括墙的位移,如图14-11所示。

所以根据以上所述,认为以下侧移比较合适。

没有脆性材料的门架侧移应为$\frac{H}{60}$～$\frac{H}{120}$。

如有砖墙则地震下取$\frac{H}{200}$,风载下取$\frac{H}{400}$,如果是应用

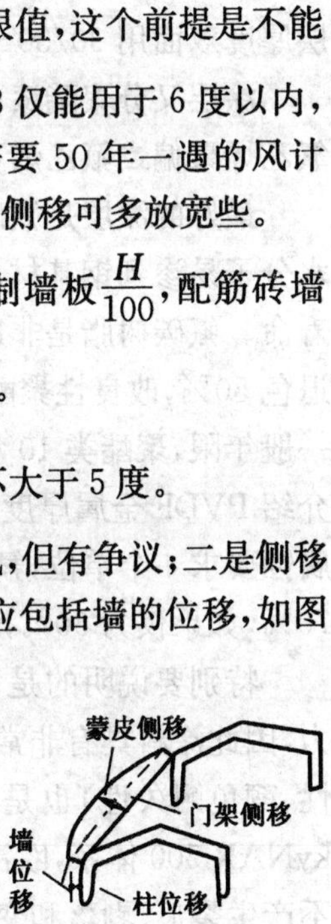

图 14-11

外贴墙或节点特殊做法可以为 $\frac{H}{200} \sim \frac{H}{300}$。墙梁挠度,金属墙板为 $\frac{L}{120}$,砖墙为 $\frac{L}{240}$。

13. 屋面防水等级如何定?[8]P258

屋面防水等级分 I、II、III、IV,防水层耐久年限分别为 25 年、15 年、10 年、5 年。

防水等级规定还是老的标准:一是使用年限,二是设防道数。这种概念还是以传统防水材料二毡三油等为基础,根本不反映新的防水材料,如三元乙丙、压型板,这样分级是"滞后"的,今后防水等级应以使用年限为主。

14. 外天沟应如何连接,大小如何掌握,用什么材料?[8]P229

由于内天沟的缺点,所以现在尽量用外天沟,外天沟可以做得小些,多加些水落管,大小一般为 200mm×300mm,排水 30m,外天沟由屋面伸出杆件加以固定,外天沟一般不做坡度。过去多用彩板,厚度要求 1mm 以上,现在逐步用 2.5mm 的热浸锌钢板,但为了防腐,又多改用 2mm 的不锈钢,也有薄的用 1.2mm,不锈钢可以用氩弧焊对接焊,焊后用煤油渗透试验。文献[31]介绍不锈钢天沟要防止电化学,一定要与低碳钢隔开,如用锌钛合金作天沟更好,但造价太高。天沟一定要做溢水口,以防反水。

当屋盖高度小于 10m 时,即可不做外天沟,做无组织排水更好。

在北方地区,外天沟一定要保温,一般在女儿墙处,天沟下加保温层,必要时保温层下再用彩板托住。

天沟的大小要查雨水设计重现期和本地最大降雨强度,再根据最大降雨强度及汇水面积,参照最大雨水流量、天沟水力半径、坡度、粗糙度,算出水流速乘以天沟面积得出排水流量,使其大于最大雨水流量,详见《建筑给排水设计规范》(GB 50015)。

15. 内天沟能否找坡,如何保温,如何解决下垂?[8]P231,P239

有时不可避免的只好用内天沟,但内天沟的找坡以及漏水一直未解决好,但双坡多距屋面仍只能用内天沟。

内天沟应该找坡,但找坡比较困难。过去用天沟内混凝土找坡不可取,时间长了,混凝土与钢板分开,而钢板比混凝土光滑,有利于排水,混凝土找坡不好,用 SBS 及三元乙丙等防水材料找坡也不理想。所以现在设计中都用天沟本身找坡,如图 14-12 所示,9m 天沟即天沟本身找坡,但天沟本身找坡给施工带来难度,很多工地施工中根本不找坡,所以现在有的设计即将天沟做深(加深尺寸相当于坡度),其实这样也不一定需要,因为不找坡,无非水流速度减缓,但因为有水落管,水总会排出去。目前最好办法是内天沟加虹吸系统,使水吸流出来,避免了内排水暴雨下溢水。虹吸作用是实现气水分离,由于真空作用,使水管最终达到满流作用,用令人惊奇的速度排除雨水。我们在 100m+80m 双跨机库前高后低的屋面中,水沟每 10m 加内排水管,并加虹吸系统,雨水排水速度很快,毫无漏水现象,系统可以将空气与水分开,虹吸将雨水很快排出,这样天沟是否做坡度并不是问题,坡度也是为了加快排水。

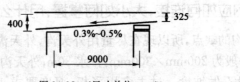

图 14-12 (尺寸单位:mm)

天沟的保温一般是包保温棉,然后再外包钢板或彩板。

天沟的下垂,一般天沟下做系杆,因为利用天沟作系杆薄臂结构作刚性系杆不理想,应另设系杆。

💡 16. 东北地区屋面大雪怎么设计?[8]P245

屋面大雪用人工清除非常危险,因为冰很滑,应杜绝人工扫雪,东北多雪地区,屋面应做扫雪杆,用得多的是加热电缆。

另外东北地区,屋面排水应适当大些,因为融雪积聚的雨水有一定的反爬坡能力,欧洲规范规定至少 5%,一般最好更大些。

💡 17. 屋面保温有什么办法?[8]P247

屋面保温有两种做法:第一种是两层屋面板中加保温层,两层面板都是压型板,也可以上层是压型板,下层用钢丝网或不锈钢丝网,直径 1～1.5mm,有美观要求的可以做成菱形网格,200×200 或 250×250,现在也有涂塑钢丝,直径

1.3mm。保温层一般可以用玻璃棉或岩棉,玻璃棉重度应为 $16kg/m^3$,这样保温性能才好,岩棉比较重,重度为 $100kg/m^3$,用得不多,但防火性能好。保温层下面还要加一层铝箔贴面,可以良好反射热辐射,同时也可以防止水蒸气进入保温层,保温层进水后保温效能会降低 1.7 倍左右。聚苯因为易燃烧,并放出毒气,现已禁用。

另一种保温层面是下层做压型板,肋部要求比较高,然后上面加保温层,进口的保温层有西斯尔,其他的有玻璃棉、岩棉。重度达 $180kg/m^3$ 的岩棉就比较硬,踩上去不易变形;玻璃棉则比较软;进口的还有一种 XPS 聚塑板,无毒,块状且硬,但防火较差,现在国内大企业生产的硬的保温层基本可用;聚苯 PV 因为燃烧后将放毒气而不能用。

保温层上面是 PVC,可以在长度方向用热风焊接。

将以上两种保温做法作比较,价格是 PVC 屋面保温层贵一些,但因为 PVC 只能用 8~10 年,维修年限太短,而用两层压型板,如果质量好,则至少 30 年。但 PVC 屋面防水效果较好,主要是采用采光孔时,压型板屋面易漏水,所以现在采用采光孔又严格不允许漏水的则采用 PVC;而没有采光孔的,用压型板也不会漏水,所以现在采用 PVC 的只占 5%,95% 仍采用两层压型板。

18. 压型板的厚度指什么,公差标准如何定?[8]P253,P318,P318

压型板的厚度指钢板加镀层厚,涂层厚度约为 0.020~0.028mm。

国标标准对于厚度有一个 ±0.020 的偏差,这个误差允许值是在彩板较厚情况下定的。现在有的厂就利用这个偏差,搞负公差产品,以薄冒充厚,因为压型板本身已经很薄了,不能再用负公差来"扣",应引起设计注意,不允许普遍负公差。

19. 保温层压实度允许多少?[8]P253

保温层在檩条固定处可能存在压实情况,一般允许的压实度为 1/15。

20. 防冷桥螺钉是怎么回事[8]P317,防结露有什么办法,游泳馆如何防冷凝?[8]P266,P270

为了防止通过螺栓与檩条形成的冷桥,应在螺头顶部加设一个加大的中空尼龙头,主要是使固定防冷桥垫块的钢片或屋面板固定座及屋面板不能通过金

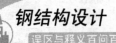

属螺钉来与屋面檩条形成冷桥,但目前国内用的不是很多,虽然是个好产品,但价格不便宜。一般板表面温度与室温相差3℃以上就可能发生冷桥现象,冷凝现象一般在辐射层上面,据文献[31]介绍,热空气比冷空气形成更多水汽,热空气遇上冷表面即失去一部水分成冷凝,冷凝时温度为露点。为了防止冷凝,常用防水汽贴面,气孔延缓水汽通过屋面速度,目前还没有完全阻止水汽通过防水贴面办法,只是延缓,如铝箔就是防水汽贴面,但是由于水汽穿透防水贴面是一个缓慢过程,因此冷凝水很少造成问题,而真正的问题倒是防止水汽渗入保温层破坏热工性能,加大保温层重量。游泳馆由于温度高,冷凝问题严重,目前有一种一次成型玻纤维保温层能降低结露,关于游泳馆结露问题,建议采用防潮贴面(如进口 Sgi-88 贴面),其水汽渗透度为1.15ng/(m·s),而铝箔为 3.5ng/(m·s)。渗透度为定量水汽通过饰面进入钢板表面上玻璃纤维的速度,防潮层要设置在长期湿热的一边,如游泳馆的室内侧。

防结露材料,建议用憎水性结露材料,不用亲水性材料,因为亲水性材料虽然表面不出现露水或水珠,但结构表面有水膜产生,水膜易使结构表面电器漏电。

冷桥发生在檩条的保温层压实处即屋面薄弱处,希望形成完整隔绝层,屋面板内最好不要密闭应随外界温湿度变化。

21. 围护结构是否考虑阵风系数?[8]P322

荷载规范 7.5.1 条文说明围护结构应按 7.5.1 考虑阵风系数,这条太笼统,未区别围护结构。阵风系数是瞬间风载,根据瞬时荷载,塑性材料的允许应力可提高 30%。钢材是很好的塑性材料,在瞬时荷载下可提高,瞬时风载按我国规范大约也就提高 1 倍。因此,钢材的围护结构不应考虑阵风系数,而脆性材料如玻璃幕坪,就应该考虑阵风系数。

另外,门式刚架规程中附录 A,A0.1 按门刚规程计算的风载也包括阵风系数,这也是不对的,这条说明是按美国规范抄的,在美国是对的,因为美国是用 3s 的风载,而 3s 的风载与 2s 的瞬时风载很接近,因为真正瞬时荷载测不出来,有一个仪表运作时间,一般 2s 的风载即算瞬时风载。虽然 MBMA 也提到过,体型系数已考虑了风路中建筑物引起的风流形式遮断的紊流,这也算阵风系数中的一部分,但我国门刚规程虽套用了美国 MBMA 的体型系数,但风载是用 10s 平均值,与美国 3s 的风载差 $\frac{2.25}{1.33} \approx 1.5$,即与美国风载差 2.25 倍,即不能说接近瞬时风载,虽然包括上述的紊流,但紊流仅占小部分,因此不能认为按门刚规程算风载时已考虑了阵风系数。如果按照错误的解读则脆性材料的玻璃幕墙按门刚规程就不考虑阵风系数,这将出大问题;如果塑性材料的檩条等围护结构,按荷载规范考虑阵风系数,即加强了围护结构,一些因风灾害屋面破坏的结构可能屋面就坏不了,反而整个结构倒塌。

💡 22. 采光板如何采用,用什么材料? [8]P295,292

应尽量不用采光板,这是漏水的主要原因,对保温系统也不利,在大雪时实际上起不了采光作用。采光板最好呈星状,不要延长,否则会形成薄弱环节。

采光板材料一般用玻璃钢,即玻璃纤维强化聚酯 FRD 或 GRP,另一种则是玻璃卡布隆(PC)以塑料聚碳酸酯为主,如 PVC 聚氯乙烯。

采光板的主要成分是上膜玻璃纤维强化聚酯,其中上膜要起到很好的抗紫外线、抗静电作用。抗紫外线可保护采光板的聚酯不发黄老化,过早丧失透光性;抗静电是为了表面灰尘能轻易被雨水冲走或被风吹走,维持结构美观。

将玻璃纤维聚酯 FRP 与玻璃卡布隆 PC 性能进行比较:FRP 为间苯二甲酸聚酯,为普通聚碳酸酯,FRP 热膨胀系数为 $2.2 \times 10^{-5}/℃$,比较接近钢材,冷热变化引起相对位移较少,不易变形漏水,而 PC 热膨胀系数 $6.75 \times 10^{-5}/℃$,位移过大,导致螺栓孔撕裂变形漏水;FRP 抗拉强度较高(94MPa),承受荷载能力与钢板相近,抗台风强,而 PC 强度为 60MPa,抗台风弱;FRP 采用上下膜与玻纤加强的形式,抗撕裂性能好,而 PC 由于其分子结构特殊性,抗撕裂能力差,易被金属毛刺刺裂漏水,需要铝压板来固定;FRP 采光率为 50%~80%,PC 为 85%~91%;FRP 热导率为 0.158W/(m·K),PC 为 0.166W/(m·K),FRP 隔热性能优于 PC 板;FRP 刚度好,可用于大跨或大檩距的结构,PC 板刚度差,必须用于小分格、小檩距的结构或凸拱起弧增加强度,PC 板大跨时易凹下积水。

采光板优点是透明,且能迅速燃烧后形成排烟口,上海消防局要求采光板燃烧后不能形成熔滴,以免烫伤消防员。电脑控制温度而生产的采光板,固化率高,耐候性好,一般 $-40~120℃$ 不会变色、裂缝、发脆、软化,150℃ 时外观略变色。

采光板面积一般占室内面积的 5%~15%,但从消防上考虑,上海消防要求应为排烟面积的 10%~20%,并均匀设置。

23. 开洞防漏的办法有哪些?[8]P272

目前最好的办法是得泰及防水专家 DEKTITE,采用非发泡型 EPDM 的弘达条形柔性盖片也是一流的盖片产品。这些采用 EPDM 特殊橡胶材料的得泰及弘达等均有耐碱、防臭氧和防紫外线辐射功能,耐低温冲击(−30~115℃,包括 150℃间隙高温),得泰价格高,弘达比得泰便宜 40%。

开洞应尽量靠近屋脊,这些柔性盖片均不要用自攻螺钉,因为压型板比较薄,可能只有少量丝扣起固定作用,施工人员踩后会松脱,因此建议用防水型(闭孔)拉铆钉固定。

24. 通风机能不能放在屋面上?[8]P279

通风机因振动大,漏水现象比较严重。因此,一定要将通风机放在檩条上,并加强檩条强度与刚度,但不等于通风机不能放在屋面上,现在已经有很多通风机放在屋面的例子了。通风机的重量,过去规定 10 号风机按 1000kg 以内,8 号按 800kg,已包括动力系数,如工厂能提供作用力应按工厂提供的数据进行设计。

25. 防火墙如何防水[8]P280

一般防火墙或防火柱等应隔开成两个部分墙,其防水可参照图 14-13。

26. 为何有时屋面防水很好,但仍有冷凝水下漏?

有时屋面防水做得很好,但只要一个细节未注意到就会漏水。如一个工程经过调查,其隔气层及下层钢板的纵向搭接方向错了(图 14-14),就引起冷凝水下漏,因此不能疏忽细节。

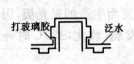

图 14-13

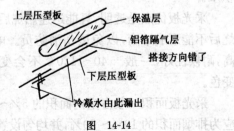

图 14-14

27. 目前屋面能否达到防火 0.5h?

屋面防火主要是保温层防火。如果保温层用玻璃棉则可以达防火0.5h;如用岩棉则可达 1.0h;如用聚氨酯则比 0.5h 差一些,只能勉强。

28. 夹芯板国内生产的岩棉主要是小矿岩棉,成本低廉,强度不好,环保更差对吗?[8]P342

国内生产的岩棉不能一概而论,大多数是好的,不都是小矿岩棉,但应注意控制质量,最关键的是要求密度在 $80\sim100kg/m^3$ 或以上。

29. 屋面板的上拔力如何考虑?

台风下经常有吹掉及损坏的屋面,主要由于大风产生的巨大吸力,造成屋面板的屈曲,螺钉的断裂或拔出,咬合边变形,直立缝连接件破坏。文献[31]介绍美国做了很多试验并提出了试验要求,如 VL580 标准,要求 $10'\times10'$ 屋顶样品,边缘密封并紧固在台上,承受交替的风压力及吸力,并要求安全地抵抗 100 英里/h风速的风压达 80min,样品获得 30 等级认可,通过 140 英里/h 风速的风压达 80min 为 60 等级,170 英里/h 风速的风压 80min 为 90 等级。90 系列的屋面板认为在台风下可保证屋面良好,但事实上在 90 系列试验中风速的1/5 便把屋面板掀开,锁缝被撕裂的原因是试验不能考虑风振及压力变化方式,及样品尺寸局限性。因此美国材料实验协会(ASTM)提出适用于屋面柔性特点的试验方法,但认为穿透式与直立锁缝不一样,穿透式才能合理分析风上拔力,而直立缝不能。美国工兵部又提出边缘不再紧固的试验方法,但又被批评是静态试验,未考虑风压不均匀分布,由于风作用上板下挠曲与畸变非常大,平截面假定不能适用,许多破坏还由于没有咬合或弯勾的弯曲应力。因此 MBMA 和 AIST 采用 $32'\times14'$ 的空压室通过电磁场提供实时变化不均匀压力分布的风冲击,目前还在探讨直立锁缝更可靠的试验方法,澳大利亚 BHP 也利用空气压力作反复试验并取得一定成果。目前我国对这方面研究还是空白的,直立锁缝中的一些零件尺寸也是凭经验放置的,还不够科学。

30. 雨屏墙是什么意思?

据文献[31]介绍,美国墙的水平缝会用雨屏墙,其理论值得注意,比较好的

说明了防水的概念,可以用于其他防水结构。水平方向的风雨产生动能,这是常见的渗透方式,可在下部设一个竖边,形成向内的阻挡,滴水边可以缓解沿着上部板底面流动的雨水,雨水沿着外板表面向下流淌,节点表面向上倾斜即解决雨水渗透的问题,雨水可以像通过灯芯一样渗入很窄的缝隙,但如果缝隙大于$\frac{1}{2}$,即使此作用消失,如图 14-15 所示。

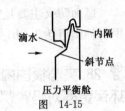

图 14-15

💡 31. 屋面何时需要全部返修?

屋面板严重损坏时才需全部返修,而保温层出现问题常是全部返修的原因,主要看保温层是否符合含水量标准,保温层含水多则失去保温性能,有的重量增加一倍。文献[31]介绍积水的保温层,即使吹风机也要吹,不能承受的长时间才会干透。

💡 32. 檩条的拉条放在檩条中间行不行?

目前有些拉条的位置不对,大致有两个误区。

一是拉条放在檩条中间,认为这样上下翼缘的稳定都会照顾(图 14-16a)。

二是拉条交叉地放在檩条中间$\frac{1}{3}$点处(图 14-16b)。

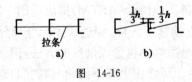

图 14-16

有的还有交叉拉条,要解决这两个误区,首先要了解拉杆的作用。应该明确在轻屋面及平屋面情况下,上翼缘和下翼缘都存在失稳的问题,而拉条在稳定上翼缘时,就应放在上翼缘处,拉杆在稳定下翼缘时就应放在下翼缘,这是很清楚的道理。

我们知道过去的所有书籍包括旧钢结构设计手册,都是按第二个误区画的,这在当时不是误区,是正确的。当时的特点是屋盖非常重,屋面坡度较大,因此就不存在风产生上吸力,引起下翼缘失稳。重屋盖单槽板刚性大,与檩条焊接,不存在檩条上翼缘失稳问题,但却因屋盖重,扭矩 p 力很大其对剪心的偏心 pe

大,不容忽略,这个扭矩就靠拉条产生的反扭矩来平衡,要求 $T\frac{1}{3}h>pe$。由于坡度大,拉条受力方向是定的,因此仅需要在檐口处设斜拉条即可,如图 14-17 所示。

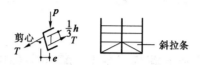

图　14-17

而现在屋面的坡度都变小了,屋盖也较以前轻了,不存在过去那么大的扭矩 pe,一般可以不计,因此拉条作用与过去完全不同,所以出现这两种误区,是由于钢结构规范及钢结构设计手册都没有有关规定。所以就出现放中间来照顾上下翼缘稳定的做法,实际上两个都照顾不到,还是没有认识上下翼缘都会失稳的问题,有的未认识到现在与过去的区别,盲目照抄过去资料。目前只有门刚规程 6.3.6 提出了上翼缘拉条放 $\frac{1}{3}h$ 范围内,下翼缘拉条放下翼缘附近。我们理解,上翼缘稳定不完全靠拉条,屋面板蒙皮也起了一定作用,为安装方便,并未严格要求放上翼缘附近,故给了 $\frac{1}{3}h$ 范围,下翼缘则严格要求在附近。由于坡度比较平,上下翼缘失稳方向不固定,因此要求两端均有斜拉条(图 14-18)。

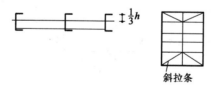

图　14-18

33. C、Z 形檩条开口方向为何一定要冲屋脊?[4]P346

目前 C 形及 Z 形檩条计算时均不考虑扭转,实际上屋面荷载作用力与剪心并不重合,不可避免会有扭转,为了尽量减小这种扭转,因此 C 形及 Z 形檩条开口方向要冲向屋脊。有的认为 C 形开口向下挠度会小些,但挠度大小是次要的,应首先考虑扭矩减少,如图 14-19 所示。

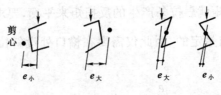

图 14-19

💡 34. 在风吸力下檩条下翼缘会失稳,屋面自重可以抵消一部分,另外风力是间隙的,失稳也是短暂的,是否可以不考虑风吸力失稳,只要强度控制?[4]P351

过去屋盖比较重,不会出现风向上吸力,现在屋面轻,风稍大一些即有向上吸力,是不能不考虑的。虽然风不一定是长期的,但失稳后是不能恢复的,如果失稳能恢复就不叫失稳。目前有的工程未考虑风吸力失稳也未出问题,只能说是还未遇到大风的情况,不能证明可以不考虑风向上吸力。

关于檩条风吸力失稳,主要有两种办法:一是不考虑屋面蒙皮作用;二是考虑蒙皮作用。蒙皮作用是有两方面:一方面屋面板有一定扭转刚度;另一方面是蒙皮的侧向支撑作用限制了受压上翼缘反向扭转,反向扭转主要靠变形后构件和蒙皮的接触点处的压力与连接拉力形成的力矩来约束(图 14-20)。试验表明,蒙皮将大大改善受力性能,破坏时,临界挠度达到 $\frac{1}{120} \sim \frac{1}{80}$。因此抗扭取决于连接构造与屋面刚性。

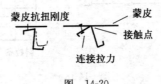

图 14-20

由于约束扭矩的因素很多,如果蒙皮与檩条之间有保温材料,将大大降低抗扭作用,蒙皮厚度、檩条翼缘厚度、连接位置等都对抗扭作用有很大影响。计算理论很不成熟,国外理论分析有两种:一种是有限元法,另一种是屋面板与受拉上翼缘及部分腹板简化成弹性地基,剩余的檩条腹板及受压下翼缘简化成支撑在弹性地基层上的压弯构件。

目前分析计算有 5 种规范。

(1)1998 年门刚规程原则上是按欧洲规范 EC3-ENV—1996 规定的,但在 y

方向平面外,轴压系数却用得与欧洲规范不同,是自己假定的,缺乏依据,且不可靠,考虑蒙皮作用。

(2)门刚规程 2002 年版完全按欧洲规范 EC3-ENV—1996 制定,考虑蒙皮作用。

(3)澳大利亚规范 AS/NZS 4600:1996 考虑蒙皮作用。

(4)按 BHP 设计手册,承载力查表,可以简单地根据檩条型号、跨度及拉条情况查出承载力,未明确考虑蒙皮作用,但由加了扣合板屋面试验求得,但若用于我国则应将表中设计承载力降低 15% 采用,这是因为澳大利亚规范与我国规范不同。澳大利亚钢材设计强度是用我国标准强度计算,荷载系数活载用 1.6,恒载 1.4,比我国要大,这样折算,采用表中设计承载力乘以 0.85 才能作为我国设计承载力。

(5)冷弯薄壁型钢规范,不考虑蒙皮作用。

我们与天津大学做了三榀 Z 形檩条的组合屋面试验,但因拉条提前破坏,未试得结果,后与湖南大学做了 Z200×15×2.5 三榀檩条的组合屋面试验。檩跨 4.8m,檩距 2.5m,试验结果与上述 5 种规范计算结果比较如表 14-2。

表 14-2

参考规范	1998 年版门刚规程	澳大利亚规范	BHP 檩条手册标准荷载(设计荷载)	2002 年版门刚规程	冷弯薄屋型钢	试验值
试验折算安全度	1.62	1.4	1.475(1.51)	2.36	1.929	8.54
檩条设计荷载(kg/m)	5.22	5.67	6.141(5.58)	3.62	4.28	

试验折算安全度=试验值/设计值=1.1(抗力系数)×1.2(脆性屈曲破坏安全度比塑性破坏提高系数)

文献[4]P352 介绍用 C250×2.4,L=4.8m,验算结果表明,冷弯薄屋型钢比门刚规程计算保守,与上述结论正好相反。因此我们又采用了 C254×76×20×2.4 与上述相似檩条,同样验算冷弯薄壁型钢与门式刚架,结果在 1 根拉条,L=4.8m 下,冷弯薄壁型钢能承受的标准荷载—3.0kN/m²,而门刚规程 2002 年版能承受的标准荷载—2.3kN/m²,结论与文献[4]P352 相反,考虑了蒙皮作用的门刚规程反而比没有考虑蒙皮作用的冷弯薄壁型钢保守,这是很不符合常理的

结果。

目前关于风吸力下檩条下翼缘受压的稳定的问题,基本上都用冷弯薄壁钢的规范计算,这是现在正确的做法。第一,门刚规程 2002 年版规定,附录 E,E0.4,面板厚度不得小于 0.66mm,而现在大量用的面板厚度均小于 0.66mm,所以根本不能用,而文献[8]P143 提出板厚小于 0.66 用 E0.02 计算,大于 0.66用 E10.4.3 计算,这是没有依据的;第二,即使门刚规程可以算,但结果计算繁琐,计算反而比不考虑蒙皮作用的冷弯薄壁规范还保守。

文献[57]对檩条风吸力稳定性验算由于门刚规程中计算过程异常琐繁,因此对计算中系数 χ 和 μ 进行了列表的结果和简化,将为设计者采用此公式作了有关的工作。

但在目前门刚规程中檩条风吸力稳定公式的问题主要有两个:第一个是E0.4 提出弹簧刚度 K 的先决条件是面板基板厚度不得小于 0.66mm,而目前大量的面板厚度均小于 0.66,因此大多数板不能用门刚规程公式,因此简化的 χ表也用不上;第二个是我们根据计算与试验对比,门刚规程公式考虑蒙皮作用,反而比冷弯薄屋型钢规范不考虑蒙皮作用的计算结果保守,这是完全违反常识的。因此希望这两个问题得到进一步探讨,才谈得上简化。

当然,我们分析,直立缝的连接的反向扭转并不比 BHP 扣板式差,刚度也不比 BHP 扣板差,而钢材强度都比 BHP 低,如果按强度折算后的断面再按 BHP设计手册查表应该是安全的,这样可省去复杂的计算。当然直立缝与扣板式比,自攻钉直接固定的蒙皮作用差很多,其抗剪能力仅为其 3%,但还是有一定蒙皮反应。

另外,如果符合澳大利亚规范的技术要求,板厚大于等于 0.42mm,肋高27mm,肋距 200mm,并有防止板与檩条翼缘移动的螺栓,$20 < \dfrac{翼缘宽度}{翼缘厚度} < 14$,檩条截面高小于 300mm。

当 $2.3 < \dfrac{檩条高度}{翼缘宽度} < 3.2$,高厚比在 $2.25 \sim 3.5$ 条件下,不需要复杂计算,只要简单乘以折减系数 R 即可。

$M' = RM$,M 即不考虑蒙皮作用的弯矩。

R 值:连续搭接 Z 形、简支 [形 $\begin{cases} 无拉条时取 0.75 \\ 跨中一个拉条时取 0.85 \\ 两根拉条时取 0.95 \end{cases}$

$$双跨 Z 形檩条 \begin{cases} 中间无拉条时取 0.6 \\ 一根拉条时取 0.7 \\ 两根拉条时取 0.8 \end{cases}$$

文献[168]对檩条的研究是目前国内最全面、最权威的资料,本应全部引入,但因篇幅的限制,现摘其重要部分介绍。

按照门刚规程,根据 EC3-1-3:1996 提出的檩条下翼缘受压稳定的考虑蒙皮效应的结果反而比不考虑蒙皮效应的 GB 50018 冷弯薄壁结果还保守,这是很不合理的,现文献[168]提出 EC3-1-3:2006 版,下面介绍 EC3-3-3:2006 的计算方法。

1)关于 EC3-1-3:2006 的计算方法

EC3-1-3:2006 中檩条的稳定计算公式如下:

$$\frac{1}{\chi}\left(\frac{M_{x_1}}{W_{ex_1}} + \frac{N}{A_{en}}\right) + \frac{M'_{y_1}}{W_{fly}} \leqslant f \tag{14-1}$$

式中:M_{x_1}——关于 x_1 轴的弯矩设计值;

$\qquad N$——轴力;

$\qquad W_{ex_1}$——关于 x_1 轴的有效抗弯模量;

$\qquad A_{en}$——有效截面积;

$\qquad W_{fly}$——自由翼缘加 1/6 腹板高度对 y_1 轴的截面模量;

$\qquad M'_{y_1}$——由于截面扭转引起的自由翼缘侧向弯矩;

$\qquad \chi$——整体稳定系数。

下面给出 M'_{y_1} 和 χ 的计算:

$$M'_{y_1} = \eta M'_{y_0}$$

式中:η——考虑自由翼缘弹性约束的修正约束系数,按表 14-2 规定计算;

$\qquad M'_{y_0}$——忽略弹性约束的自由翼缘侧向弯矩,按表 14-4 的规定计算;

$$q'_x = k_h \cdot q_y$$

$\qquad q_y$——檩条所受线荷载;

$\qquad k_h$——受压翼缘等效侧向荷载系数,按表 14-3 规定取值。

$$\chi = \frac{1}{\varphi + \sqrt{\varphi^2 - \lambda_n^2}} \qquad (\chi \leqslant 1.0) \tag{14-2}$$

受压翼缘等效侧向荷载系数　　　　　　　　　表 14-3

截面类型和荷载	k_h 值
（图）	$k_h = \dfrac{ht(b^2 + 2ab - 2a^2b/h)}{4I_{x_1}} - \dfrac{e}{h}$ 见注 1
（图）	$k_h = \dfrac{I_{xy} \cdot g_s}{I_x \cdot h} - \dfrac{f}{h}$
（图）	$k_h = \dfrac{ht(b^2 + 2ab - 2a^2b/h)}{4I_{x_1}}$
（图）	$k_h = \dfrac{I_{xy} \cdot g_s}{I_x \cdot h} + \dfrac{f}{h}$

注:1. 如果 $k_h < 0$,则 q_x' 的方向改变。

2. I_{x_1} 为截面垂直于其腹板的轴线的惯性矩。

自由翼缘弹性约束系数　　　　　　　　　表 14-4

计 算 模 式	计算位置	M'_{y_0}	η
	m	$\dfrac{1}{8}q'l_y^2$	$\dfrac{1-0.225R}{1+1.013R}$
	m	$\dfrac{9}{128}q'l_y^2$	$\dfrac{1-0.0141R}{1+0.416R}$
	e	$-\dfrac{1}{8}q'l_y^2$	$\dfrac{1+0.314R}{1+0.396R}$
	m	$\dfrac{1}{24}q'l_y^2$	$\dfrac{1-0.0125R}{1+0.198R}$
	e	$-\dfrac{1}{12}q'l_y^2$	$\dfrac{1+0.0178R}{1+0.191R}$

注:1. 本表中的符号对应于重力荷载作用,实际计算应根据荷载方向和截面的验算点来确定;
　　2. e 为拉条作用处位置,或连续檩条支座处(端头支座除外);
　　3. l_y 为拉条间距,当无拉条时,为檩条跨度;
　　4. R 见计算公式(14-5)。

重力作用下自由翼缘计算长度修正系数　　　表 14-5

位置	拉条数量	η_1	η_2	η_3	η_4
端跨	0	0.414	1.72	1.11	−0.178
中间跨		0.657	8.17	2.22	−0.107
端跨	1	0.515	1.26	0.868	−0.242
中间跨		0.596	2.33	1.15	−0.192
所有跨	2	0.596	2.33	1.15	−0.192
所有跨	3 和 4	0.694	5.45	1.27	−0.168

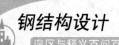
风吸力作用下自由翼缘计算长度修正系数 表 14-6

位置	拉条数量	η_1	η_2	η_3	η_4
简支跨		0.694	5.45	1.27	−0.168
端跨	0	0.515	1.26	0.68	−0.242
中间跨		0.306	0.32	0.742	−0.279
简支跨和端跨	1	0.800	6.75	1.49	−0.155
中间跨		0.515	1.26	0.868	−0.242
简支跨	2	0.902	8.55	2.18	−0.111
端跨和中间跨		0.800	6.75	1.49	−0.155
简支跨和端跨	3 和 4	0.902	8.55	2.18	−0.111
中间跨		0.800	6.75	1.49	−0.155

$$\varphi = 0.5[1 + 0.34(\lambda_n - 0.2) + \lambda_n^2] \tag{14-3}$$

（注：式中由原来的 0.21 改为 0.34，意味着由稳定曲线 a 改用稳定曲线 b，稳定承载能力降低）

$$\lambda_n = \lambda_{fly}/\lambda_1$$

$$\lambda_{fly} = \pi\sqrt{E/f_y}$$

$$\lambda_{fly} = l_{fly}/i_{fly}$$

$$i_{fly} = \sqrt{I_{fly}/A_{fly}}$$

式中：A_{fly}——自由翼缘加 1/6 腹板截面积；

$\quad\quad I_{fly}$——自由翼缘加 1/6 腹板高度的截面对 y_1 轴的惯性矩；

$$l_{fly} = \eta_1 l_y(1 + \eta_2 R^{\eta_3})^{\eta_4} \tag{14-4}$$

$\quad\quad \eta_1 \sim \eta_4$——按表 14-5 或表 14-6 取值；

$\quad\quad l_y$——拉条间距（此与原版不同处，当无屋面蒙皮时对稳定影响较大），无拉条按檩条自由翼缘受压区长度。

（注：当拉条数量 ≥3 时，$l_{fly} \leqslant l_y = l_0/3$）

$$R = K l_y^4 / \pi^4 E I_{fly} \tag{14-5}$$

$$\frac{1}{K} = \frac{4(1-\mu^2)h^2(h_{\rm d}+e)}{Et^3} + \frac{h^2}{c_{\rm t}} \qquad (14\text{-}6)$$

式中：μ——泊松比，取 0.3；

$\quad h$——檩条截面高度；

$\quad h_{\rm d}$——檩条腹板展开宽度，对直腹板，取 $h_{\rm d}=h$；

$\quad e$——当屋面板与檩条腹板接触时 $e=a$；当屋面板与檩条卷边接触时 $e=2a+b$；

$\quad a$——自攻钉到檩条腹板的距离；

$\quad b$——檩条翼缘宽度；

$\quad c_{\rm t}$——抗扭弹簧刚度。

$$c_{\rm t} = \frac{1}{\dfrac{1}{c_{\rm t_1}} + \dfrac{1}{c_{\rm t_2}}}$$

$$c_{\rm t_1} = c_{100}(b/100)^2$$

$$c_{\rm t_2} = kEI_1/S$$

$\quad c_{100}$——当 b 为 100mm 时面板与檩条连接的抗扭系数，每个波均连接时取 5200，隔一个波连接时取 3100；

$\quad k$——系数，单跨面板时取 2，双跨以上面板可取 4；

$\quad I_1$——每米宽度面板的有效截面惯性矩；

$\quad S$——檩条间距(m)。

(注：一般情况下 $c_{\rm t_2} \gg c_{\rm t_1}$，因此，可忽略不计 $c_{\rm t_2}$，仅算 $c_{\rm t_1}$)

2)EC 3-1-3:1996 与 EC3-1-3:2006 相比三处大的修改

(1)1996 年版 $K = \left| \dfrac{b_2 h_5}{4I_{x_1}} - \dfrac{e}{h} \right|$，2006 年版改为 $K = \dfrac{ht\left[b^2 + 2bc\left(1-\dfrac{c}{h}\right)\right]}{4I_{x_1}} -$

$\dfrac{e}{h}$，C 形截面 $K = \dfrac{f}{h}$ 改为 $K_b = \dfrac{I_{xy}}{I_x} \cdot \dfrac{gs}{h} - \dfrac{f}{h}$，一个对称轴的 C 形截面则未修改。

K 修改影响 $M_y{}'$，但 $M_y{}'$ 对最后计算结果影响很小。

(2)稳定折减系数 X 的计算，$X = Y(\varphi + \sqrt{\varphi^2 - \lambda^2})$。1996 年版，$\varphi = 0.5 \times [1 + \alpha(\lambda_0 - 0.2) + \lambda_0^2]$，其中 $\alpha = 0.21$，修改为 $\alpha = 0.34$，相当于稳定系数由 a 类改取

b 类,使 X 变小,从而降低檩条稳定承载力。

(3)自由翼缘计算长度,1996 年版 $l_{fly}=0.7l_0(1+13.1R_0^{1.3})^{-0.125}$,见文献[168]$l_0$ 为檩条下翼缘长度,与拉条无关,显然不合理。2006 年改为无拉条,仍用原式,有拉条改为 $l_{fly}=\mu_1 l_y(1+\eta_2 R_0^{\mu_1})^{\eta_1}$,$\eta_1 \sim \eta_2$ 可查表 14-6,$R_0=\dfrac{kl_y}{\pi^2 EI_{fly}}$,$l_y$ 取拉条间距。

1996 年版仅考虑蒙皮作用,未考虑拉条作用;2006 年版则既考虑了蒙皮效应,又考虑了拉条作用。

(4)1996 年版限制屋面板厚度不小于 0.66mm,实际工程几乎不能满足,实际不适用;2006 年版改为连接刚度可按板厚 3 次方再开方进行调整,如板厚 0.5mm,调整系数为 $(0.5/0.66)^{1.5}=0.66$。

自攻钉 1996 年版要求 6.3mm,如改为其他直径 D,2006 年版调整系数为 $(D/6.3)^2$。

总之,2006 年版作了改进,但 2006 年版的计算公式针对屋面板由自攻钉直接固定在檩条上,而现在大多数是具有温度自由伸缩的 360°咬合板连接在固定座的可滑动连接片上,相对滑移可以达到 30mm,这种板的抗剪刚度只有自攻钉的 3%,因此蒙皮作用大为降低。

因此工程中大量用的仍是 GB 50018 冷弯薄壁型钢的计算方法。

综上所述,我们认为可得以下结果:

(1)欧洲规范 2006 年版与 1996 年版,主要差别在 1996 年版中未考虑檩条作用,而在考虑蒙皮作用时,两本规范所得结果很接近。

(2)只有在自攻钉直接固定在檩条上时,才能考虑蒙皮作用。我国目前多数是具有温度自由伸缩的 360°胶合板,即直立泡板,相对位移可达 30mm,扣合板也属此类,其抗剪刚度只有自攻钉板的 3%,因此不能考虑蒙皮作用,可以说我国绝大多数屋面板是不能考虑蒙皮作用的。

(3)最近我们计算了欧洲规范 2006 年版,不按蒙皮作用,并按本书十四章与湖南大学所做试验的条件计算,即跨度 4800mm 中间加一条檩条,计算其稳定承载力 2.96kg/m 及 3.27kg/m。因为欧洲规范 2006 年版中表 7.9.2,其验算点在檩条与支座有两个 m 点,一个 2.96,一个 3.27,按分析应取最不利的承载力 2.96,这样与冷弯薄壁型钢的 4.25 差别比较大,但考虑欧洲规范 2006 年版是按试验结果,考虑了铁路及扭转稳定,是合理的。而我国冷弯薄壁型钢仅考虑了弯曲稳定,理论上是不安全的。

目前我国大量采用,未出现大问题,可能还有些蒙皮作用在起作用,希望规范修改能研究此问题,为偏于安全,目前宜用欧洲规范 2006 年版计算。

35. C 形、Z 形檩条对比有什么优缺点?[8]P139

C 形檩条强轴不对称,考虑偏心,受力不理想,适用于坡度小的屋面。

Z 形檩条的主要轴倾角度为 $14°\sim20°$,荷载作用线与剪心接近,双力矩影响小,适用于坡度比较大的屋面。

C 形适用于简支,Z 形适用于连续,可重叠运输。

36. 对于双层屋面板,内层屋面板风力如何取?

荷载规范 7.3.3 条已明确内表面风压为 ±0.2,与国外规范比偏小。

但对于开敞式,则无规定。因为开敞式情况比较复杂,一般根据经验,开敞式内表面风力应该加大,因为迎风面可能灌风(图 14-21),这样可能比较大。若取外表面为迎风一样,顺风面可能产生吸力,在有些试验中,如挑篷的内表面,可达-0.4,其他情况可根据试验分析。

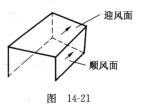

图 14-21

37. 连续檩条如何考虑其最不利活载?

据文献[168]介绍,檩条五跨如按最不利活载计算,支座弯矩大 35%,跨中 100%,这种不利情况,工程中并不存在。现参考加拿大规范,活载即一年按均匀满布,另一半则按最不利位置,这是比较适中的。连续檩条时,其第二榀刚架应乘以 1.15 增大系数,如果是嵌套搭接的连续檩条则不乘以系数,考虑嵌套可能松动。

38. 檩条的翘曲应力如何考虑?

据文献[168]介绍,檩条支座处的约束条件是能约束梁的扭转,但不能约束梁截面的翘曲。而在跨中,截面保持为平面无翘曲,无翘曲的扭转为约束扭转,截面将产生翘曲正应力,C 形截面外荷载对其剪切中心总有一个偏心,因此总有扭转,现在 GB 50018 则就计算其翘曲应力,是偏于保守的。因为有了檩条,可使双力矩和侧向弯矩极大降低,但檩条如果用了长圆孔或有的拉条放在腹板中

间,这样檩条只能起限制侧移的作用,而难以提供扭转约束。实际上即使屋面板蒙皮效应较小,对檩条约束刚度不大,也会有较好的效果。影响屋面板对檩条连接的约束扭转刚度的主要因素是檩条翼缘宽度,其次是檩条厚度和自攻钉的布置,最后是屋面板与檩条接触情况。

以上分析都是自攻钉直接固定的屋面,强扭转约束刚度下应力只有无扭转约束的 26%,但现在缺少的咬合式面板的抗扭约束刚度,急需有一个研究结果。

💡 39. 檐口檩条有何特殊性?

据文献[168]介绍,檐口檩条是用一根檩条作屋面及墙面两根拉条使用,此檩条用自攻螺钉固定,即使屋面是采用伸缩的,檐口檩条由于面板和墙板作用而不存在稳定问题,此异形檩条需要专门程序,困难在于有效截面的计算,也可当系杆,但按压弯计算,可按下面三种形式,如图 14-22 所示。

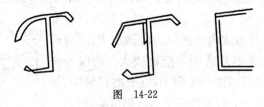

图 14-22

💡 40. 轻型屋面上能否放太阳能板?

由于目前环保要求,希望轻型屋面上也能放太阳能板,比较担心的就是重量及如何将其固定在屋面板上,如栓钉打洞则会漏水。来实公司已经在轻型屋面上放置了太阳能板,据估计,重约 15kg/m²,对檩条不会有影响,因为檩条都由向上风吸力控制,主体结构加大 15kg/m²,是可以承受的。连接做法是太阳能板用马鞍形夹具固定,然后用非穿透式连接件夹住直立泡屋面板,如图 14-23 所示。

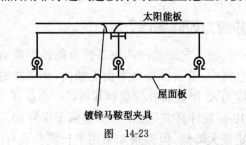

太阳能板

屋面板

镀锌马鞍型夹具

图 14-23

十五、

防腐与防火

💡 **1. 防腐措施有哪些?** [8]P351

(1)耐候钢——含有磷、铜、镍、铬、钛等,耐腐和耐冲击性好,标准是《焊接结构用耐候钢》(GB/T 4172—2000)。

(2)热浸锌——浸入 600℃锌液,5mm 以下钢板厚大于 $15\mu m$,有的用到 $100\mu m$,主要用于小件,工厂生产,然后用于室外工程为多,耐久性可达 25 年。

(3)热喷铝(锌)复合涂层——喷砂除锈后,用乙炔氧焰将铝(锌)丝熔化,吹到钢材表面,成蜂窝状喷涂层,厚 $80\sim100\mu m$,最后用环氧树脂或氯丁橡胶填充毛细孔,其效果与热浸锌相似。

(4)喷塑及其他镀层——镀铬、镍、钛等均有空隙,仿金镀即镀铬后加铜锌含金,由于空隙而生锈,喷塑则比较成功,塑性为正极,钢管为负极,1800℃均匀喷涂,比油漆性能好两倍,厚度 $200\mu m$,颜色为黄色,如用白色,则造价增加 20%,最大缺点是运输易磨损,外包装要注意。

(5)锌加保护——比利时产品,耐久性比热浸锌好,国外已使用 30 年,由电解锌粉、有机树脂和挥发性熔剂组成,是单组分熔剂性有机涂料,电解锌粉纯度达 96%,经原子化方式提炼,颗粒超细化是 $3\sim5\mu m$ 直径,排列紧凑,空隙少,有机油脂为不饱和碳氢化合物,无毒环保,锌加中固体成分占 80%。

保护系通过牺牲电极,达阳极保护,在苛刻环境下,仍能牺牲锌来保护母材,有机树脂在颗粒的周围形成致密的保护屏障层,电解锌颗粒与空气中的 CO_2、SO_2、Cl 形成的锌盐填充了涂料空隙,形成屏障。

由于锌阳极保护及屏障良好,腐蚀速率为 0.035mm/年,比热浸锌 0.11mm/年效果好,大气下可用 15~50 年(厚度 $40\sim100\mu m$),如加油漆则可延

长 2 倍,如用锌加,在比利时可提供 10 年寿命保险,能抗冲击、耐磨。

适用于 −80∼150℃,酸成分 pH3∼pH11,渣砂要求为 Sa2.5 级,人工 st3,平均粗糙度 Ra 取在 12.5μm 以上,厚度 40∼120μm,每道 40μm,理论涂布率 3.54m²/kg,18℃下施涂 5∼10min 即可融干,48h 固化,2∼8h 可复涂其他涂料,目前上海尚峰建筑工程公司有此产品。

(6)涂层法——一般为底漆面层,底漆要求与钢材黏结力强,面漆结合性好,耐腐蚀,抗风化,根据不同腐蚀情况提供如表 15-1 所示参考。

表 15-1

部　位	工　序		细漆名称型号	建议涂刷道数	漆膜厚度 (μm)	单位耗漆量 (kg/m²)
大气环境	A	底漆	环氧富锌底漆	2	70	0.37
		中间层	环氧中漆层	2	80∼100	0.24∼0.30
		面漆	氯化橡胶面漆	2	60∼70	0.37∼0.43
	B	底漆	环氧高锌底漆	2	80	0.37
		中间层	环氧中漆层	2	80	0.24
		面漆	脂肪族丙聚面漆	2	70	0.35
室内通常环境		底漆	铁红环氧脂底漆	1	30	0.09
		面漆	S04-1 聚氨酯磁漆	2	60	0.25
与润滑油接触部位		底漆	H53-33 红丹环氧防锈漆	2	60	0.39
		面漆	H04-5 白环氧磁漆	2	90	0.55

2. 红丹、酚醛树脂、醇酸树脂等价格低,为何现在不用?[8]P355

红丹可耐腐蚀 8 年,但由于有铅毒,现已不用。

酚酸树脂及醇酸树脂价格低,虽仍有单位采用,但由于固有性能缺陷及高性能防腐涂料的应用,而逐步被淘汰,高性能涂料有环氧底漆、中涂漆及聚氨酯面漆。

3. 油漆的水性与油性怎样区分的?[8]P357

区分油漆的水性与油性要看熔剂,水作溶剂则为水性,一般无味;油性以芳烃类或脂肪类作熔剂,有汽油味,如无机富锌用熔剂基,只能用 15~20 年,但用水基可达到 40 年,但水基很难做到,因温度控制不了,通风也做不到,所以目前基本不用。但也有厂提出水性产品。

4. 防腐涂层配套为何重要?[8]P357

如底漆为无机锌粉类,涂防火涂料就出现气泡,这是因为防火涂料为醇酸类,与锌类底漆不配套,此时必须改用丙烯酸类防火涂料,所以配套不良会出现咬底(起皱),附着力影响很大,影响防腐效果。

5. 游泳馆防腐处理有哪些办法?[8]P357

游泳馆中主要产生的是氯离子,氯离子的腐蚀即是 HCL 的腐蚀,目前有的用铝结构,但造价较贵,有的用锌加保护,用涂料防腐的则尽量用好的防腐涂料,定期做维护,目前可行的办法有以下三种方案。

(1)环氧富锌作底漆,环氧云铁作中间漆,表面为环氧面漆,聚氨酯面漆或氟碳面漆,氟碳面漆最好,防腐可达 50 年,底漆和中间漆均要厚度达 $100\mu m$ 以上,面漆 $60\mu m$,每 3 年维护一次。

(2)采用镀锌加保护或喷锌处理,然后做环氧云铁封闭漆或面漆。

(3)采用环氧富锌底漆,环氧不锈钢磷片作中涂漆和面漆,环氧富锌厚度 $100\mu m$ 以上,环氧不锈钢磷片厚度为 $300\mu m$,还要定期检查维护。

6. 严格海洋大气腐蚀,大气中盐雾富集,用何涂料?[8]P358

有的工程在碳钢材料外加热喷涂长效复合防护涂层可代替不锈钢。表面处理则在 Sa2.5 除锈 4h 后,喷涂一遍锌铝合金,喷 4 道,厚 $200\mu m$;由于合金层松散,应选用环氧云铁漆作封闭层,刷一道,膜厚 $40\mu m$;涂面漆聚氨酯 2 道,厚 $80\mu m$。

7. 热喷漆对粗糙度有何要求?[8]P353

应执行《涂装前钢材表面锈蚀等级和除锈等级》(GB 8923—1988),达到 Sa2.5 级,油水高温下形成小雾或气泡,会隔离极细的铝晶粒,导致涂层与基体结合力下降,形成鼓包。锈斑、粉尘也形成二次污染,起隔离作用,粗糙度更是热喷涂结合力和表面质量的指标,金属基体喷砂后形成高低不平的峰谷,不仅增加了表面积,而且使稀土锌晶粒在高温高压下冲击嵌入谷部相互熔融,在一定膜厚条件下形成防腐层,增加结合力。如果粗糙度过大,则效果相反,使表面不光滑、不光泽,尤其不能大于涂层厚度,其均匀性一般不宜超过 $100\mu m$。

8. 高强螺栓的摩擦面要不要进行防腐处理?[8]P352

高强螺栓连接后在摩擦面会产生很小的缝隙,可能会通过绝缘腐蚀,参考《现代表面工程设计手册》(李金柱,国防工业出版社,2000),但一般工程均不作处理,特殊要求的则将作处理。

处理方法有三种:

(1)喷砂后,有一定粗糙度,螺栓连接后,应用密封胶把节点板式摩擦面周围密封,使缝隙与外界隔绝,避免水和氧的进入,但在荷载突变下会使密封失效。

(2)热喷锌后密封,达到 Sa3 级喷镀锌或锌镁合金达 $100\sim200\mu m$,对摩擦面进行阳极保护,螺栓连接后再用密封胶把节点板周围密封,主要是因为在剪切力作用下,镀锌层易破坏,有了密封作用,只是造成小面积失效,延缓镀锌层破坏,但造价高。

(3)涂无机富锌漆后密封,一般摩擦面不能涂装,但无机富锌由于含锌量大于 95%,试验摩擦系数在 0.4 以上,就可用于摩擦面阴极保护,经试验 SZ-1G 无机富锌在露天放置一年后摩擦系数还在 0.45 以上,是摩擦面防腐的好办法。

9. 二级防火的耐久极限如何定?[8]P360

耐火极限是根据结构稳定性、完整性和绝热性所用的时间,以小时计,稳定性对长板的要求为最大挠度 $L/20$,柱不适宜于继续承载的变形定义为轴向受压变形,速度超过 $3h$(mm/min),h 为柱截面高度,以 m 计;完整性指火焰穿透,失去绝热性时火焰达 $220℃$。关于耐火极限,我国对多层柱为2.5h,单层柱 2.0h,钢梁

1.5h,层面承重件 0.5h;另一种构件承载力判别标准文献[47],达到下列变形构件迅速破坏,$\dfrac{d_\delta}{d_t} \geqslant \dfrac{l^2}{15h_x}$,$\delta$ 为构件挠度(mm),h_x 为构件截面高度(mm),t 为时间(h),l 为跨度,具体变形特征 $\delta \geqslant \dfrac{l}{800h_x}$。

结构整体承载力判别标准为 $\dfrac{\delta}{h} = \dfrac{1}{30}$,如图 15-1 所示。

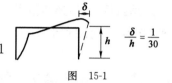

图 15-1

10. 钢结构防火措施有哪些?

水冷却法:封闭冷却系统,将火灾热量带走。

单层屏蔽法:将构件分开隔离,也可减小防火分区,如做防火水幕带,用水将防火区隔开,浇筑混凝土或耐火物,采用轻质材料外遮,涂抹防火涂料。

11. 防火涂料分哪几种?

膨胀型:一般厚 2~7mm,主要成分是发泡剂、碳化剂,可膨胀到十几倍到数十倍的碳质层耐火极限达 1.5h,普通型在 7mm 以下,超薄型在 3mm 以下。

非膨胀型:一般厚 7~50mm,分湿法喷涂(砭石、珍珠岩)和干法喷涂(矿物纤维质)两种。

膨胀型装饰好,用得多,但施工气味大,易老化。

非膨胀型施工散发细微纤维,影响健康,表面粗糙,多用于隐蔽工程。现推广湿法喷涂:一种是以珍珠岩为骨料,以水玻璃作黏结剂;另一种是以膨胀砭石珍珠岩为骨料,以水泥为黏结剂。

12. 超薄型防火涂料厚度与耐久时间有什么关系?[8]P360

一般可参考	耐火时间(h)	0.5	1.0	1.5	2.0	2.5
	厚度(mm)	0.4~0.45	0.8~0.9	1.2~1.4	1.6~1.73	2.0

实际耐火时间与燃烧物形式有关,因为每种截面形成的防火截面系数有很大差别,如工字钢、圆管、方管与实心圆截然不同,有的可以提供不同形状大小的耐火时间的涂料厚度,但并不成比例关系,因此已知耐久时间为1.0h和2.0h的防火涂料的厚度并不能按比例得到1.5h的防火涂料厚度。

13. 防火涂料的寿命有多长？[8]P361

国产防火涂料的寿命一般 5 年，但维修成本是新建成本的 1～3 倍，因此，国外产品虽价高，但还是值得使用的。如法国杜邦佑民生 38091，国外产品有的用到 50 年，也有用到十几年的，英国的 NUIFIRE 也不错。

14. 能否刷防腐涂料再刷防火涂料？[8]P362

一般是先涂防腐涂料再漆防火涂料最后漆面漆。

如超薄型防火涂料是先刷无机富锌底漆，环氧封闭漆，环氧中间漆，然后涂防火涂料，最后上覆两道聚氨酯面漆，很多人认为做了防火涂料即可不做面漆，其实除厚型外，其他薄型及超薄型均要做面漆，一是为了美观，二是为了保护防火涂料，防止大气腐蚀分化，防紫外线。对于室外型防火涂料除了防火外，本身具备防锈、防水、防腐、耐磨、防晒等作用，就不需要面漆，做了面漆，反而在火灾时会产生大量烟雾等有害气体，降低防火功能。

对于厚型基本上不做面漆。

做面漆，最重要的是考虑相容性，超薄防火涂料基本上采用聚丙烯酸树脂，所以用在环氧富锌涂层上面配套性问题不大，一般表面富锌底漆不直接涂装防火涂料，特别是无机富锌表面，因为无法保证涂层间附着力，因此要做面漆与防火涂料相容性试验，尤其是涂层柔韧性及膨胀系数要接近，另外要考虑发生火灾时，面漆对防火涂料的影响，有的面漆易燃，产生大量烟雾等有害气体，使防火涂料降低应有的防火性能，面漆一定要求有敏感可靠的膨胀效能，热固性的面漆在热的作用下不会形成软化的涂层，相反会产生硬熔化层，阻碍防火涂料膨胀。

15. 镀锌后防火如何做？[8]P364

有的镀锌表面做一层过渡漆，为 Permacor 2706（30μm）并加佑民生 38091，这是可用在镀锌表面的环氧漆；有的先做一道磷化底漆（10μm）或者涂刷一道纯环氧底漆（40μm），再刷一道中间漆过渡层（40μm），再做防火涂料和面漆。总之，不能直接涂防火涂料，否则两个月后易脱落。

16. 表面不平如何做面漆?[8]P365

国内防火涂料的品质不及国外,假冒伪劣品多,本身研磨粒度不足、细度不够、粗糙不平的粉化、干喷等,喷涂防火涂料后存在以上缺陷,尤其是要在表面做氟碳面漆(60μm 以下)需要花大力气处理表面,如果用英国利莱 S606,杜邦佑民生 38091,只要施工后经打磨可以达喷面漆要求,在防火涂料表面喷涂氟碳漆,国内实例很多。

 ## 17. 耐火钢能否不再涂防火涂料?

国产耐火钢 WG3510C$_2$,耐火性能能达到一般钢材的 8 倍,600℃时强度只降低 1/3,一般场馆采用耐火钢后即不需再涂防火涂料文献[48]。

十六、
高层钢结构特点、高耸钢结构、户外广告牌特点

1. 高层钢结构有什么特点?

据文献[10]介绍:

(1)高层钢结构的制定标准和选用形式:

高层钢结构过去以 12 层以上为高层,但由于层高不统一(图 16-1),因此现在以 50m 标准,50m 以上为高层。

目前推广高层钢结构困难的原因是造价比混凝土高 1.5~2.0 倍,主要是防火涂料,上部钢结构仅为总造价的 60%~70%,因此混凝土比钢结构差价仅占 5%~10%。

(2)国外,1985 年墨西哥发生 7.5 级强震,1994 年美国诺斯里奇发生的 7 级地震,1995 年日本阪神发生 7.2 级地震。

文献[10]综合其灾害教训,针对高层钢结构进行总结:

①倒塌的三个主要因素——柱偏心大、年久失修和钢管混凝土中间薄弱层,所以要求多道防线,刚度不能突变,减少扭转。

②实现支撑—梁—柱屈服次序,尽可能用偏心支撑,强柱弱梁。

③强节点弱构件。栓焊有不同程度破坏,塑性铰外移,工厂焊保证质量(图16-2)。

④钢管混凝土不用格构柱。

(3)高层钢结构体系选用的原则。

据文献[10]介绍:

①形成多道抗震防线——偏心支撑及赘余杆,通过第一道防线塑性铰、赘余杆及耗能段消耗地震力。

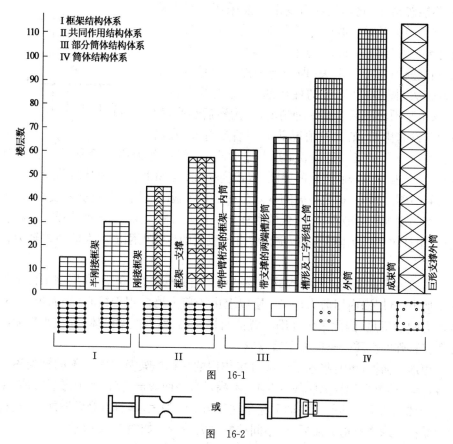

图 16-1

图 16-2

②结构体系具有支撑—梁—柱屈服顺序,耗能梁段具有支撑—梁—柱屈服顺序更好,避免竖向支撑既承受水平力又传递重力,大震作用时支撑先屈服,避免柱出现塑性铰。

③侧向刚度要连续化,减少结构薄弱部分和应力集中。

④伸臂桁架与相邻层要求有过渡措施。

⑤高宽比使 p-Δ 防倾覆,板厚不超过 100mm。

⑥减少剪力滞后效应。

(4)剪力滞后是高层钢结构的特点[123]:

①剪力滞后。一般梁符合平截面假定,其前提是忽略了剪切所产生的变形,因此近似的可以假定受弯后变形符合平截面假定,一个深梁,由于剪切变形比较

钢结构设计误区与释义百问百答

大,不能忽略,因此其受弯后变形不能采用平截面假定,这是因为考虑了剪切变形也即剪力滞后。柱子承受的水平力(图 16-3a),由于柱子刚度小,附近柱传力大,到远处力即传不下去,即为剪力滞后。垂直力由梁传过去(图 16-3b),近的柱传的多,远的柱即传不了,这也是剪力滞后。第一种情况,剪力滞后小些,如我们所说的排架,第二种情况剪力滞后严重些,在高

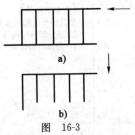

图 16-3

层结构中即属于第二种情况,剪力滞后现象严重,剪力滞后简称 SLE。文献[126]对一般剪力滞后产生的原因,提出商榷,认为 SLE 的原因是沿翼缘方向上的抗侧力刚度不匀(称为横向刚度),角柱由于腹板的作用使其抗剪刚度增大,中柱抗剪刚度则相对减小,刚度低的中柱产生较大弯曲变形,使裙梁及楼板也跟着变形,中柱抗弯能力降低,轴力减小,由于腹板的作用而刚度增大的角柱轴力自然会增大。

②剪力滞后是高层钢结构的重要特点。据文献[124]介绍,高层钢结构承受水平剪力 30 层以内用剪力墙,30 层以上由于剪力墙多用于核心,平面尺寸小,抗侧力刚度不足,因此采用外围布置的密柱深梁,称为框架筒体,其在水平荷载外存在特殊的性质——剪力滞后效应。

矩形平面框筒中,将水平荷载直接作用的一榀框架及与之平衡的框架称为翼缘,其余两侧框架称为腹板,结构已不满足平截面假定,存在剪力滞后效应,主要由于翼缘的裙梁的剪切变形引起角柱转角应力加大,即剪力滞后增加了,角柱应力受拉翼缘也有剪力滞后,而中间柱的轴力减少。如图 16-4 所示。

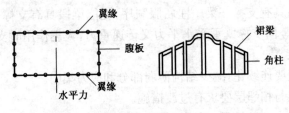

图 16-4

高层钢结构将尽可能多的承载构件放在建筑最边缘,尽可能大的形成力矩以承受风载,而重力则由外框架及内部结构承受,筒体结构性能远比一个真正不开洞的筒体复杂得多,刚度也小得多。

③正剪力滞后与负剪力滞后。据文献[124]介绍,正剪力滞后现象一般是指

在框筒的中下部剪力滞后的现象(图 16-5a),一般在框筒的中上部剪力滞后的现象称负剪力滞后,不是传统的受弯构件直线分布,而是曲线分布(图 16-5b),因此也引起柱中轴力的非线性分布。

 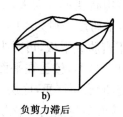

a) 正剪力滞后　　　　　　　　b) 负剪力滞后

图 16-5

④影响剪力滞后的因素[123]:

第一,柱距与裙梁的高度。影响剪力滞后大小的主要因素是裙梁及剪切刚度与轴向刚度之比,要求结构形成密柱深梁,可使剪力滞后减少,在柱相同的情况下,裙梁高 300mm,跨高比 $L/h < 6$ 时,角柱与中间柱轴力比为 26,裙梁高 600mm 时,$L/h = 3$,则角柱与中间柱之比为 6。裙梁高 800mm,$L/h = 1.75$,则角柱与中柱比为 5,跨高比再加大,改善也不大。如果裙梁高度受限制,也可隔几层加一环向桁架来弥补。

第二,角柱面积。角柱面积增大,剪力滞后则减少,裙梁高达 800mm 时,角柱面积对剪力滞后影响较小,角柱也不宜过大,太大了,则不利于受拉,最上边可以取消角柱,其他层应适当增大角柱面积,角柱对整体性贡献很大,如果取消角柱,不仅剪力滞后不能消除而且整体性下降,抗侧刚度降低,若没有角柱,变形很大,对结构不利。

第三,一般 1、10、20 层内翼缘框筒剪力滞后严重些,向上则轴力分布趋于平均,如 1 层角柱与中柱轴力比超过 5,10 层则达 3,20 层则为 1.5。

第四,框筒平面形状最好为方形,不行则做成束筒,即在中间加一道横向密柱。

第五,增大框筒高宽比。高度小的框筒剪力滞后影响较大。

⑤根据经验如何布置与构造,以下几点主要用于钢筋混凝土,但可作参考。

据文献[127]介绍:

第一,密柱深梁,柱距 1~3m,不超过 4.5m,裙梁净跨与高度之比不大于3~4倍的窗洞面积。

第二,尽量接近方形,长宽比不大于 2,否则用束筒。

第三,结构总高度与宽度之比 $H/B \geqslant 3$。

第四,内筒边长为外筒边长的 $1/2 \sim 1/3$ 较合理,内筒高宽比大约为12,不宜超过15。

第五,楼盖结构高度不宜太大,尽量减少楼盖与柱子之间弯矩,做成铰接,内、外筒间距即楼盖跨度一般为 $10 \sim 12m$,间距再大应加内柱或预应力,尽量不设楼盖大梁,采用密肋或平板,可减少净空,楼盖梁布置应尽量给角柱较大竖向荷载,以平衡角柱的拉力,楼盖在平面内变形是存在的,由于框筒各柱承受轴力不均匀,楼板将挠曲,底层严重,底层以上各层变形减小,但这个两次效应很难分析,还在研究中,楼面参与抵抗水平力,楼盖水平面刚度为无限大。

第六,角柱承担两个方向弯矩,尽量用 T 字形,角柱厚度宜为中柱厚度的 $1.5 \sim 2.0$ 倍[125]。

第七,计算分析方法有平面框架法、等效槽形法、空间杆系—薄壁柱矩阵位移法、等效弹性连续能量法、有线条分析法和等代角柱法,总起来即离散化和连续化方法[124]。

十分粗略的手算估算方法是将矩形框筒简化为两个槽形竖向悬臂结构(图16-6)。考虑剪力滞后,槽形的翼缘宽度取值一般不大于腹板宽度的 $1/2$,也不大于建筑高度的 $1/10$,第 i 个柱内轴力及第 j 个梁内剪力可由下式初步估算[127]。

$$N_{ci} = \frac{M_p C_i}{I_c} A_{ci}, \quad V_{i \cdot j} = \frac{V_p S_j}{I_c} h \tag{16-1}$$

式中:M_p、V_p ——水平荷载产生的总弯矩及总剪力;

  I_c ——框筒简化平面对框筒中性轴的惯性矩,可以将简化平面内所有柱面积乘以柱中心到中性轴距离平方之和;

  A_{ci} ——i 柱截面面积;

  h ——层高;

  S_j ——第 j 个梁中心线以外平面积对中性轴面积矩。

以上只能用于初步设计。

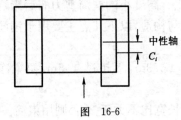

中性轴
C_i

图 16-6

(5)伸臂桁架的作用。一般在设备层或避难层设置伸臂桁架,伸臂桁架有帽伸臂桁架和腰伸臂桁架之分,如图 16-7 所示。伸臂桁架具有很大的竖向抗弯刚度和剪切刚度,迫使支撑框架两侧的外框架柱参加整体抗弯作用,在水平力作用下,外框架一侧为拉力,另一侧的压力形成与倾覆力矩相反的力偶,外框架抵抗侧向力的作用弥补了框架——内筒体系的缺陷,因为外框架与内筒之间跨度很大,截面小,难以共同工作,但伸臂桁架可以使外框架参与整体抗弯作用[10]。

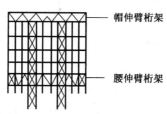

图　16-7

(6)巨型支撑外筒。高层钢结构的框筒,如不设置巨型支撑,会由于剪力滞后作用导致角柱力大,中柱力小,当超高层时,如不设巨型支撑,不能解决剪力滞后,加了支撑,会使框架的柱的变形协调,由于支撑斜杆仅产生轴向变形,具有很大的等效竖向剪切刚度,而且可以协调角柱与中间柱变形,使轴力均匀化,加了巨型支撑,其与柱及裙梁均相连而共同工作,次裙梁也受力[10]。如图 16-8 所示。

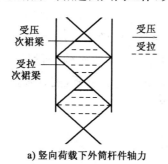
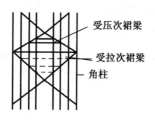

a) 竖向荷载下外筒杆件轴力　　　b) 水平荷载下迎风面框架杆件轴力

图　16-8

(7)高层钢结构,竖向及侧向的刚度应遵守的规则:

竖向规则可遵守高层钢结构规范 3.3.1 条

侧向刚度的突变应遵守如图 16-9 所示规则[10]。

(8)高层钢结构建成后竖向变形差如何考虑?

文献[10]提出,由于边柱与中柱轴向应力不同,因此产生的压缩变形也不

同,随着层数增加,变形差不断积累,这些变形差,将使框架梁产生很大的弯矩,个别柱会不会出现拉力还有待研究。

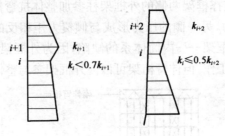

图 16-9

但这些分析与实际是不一致的,原因是分析中未考虑施工实际,因为施工时每层要进行找平,因而已经完工的下部结构不会引起施工层各构件的竖向变形差。一般在钢结构施工中,竖向变形差都通过调节柱拼接接头的焊缝间距加以消除。

至于施工后的许多荷载,如装修、家具、活载,可能会产生竖向变形差,根据有经验的设计单位,认为这种变形差一般设计中均不考虑。

(9)高层钢结构温度变形如何考虑?

文献[10]提出,温度应力会对建筑的高度和长度方向都产生一定影响,一般温度对高层建筑影响并不太严重,有些室外的柱影响会大些,对于20层以上的建筑,可能在顶层达到最大值,影响大些,对于楼板的温度应力,一般也采用每20～40m加一道后浇带,用微膨胀混凝土封闭,根据有经验的设计计算单位介绍,设计中均不考虑温度影响,但在施工中应进行计算分析,控制偏差。

(10)风振下高层钢结构变形如何控制?

高层钢结构规范5.5.1条有明确规定。

文献[10]补充人体风振反应分级,见表16-1。

表 16-1

风振加速度	<0.005g	0.005～0.015g	0.015～0.05g	0.05～0.15g	>0.15g
人体反应	无感觉	有感觉	令人烦躁	令人非常烦躁	无法忍受

(11)为何高层建筑60m以上要考虑地震作用与0.2风组合?

60m以下基本上是多层房屋,因此一般建筑只考虑地震作用,高房屋柔性增加,因此风的作用开始敏感,应该加以组合。

(12)如何理解转换层？

①高钢规程中只提出 3.3.1 条竖向规则的条件，并提出了不规则结构采用第四章三节和第五章三节规定，而 4.3.2 条文仅提出不均匀的考虑扭转，5.3.2 条提出不规则结构按时程分析法计算。另外高层钢结构[10]则提出了竖向刚度突变的条件，但上述对转换层的具体处理提得比较少。

②由于高钢与高层混凝土规程有相似之处，文献[138]介绍了对高层混凝土的认识，JGJ 3—2002 的 10.2.1 条，"在高层建筑的底部，当上部楼盖部分竖向构件（剪力墙或框架柱）不能直接贯通落地时应设置结构转换层"，这里补充了设置转换层的条件。

③高层混凝土规范 10.2 条未明确提出框支剪墙转换称框支转换，而上部框架柱的转换称框架转换这样的区分，明确了转换结构的概念才能把握好转换的类型，进行设计。

框支转换为上部剪力墙的转换，在转换中不仅改变了上部剪力墙对竖向荷载的传力路径，而且将上部抗侧刚度很大的剪力墙转换为抗侧刚度相对较小的框支柱，转换层上部和下部侧向刚度相差很大，形成结构软弱层和薄壁层，引起地震剪力剧烈变化，国内外灾害中都证明，刚度突变是结构破坏的重要原因，转换部位受力比较复杂，如转换梁将会由于上部剪力墙产生的拱效应而受到拉力，因此必须采取严格而有效的抗震措施。

框架转换虽然也改变了上部框架柱对竖向荷载的传力路径，但转换层上部和下部框架刚度变化不明显，对抗震影响不大，转换梁仍以弯剪为主，因此抗震措施可适当降低。

④高层混凝土规范 10.2.1 条文提到高层建筑的底部范围可以理解为高层混凝土规范 10.2.2 条规定的底部大空间层数。

8 度	7 度	6 度	≥3 度
底部层数≤3	≤5	适当比 5 增加	高位转换

而对于框架柱转换，由于刚度变化不大，对于一般的框架转换，可以限制转换层的位置，可将地面以上 1/3 高度设为底部，此范围内框架转换可适当加强，落地剪力墙面积应不少于全部剪力墙面积 50%。

边柱、边剪力墙、角柱、角剪力墙均应避免转换。

⑤框支转换。框支转换又可分为框支转换与局部框支转换。

局部框支转换即转换的框支剪力墙的数量少，不会产生明显的薄弱层效应，根据广东和江苏地方规定、JGJ 3—2002 的补充规定及江苏省《房屋建筑工程抗

震设防审查细则》(2007),转换墙面积不大于总面积的8%,仅加大水平力转换路径范围内的板厚及配筋,提高转换层抗震等级,框支框架抗震等级应提高一级,框架—剪力墙的规定也适用于剪力墙结构,由于剪力墙分布更均匀,而且单片剪力墙重要程度低于框架剪力墙中的剪力墙。

⑥对于框架柱转换,广东和江苏地方规定提出,为加强转换层部位楼盖,转换托梁承载力提高1.1倍以上,框架转换也分一般与重要两种,一般为柱数量不多,竖向荷载小,转换梁跨度小,周围楼板约束好,即可按广东和江苏上述规定。重要框架柱转换,柱数量大,竖向荷载大,转换梁跨度大,楼盖约束差,应适当加强底部范围内的框支转换,必要时进行构件设计。

💡 2. 高耸钢结构的特点有哪些?

(1)高耸钢结构大部分问题属于钢结构范畴,有共性,相当于悬臂梁。

据文献[121]介绍,高耸钢结构基本分为塔式结构和桅式结构两种,桅式结构是用斜向拉线使其站立,虽然造价省些,但应用多的为塔式结构或两者混合的结构,目前主要的代表结构是电视塔、输电塔、通信塔等。

下面介绍塔式结构的腹杆形式与节点及其特点。

腹杆形式如图16-10所示。

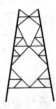

图 16-10

节点形式用得多及有特点的是法兰连接和U形插板双剪连接,如图16-11所示。

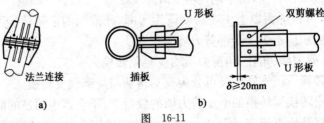

图 16-11

U形板的间隙比中间插板的厚度不小于20mm才能安装。

(2)高耸钢结构风载及覆冰的特点。我国荷载规范对于高耸建筑的风载包括风振都提供了比较全面的规定,现根据文献[121]提供以下的补充。

①塔架结构迎风面,其风向形式分为1～5(图 16-12)五种形式。

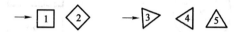

图 16-12

角钢塔架整体体型数 μ_s 见表 16-2。

表 16-2

ϕ	方 形			三角形
	风向①	风向②		
		单角钢	组合角钢	风向③④⑤
$\leqslant 0.1$	2.6	2.9	3.1	2.4
0.2	2.4	2.7	2.9	2.2
0.3	2.2	2.4	2.7	2.0
0.4	2.0	2.2	2.4	1.8
0.5	1.9	1.9	2.0	1.6

挡风系数 $\phi = \dfrac{迎风面的杆件节点净面积}{迎风面轮廓面积}$,六边形和八边形可取近似①或②。

管子及圆钢塔架整体体型系数,当 $\mu_s w_0 d^2 \leqslant 0.002$ 时,按上表 $\mu_s \times 0.8$; $\mu_s w_0 d^2 \geqslant 0.015$ 时,按 $\mu_s \times 0.6$ 中间值插入。

塔架挡风面积 $A_{wz} = \Sigma A_i \mu_i [1 + (1 - \dfrac{\Sigma A_i}{A})^2]$,$A_i$ 为杆件迎风投影面积,μ_i 为体型系数,A 为框架轮廓面积。

$$风力 \ P = \beta_z \cdot A_{wz} \cdot \mu_s w_0$$

β_z 为风振系数,$\mu_s w_0$ 为 z 处风压。

②球体结构,如图 16-13 所示。

对于光滑球,$\mu_s w_0 d^2 \geqslant 0.003$ 时,$\mu_s = 0.4$;$\mu_s w_0 d^2 \leqslant 0.002$ 时,$\mu_s = 0.6$ 中间插入。

对于多面球,$\mu_s = 0.7$。

钢结构设计误区与释义百问百答

449

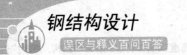

③封闭塔楼和设备平台。对于塔架结构中塔楼和设备平台风载体型系数 $D/d \leqslant 2$ 时,$\mu_s = 0.7$;当 $D/d \geqslant 3$ 时,$\mu_s = 0.9$ 中间插入。如图 16-14 所示。

　　　　　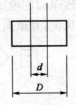

图　16-13　　　　　　　　　　图　16-14

④塔式结构的振型系数 φ_z,当迎风面宽度远小于其高度时,按表 16-3 采用。

表 16-3

相对高度 z/H	振 型 序 号			
	1	2	3	4
0.1	0.02	−0.09	0.23	−0.39
0.2	0.06	−0.30	0.61	−0.75
0.3	0.14	−0.53	0.76	−0.43
0.4	0.23	−0.68	0.53	0.32
0.5	0.34	−0.71	0.02	0.71
0.6	0.46	−0.59	−0.48	0.33
0.7	0.59	−0.32	−0.66	−0.40
0.8	0.79	0.07	−0.40	−0.64
0.9	0.86	0.52	0.23	−0.05
1.0	1.00	1.00	1.00	1.00

对于截面沿高度规律变化的塔式结构,其第 1 振型系数可按表 16-4 采用。

塔式结构的第 1 振型系数 φ_z　　　　表 16-4

相对高度 z/H	塔 式 结 构				
	$B_H B_0 = 1.0$	0.8	0.6	0.4	0.2
0.1	0.02	0.02	0.01	0.01	0.01
0.2	0.06	0.06	0.05	0.04	0.03
0.3	0.14	0.12	0.11	0.09	0.07
0.4	0.23	0.21	0.19	0.16	0.13

相对高度	塔 式 结 构				
z/H	$B_H B_0 = 1.0$	0.8	0.6	0.4	0.2
0.5	0.34	0.32	0.29	0.26	0.21
0.6	0.46	0.44	0.41	0.37	0.31
0.7	0.59	0.57	0.55	0.51	0.45
0.8	0.79	0.71	0.69	0.66	0.61
0.9	0.86	0.86	0.85	0.83·	0.80
1.0	1.00	1.00	1.00	1.00	1.00

⑤塔式结构如输电塔等经常处于山区或海岛地区,应按平坦地面粗糙度类别选定高度变化系数,还应考虑地形条件修正,其修正系数按式(16-1)计算。

a. 对于山峰和山坡,其顶部 B 处的修正系数 η 可按下式采用:

$$\eta_B = \left[1 + k\tan\alpha\left(1 - \frac{z}{2.5H}\right)\right]^2 \tag{16-2}$$

式中:$\tan\alpha$——山峰或山坡在迎风面一侧的坡度,当 $\tan\alpha > 0.3$ 时,取 $\tan\alpha = 0.3$;

k——系数,对山峰取 3.2,对山坡取 1.4;

H——山顶或山坡全高(m);

z——建筑物计算位置离建筑物地面的高度(m),当 $z > 2.5H$ 时取 $z = 2.5H$。

对于山峰和山坡的其他部位,如图 16-15 所示,取 A、C 处的修正系数 η_A、η_C 为 1,AB 间和 BC 间的修正系数按 η 的线性插值确定。

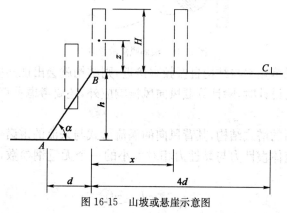

图 16-15 山坡或悬崖示意图

　　b.对于山间盆地、谷地等闭塞的地形,取 $\eta=0.75\sim0.85$;对于与风向一致的谷口、山口,取 $\eta=1.20\sim1.5$。

　　对于远海海面和海岛的塔式结构,风压高度变化系数可按 A 类粗糙度考虑外,还应考虑表 16-5 的修正系数 η。

远海海面和海岛的修正系数 η 表 16-5

距海岸距离(km)	η
<40	1.0
40~60	1.0~1.1
60~100	1.1~1.2

　　一般塔式结构的基本自振周期 $T\geqslant0.25\mathrm{s}$ 的,由风引起的结构振动比较明显,而且随着结构自振周期的增长,风振也随着增强,因此设计时均应考虑风振的影响。

　　⑥横风向风振等效静力风荷载计算。一般的建筑物为钝体(非流线体),当气流绕过建筑物在建筑物后面重新汇合之时,会脱落出旋转方向相反的两列漩涡(图 16-16)。开始时,这两列漩涡分别保持自身的运动前进,接着它们相互干扰,相互吸引,而且干扰越来越大,形成了所谓的涡流。如果漩涡的脱落呈对称稳定状态,就不会产生横向力;如果漩涡的脱落呈无规则状态,或周期性的不对称脱落,就会在横向对建筑物产生干扰力。

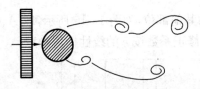

图 16-16　漩涡脱落示意图

　　如果漩涡脱落频率与结构自振频率接近,则结构就会出现共振和显著内力。因此在塔式结构设计时,除计算顺风向风振响应外,还要考虑垂直于风向的横向风振响应。

　　对于圆截面的塔式结构,其背风向的涡流形式与来流的雷诺数有密切关系。雷诺数是表征流体惯性力与黏性力相对大小的一个无量纲参数,记为 Re,其表达式为:

$$Re=\frac{\rho vL}{\mu}=\frac{vL}{\upsilon} \qquad (16-3)$$

式中：ρ——流体密度；

$\quad\ \upsilon$——流体特征速度；

$\quad\ L$——建筑物特征长度；

$\quad\ \mu$——流体绝对黏性系数；

$\quad\ \upsilon$——运动黏性系数，$\upsilon = \mu/\rho$。

雷诺数 $\mathrm{Re} = \upsilon_z d/\rho$，$\upsilon_z$ 为杆件所在标高处风速(m/s)，d 为杆件直径(m)，ρ 为空气黏着系数，15℃标准大气压下其值为 $0.145 \times 10^{-4} \mathrm{m}^2/\mathrm{s}$。

$$w_0 = \upsilon_0^2/1600$$

$\mu_z w_0 d^2 \leqslant 0.003$ 时：$\mu_s = 1.2$

$\mu_z w_0 d^2 \geqslant 0.02$ 时：$\mu_s = 0.7$

如果雷诺数很小，若小于 0.001，则惯性力与黏性力相比可忽略，这意味着高黏性流动；如果雷诺数很大，大于 1000，则意味着黏性力的影响很小，空气就是这种情况。由于空气的运动黏性系数一般为 $1.45 \times 10^{-5} \mathrm{m}^2/\mathrm{s}$，所以结构或构件在风流中的雷诺数为：

$$\mathrm{Re} \approx 69\,000 \upsilon L \tag{16-4}$$

式中：υ——风速(m/s)；

$\quad\ L$——垂直于流速方向的结构物截面的最大尺寸(m)。

圆截面结构及构件的横风向风振一般可考虑两种情况：

第一种情况是雷诺数 $\mathrm{Re} < 3.0 \times 10^5$ 亚临界范围的微风共振。这种共振虽然不一定立即造成结构的破坏，但发生的几率很高，长期的频繁振动可能导致结构的疲劳破坏，是塔式结构所不允许的。此时宜采取适当的防振措施，比如设置阻尼器、防振锤等或适当提高结构的刚度，以提高共振的临界风速 υ_{cr}，使发生共振的频繁程度予以降低。预防该种风振时应控制结构顶部风速 υ_H 不超过临界风速 υ_{cr}，υ_{cr} 和 υ_H 可按下列公式确定：

$$\upsilon_{cr} = \frac{D}{T_1 S_t} \tag{16-5}$$

$$\upsilon_H = \sqrt{\frac{2000 \gamma_w \mu_H w_0}{\rho}} \tag{16-6}$$

式中：D——结构或构件的直径；

$\quad\ T_1$——结构基本自振周期；

$\quad\ S_t$——Strouhal 数，对圆截面结构取 0.2；

γ_w——风荷载分项系数,取 1.4;

μ_H——结构顶部风压高度变化系数;

w_0——基本风压(kN/m^2);

ρ——空气密度(kg/m^3)。

第二种情况是雷诺数 $Re<3.0\times10^6$ 跨临界强风共振,经常发生在等直径或斜率不大于 2/100 的筒体结构中。对于这种结构应验算横向共振。跨临界横向共振引起在高度 z 处振型 j 的等效静力风载可由下式确定:

$$w_{czj} = |\lambda_j|\, v_{cr}^2\varphi_{zj}/12800\zeta_j\,(kN/m^2) \tag{16-7}$$

式中:λ_j——计算系数,按表 16-6 确定;

φ_{zj}——在高度 z 处结构的 j 振型系数,由计算确定或查表 16-4;

ζ_j——第 j 振型的阻尼比,对第 1 振型钢结构取 0.01,混凝土结构取 0.05,对高振型的阻尼比若无实测资料可近似按第 1 振型的值取用。

计算系数 λ_j 表 16-6

结构类型	振型序号	H_1/H										
		0	0.1	0.2	0.3	0.4	0.5	0.6	0.7	0.8	0.9	1.0
塔式结构	1	1.56	1.55	1.54	1.49	1.42	1.31	1.15	0.94	0.68	0.37	0
	2	0.83	0.82	0.76	0.60	0.37	0.09	−0.16	−0.33	−0.38	−0.27	0
	3	0.52	0.48	0.32	0.06	−0.19	−0.30	−0.21	0.00	0.20	0.23	0
	4	0.30	0.33	0.02	−0.20	−0.23	0.03	0.16	0.15	−0.05	−0.18	0

注:$H_1=H\times(v_{cr}/v_H)^{1/\alpha}$ 为临界风速起始点高度,式中 α 为地面粗糙度指数,对 A、B、C、D 四类分别取 0.12、0.16、0.22 和 0.30;v_H 为结构顶部风速(m/s)。

圆形结构雷诺数介于 $3.0\times10^5\sim3.5\times10^6$ 之间时,由于不发生横风向共振,可根据经验采取构造措施予以解决。

校核横风向风振时,风的荷载总效应可将横风向风荷载效应 S_C 与顺风向风荷载效应 S_A 按下式组合后确定:

$$S=\sqrt{S_C^2+S_A^2} \tag{16-8}$$

⑦覆冰荷载。在空气温度较大的地区,当气温急剧下降时,塔式结构的构件表面就会出现覆冰现象。覆冰不仅增加了结构自重,而且增大了结构的挡风面积,相应增加了风荷载。

a.覆冰荷载分布。覆冰的气象条件一般为无风或微风,0~−10℃的气温,接近饱和的空气相对湿度。在干的寒冷地区,即使气温较低,但缺乏足够的空气湿度,也不一定就有覆冰。反之,在潮湿的温暖地区,有时由于气温突然下降到 $-2\sim-3℃$ 时,反而会出现覆冰现象。在同一地区内,离地面越高,覆冰越厚。

我国的覆冰区可分为重覆冰区和轻覆冰区,并以离地面10m高度处覆冰厚度作为基本覆冰厚度。基本覆冰厚度系根据离地10m高度处的观测资料,统计50年一遇的最大覆冰厚度。重覆冰区分布在大凉山、川东北、川滇、秦岭、湘黔、闽赣等地区,其基本覆冰厚度为 $10\sim30mm$;轻覆冰区分布在部分东北地区、部分华北地区、淮海流域等地区,其基本覆冰厚度为 $5\sim10mm$。

此外覆冰厚度还会受地形和局部气候的影响。因此,轻覆冰区可能出现个别地点的重覆冰或无覆冰情况;重覆冰区内也可能出现个别地点的轻覆冰或超覆冰的情况。

b. 覆冰荷载计算。塔式结构的圆形截面构件每单位长度上的覆冰荷载为:

$$q_l = \pi b \alpha_1 \alpha_2 (d + b \alpha_1 \alpha_2) \gamma \times 10^{-6} (kN/m) \tag{16-9}$$

式中:b——基本覆冰厚度(mm),按结构所在地区的观测资料或工程经验取值;

d——圆截面构件、架空线的直径(mm);

α_1——与构件直径有关的覆冰厚度修正系数,按表16-7取值;

α_2——覆冰厚度的高度递增系数,按表16-8取值;

γ——覆冰重度(kN/mm^3),根据不同类型覆冰分别计算其重度,按表16-9取值。

覆冰厚度修正系数 α_1 表16-7

构件直径(mm)	5	10	20	30	40	50	60	70
α_1	1.1	1.0	0.9	0.8	0.75	0.70	0.63	0.60

覆冰厚度的高度递增系数 α_2 表16-8

离地高度(m)	10	50	100	150	200	250	350	≥350
α_2	1.0	1.6	2.0	2.2	2.4	2.6	2.7	2.8

覆冰类型及其重度 表16-9

覆冰类型	覆冰特征	覆冰重度(kN/m^3)
雨凇	纯粹、完全透明的冰,其质坚硬可形成冰柱,黏附力很强	9
混合凇	不透明(灰色或奶色)及接近于透明的冰,常由透明和不透明的冰层交错形成,其质坚硬,黏附力较强	6
雾凇	白色,呈粒状似雪,其质较轻,但为相对坚固的结晶,黏附力较弱	3

塔式结构中非圆形截面的其他构件每单位表面面积上的覆冰荷载为：

$$q_\alpha = 0.6b\alpha_2\gamma \times 10^{-3} (\text{kN/m}^2) \tag{16-10}$$

一般情况下,覆冰是在无风或微风时发生的,但在设计荷载组合中,取中强度风(1/4 最大风荷载),同时考虑温度$-5℃$。

(3)塔式结构温度作用如何考虑?

据文献[121]介绍,塔式结构由于纵向尺寸较大,温度的累积作用明显,应考虑以下温度作用。

①塔座较大时,约束着塔底的变形,由于温度靠近基础部分产生的附加应力;

②塔楼上下界面处,塔身水平横杆由于内外温差而产生变形差异,可能引起塔柱较大次弯矩;

③塔的井道(即楼梯上下)一般是封闭的,约 $5\sim10℃$,塔身结构暴露在室外,温差大,应把井道与塔身脱开,若必须相连,就要验算高差和杆身的转动;

④温差强烈,塔身较高时,直径较小,侧向变形可影响电梯的使用;

⑤温差,在冬季,$\Delta t_1 = t_{min} - t_A$,在夏季,$\Delta t_1 = t_{max} - t_A$。

t_{min}为当地历年最低一日平均温度。

t_{max}为当地历年最热一天平均温度。

t_A为结构合拢前 24h 平均实际温度。

一般钢结构取温差为月平均值,高耸结构考虑主体结构外露提高设计标准为日平均温度。

当内部结构与露天结构计算温差时,塔身为外露结构,其温度与室外相等,因此其温差在冬季,$\Delta t_2 = t_{min} - t_{WD}$;在夏季,$\Delta t_2 = t_{max} - t_{SD}$。

t_{WD}为冬季室内温度,t_{SD}为夏季室内温度。

(4)组合系数。据文献[121]介绍,塔楼荷载效应种类多,如 W 表示风载,A 表示安装折减荷载,I 表示覆冰荷载,T 表示温度作用,L 表示活载。基本组合系数见表 16-10。

基 本 组 合 系 数   表 16-10

荷载组合	可变荷载组合矩				
	ψ_{CW}	ψ_{CT}	φ_{CA}	ψ_{CT}	ψ_{CL}
$G+W+L$	1.0	—	—	—	0.7
$G+I+W+L$	0.6	1.0	—	—	0.7

荷载组合	可变荷载组合矩				
	ψ_{CW}	ψ_{CT}	φ_{CA}	ψ_{CT}	ψ_{CL}
$G+A+W+L$	0.6	—	1.0	—	0.7
$G+T+W+L$	0.6	—		1.0	0.7

进行抗震计算时,风荷载组合系数可用 0.2,高耸结构与高层结构不同,当高层钢结构在高度大于等于 60m 时才考虑与风组合,但高耸结构考虑风作用影响大,因高耸结构柔性较大。因此均要求考虑地震作用与风荷载组合。

(5)高层建筑楼顶的钢楼风振。据文献[121]介绍,过去均按落地塔计算,应用有限元分析,有较大误差,结构不安全,一般认为高于 30m,高宽比大于 1.5 的高层建筑才考虑结构振动影响,同时其上建筑的钢塔应考虑风顶传来的振动响应,但计算过程繁琐。

根据混凝土高层 $\zeta_1=0.05$(基本自振周期阻尼比),钢结构高层 $\zeta_1=0.01$(基本自振同期阻尼比)及 T_1/S、T_2/S,查出楼顶塔频率影响系数 α,根据钢结构高层 $\zeta=0.01$ 也可查出 α,见表 16-11 和表 16-12。

混凝土高层($\zeta_1=0.05$)楼顶塔频率影响系数 α　　　表 16-11

$T_2(s)$ ╲ $T_1(s)$	0.5	0.6	0.7	0.8	1.0	1.5	2.0	3.0
0.2	1.09	1.06	1.04	1.03	1.02	1.01	1.01	1.00
0.3	1.39	1.20	1.13	1.09	1.05	1.02	1.01	1.01
0.4	2.84	1.69	1.36	1.23	1.12	1.05	1.03	1.01
0.5	12.51	3.59	2.03	1.56	1.24	1.08	1.04	1.02
0.6	4.77	13.01	4.34	2.41	1.50	1.14	1.07	1.03

钢结构高层($\zeta_1=0.01$)楼顶塔频率影响系数 α　　　表 16-12

$T_2(s)$ ╲ $T_1(s)$	0.5	0.6	0.7	0.8	1.0	1.5	2.0	3.0
0.2	1.15	1.10	1.07	1.05	1.03	1.02	1.01	1.00
0.3	1.50	1.29	1.19	1.14	1.08	1.04	1.02	1.01
0.4	2.84	1.76	1.44	1.30	1.17	1.07	1.04	1.02
0.5	30.60	3.46	2.05	1.61	1.31	1.11	1.06	1.03
0.6	3.62	30.98	4.09	2.34	1.54	1.18	1.09	1.04

M_{21} 与塔体质量分布、塔体与高层高度比、振型有关；考虑塔体截面宽度变化与质量、振型关系，可以列出 M_{21} 随不同参数变化的计算值，见表 16-13。

T_1、T_2 为高层和塔体基本周期。

不同参数变化的 M_{21} 值　　　　　表 16-13

B_h/B_0 ＼ h/H	0.1	0.2	0.4	0.6	0.8	1.0	1.5	2.0
0.2	2.001	2.131	2.390	2.649	2.908	3.167	3.816	4.464
0.4	1.833	1.958	2.207	2.455	2.704	2.953	3.574	4.196
0.6	1.732	1.853	2.095	2.338	2.580	2.822	3.428	4.034
0.8	1.664	1.783	2.021	2.259	2.497	2.735	3.330	3.926
1.0	1.615	1.732	1.967	2.202	2.437	2.673	3.260	3.848

注：表中 B_0、B_h 分别表示钢塔顶部和底部宽度。

根据有经验单位分析，当塔与塔下建筑物相比很小时（塔高小于房高），可近似认为是固定在刚性基础下，如塔与塔下建筑物相比不算很小时，建筑物将对塔的动力反应产生不大于 10% 不利影响。

文献[128]提出，据有经验的设计院专家介绍，汶川地震后发现建在地面上的钢塔并未受损，而有的建有钢塔的主体结构完好，在主体结构楼顶上的钢塔却地震反应强烈，破坏严重，这说明楼顶塔的鞭梢效应很严重，非常容易破坏，顶部塔由于质量刚度小，来回转折瞬间形成较大加速度和较大位移，像抽打的鞭子一样，鞭梢效应非常明显，目前这个没有明确的解决办法，但有的将楼顶塔作为一个质点和楼房作整体结构计算，对于动力特性、自振周期、阻尼比、质量和刚度相差甚远的两种完全不同的结构体系是否合理，值得商榷。有的认为楼顶塔的基本频率与整体结构固有频率相近，并与地面扰频相近，是产生鞭梢效应的原因，频率论比较适应于风的共振，强震下瞬时发生的结构鞭梢效应用频率论并不合适，有的取楼顶塔增大系数 1.5～3.0，这也是缺乏依据的，所以总的设计目标应尽可能避免高层上做楼顶塔。

因此对楼顶塔分两方面讨论，在风载共振下，由于下面结构质量很大，楼顶塔钢结构阻尼小，因此一般情况下，只要考虑高度系数影响，风的共振影响可以不考虑。

地震作用下，必须考虑鞭梢效应，初步探讨可以这样考虑，基本上用基底剪力法，求得塔楼部由于加速度所产生的地震惯性力 P 与楼顶塔放在地面上所产

生的基底惯性力 P_2，然后将 $P_1 + P_2$ 作用到楼顶塔进行地震验算，总之在抗风中，是楼顶塔对楼房产生效应，楼房风振应考虑此效果，楼顶塔可以不考虑楼房影响，而地震作用下，是楼房对楼顶塔产生作用。

（6）钢塔架杆件长细比如何取？

据文献[121]介绍，弦杆长细比分两塔面斜杆交点错开和两塔面斜杆交点不错开两种情况。如图 16-17 所示。

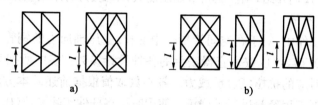

图 16-17

图 16-17a)，$\lambda = \dfrac{1.2l}{i}$；图 16-17b)，$\lambda = \dfrac{l}{i}$。

斜杆长细比分单斜杆、双斜杆和双斜杆加辅助件三种情况，如图 16-18 所示。

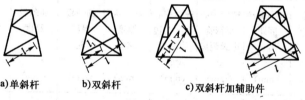

a)单斜杆　　b)双斜杆　　c)双斜杆加辅助件

图 16-18

图 16-18a)$\lambda = \dfrac{l}{i}$。

图 16-18b)，斜杆不断开又互相连接，$\lambda = \dfrac{l}{i}$；斜杆断开，中间连接，$\lambda = \dfrac{0.7l}{i}$；斜杆不断开，中间用螺栓连接，$\lambda = \dfrac{l_1}{i}$。

图 16-18c)，当 A 点与相邻塔面对应点之间有连杆时，$\lambda = \dfrac{l_1}{i}$；两斜杆同时受压，$\lambda = \dfrac{1.25l}{i}$；$A$ 点与相邻塔面的对应点之间无连杆时，$\lambda = \dfrac{1.1l}{i}$。斜杆不断开又互相连接，$\lambda = \dfrac{1.1l_1}{i}$；两斜杆同时受压，$\lambda = \dfrac{0.8l}{i}$。

(7)变形的控制。塔上任意点变形不应大于高度的百分之一,一方面是使用要求,另一方面是要将非线性变形不利影响限制在可接受范围内,如已考虑非线性影响可放宽至高度的1/75,高度低于200m一般不考虑非线性影响[121]。

螺栓连接对非线性造成影响时,考虑螺栓滑移1.5mm。

(8)刚性法兰节点的计算与一般节点相同,其选用及构造见表16-14。

据文献[121]介绍,刚性法兰节点刚度大,承受力大,用钢量大,易焊接变形。如图16-19a)所示。

在设计工作中,对于在空间管桁架中受拉、受压轴向力的钢管的法兰连接,见图16-19b)、c),可以按表查得法兰的各种设计参数。表中所列为一个8.8级普通螺栓所对应的抗拉(压)承载力。各参数取值根据前述基本方法得到,部分参数作者根据工程经验进行了修正。使用时可将杆件实际受拉(压)力除以表中适当螺栓的 N_t 或 N_a 值,求得螺栓数量,再用钢管直径加上表16-14中 e 值求螺栓中心圆,求出螺栓间距,看其满足与否。若 $l \approx l_{min}$,则直接取用表16-14中参数即可;若 $l > 1.2 l_{min}$ 以上,则重新计算 δ_F。

法兰连接中一个8.8级普通螺栓的承载力和法兰性能参数及构造　表16-14

螺栓	适用管壁厚 t (mm)	最小螺栓间距 l_{min} (mm)	螺栓中心至钢管边缘距离 e (mm)	螺栓中心至法兰边缘距离 k (mm)	法兰板厚度 δ_F (mm)	加劲板厚度 δ_L (mm)	加劲板高度 H_L (mm)	抗拉承载力 N_t (kN)	抗压承载力 N_a (kN)
M16	6,8	54	22	22	20	6	100	56	73
		54	22	22	20	6	100	56	84
	10,12	56	26	26	20	8	100	56	94
		56	26	26	20	8	100	56	109
M20	8,10	66	27	27	22	8	120	88	144
		66	27	27	22	8	120	88	160
	12,14	66	31	31	22	8	120	88	153
		66	31	31	22	8	120	88	169
	16,18	68	35	35	24	10	120	88	229
		68	35	35	28	10	120	88	248

螺栓	适用管壁厚 t (mm)	最小螺栓间距 l_{min} (mm)	螺栓中心至钢管边缘距离 e (mm)	螺栓中心至法兰边缘距离 k (mm)	法兰板厚度 δ_F (mm)	加劲板厚度 δ_L (mm)	加劲板高度 H_L (mm)	抗拉承载力 N_t (kN)	抗压承载力 N_a (kN)
M24	10,12,14	76	34	34	22	8	140	124	169
		76	34	34	26	8	140	124	190
	16,18,20	78	40	40	26	10	140	124	273
		78	40	40	32	10	140	124	318
	22,24	80	44	44	30	12	140	124	369
		80	44	44	36	12	140	124	441
M30	14,16	100	41	41	30	10	160	200	302
		100	41	41	34	10	160	200	336
	18,20	100	45	45	30	10	160	200	327
		100	45	45	34	10	160	200	374
	22,24	102	49	49	32	12	160	200	431
		102	49	49	40	12	160	200	508
M36	20,22	115	49	49	32	10	180	288	371
		115	49	49	38	10	180	288	424
	22,24	117	53	53	32	12	180	288	422
		117	53	53	40	12	180	288	493

注:表16-14中符号意义同图16-19。

(9)铰接双剪节点。据文献[121]介绍:

①钢管双剪连接的构造。在钢管结构中相对次要的杆件连接时,可采用双剪连接的形式,如图16-20所示。此种节点通过支管上的U形管插板和主杆上的连接板之间螺栓的双剪来传递内力。其承载力较大,用钢量较省,但为保证安装时顺利插入,U形板间隙应比主杆节点板厚度增加1~2mm。

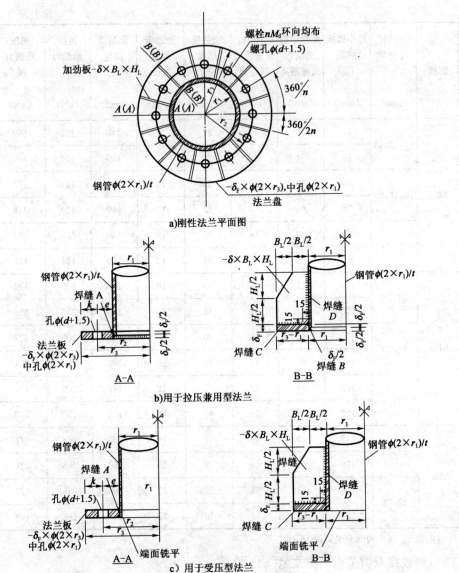

a) 刚性法兰平面图

b) 用于拉压兼用型法兰

c) 用于受压型法兰

图 16-19　刚性法兰构造图

注：$\delta_L \leqslant 8$ 时，C、D 用双面角焊缝，$h_f = 0.8 \times \delta_L$（取整）；$\delta_L \geqslant 8$ 时，C、D 用坡口焊熔透；主要受压型法兰焊缝 A 双面坡口熔透

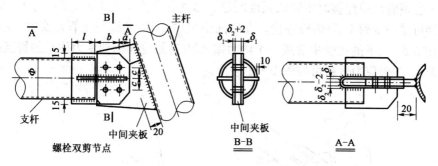

图 16-20(尺寸单位:mm)

钢管双剪连接设计参数见表 16-15。

钢管双剪连接设计参数   表 16-15

螺栓布置	2M12	2M16	2M20	2M24	2M30	4M16	4M20	4M24	4M30
所连支管最小管径 φ_{min}(mm)	73	95	114	140	180	121	152	219	245
抗剪承载力设计值(kN)	58.56	104.55	163.36	234.34	329.4	209.1	326.73	468.48	658.8
U 形板厚度 δ_1	5	6	8	8	10	6	8	8	10
中间夹板厚度 δ_2	8	12	14	16	18	12	16	16	18
加劲板厚度 δ_3	4	4	6	6	8	4	6	6	8
螺栓中心距板边距离 a	24	32	40	48	60	32	40	48	60
螺栓中心距管端距离 b	30	38	46	54	66	38	46	54	66
螺栓中心到加劲板边距 C	18	24	30	36	45	24	30	36	45
扳手 S	181	24	30	36	44	24	30	36	44
U 形板嵌入长度 l	37	49	56	76	84	88	102	141	158

注:普通螺栓用 4.6、4.8 级 Q235 钢。

②钢管双剪连接时主管的强度问题。当支管受力不太大时,支管与主管的连接可采用双剪U形插板连接。在空间桁架中,多根支管与主管汇交时,往往仅在节点上、下的主管中形成一个内力差 ΔN(这是空间桁架受力体系的特点决定的)。主管应力分析可按图 16-21 进行。

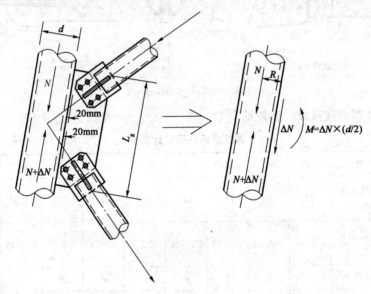

图 16-21 管桁架支管与主管连接对主管壁的作用图

对于薄壁圆柱壳在横向弯矩 $M = \Delta N \times (d/2)$ 与轴向力 N 共同作用下的复合应力问题,可用有限元方法求解。但在工程上,由于桁架或高耸塔架节段较多,故弦杆的内力与某一节段内力之增量 ΔN 相比较大。一般比值大于 4,且弦杆的径厚比在 20～30 左右,弦杆的长细比 λ 在 50～100 之间。现假定弦杆中内力达到按整体稳定计算的最大允许值,由于假定杆件两端铰接,故在节点附近由 N 引起的应力一般接近于平均值。而跨中 p-Δ 效应较大处节点局部作用力影响几乎为零。p-Δ 效应与其节点复合应力效应相互无关。根据这种常见状况,经大量有限元计算后可以从表 16-16 求得节点板的长度 L_g 的最小值。若 L_g/d 大于表 16-16 中既定值,则主管的节点局部最大复合应力小于强度设计值,即不必对主管进行局部强度的校核。

(10)对于角钢塔常用单剪连接形式。据文献[121]介绍,连接受力较小而角钢尺寸足够时,可以不加节点板,否则应焊节点板,标准图如图 16-22 所示,设计参数参见表 16-17。

十六、高层钢结构特点、高耸钢结构、户外广告牌特点

节点板尺寸的临界值(L_g/d)　　　　　　表 16-16

λ ＼ ΔN/N	0.050	0.075	0.100	0.125	0.150	0.175	0.200	0.225	0.250
50	1.4	1.6	1.8	2.0	2.1	2.3	2.4	2.5	2.6
55	1.3	1.5	1.7	1.9	2.0	2.2	2.3	2.4	2.5
60	1.2	1.4	1.7	1.8	1.9	2.0	2.1	2.2	2.3
65	1.1	1.4	1.6	1.7	1.8	1.9	2.0	2.1	2.2
70	1.1	1.3	1.5	1.6	1.7	1.8	1.9	2.0	2.1
75	1.0	1.2	1.4	1.5	1.6	1.7	1.8	1.9	2.0
80	1.0	1.1	1.3	1.4	1.5	1.6	1.7	1.8	1.9
85	0.9	1.1	1.2	1.3	1.4	1.5	1.6	1.7	1.8
90	0.9	1.0	1.2	1.3	1.4	1.4	1.5	1.6	1.7
95	0.8	0.9	1.1	1.2	1.3	1.4	1.5	1.5	1.6
100	0.7	0.8	1.0	1.1	1.2	1.3	1.4	1.4	1.5

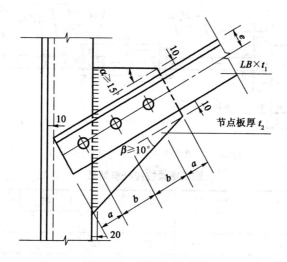

图 16-22　单剪连接标准图

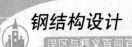
角钢横杆、斜杆、横膈端部单剪连接节点参数　　　表 16-17

项　目	公式或单位	M12	M16	M20	M24	M30
单个螺栓设计抗剪承载力 Q	$Q=(\pi d^2/4)\times$ $f\times0.85$	13.5 (18.7)	23.9 (33.3)	34.7 (52.0)	53.8 (75)	84.1 (117.1)
适应角钢肢宽	mm	45～56	63～80	90～110	125～140	160～200
螺栓中距 b	$b=3d(\text{mm})$	36	48	60	72	90
螺栓端距 a	$a=2d(\text{mm})$	24	32	40	48	60
角钢最小厚度 t_1	mm	5(6)	6(8)	8(10)	10(12)	12(14)
螺栓中心距角钢边距 e	$e=0.4B+0.5d(\text{mm})$					
节点板厚度 t_2	mm	6(8)	8(10)	10(12)	12(14)	14(16)

注：表中括号内厚度为 6.8 级螺栓和 Q235 角钢搭配时的最小壁厚；括号外为 4.6、4.8 级螺栓和 Q235 角钢搭配时的最小壁厚；括号内承载力为 6.8 级螺栓的设计承载力，括号外承载力为 4.6 或 4.8 级螺栓的设计承载力。

（11）在圆钢塔和柔性预应力斜腹杆塔中经常要做柔性斜拉杆设计[121]。柔性拉杆的构造特点是可以通过一端的花篮螺栓调节杆长以利安装并可施加预应力，如图 16-23 所示。表 16-18 为 φ42 以内柔性拉杆参数表。超过 φ42 柔性拉杆的花篮螺栓以钢管为宜[121]。

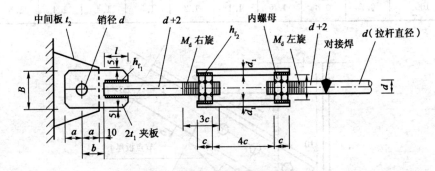

图 16-23　柔性拉杆标准图（尺寸单位：mm）

圆钢塔柔性拉杆参数表　　　表 16-18

销筒杆径 d	16	20	24	30	36	42
双剪板厚 t_1	4	6	6	8	8	10
中间板厚 t_2	8	10	12	14	16	18
板宽 $B=4d$	64	80	96	120	144	168

续上表

$l=5\pi d/8+10$	40	50	54	64	75	85
$a=2d$	32	40	48	60	72	84
$b=2d+10$	42	50	58	70	82	94
$d_1\approx0.8d$	14	16	20	24	30	36
$c=d+10$	26	30	34	40	46	52
$\varphi=2d$	32	40	48	60	72	84

注:本表中参数为同种材料条件下适用,即拉杆和节点须用同种材料。

(12)横隔的作用[121]。横隔主要是为了维持横杆在平面外的稳定,如图 16-24 所示。

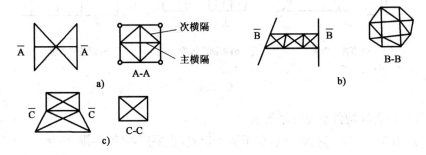

图 16-24

(13)塔式结构振动的控制。据文献[121]介绍,塔式结构具有高柔特性,动力反应强烈,因此国外 30 年前即在电视塔上安装振动阻尼器及动力摆锤吸振器,取得了加速度衰减 50% 的效果,我国同济大学也在电视塔上安装了 TMD (Tuned Mass Damper)、新型阻尼器 TSD (Tuned Spring Mass)和悬挂式弹簧阻尼器,还有一种控制方式是 VED (Viscoelasfic Dampers)黏弹性耗能器传统的 TMD 的主要困难是相当可观的附加质量加在塔体,这些问题正在研究。

💡 3. 户外广告牌的特点,大部分问题是否都是钢结构问题?

据文献[122]介绍:

(1)设计广告牌及其围护结构时,要以阵风系数 β_{gz} 来代替风振系数,编者理解阵风是风压的采用标准,风振是脉动风,两者不是一回事,CECS 148—2003

的提法值得探讨,应该理解为广告牌的风压而不是一般建筑的风压 w,而是提高为 w_1,风振系数 μ,$\mu_s w_1$ 正好与阵风接近。

(2)不考虑地震作用的条件。6 度地震及 7、8、9 度地震地基静承载力标准值分别大于 80kPa、100kPa、120kPa,这主要针对高度不超过 25m 的落地广告牌。

(3)广告牌的种类。广告牌有落地广告牌、墙面广告牌和屋顶广告牌三种,如图 16-25 所示。

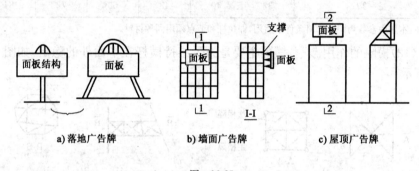

a) 落地广告牌　　　　　b) 墙面广告牌　　　　　c) 屋顶广告牌

图　16-25

(4)广告牌构件重要性系数 γ_0:

γ_0 取 1.1~1.2 时为一级,位于重要位置,重要广告牌,年限 20 年;

γ_0 取 1.0 时为二级,年限 5 年;

γ_0 取 0.9 时为三级,位于空旷地区,破坏人身危险小,年限不超过 5 年。

(5)室外的构件尺寸。室外的构件最小壁厚不小于 3mm,圆钢直径不小于 10mm,角钢不小于∟ 45×4 和∠ 56×36×4,螺栓连接则不小于∟ 50×5。

(6)连接焊缝及螺栓的要求。焊缝连续长不大于 100mm 时,螺栓间距不大于 150mm。

(7)对变形和长细比限值的规定。风载下落地式顶点水平位移不大于 $h/100$,落地式横梁挠度为 $l/150$。墙面式悬臂梁为 $l/150$,l 为悬臂长度,关于屋顶式与落地式在此方面的规定相同。

对于长细比,受压杆为 150,辅助杆为 200,受拉杆为 200。

(8)屋顶广告牌支座严禁采用摩擦式膨胀螺栓,采用化学锚栓时,植筋必须确切质保体系,伸入深度应达(30~40)d(d 为螺栓直径),并不宜用于受拉情况下。

（9）户外广告牌如何保证安全。据文献[131]介绍，户外广告牌多处于繁华闹市区的高楼顶部和马路两侧，它的位置特点决定了事故后果的严重性，同时在风荷载长期作用下，易变形，对稳定产生不利影响，据统计广告牌现在规模越来越大，结构愈复杂，安全性愈低，立柱、楼顶等广告牌合格率只有五成，而且广告牌愈做愈高，高 $10\sim12m$，甚至 $20m$，因此必须重视广告牌的安全性，首先应重视设计，加强施工监督验收，定期维护，这样才能保证安全。

参考文献

[1] 丁芸孙,刘罗静. 钢结构设计误区与释义百问百答. 北京:人民交通出版社,2008.

[2] 童根树. 钢结构设计方法[M]. 北京:中国建筑工业出版社,2007.

[3] 中华钢结构论坛,机械工业第四设计研究院. 结构理论与工程实践:中华钢结构论坛精华集[M]. 北京:中国计划出版社,2005.

[4] 中华钢结构论坛,机械工业第四设计研究院. 普钢厂房结构设计:中华钢结构论坛精华集(1)[M]. 北京:人民交通出版社,2007.

[5] 魏潮文,弓晓云,等. 轻型房屋钢结构应用技术手册[M]. 北京:中国建筑工业出版社.

[6] 徐国彬,崔玲,刘瑞霞. 空间结构中的混沌现象[C]//第九届空间结构学术会议论文集. 北京:中国建筑工业出版社.

[7] 董石麟,杜文风,张慧. 空间结构[M]. 北京:中国电力出版社,2008.

[8] 中华钢结构论坛,机械工业第四设计研究院. 轻钢结构设计:中华钢结构论坛精华集(2)[M]. 北京:人民交通出版社.

[9] 罗尧治,等. 西安灞桥球面干煤棚设计[C]//第八届全国现代结构工程学术研讨会论文集,2008.

[10] 陈富生,邱国桦,范重. 高层建筑结构设计[M]. 北京:中国建筑工业出版社.

[11] 童骏. 柱脚弹性约束对门架侧移和轴力影响[J]. 结构工程师,2003,(2).

[12] 何艳丽,陈务军,董石麟. 鞍形屋盖平均风压分布的数值模拟[C]//第十二届空间结构学术会议论文集,2008.

[13] 庄军生. 桥梁支座[M]. 2版. 北京:中国铁道出版社,1994.

[14] 赵熙元. 建筑钢结构设计手册[M]. 北京:冶金工业出版社,1995.

[15] 赵西安. 汶川地震灾害看结构抗震设计的一些问题[J]. 建筑结构,2008(7).

[16] 肖从真. 汶川地震灾害调查与思考[J]. 建筑结构,2008(7).

[17] 崔鸿超. 汶川地震灾害调查及对今后工程抗震建设报告会[R]. 2005.

[18] 叶列平. 论结构抗震的"鲁棒性"[J]. 建筑结构,2008(6).

[19] 朱炳寅. 结构规划性判别中的相关问题分析[J]. 建筑结构技术通讯,

2009(1).

[20] 刘栩,等.武汉火车站多维多点输入地震反应的分析[J].建筑结构,2009 (1).

[21] 黄吉峰,周锡元.钢—混凝土组合结构地震反应分析(CCQE)和(FOCQC) 方法及采用[J].建筑结构,2008(10).

[22] 吕风伟,等.下刚上柔轻型门式刚架双层结构地震作用规律探讨[J].钢结 构,2008(9).

[23] 朱炳寅.专家论坛[J].建筑结构技术通讯,2008(9).

[24] 冯若强,武岳,沈世钊.深圳某体育场结构抗风设计[C]//第十二届空间结 构学术会议论文集,2008.

[25] 汪家铭,陆烨祥.屈曲约束支撑体系应用与研究发展[J].建筑结构发展, 2005,7(1).

[26] 郭彦林,等.结构耗能减震与防屈曲支撑.建筑结构,2005,35(8).

[27] 胡宝琳,李国强,等.屈曲约束支撑的研究现状及其国内外应用.四川建筑 研究,2007,33(4).

[28] 夏明明,等.采用抑制屈曲支撑的钢托架性能分析[J].东南大学学报:自然 科学版,37(6).

[29] 李文卿.建筑钢基本知识[M].北京:中国工业出版社.

[30] 曹峰,童根树.门架隅撑设计强度要求[J].钢结构,2005,20(6).

[31] (美)纽曼.金属建筑系统设计与规范[M].余洲亮,译.北京:清华大学出 版社.

[32] 陈绍蕃.钢结构基本原理[M].北京:科学出版社,2007.

[33] 张其林.轻型门式刚架.北京:山东科学技术出版社.

[34] 陈绍蕃,等.现代钢结构设计师手册[M].北京:中国建筑工业出版 社,2006.

[35] 陈炯.论抗震钢框架梁柱节点刚性连接的极限受弯承载力设计[J].钢结 构,2008,23(11).

[36] 蔡益燕,郁银泉.对《钢结构"强节点弱构件"抗震设计方法的对比分析》一 文的商榷[J].建筑结构,2008(12).

[37] 岳泣慧,李军,郁有升.狗骨式钢架侧向支撑合理布置分析[J].建筑结构, 2007,22(8).

[38] 王燕,等.高强螺栓外伸端板撬力作用的有限元分析和设计方法[J].建筑

结构,2009,39(5):68-75.

[39] 王燕,等.半刚性梁柱节点连接的初始刚度和内力分析[J].工程力学. 2003,20(6).

[40] 王静峰,李国强,刘清华.竖向荷载下半刚性节点组合框架的实用设计方法 (Ⅱ)——梁与柱设计示例[J].建筑钢结构进展,2006,8(6).

[41] 李国强,王静峰,刘清华.竖向荷载下半刚性连接组合框架的实用设计方法 (Ⅰ)——梁柱节点设计[J].建筑钢结构进展,2006,8(6).

[42] 刘清华,李国强,王静峰.水平荷载作用下半刚性连接组合框架承载力极限 状态计算方法[J].建筑钢结构进展,2007,9(6).

[43] 李国强,石文龙.端板连接半刚性梁柱组合节点的转动能力[J].工程抗震 与加固改造,2006,28(6).

[44] 刘清华,李国强,王静峰.正常使用极限状态下半刚性连接组合梁框架侧移 的简化计算[J].力学季刊,2008,9(3).

[45] 许建斌,等.方钢管混凝土粘结滑移性能试验研究[J].建筑结构,2007(10).

[46] 甘明,张胜,李华峰.抗震审查和抗风审查要点介绍[C]//第十二届空间结 构论文集,2008.

[47] 丁芸孙,刘罗静,朱洪符,等.网架网壳设计与施工[M].北京:中国建筑工 业出版社.

[48] 牟在根.钢结构设计与原理[M].北京:人民交通出版社,2004.

[49] 李文欣,王赛宁.风荷载对轻型房屋破坏看抗风设计[A].钢结构协会年会 论文集[C],2005.

[50] 杨文娟,等.风致内压及屋盖结构的作用研究现状[J].建筑科学与工程学 报,2005,22(1).

[51] 张湘庭.工程抗风设计计算手册[M].北京:中国建筑工业出版社,1998.

[52] 李元齐,胡娟雄,王磊.大跨度空间结构典型形体风压分布风洞试验研究现 状[C]//第十二届空间结构学术会议论文集,2008.

[53] 周可可,罗尧治.加劲肋焊接空心球节点强度分析[C]//第十二届空间结 构学术会议论文集,2008.

[54] 范峰,马会政,等.半刚性螺栓球节点受力性能研究[C]//第十二届空间结 构学术会议论文集,2008.

[55] 卢林枫,方文崎,周天华.对 GB 50017—2003 钢结构设计规范等强制性条 文思改[J].工业建筑,2009,39(6).

[56] 石远东,徐勇,陈以一. 门式刚架梁柱节点抗震性能研究[J]. 钢结构,2009(增刊).

[57] 薛素译,李维彦,徐兆熙. 门式刚架结构中檩条风吸力作用下稳定性验算简化方法[J]. 钢结构,2009(增刊).

[58] 许朝钰. 悬挂运输设备与轨道计算手册[M]. 北京:中国建筑工业出版社,2003.

[59] 濮良贵. 机械设计[M]. 8版. 北京:高等教育出版社,2006.

[60] 许朝钰. 不应忽视悬挂运输设备轨道下翼缘在轮压作用折算应力的补充验算[J]. 钢结构,2004(3).

[61] 朱丹,斐文忠,等. 广州白云机场风洞试验[C]//第三届全国现代工程学术研讨会论文集,2003.

[62] 尹德钰,刘善维,钱若军. 网壳结构设计[M]. 北京:中国建筑工程出版社,1996.

[63] 王勇,金虎根. 扬州第二发电厂103.6m跨干煤棚网壳结构设计施工. 空间结构热点工程会,1998.

[64] 魏庆鼎,等. 穹顶结构风洞试验研究[C]//第九届空间结构论文集,2000.

[65] 孙瑛,武岳,沈世钊. 体育场看台挑篷结构风荷载特性及抗风设计确定[C]//第十一届空间结构论文集,2005.

[66] 张庆芳,张庆利. GB 50017—2003钢结构设计规范中等待明确的几个问题[J]. 钢结构,2009(增刊).

[67] 斐文忠,朱丹. 喀麦隆雅温德多功能体育馆屋盖结构设计[C]//第七届全国现代结构工程学术研讨会论文集.

[68] 高维元等. 北京九华山"海洋巨蛋"风洞试验[C]//第十届空间结构学术会议论文集,2005.

[69] 董继斌,李秋萍. 湖南省游泳馆跳水馆网壳设计[C]//第十届空间结构学术会议论文集,2005.

[70] 童根树. 钢结构平面内稳定[M]. 北京:中国建筑工业出版社,2005.

[71] 陈绍蕃. 钢结构设计规范的回顾与展望[J]. 钢结构,2009(增刊).

[72] 王元清,胡宗文,石永久,等. 轻型房屋钢结构雪灾事故的雪荷载分布影响分析[J]. 钢结构,2009(增刊).

[73] 张峻峥,陈东兆. 变轴力轴心受压杆计算长度探讨[J]. 钢结构,2009(增刊).

[74] 日本钢结构协会钢结构技术总览[建筑篇].陈以一,等,译.北京:中国建筑工业出版社.

[75] 刘志磊,等.区别处理 H 型钢梁与工字钢的稳定条件[J].钢结构,2009(增刊).

[76] 吴雪峰,黄云伟,崔佳.三角形空间圆管桁架多弦杆平面外计算长度取值[J].钢结构,2009(增刊).

[77] 童根树,等.框架中有摇摆柱时框架柱稳定系数[J].钢结构,2009(增刊).

[78] 张磊,罗桂发,童根树.竖向荷载对横梁未加强的人字支撑框架体系抗侧性能影响[J].钢结构,2009(增刊).

[79] 童根树,罗桂发,张磊.一种免承重力钢框架支撑体系[J].钢结构,2009(增刊).

[80] 王斌斌,王元清,石永久.偏心支撑体系设计方法与思考[J].钢结构,2009(增刊).

[81] 舒赣平,风俊敏,陈绍礼.对英国防结构倒塌设计规定中拉结力法的研究[J].钢结构,2009(增刊).

[82] 舒兴平,卢倍嵘,沈蒲生,等.钢结构高等分析与设计研究综述[J].钢结构,2009(增刊).

[83] 罗金娜,顾强,方有珍.端弯矩及横向均布荷载共同作用梁整体稳定研究[J].钢结构,2009(增刊).

[84] 王浩,沈捷攀,朱礼敏.箱形柱工字梁节点的极限承载力研究[J].钢结构,2009(增刊).

[85] 李豪邦,陈勇.对钢结构框架节点受力计算的思考[J].钢结构,2009(增刊).

[86] 王寅,高鹏,王悦,等.钢框架梁翼缘塑性铰外移延性节点有限元分析[J].钢结构,2009(增刊).

[87] 舒兴平,袁智琛,张再华,等.半刚性连接钢节点理论与设计研究综述[J].钢结构,2009(增刊).

[88] 杜新喜,张慎.空间网格结构抗连续倒塌设计方法研究[J].钢结构,2009(增刊).

[89] 陈海勇,沈利红,朱兴海,等.普钢屋面钢梁挠度探讨[J].钢结构,2009(增刊).

[90] 吴迪,张建胜,武岳,等.双层球面网壳的风振特性与抗风设计[C]//第十

二届空间结构学术会议论文集,2008.

[91] 宫海,林昕.屈曲约束支撑结构设计与应用研究[J].建筑结构技术通讯,2009(9).

[92] 许朝钰,魏黎明.规范中C级普通螺栓抗拉强度设计值是否考虑撬力影响的探讨与建议[J].钢结构,2009(9).

[93] 于海丰,张沃春,张文元.钢结构"强节点弱构件"抗震设计方法对比分析[J].建筑结构,2009(7).

[94] 潘元,张顺强,薛中兴.大跨弧形屋面风荷载特性风洞试验[J].建筑结构,2007(10).

[95] 李雪峰,周暄毅,顾明.北京南站屋面雪压分布规律分析[J].建筑结构,2008(5).

[96] 陈凯,何连年,符龙彪,等.武汉火车站站房屋盖和雨棚风洞试验研究[J].建筑结构,2009(1).

[97] 郑云河.轻钢厂房吊车梁产生振动和摇晃现象原因及解决办法[J].钢结构,2003(10).

[98] 蔡益燕.高强螺栓的连接设计计算[J].建筑结构,2009(1).

[99] 蔡益燕,郁银泉.对《钢结构"强节点弱构件"抗震设计方法对比分析》一文商榷[J].建筑结构,2008(12).

[100] 钢结构,2008(8).

[101] 闫月梅,刘文,郭秉山.交错桁架中弦杆与腹板连接节点板的设计验算[J].钢结构,2009(1).

[102] 周群,王燕.狗骨式节点梁翼缘削弱深度取值研究[J].钢结构,2007(8).

[103] 彭铁红,候兆欣,文双玲,等.螺栓孔径与孔型对高强螺栓摩擦型连接承载能力影响的试验[J].钢结构 2007(8).

[104] 蔡益燕.高强螺栓连接的设计计算[J].建筑结构,2009(1).

[105] 周建龙,汪大绥,等.防屈曲耗能支撑在世博中心工程中的应用研究[J].建筑结构,2009(5).

[106] 汪丛军,黄本才,张昕,等.越南国家体育馆屋盖平均风压及风环境影响数值模拟[J].空间结构,2004,10(2).

[107] 陈炯,姚忠,路志浩.钢结构中心支撑框架抗震承载力设计[J].钢结构,2008,23(9).

[108] 喻佳诚,王福田,联树江,秦志竖.交叉钢支撑抗震设计方法.

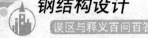

[109] 郝成龙,朱丹,赵基达,等.北京 A380 机库焊接空心球节点承载力试验研究[J].建筑结构,2009(9).

[110] 沈顺高,郭鹏,朱丹.大跨维修机库吊车动力影响系数测试[J].建筑结构,2009(10).

[111] 裴永忠,石永久.大跨度机库结构风荷载体型系数研究[J].建筑结构,2009(10).

[112] 沈祖炎,孙飞飞.关于钢结构抗震设计方法的讨论与建议[J].建筑结构,2009(11).

[113] 王雷.节点域计算规范的理解.钢结构,2007(6).

[114] 邱克.带悬伸段柱的计算长度系数的分析与对比[J].钢结构,2007(6).

[115] 关于轻钢结构设计的概念(上).钢结构,2007(12).

[116] 徐崴.双层网架模型结构的损伤分析[J].钢结构,2005,20(3).

[117] 杨权庸,陆荣毅,王建,等.冷、热弯曲钢管材料性能试验研究[J].钢结构,2005,20(3).

[118] 钢管结构技术规程征求意见稿.

[119] Space Structure,12(3)1986~1987.

[120] 王师,赵宪忠,陈以一.销轴受力性能分析与设计[J].建筑结构,2009(6).

[121] 王肇民,马天乐,等.塔式结构[M].北京科学出版社,2004.

[122] CECS 148:2003.户外广告设施钢结构技术规程.

[123] (加)D. Stasford Smith,(英)A. Coull.高层建筑结构分析与设计[M].陈玉,龚炳举,译.北京:地质出版社.

[124] 高燕.高层钢结构计算分析方法.

[125] 余仁和,魏法敏.框筒结构剪力滞后研究现状及思考[J].建筑结构进展,2008,10(2).

[126] 高雁,李正良.高层筒体结构剪力滞后研究[J].西南科技大学学报,2006,21(2).

[127] 方鄂华.高层建筑钢筋混凝土结构概念设计[M].北京:机械工业出版社,2004.

[128] 采俊旺.四川 5·12 地震楼顶钢塔破坏浅析[J].特种结构,2010(3).

[129] 陈向荣,卢小松.轻钢压弯构件平面外支承长度的计算[J].钢结构,2004(5).

[130] 王磊,郭兴黔.角焊缝连接设计中值得探讨的一个问题[J].钢结构,2004,

19(5).

[131] 张银龙,苟明康,梁川. 钢结构稳定性设计方法的发展综述与分析[J]. 钢结构,2008,23(7).

[132] 李娜,傅彦青,马德志,等. 户外钢结构广告设施的安全管理[J]. 钢结构,2008,23(6).

[133] 康继武,聂国隽,钱若军. 大跨结构抗风研究现状及展望[J]. 空间结构,2009,15(1).

[134] J. A Packer,J. E. Henderson,J. T. Cha. 空心管结构连接设计指南[M]. 北京:科学出版社,1997.

[135] 孙瑛,赵柏玲,曹正罡,等. 多国荷载规范中平屋盖及球型屋盖体型系数取值探讨[J]. 空间结构,2009,15(02).

[136] 栗增欣,郭成喜. 带加强悬臂压杆的计算长度系数分析[J]. 钢结构,2009(增刊).

[137] 戴益民,李秋强,李正星. 低矮房屋屋面风压的实测及分析[J]. 建筑结构,2009(7).

[138] 朱炳寅. 对转换层的认识与把握[J]. 建筑结构技术通讯,2008(9).

[139] 李超华,向月梅,苏献祥. 钢结构高强螺栓连接形式相关问题的探讨[J]. 钢结构,2008,23(12).

[140] 丁义平,龚景海,郑庆浪. 某干煤棚风载及体型系数值研究[J]. 钢结构,2009,24(3).

[141] 蔡益燕. 对门式刚架轻钢房屋抗震设计的几点建议[J]. 中国建筑金属结构,2008(增刊).

[142] 叶列平,方鄂华. 关于建筑结构地震作用计算方法的讨论[C]//建筑结构,2009(2).

[143] 周福霖. 工程结构减震控制[M]. 北京:地震出版社,1997.

[144] 熊挺. 浅谈梁柱刚性节点分析[J]. 钢结构,2005(5).

[145] 陈绍蕃. 论国内外钢结构设计规范的比较[J]. 钢结构,2005(5).

[146] 易贤仁. 螺栓球节点网架连接件承载力与结构设计原则[J]. 建筑结构,2007(2).

[147] 周恒毅,黄鹏,顾明. 上海铁路南站屋盖表面风压特性试验研究[J]. 建筑结构,2007(2).

[148] 于秀雷,梁枢果,郭必武. 武汉体育中心体育馆表面风压的风洞试验研究

[J]. 建筑结构, 2008(2).

[149] 郭彦林, 董全利. 钢板剪力墙的发展与研究现状[J]. 钢结构, 2005(1).

[150] 刘艺勋, 魏宇平, 祁江海. 网架节点空心球减薄超标的一种处理方法[J]. 建筑结构, 2001(6).

[151] 王永贵. 耗能支撑的危险截面有限元分析[J]. 钢结构, 2010(4).

[152] 刘文洋, 张文福. 单层球面网壳结构风振响应分析及风振系数[J]. 空间结构, 2008(4).

[153] 王士奇, 刘仲波. 轻型钢结构门式刚架风灾破坏形式及工程措施[J]. 钢结构, 2006(5).

[154] 李永国. 轻型钢结构门式刚架设计探讨[J]. 钢结构, 2005(1).

[155] 甄伟, 李志东, 高昂, 等. 广州新客站结构多点输入地震反应分析[J]. 建筑结构, 2009(12).

[156] 张胜, 甘明, 李华峰. 南京南站钢结构的弹塑性与多点多维地震输入分析[J]. 建筑结构, 2009(12).

[157] 束伟农, 李华峰, 卜龙瑰, 等. 昆明新机场航站楼多维多点抗震性能研究[J]. 建筑结构. 2009(1).

[158] 马洪步, 沈莉, 高博青, 等. 钢管树枝状仿生结构稳定性设计. 建筑结构. 2009(12).

[159] 陈俊, 张其林, 谢步瀛. 树枝状在大跨度空间结构中研究与应用[J]. 钢结构. 2010(3).

[160] 张微叔, 胡帅领, 张新刚. 大跨空间结构抗连续倒塌研究综述[C]//第九届钢现代结构工程学术研讨会论文集, 2004.

[161] 从峻, 王孟鸿, 骆云良. 筒壳结构表面风压的数值模拟[C]//第九届全国现代结构学术研讨会论文集, 2004.

[162] 陈志华, 李谦, 陈致宣. 防屈曲支撑结构的概念设计[C]//第九届全国现代结构学术会议研讨会论文集, 2004.

[163] 齐辉, 黄本才, 郑本辉, 等. 益阳体育场大悬挑屋盖风压分布数值模拟[J]. 空间结构, 2003(2).

[164] 从峻, 王孟鸿, 骆云良. 筒壳结构表面风压的数值模拟[C]//第九届现代结构学术研讨会论文集, 2004.

[165] 刘高波, 许嵘, 顾强. 节点域斜加劲肋设计计算方法[J]. 建筑结构, 2007(10).

[166] 孙雨宋.支撑和节点板延性性能的抗震设计[J].建筑结构,2007(10).

[167] 刘中华,黄明鑫,朱邹宁.钢结构构件断裂韧性指标的选取[J].钢结构,
2008(11).

[168] 陈友泉,魏潮文.门式刚架轻型房屋钢结构设计与施工疑难问题释义
[M].北京:中国建筑工业出版社,2009.

[169] 陈绍秀.门式刚梁结构螺栓连接的强度和刚度[J].钢结构,2000(7).

[170] 童根树.钢结构平面外稳定[M].北京:中国建筑工业出版社,2007.

[171] 郭春江,弓俊青,等.带裂纹钢吊车梁剩余寿命评估[J].钢结构,2010(11).

钢结构设计误区与释义百问百答